21世纪高等教育环境科学与工程类系列教材

环境工程概论

曲向荣　李辉　吴昊　编

机械工业出版社

本书以环境问题为切入点，从环境保护和可持续发展的角度，在介绍了环境、环境科学与环境工程基本概念的基础上，系统地阐述了环境工程的相关知识、基本原理和控制方法。主要内容有大气污染与控制、水体污染与控制、固体废物污染与控制、噪声污染与控制、其他物理污染及防护、土壤污染与控制、清洁生产、循环经济、环境法治、城市环境综合整治与生态城市建设、环境监测与环境评价、环境规划等。

本书可作为高等院校环境科学与工程专业的基础课教材，可作为非环境专业环境教育的公共课教材，还可作为环境保护从业人员的参考书。

图书在版编目（CIP）数据

环境工程概论/曲向荣，李辉，吴昊编．—北京：机械工业出版社，2011.6（2025.7 重印）

21 世纪高等教育环境工程系列规划教材

ISBN 978-7-111-34356-1

Ⅰ.①环…　Ⅱ.①曲…　②李…　③吴…　Ⅲ.①环境工程学—高等学校—教材　Ⅳ.①X5

中国版本图书馆 CIP 数据核字（2011）第 075910 号

机械工业出版社（北京市百万庄大街 22 号　邮政编码 100037）
策划编辑：马军平　责任编辑：马军平　臧程程
版式设计：张世琴　责任校对：刘　岚
封面设计：王伟光　责任印制：刘　媛
北京富资园科技发展有限公司印刷
2025 年 7 月第 1 版第 12 次印刷
184mm×260mm · 21.25 印张 · 504 千字
标准书号：ISBN 978-7-111-34356-1
定价：55.00 元

电话服务	网络服务
客服电话：010-88361066	机　工　官　网：www.cmpbook.com
010-88379833	机　工　官　博：weibo.com/cmp1952
010-68326294	金　　书　　网：www.golden-book.com
封底无防伪标均为盗版	机工教育服务网：www.cmpedu.com

前　言

环境问题是当今世界上人类面临的最重要的问题之一，已得到世界各国的高度重视。1972 年 6 月 5 ~ 16 日，联合国在瑞典斯德哥尔摩召开的第一次人类环境会议上通过了《联合国人类环境宣言》，宣言指出，可供人类生存的地球只有一个，如果这个地球遭到了破坏，不但当代人类要自食其果，而且还将殃及子孙后代。会议确定每年的 6 月 5 日为“世界环境日”。1992 年，在巴西里约热内卢召开的联合国环境与发展会议上又进一步提出了“可持续发展战略”，并达成世界各国的共识。

我国政府历来重视环境保护工作。1983 年正式把环境保护定为我国的一项基本国策。1994 年我国政府制定的《中国 21 世纪议程》中明确提出了跨世纪人口、环境与资源协调发展的奋斗目标。1996 年我国政府对实施可持续发展战略进行了具体部署。在“十一五”“十二五”规划中都强调要促进人口、资源、环境的协调发展，实施可持续发展战略，增强可持续发展能力。

2012 年 11 月中国共产党第十八次全国代表大会，从新的历史起点出发，作出了“大力推进生态文明建设”的战略决策，并将生态文明建设与经济建设、政治建设、文化建设、社会建设相并列形成五大建设，把生态文明建设放在前所未有的突出地位，努力建设美丽中国，实现中华民族永续发展。

本书以环境问题为切入点，从环境保护与可持续发展的角度，在介绍了环境、环境科学与环境工程的基本知识的基础上，系统阐述了环境污染控制的原理和方法、清洁生产和循环经济的理论与实践以及环境管理方面的有关内容，力求反映出该领域内的最新成果和发展趋势。全书共分 13 章，主要内容包括绪论、大气污染与控制、水体污染与控制、固体废物污染与控制、噪声污染与控制、其他物理污染及防护、土壤污染与控制、清洁生产、循环经济、环境法治、城市环境综合整治与生态城市建设、环境监测与环境评价、环境规划。本书编写分工如下：第 1、7 ~ 13 章由曲向荣编写，第 2 章由李辉编写，第 3、4 章由曲向荣、崔丽、张林楠编写，第 5 章由吴昊、刘勇涛编写，第 6 章由王剑、庞香蕊编写。全书由曲向荣统稿。

本书可作为高等院校环境科学与工程类专业的基础课教材，也可作为高等院校非环境专业环境教育的公共课教材，还可作为环境保护从业人员的参考书。希望通过对本书的使用和阅读，读者能具备环境工程的基础知识，将来从事工作时，能够有较强的环境意识，考虑环境问题的产生与消除，自觉地将生产操作与环境保护结合起来，真正做到从源头解决环境问题，实现经济与环境的协调发展。

本书编写过程中，参阅并引用了大量的国内外有关文献和资料，在此向所引用的参考文献的作者致以谢意。

本书内容广泛，因编者学术水平和经验所限，不妥之处在所难免，敬请读者批评指正。

编　者

目 录

第1章 绪论

1

1.1 环境科学与环境工程学

1.1.1 环境科学

环境科学是在人们急待解决环境问题的社会需要下迅速发展起来的。它是一个由多学科到跨学科的庞大科学体系组成的新兴学科，也是一个介于自然科学、社会科学和技术科学之间的边际学科。目前，环境科学可定义为“是一门研究人类社会发展活动与环境演化规律之间相互作用关系，寻求人类社会与环境协同演化、持续发展途径与方法的科学”。它的形成与发展过程与传统的自然科学、社会科学、技术科学都有着十分密切的联系。

1. 环境科学的出现

早在19世纪下半叶，环境问题已开始受到社会的注意，生物学、地学、医学、工程学等学科的学者分别从本学科角度出发对环境问题进行探索和研究。1857年英国生物学家达尔文在《物种起源》一书中，以无可辩驳的事实依据论证了生物是进化而来的，生物的进化同环境的变化有很大关系，生物必须适应环境才能生存。达尔文把生物和环境的各种复杂关系叫做“生存斗争”或者“适者生存”。1869年德国生物学家海克尔提出了物种变异是适应和遗传两个因素相互作用的结果，提出了生态学的概念。1935年英国植物生态学家坦斯莱提出了生态系统的概念，即生态系统是生物与其非生物环境相互作用的统一体。目前生态学的研究大多是围绕着生态系统进行的。公共卫生学从20世纪20年代以来，逐渐由关注传染病发展到重视环境污染对健康的危害。在工程技术方面，1850年出现了化学消毒法，杀灭饮水中的致病菌，以防止水媒介的流行病蔓延，1897年英国建立了污水处理厂。消烟除尘技术在19世纪后期已有所发展，美国在1885年发明了离心除尘器，20世纪初开始采用布袋除尘器，随后通风除尘技术、空气调节、燃烧装置改造、工业气体净化等工程技术逐渐得到推广应用。

20世纪50年代环境问题日趋严重，许多自然科学家，包括生物学、化学、地理学、工程学、物理学等方面的专家学者对环境问题进行了联合调查和研究。他们在原学科的基础上，运用原学科的理论和方法，研究环境问题，逐渐出现了一些新的分支学科，如环境生物学、环境化学、环境医学、环境工程学、环境物理学等，在这些分支学科的基础上孕育产生了环境科学。最早提出“环境科学”这一概念的是美国学者。1968年国际科学联合理事会设立了环境科学委员会。1972年出版了美国经济学家沃德和医学家杜博斯主编的《只有一个地球》一书。著者从整个地球前途出发，从社会、经济和政治的角度探讨环境问题，要求人类明智地管理地球。此后，便开始出现了以“环境科学”为书名的综合性著作。

2. 环境科学的任务

自然环境本身具有它的发生和发展规律，而人类却要利用和改造环境，因此，两者之间存在矛盾。环境科学的基本任务就是揭示人与环境之间的矛盾，研究环境中的物质和能量交换过程的规律性，寻求解决这些矛盾的途径和方法，同时预测未来的环境状况，规划设计人类所需要的美好环境。用环境系统工程的语言来说，环境科学的基本任务就是通过系统分析与综合，规划设计出高效的“人类—环境”系统，并把它调控到最优化的运行状态。具体地说，环境科学的主要任务有：

（1）探索全球范围内自然环境演化的规律　全球性的环境包括大气圈、水圈、土壤岩石圈、生物圈，它们总是在相互作用、相互影响中不断地演化，环境变异也随时随地发生。在人类改造自然的过程中，为使环境向有利于人类的方向发展，避免向不利于人类的方向发展，就必须了解和掌握环境的变化规律，包括环境的基本特征、环境结构和组成、环境演化的机理等，从而为改善和创造有利于人类的环境提供科学依据。

（2）揭示人类活动同自然环境之间的关系　即揭示资源与环境对人类活动的承载力。一是使人类活动排入环境的废弃物不超出环境的自净能力，避免造成环境污染，损害环境质量；二是使人类从环境中获取的资源有一定限度，从而保障自然资源能被人类永续利用。

（3）探索环境变化对人类生存的影响　环境变化是由物理的、化学的、生物的和社会的因素以及它们的相互作用所引起的。因此，必须研究环境变化对人类生存的影响，研究污染物进入人体的途径及对人体健康产生危害的机理，从而为制定环境卫生标准和采取预防措施提供依据。

（4）研究区域环境问题综合防治的途径　要从区域的自然环境条件和社会发展状况出发，研究区域环境问题产生的原因，综合运用行政、法律、经济、技术和宣传教育等手段，从区域环境的整体上调节控制“人类—环境”系统，利用系统分析和系统工程的方法，寻求解决区域环境问题的最佳途径和方案。

3. 环境科学的分类

在现阶段，环境科学主要是运用自然科学和社会科学有关学科的理论、技术和方法来研究环境问题，形成与有关学科相互渗透、相互交叉的许多分支学科。属于自然科学方面的有环境地学、环境生物学、环境化学、环境物理、环境医学、环境工程学；属于社会科学方面的有环境管理学、环境经济学、环境法学、环境教育学、环境伦理学等。

可见，环境科学体系好像是一株大树，树上分枝，枝上分杈，但它们都是“同根生”，也就是说各个分支学科都是以环境为共同的研究对象。

到目前为止，环境科学尚无统一的分类，一般可分为以下六个学科：

1）环境社会科学，如环境发展史、环境经济学、环境法学、环境教育学、环境伦理学、环境管理学等。

2）环境生物学，如污染生态学、环境水生物学、环境微生物学等。

3）环境化学，如环境污染化学、环境分析化学和环境监测。

4）环境物理学，如环境声学、环境光学、环境热学、环境电磁学等。

5）环境医学，如环境流行病学、环境毒理学、环境医学监测、公害病及其防治等。

6）环境工程学，如大气污染控制工程、水污染控制工程、噪声污染控制工程、固体废物污染控制工程、环境质量评价等。

1.1.2 环境工程学

1. 环境工程学的基本概念

环境工程学是环境科学的学科分支之一，是一门新兴的综合性工程技术学科。它运用工程技术的原理和方法治理环境污染，保护和改善环境质量；并运用系统工程的方法研究合理利用自然资源，从整体上解决环境问题的技术途径和技术措施。它是环境保护工作的重要“硬件”之一。

环境工程学是人类在解决环境污染的过程中逐步发展并形成的。20世纪以来，随着一系列环境污染公害事件在世界各地的相继发生并夺去成千上万人的生命，更使环境污染控制成为人们高度关心的问题，由此推动了环境工程学科的形成。此外，由于自产业革命以来，世界各地的污染问题由水体污染逐渐向大气污染、固体废物污染及城市噪声公害污染等多方向发展，使环境工程所涉及的领域不断扩大，使之成为涉及土木工程技术、生物生态技术、化工技术、机械工程、系统工程技术等一系列技术的综合性学科并日臻完善。

2. 环境工程学的主要研究内容

（1）环境污染控制工程　主要研究环境污染控制的工程技术措施，并将其应用于污染的治理。它既包括利用单元操作和单元过程对局部污染的控制，也包括区域污染的综合控制。具体有：

1）水污染控制工程，主要研究城市污水和行业废水的污染控制和污染水体的修复。其主要研究内容有水体的自净规律及其利用、城市和行业废水治理的技术措施和区域水污染的综合控制等。

2）大气污染控制工程，主要研究人类活动向大气排放的有害污染物的迁移转化规律，应用技术措施削减和去除各种污染物，其污染控制技术与一个国家或地区的能源使用结构和利用效率密切相关。其主要研究领域有大气质量管理、颗粒污染物治理技术、气体污染物治理技术及大气污染的综合控制等。

3）固体废弃物污染控制工程，主要研究工业废渣和城市垃圾等的减量化、资源化和处理处置的技术工艺措施，它与城市的发展水平及人们的消费观念密切相关。

4）噪声及其他物理污染控制工程，主要研究声源控制及隔声消声等工程技术措施以及电磁辐射污染、放射性污染、热污染、光污染控制等。

5）土壤污染控制工程，主要研究土壤重金属、化学农药、石油等污染控制的工程技术方法，修复已污染的土壤使其达到某种土地再利用的目的。它与水污染控制、大气污染控制、固体废弃物污染控制密切相关。

（2）环境系统工程　以环境科学理论和环境工程的技术方法为基础，综合运用系统论、控制论和信息论的原理以及现代管理的数学方法和计算机技术，对环境问题进行系统的分析、规划和管理，以谋求从整体上解决环境问题，优化环境与经济发展的关系。它主要包括环境系统的模式化和优化两个内容，如土地资源的合理利用和规划问题、城市生态工程的规划问题等。

(3) 环境质量评价 环境质量评价是按照一定的标准和方法对环境质量给予定性或定量的说明与描述。通过环境质量评价可以判断环境质量的优劣程度，认识环境质量价值的高低，判定环境质量与人类生存发展之间的关系，从而为保护和改善环境质量提出具体可行的措施。环境质量评价可为环境管理、环境污染综合控制、环境标准的制定、生态环境建设及环境规划提供科学的依据，为国家制定环境保护政策提供信息。环境质量评价可分为回顾性评价（根据某一地区历年积累的环境资料对该地区过去一段时间的环境质量进行评价）、现状评价（根据近期的环境资料对某一地区的环境质量进行评价）和影响评价（根据一个地区经济发展的规划或者拟建项目对该地区未来的环境质量进行分析、预测和评价）三种类型。

总之，环境工程是一门新兴的工程技术科学，它形成的历史不长，是涉及诸多领域的一门综合性学科，环境问题的性质又在不断地变化，故其研究内容也将得到不断的充实和发展。

1.2 环境

1.2.1 环境的基本概念

环境是一个极其广泛的概念，它不能孤立地存在，是相对某一中心事物而言的，不同的中心事物有不同的环境范畴。对于环境科学而言，中心事物是人，环境的含义是以人为中心的客观存在，这个客观存在主要是指人类已经认识到的、直接或间接影响人类生存与发展的周围事物。它既包括未经人类改造过的自然界众多要素，如阳光、空气、陆地（山地、平原等）、土壤、水体（河流、湖泊、海洋等）、天然森林和草原、野生生物等，又包括经过人类社会加工改造过的自然界，如城市、村落、水库、港口、公路、铁路、机场、园林等。它既包括这些物质性的要素，又包括由这些物质性要素所构成的系统及其所呈现出的状态。

目前，还有一种为适应某些方面工作的需要，而给"环境"下的定义，它们大多出现在世界各国颁布的环境保护法规中。如《中华人民共和国环境保护法》对环境作了如下规定："本法所称的环境，是指影响人类生存和发展的各种天然的和经过人工改造的自然因素的总体，包括大气、水、海洋、土地、矿藏、森林、草原、野生动植物、自然遗迹、人文遗迹、自然保护区、风景名胜区、城市和乡村等。"可以认为，我国环境法规对环境的定义相当广泛，包括前述的自然环境和人工环境。环境保护法是一种把环境中应当保护的要素或对象界定为环境的一种工作定义，其目的是从实际工作的需要出发，对环境一词的法律适用对象或适用范围作出规定，以保证法律的准确实施。

1.2.2 环境要素及其属性

1. 环境要素

构成环境整体的各个独立的、性质不同而又服从总体演化规律的基本物质组分称为环境要素，亦称环境基质。它主要包括水、大气、生物、土壤、岩石和阳光等。环境要素组成环境的结构单元，环境的结构单元又组成环境整体或环境系统。如空气、水蒸气、地球引力、阳光等组成大气圈；河流、湖泊、海洋等地球上各种形态的水体组成水圈；土壤组成农田、草地和林地等，岩石组成地壳、地幔和地核，全部岩石和土壤构成岩石圈或称土壤－岩石圈；动物、植物、微生物组成生物群落，全部生物群落构成生物圈。大气圈、水圈、土壤－岩石圈和生物圈这4个圈层构成了人类的生存环境，即地球环境系统。

2. 环境要素的属性

环境要素具有非常重要的属性，这些属性决定了各个环境要素间的联系和作用的性质，是人类认识环境、改造环境、保护环境的基本依据。在这些属性中，最重要的是：

（1）环境整体大于诸要素之和　环境诸要素之间相互联系、相互作用形成环境的总体效应，这种总体效应是在个体效应基础上的质的飞跃。某处环境所表现出的性质，不等于组成该环境的各个要素性质之和，而要比这种“和”丰富得多，复杂得多。

（2）环境要素的相互依赖性　环境诸要素是相互联系、相互作用的。环境诸要素间的相互作用和制约，一方面是通过能量流，即通过能量在各要素之间的传递，或以能量形式在各要素之间的转换来实现的；另一方面是通过物质循环，即物质在环境要素之间的传递和转化，使环境要素相互联系在一起的。

（3）环境质量的最差限制律　环境质量的一个重要特征是最差限制律，即整体环境的质量不是由环境诸要素的平均状态决定的，而是受环境诸要素中那个“最差状态”的要素控制的，而不能够因其他要素处于良好状态得到补偿。因此，环境诸要素之间是不能相互替代的。如一个区域的空气质量优良，声环境质量较好，但水体污染严重，则该区域的总体环境质量就由水环境质量所决定。要改善该区域的整体环境质量，就要首先改善该区域的水环境质量。

（4）环境要素的等值性　任何一个环境要素对于环境质量的限制，只有当它们处于最差状态时，才具有等值性。也就是说，各个环境要素，无论它们本身在规模上或数量上是如何的不相同，但只要是一个独立的要素，那么它们对环境质量的限制作用并无质的差别。如前述，对一个区域来说，属于环境范畴的空气、水体、土地等均是独立的环境要素，无论哪个要素处于最差状态，都制约着环境质量，使总体环境质量变差。

（5）环境要素变化之间的连锁反应　每个环境要素在发展变化的过程中，既受到其他要素的影响，同时也影响其他要素，形成连锁反应。如由于温室效应引起的大气升温，将导致干旱、洪涝、沙尘暴、飓风、泥石流、土地荒漠化、水土流失等一系列自然灾害。这些自然现象互相之间一环扣一环，只要其中的一环发生改变，可能引起一系列连锁反应。

1.2.3 环境的类型

环境的类型目前有3种分法：按照环境的主体进行划分、按环境范围的大小进行划分、按环境要素的属性进行划分。

按照环境的主体，主要有两种分法：一种是以人类为主体，而把人类以外其他的生命物体和非生命物质都视为环境要素，这种分法的环境实际上就是指人类生存的环境，即人类环境。环境科学就是采用这种分法。另一种分法是以生物体（界）为环境的主体，而把主体生物以外的其他生命物体和非生命物质都看成是环境要素。生态学采用的就是这种分法。

按照环境范围的大小，由小至大，环境可分为特定空间的环境（如航空、航天的密封舱环境等）、车间环境（劳动环境）、生活区环境（如居室环境、院落环境等）、城市环境、区域环境（如流域环境、行政区域环境等）、全球环境和星际环境等。

按照环境要素的属性可分为自然环境和社会环境两大类。在自然环境中，按其主要的环境组成要素，可将环境再进一步划分为大气环境、水环境（如河流环境、海洋环境、湖泊环境等）、土壤环境、生物环境（如森林环境、草原环境等）、地质环境等。社会环境则是人类社会在长期的发展中，为了不断提高人类的物质和文化生活而创造出来的。社会环境按照人类对环境的利用或环境的功能可再进一步分为聚落环境（如院落环境、村落环境、城市环境）、生产环境（如工厂环境、矿山环境、农场环境、林场环境）、交通环境（如机场环境、港口环境）、文化环境（如学校及文化教育区、文物古迹保护区、风景游览区和自然保护区）等。

上述对环境的分类方法都是为研究的方便而提出的。不同分类法所定义的环境类型相互紧密关联、重叠并相互影响、相互作用和制约。

1.3 环境问题

环境科学与环境保护所研究的环境问题主要不是自然灾害问题（原生或第一环境问题），而是人为因素所引起的环境问题（次生或第二环境问题）。这种人为环境问题一般可分为两类：一是不合理开发利用自然资源，超出环境承载力，使生态环境质量恶化或自然资源枯竭的现象；二是人口激增、城市化和工农业高速发展引起的环境污染和破坏。总之，环境问题是人类经济社会发展与环境的关系不协调所引起的问题。

1.3.1 环境问题的由来与发展

从人类诞生开始就存在着人与环境的对立统一关系，就出现了环境问题。随着人类社会的发展，环境问题也在发展变化，大体上经历了四个阶段。

1. 环境问题萌芽阶段（工业革命以前）

人类在诞生以后很长的岁月里，只是靠采集野果和捕猎动物为生，那时人类对自然环境的依赖性非常大，人类主要是以生活活动、生理代谢过程与环境进行物质和能量转换，主要是利用环境，而很少有意识地改造环境。如果说那时也发生“环境问题”的话，则主要是由于人口的自然增长和盲目的乱采乱捕、滥用资源而造成生活资料缺乏，引起的饥荒问题。为了解除这种环境威胁，人类被迫学会了吃一切可以吃的东西，以扩大和丰富自己的食谱，或是被迫扩大自己的生活领域，学会适应在新的环境中生活的本领。

随后，人类学会了培育、驯化植物和动物，开始发展农业和畜牧业，这在生产发展史上是一次伟大的革命——农业革命。而随着农业和畜牧业的发展，人类改造环境的作用也越来越明显地显示出来，但与此同时也发生了相应的环境问题，如大量砍伐森林、破坏草原、刀耕火种、盲目开荒，往往引起严重的水土流失、水旱灾害频繁和沙漠化；又如兴修水利，不合理灌溉，往往引起土壤的盐渍化、沼泽化，以及引起某些传染病的流行。在工业革命以前虽然已出现了城市化和手工业作坊（或工场），但工业生产并不发达，由此引起的环境污染问题并不突出。

2. 环境问题的发展恶化阶段（工业革命至20世纪50年代前）

随着生产力的发展，在18世纪60年代至19世纪中叶，生产发展史上又出现了一次伟大的革命——工业革命。它使建立在个人才能、技术和经验之上的小生产被建立在科学技术成果之上的大生产所代替，大幅度地提高了劳动生产效率，增强了人类利用和改造环境的能力，大规模地改变了环境的组成和结构，从而也改变了环境中的物质循环系统，扩大了人类的活动领域，但与此同时也带来了新的环境问题。一些工业发达的城市和工矿区的工业企业，排出了大量的废弃物污染了环境，使污染事件不断发生。1873 年至 1892 年期间，英国伦敦多次发生可怕的有毒烟雾事件；19 世纪后期，日本足尾铜矿区排出的废水污染了大片农田；1930 年 12 月，比利时马斯河谷工业区由于工厂排出的含有 SO_2 的有害气体，在逆温条件下造成了几千人发病，60 人死亡的严重大气污染事件；1943 年 5 月，美国洛杉矶市由于汽车排放的碳氢化合物和 NO_x，在太阳光的作用下，产生了光化学烟雾，造成大多数居民患病，400 多人死亡的严重大气污染事件。如果说农业生产主要是生活资料的生产，它在生产和消费中所排放的“三废”是可以纳入物质的生物循环，能迅速净化、重复利用的，那么工业生产除生产生活资料外，它大规模地进行生产资料的生产，把大量深埋在地下的矿物资源开采出来，加工利用投入环境之中，许多工业产品在生产和消费过程中排放的“三废”，都是生物和人类所不熟悉，难以降解、同化和忍受的。总之，由于蒸汽机的发明和广泛使用，大工业日益发展，生产力有了很大的提高，环境问题也随之发展且逐步恶化。

3. 环境问题的第一次高潮（20 世纪 50 年代至 80 年代以前）

20 世纪 50 年代以后，环境问题更加突出，震惊世界的公害事件接连不断，如 1952 年 12 月的伦敦烟雾事件（由居民燃煤取暖排放的 SO_2 和烟尘遇逆温天气，造成 5 天内死亡人数达 4000 人），1953—1956 年日本的水俣病事件（由水俣湾镇氮肥厂排出的含甲基汞废水进入了水俣湾，人食用了含甲基汞的鱼、贝类，造成神经系统中毒，病人口齿不清，步态不稳、面部痴呆、耳聋眼瞎、全身麻木，最后精神失常，患者达 180 人，死亡达 50 多人），1955—1972 年日本的骨痛病事件（由日本富山县炼锌厂排放的含 Cd 废水进入了河流，人喝了含 Cd 的水，吃了含 Cd 的米，造成关节痛、神经痛和全身骨痛，最后骨脆、骨折、骨骼软化，饮食不进，在衰弱、疼痛中死去，患者超过 280 人，死亡人数达 34 人），1961 年日本的四日市哮喘病事件（由四日市石油化工联合企业排放的 SO_2、碳氢化合物 、NO_x 和飘尘等污染物造成的大气污染事件，此次事件中患有支气管哮喘、肺气肿的患者超过 500 人，死亡人数达 36 人）等。这些震惊世界的公害事件，形成了第一次环境问题高潮。第一次环境问题高潮产生的原因主要有两个：

其一是人口迅猛增加，都市化速度加快。刚进入 20 世纪时世界人口为 16 亿，至 1950 年增至 25 亿（经过 50 年人口约增加了 9 亿）；1950—1968 年仅 18 年间人口就由 25 亿增加到 35 亿（增加了 10 亿）；而后，人口由 35 亿增至 45 亿只用了 12 年（1968—1980 年）。1900 年拥有 70 万以上人口的城市，全世界有 299 座，到 1951 年迅速增到 879 座，其中百万人口以上的大城市约有 69 座。在许多发达国家中，有半数人口住在城市。

其二是工业不断集中和扩大，能源消耗大增。1900 年世界能源消费量还不到 10 亿 t 煤当量，至 1950 年就猛增至 25 亿 t 煤当量；到 1956 年石油的消费量也猛增至 6 亿 t，在能源中所占的比例加大，又增加了新污染。大工业的迅速发展逐渐形成大的工业地带，而当时人们的环境意识还很薄弱，第一次环境问题高潮出现是必然的。

当时，在工业发达国家因环境污染已达到严重程度，直接威胁到人们的生命和安全，成为重大的社会问题，激起广大人民的不满，并且也影响了经济的顺利发展。1972 年的斯德哥尔摩人类环境会议就是在这种历史背景下召开的。这次会议对人类认识环境问题来说是一个里程碑。工业发达国家把环境问题摆上了国家议事日程，包括制定法律、建立机构、加强管理、采用新技术，20 世纪 70 年代中期环境污染得到了有效控制。城市和工业区的环境质量有明显改善。

4. 环境问题的第二次高潮（20 世纪 80 年代以后）

第二次高潮是伴随全球性环境污染和大范围生态破坏，在 20 世纪 80 年代初开始出现的一次高潮。人们共同关心的影响范围大和危害严重的环境问题有三类：一是全球性的大气污染，如“温室效应”、臭氧层破坏和酸雨；二是大面积生态破坏，如大面积森林被毁、草场退化、土壤侵蚀和荒漠化；三是突发性的严重污染事件迭起，如印度博帕尔农药泄漏事件（1984 年 12 月），前苏联切尔诺贝利核电站泄漏事故（1986 年 4 月），莱茵河污染事故（1986 年 11 月）等。1979—1988 年这类突发性的严重污染事故就发生了 10 多起。这些全球性大范围的环境问题严重威胁着人类的生存和发展，不论是广大公众还是政府官员，也不论是发达国家还是发展中国家，都普遍对此表示不安。1992 年里约热内卢环境与发展大会正是在这种社会背景下召开的，这次会议是人类认识环境问题的又一里程碑。

前后两次高潮有很大的不同，有明显的阶段性。

其一，影响范围不同。第一次高潮主要出现在工业发达国家，重点是局部性、小范围的环境污染问题，如城市、河流、农田污染等；第二次高潮则是大范围，乃至全球性的环境污染和大面积生态破坏。这些环境问题不仅对某个国家、某个地区造成危害，而且对人类赖以生存的整个地球环境造成危害。这不但包括了经济发达的国家，也包括了众多的发展中国家。发展中国家不仅认识到全球性环境问题与己休戚相关，而且本国面临的诸多环境问题，特别是植被破坏、水土流失和荒漠化等生态恶性循环，是比发达国家的环境污染危害更大、更难解决的环境问题。

其二，就危害后果而言，前次高潮人们关心的是环境污染对人体健康的影响，环境污染虽然也对经济造成损害，但问题还不突出；第二次高潮不但明显损害人类健康，每分钟因水污染和环境污染而死亡的人数全世界平均达到 28 人，而且全球性的环境污染和生态破坏已威胁到全人类的生存与发展，阻碍经济的持续发展。

其三，就污染源而言，第一次高潮的污染来源尚不太复杂，较易通过污染源调查弄清产生环境问题的来龙去脉。只要一个城市、一个工矿区或一个国家下决心，采取措施，污染就可以得到有效控制。第二次高潮出现的环境问题，污染源和破坏源众多，不但分布广，而且来源杂，既来自人类的经济再生产活动，也来自人类的日常生活活动；既来自发达国家，也来自发展中国家，解决这些环境问题只靠一个国家的努力很难奏效，要靠众多国家，甚至全球人类的共同努力才行，这就极大地增加了解决问题的难度。

其四，第二次高潮的突发性严重污染事件与第一次高潮的“公害事件”也不相同。一是带有突发性，二是事故污染范围大、危害严重、经济损失巨大。如印度博帕尔农药泄漏事件，受害面积达 $40km^2$，据美国一些科学家估计，死亡人数在 0.6 ~ 1 万人，受害人数为 10 万 ~ 20万人，其中有许多人双目失明或终生残疾，直接经济损失数十亿美元。

1.3.2 当前世界面临的主要环境问题

当前人类所面临的主要环境问题是人口问题、资源问题、生态破坏问题和环境污染问题。它们之间相互关联、相互影响，成为当今世界环境科学所关注的主要问题。

1. 人口问题

人口的急剧增加可以认为是当前环境的首要问题。近百年来，世界人口的增长速度达到了人类历史上的最高峰，目前世界人口已达60亿。众所周知，人既是生产者，又是消费者。

对于作为生产者的人来说，任何生产都需要大量的自然资源来支持，如农业生产要有耕地、灌溉水源，工业生产要有能源、各类矿产资源、各类生物资源等。随着人口的增加，生产规模必然扩大，一方面所需要的资源量持续增大，另一方面在任何生产中都会有废物排出，而随着生产规模的扩大，资源的消耗和废物的排放量也会逐渐增大。

对于作为消费者的人类来说，随着人口的增加、生活水平的提高，人类对土地的占用（如居住、生产食物）会越来越多，对各类资源如矿物能源、水资源等的利用也会急剧增加，当然排出的废物量也会随之增加，从而加重资源消耗和环境污染。地球上一切资源都是有限的，即使是可恢复的资源如水，可再生的生物资源，也是有一定的再生速度，在每年中有一定可供应量的。尤其是土地资源不仅总面积有限，人类难以改变，而且还是不可迁移的和不可重叠利用的。这样，有限的全球环境和有限的资源限定了地球上的人口也必将是有限的。如果人口急剧增加，超过了地球环境的合理承载能力，则必造成资源短缺、环境污染和生态破坏。这些现象在地球上的某些地区已出现了，也正是人类要研究和改善的问题。

2. 资源问题

资源问题是当今人类发展所面临的另一个主要问题。众所周知，自然资源是人类生存发展不可缺少的物质依托和条件。然而，随着全球人口的增长和经济的发展，对资源的需求与日俱增，人类正受到某些资源短缺或耗竭的严重挑战。全球资源匮乏和危机主要表现在：土地资源在不断减少和退化，森林资源在不断缩小，淡水资源出现严重不足，某些矿产资源濒临枯竭等。

（1）土地资源在不断减少和退化　土地资源损失尤其是可耕地资源损失已成为全球性的问题，发展中国家尤为严重。目前，人类开发利用的耕地和牧场，由于各种原因正在不断减少或退化，而全球可供开发利用的后备资源已很少，许多地区已经近于枯竭。随着世界人口的快速增长，人均占有的土地资源在迅速下降，这对人类的生存构成了严重威胁。据联合国人口机构预测，到2050年，世界人口可能达到94亿，全世界人口迅猛增加，使土地的人口“负荷系数”（为某国家或地区人口平均密度与世界人口平均密度之比）每年增加2%，若按农用面积计算，其负荷系数则每年增加6%～7%，这意味着人口的增长将给本来就十分紧张的土地资源，特别是耕地资源造成更大的压力。

（2）森林资源在不断缩小　森林是人类最宝贵的资源之一，它不仅能为人类提供大量的林木资源，具有重要的经济价值，而且它还具有调节气候、防风固沙、涵养水源、保持水土、净化大气、保护生物多样性、吸收二氧化碳、美化环境等重要的生态学价值。森林的生态学价值要远远大于其直接的经济价值。由于人类对森林的生态学价值认识不足，受短期利益的驱动，对森林资源的利用过度，使世界的森林资源锐减，造成了许多生态灾害。历史上世界森林植被变化最大的是在温带地区。自从大约8000年前开始大规模的农业开垦以来，温带落叶林已减少33%左右。但近几十年中，世界毁林集中发生在热带地区，热带森林正以前所未有的速率在减少。

（3）淡水资源出现严重不足　目前，世界上有43个国家和地区缺水，占全球陆地面积的60%。约有20亿人用水紧张，10亿人得不到良好的饮用水。此外，由于严重的水污染，更加剧了水资源的紧张程度。水资源短缺已成为许多国家经济发展的障碍，成为全世界普遍关注的问题。当前，水资源正面临着水资源短缺和用水量持续增长的双重矛盾。正如联合国早在1977年所发出的警告："水不久将成为一项严重的社会危机，石油危机之后下一个危机是水。"

(4) 某些矿产资源濒临枯竭

1) 化石燃料濒临枯竭。化石燃料是指煤、石油和天然气等地下开采出来的能源。当代人类的社会文明主要是建立在化石能源的基础之上的。无论是工业、农业或生活，其繁荣都依附于化石能源。而由于人类高速发展的需要和无知的浪费，化石燃料逐渐走向枯竭，并反过来直接影响人类的文明生活。

2) 矿产资源匮乏。与化石能源相似，人类不仅无计划地开采地下矿藏，而且在开采过程中浪费惊人，资源利用率很低，导致矿产资源储量不断减少甚至枯竭。

3. 生态破坏

全球性的生态破坏主要包括植被破坏、水土流失、土地沙漠化、生物物种消失等。

(1) 植被破坏　植被是全球或某一地区内所有植物群落的泛称。植被破坏是生态破坏的最典型特征之一。植被的破坏（如森林和草原的破坏）不仅极大地影响了该地区的自然景观，而且由此带来了一系列的严重后果，如生态系统恶化、环境质量下降、水土流失、土地沙化以及自然灾害加剧，进而可能引起土壤荒漠化；土壤的荒漠化又加剧了水土流失，以致形成生态环境的恶性循环。

(2) 水土流失　水土流失是当今世界上一个普遍存在的生态环境问题。据最新估计，最近几年全世界每年有700~900万hm^2的农田因水土流失丧失生产能力，每年有大约几十亿吨流失的土壤在河流河床和水库中淤积。

(3) 土地沙漠化　土地沙漠化是指非沙漠地区出现以风沙活动、沙丘起伏为主要标志的环境退化过程。目前全球土地沙漠化的趋势还在扩展，沙化、半沙化面积还在逐年增加。沙漠化使可利用土地面积缩小，土地产出减少，降低了养育人口的能力，成为影响全球生态环境的重大问题。

(4) 生物物种消失　生物物种消失是全球普遍关注的重大生态环境问题。由于森林、湿地面积锐减和草原退化，使生物物种的栖息地遭到了严重的破坏，生物物种正以空前的速度在灭绝。迄今已知，在过去的4个世纪中，人类活动已使全球700多个物种绝迹，包括100多种哺乳动物和160种鸟类，其中1/3是19世纪前消失的，1/3是19世纪灭绝的，另1/3是近50年来灭绝的，明显呈加速灭绝之势。

研究表明：倘若一个森林区的原面积减少10%，即可使继续存在的生物物种下降至50%。

4. 环境污染

环境污染作为全球性的重要环境问题，主要指的是温室气体过量排放造成的气候变化、臭氧层破坏、广泛的大气污染和酸沉降、海洋污染等。

(1) 温室气体过量排放造成的气候变化　由于人类生产活动的规模空前扩大，向大气层排放了大量的微量组分（如CO_2、CH_4、N_2O、CFCs等），大气中的这些微量成分能使太阳的短波辐射透过，地面吸收了太阳的短波辐射后被加热，于是不断地向外发出长波辐射，长波辐射又被大气中的这些组分所吸收，并以长波辐射的形式放射回地面，使地面的辐射不至于大量损失到太空中去。因为这种作用与暖房玻璃的作用非常相似，称为温室效应。这些能使地球大气增温的微量组分，称为温室气体。温室气体的增加可导致气候变暖。研究表明，大气中 CO_2 含量每增加 1 倍，全球平均气温将上升（3 ± 1.5）℃。气候变暖会影响陆地生态系统中动植物的生理和区域生物的多样性，使农业生产能力下降。干旱和炎热的天气会导致森林火灾不断发生和沙漠化过程加强。气候变暖还会使冰川融化，海平面上升，大量沿海城市、低地和海岛将被水淹没，洪水不断。气候变暖会加大疾病的发病率和死亡率。

（2）臭氧层破坏　处于大气平流层中的臭氧层是地球的一个保护层，它能阻止过量的紫外线到达地球表面，以保护地球生命免遭过量紫外线的伤害。然而，自 1958 年以来，高空臭氧有减少趋势，20 世纪 70 年代以来，这种趋势更为明显。1985 年英国科学家 Farmen 等人在南极上空首次观察到臭氧含量减少超过 30% 的现象，并称其为“臭氧空洞”。造成臭氧层破坏的主要原因是人类向大气中排放的氯氟烷烃化合物（氟利昂 CFCs）、溴氟烷烃化合物及氧化亚氮（N_2O）、四氯化碳（CCl_4）、甲烷（CH_4）等能与臭氧（O_3）起化学反应，以致消耗臭氧层中臭氧的含量。研究表明，平流层中臭氧含量减少 1%，地球表面的紫外线强度将增加 2%，紫外线辐射量的增加会使海洋浮游生物和虾蟹、贝类大量死亡，造成某些生物绝迹，使农作物（小麦、水稻）减产，使人类皮肤癌发病率增加 3% ~ 5%，白内障发病率增加 1.6%，这将对人类和生物产生严重危害。有学者认为平流层中 O_3 含量减至 1/5 时，将成为地球存亡的临界点。

（3）大气污染和酸沉降　在地球演化过程中，大气的主要化学成分 O_2、CO_2 在环境化学过程中起着支配作用，其中 CO_2 的分压在一定的大气压下与自然状态下水的 pH 值有关。由于与 10^5Pa 下的 CO_2 分压相平衡的自然水系统 pH 值为 5.6，故 pH < 5.6 的沉降才能认为是酸沉降。因此，大气酸沉降是指 pH < 5.6 的大气化学物质通过降水、扩散和重力作用等过程降落到地面的现象或过程。通过降水过程表现的大气酸沉降称为湿沉降，它最常见的形式是酸雨。通过气体扩散、固体物降落的大气酸沉降称为干沉降。

酸雨或酸沉降导致的环境酸化是目前全世界最大的环境污染问题之一。随着人口的快速增长和迅速的工业化，酸雨和环境酸化问题一直呈发展趋势，影响地域逐渐扩大，由局部问题发展成为跨国问题，由工业化国家扩大到发展中国家。目前，世界酸雨主要集中在欧洲、北美和中国西南部三个地区。形成酸雨的原因主要是由人类排入大气中的 NO_x 和 SO_x 的影响所致。

可以说，哪里有酸雨，哪里就有危害。酸雨是空中死神、空中杀手、空中化学定时炸弹。酸雨对环境和人类的危害是多方面的。如酸雨可引起江、河、湖、水库等水体酸化，影响水生动植物的生长，当湖水的 pH 值降到 5.0 以下时，湖泊将成为无生命的死湖；酸雨可使土壤酸化，有害金属（Al、Cd）溶出，使植物体内有害物质含量增高，对人体健康构成危害，尤其是植物叶面首当其冲，受害最为严重，直接危害农业和森林草原生态系统，瑞典每年因酸雨损失的木材达 $4.5 \times 10^6 m^3$；酸雨可使铁路、桥梁等建筑物的金属表面受到腐蚀，降低使用寿命；酸雨会加速建筑物的石料及金属材料的风化、腐蚀，使主要成分为 $CaCO_3$ 的纪念碑、石刻壁雕、塑像等文化古迹受到腐蚀和破坏；酸化的饮用水对人的健康危害更大、更直接。

（4）海洋污染　海洋污染是目前海洋环境面临的最重大问题。目前局部海域的石油污染、赤潮、海面漂浮垃圾等现象非常严重，并有扩展到全球海洋的趋势。据估计，输入海洋的污染物，有40%是通过河流输入的，30%是由空气输入的，海运和海上倾倒各约占10%。人类每年向海洋倾倒约600万～1000万t石油、1万t汞、100万t有机氯农药和大量的氮、磷等营养物质。

海洋石油污染不仅影响海洋生物的生长、降低海滨环境的使用价值、破坏海岸设施，还可能影响局部地区的水文气象条件和降低海洋的自净能力。据实测，每滴石油在水面上能够形成0.25m^2的油膜，每吨石油可能覆盖5m×106m的水面。油膜使大气与水面隔绝，减少进入海水的氧的数量，从而降低海洋的自净能力。油膜覆盖海面还会阻碍海水的蒸发，影响大气和海洋的热交换，改变海面的反射率，减少进入海洋表层的日光辐射，对局部地区的水文气象条件可能产生一定的影响。海洋石油污染的最大危害是对海洋生物的影响，油膜和油块能粘住大量鱼卵和幼鱼，使鱼卵死亡、幼鱼畸形，还会使鱼虾类产生石油臭味，使水产品品质下降，造成经济损失。

氮、磷等营养物聚集在浅海或半封闭的海域中，可促使浮游生物过量繁殖，发生赤潮现象。我国1980年以后发生赤潮达30多起，1999年7月13日，辽东湾海域发生了有史以来最大的一次赤潮，面积达6300km^2。

赤潮的危害主要表现在：赤潮生物可分泌黏液，粘附在鱼类的鳃上，妨碍其呼吸导致鱼类窒息死亡；赤潮生物可分泌毒素，使生物中毒或通过食物链引起人类中毒；赤潮生物死亡后，其残骸被需氧微生物分解，消耗水中溶解氧，造成缺氧环境，厌氧气体（NH_3、H_2S、CH_4）的形成，引起鱼、虾、贝类死亡；赤潮生物吸收阳光，遮盖海面（几十厘米），使水下生物得不到阳光照射而影响其生存和繁殖，引起海洋生态系统结构变化，造成食物链局部中断，破坏海洋的正常生产过程。

海水中的重金属、石油、有毒有机物不仅危害海洋生物，并能通过食物链危害人体健康，破坏海洋旅游资源。

1.4 环境保护

环境保护是一项范围广、综合性强、涉及自然科学和社会科学的许多领域，又有自己独特对象的工作。概括起来说，环境保护就是利用现代环境科学的理论与方法，协调人类和环境的关系，解决各种环境问题，是保护、改善和创建环境的一切人类活动的总称。人类社会在不同历史阶段、不同国家或地区有各种不同的环境问题，因而环境保护工作的目标、内容、任务和重点，在不同时期和不同国家是不同的。

1.4.1 世界环境保护的发展历程

近百年来，世界各国，主要是发达国家的环境保护工作，大致经历了四个发展阶段。

1. 限制阶段（20世纪50年代以前）

环境污染早在10世纪就已发生，如英国泰晤士河的污染、日本足尾铜矿的污染事件等。20世纪50年代前后，相继发生了比利时马斯河谷烟雾、美国洛杉矶光化学烟雾、美国多诺拉镇烟雾、英国伦敦烟雾、日本水俣病和骨痛病、日本四日市大气污染和米糠油污染事件，即所谓的八大公害事件。由于当时尚未搞清这些公害事件产生的原因和机理，所以一般只是采取限制措施。如英国伦敦发生烟雾事件后，制定了法律，限制燃料使用量和污染物排放时间。

2."三废"治理阶段

20世纪50年代末、60年代初，发达国家环境污染问题更加突出，环境保护成了举世瞩目的国际性大问题，于是各发达国家相继成立环境保护专门机构。但因当时的环境问题还只是被看做是工业污染问题，所以环境保护工作主要就是治理污染源、减少排污量。因此，在法律措施上，颁布了一系列环境保护的法规和标准，加强法治。在经济措施上，采取给工厂企业补助资金的措施，帮助工厂企业建设净化设施；并通过征收排污费或实行"谁污染、谁治理"的原则，解决环境污染的治理费用问题。在这个阶段，经过大量投资，尽管环境污染有所控制，环境质量有所改善，但所采取的尾部治理措施，从根本上来说是被动的，因而收效并不显著。

3. 综合防治阶段

1972年6月5~16日，联合国在瑞典斯德哥尔摩召开了人类环境会议，并通过了《联合国人类环境宣言》。这次会议，成为人类环境保护工作的历史转折点，它加深了人们对环境问题的认识，扩大了环境问题的范围。宣言指出，环境问题不仅仅是环境污染问题，还应该包括生态环境的破坏问题。另外，它冲破了以环境论环境的狭隘观点，把环境与人口、资源和发展联系在一起，从整体上来解决环境问题。对环境污染问题，也开始实行建设项目环境影响评价制度和污染物排放总量控制制度，从单项治理发展到综合防治。1973年1月，联合国大会决定成立联合国环境规划署，负责处理联合国在环境方面的日常事务工作。

4. 规划管理阶段

20世纪80年代初，由于发达国家经济萧条和能源危机，各国都急需协调发展、就业和环境三者之间的关系，并寻求解决的方法和途径。这一阶段环境保护工作的重点是：制定经济增长、合理开发利用自然资源与环境保护相协调的长期政策。其特点是：重视环境规划和环境管理，对环境规划措施，既要求促进经济发展，又要求保护环境，既要求有经济效益，又要有环境效益，即要在不断发展经济的同时，不断改善和提高环境质量。

这一时期，许多国家在治理环境污染上都进行了大量投资。发达国家，如美国、日本用于环境保护的费用约占国民生产总值的1%~2%；发展中国家为0.5%~1%。环境保护在宏观上促进了经济的发展，既有经济效益，又有社会效益和环境效益；但在微观上，尤其在某些污染型工业和城市垃圾治理等方面，环境污染治理投资较高，运营费用较大，对产品成本有些影响，对城市社会经济的发展是一个重要的制约因素。

1992年6月，在里约热内卢召开了联合国环境与发展大会，这标志着世界环境保护工作又迈上了新的征途，即环境保护的目标是探求环境与人类社会发展的协调方法，从而实现人类与环境的可持续发展。至此，环境保护工作已从单纯治理污染扩展到人类发展、社会进步这个更广阔的范围，"环境与可持续发展"成为当今世界环境保护工作的主题。

2002年8月，在南非约翰内斯堡召开了联合国可持续发展世界首脑会议，这次会议是继1992年联合国环境与发展大会后的又一次盛会。可持续发展世界首脑会议产生了两项最终成果：《执行计划》和《政治宣言》（即《约翰内斯堡可持续发展承诺》）。《执行计划》首先重申了对世界可持续发展具有奠基石作用的里约峰会的原则，同时要求进一步全面贯彻实施《21 世纪议程》。《执行计划》被认为是里约峰会原则的继续，强调全方位采取具体行动和措施，实现世界的可持续发展。《政治宣言》则强调了世界各国领导人对促进和加强环境保护、社会和经济发展肩负的集体责任和应作出政治承诺：即承诺团结一切力量拯救地球，促进人类社会的可持续发展。宣言最后呼吁联合国监督这次峰会所取得的成果的贯彻执行。

2012 年 6 月，联合国可持续发展大会在在巴西里约热内卢举行。大会把“可持续发展和消除贫困背景下的绿色经济”“可持续发展的机制框架”作为两大主题，并将评估“可持续发展取得的进展、存在的差距”“积极应对新问题、新挑战”“作出新的政治承诺”作为此次大会的三大目标。大会肯定绿色经济是可持续发展的重要手段之一，鼓励各国根据不同国情和发展阶段实施绿色经济政策，推进全球可持续发展的进程。

1.4.2 中国环境保护的发展历程

中国的环境保护虽然起步较晚，但成就突出，具有自己的特色。从 1973 年至今共经历了三个阶段。

1. 中国环保事业的起步（1973—1978 年）

1972 年，我国发生了几件较大的环境事件。大连湾污染告急，涨潮一片黑水，退潮一片黑滩，因污染荒废的贝类滩涂超过 $330hm^2$，每年损失海参超过 1.0×10^4kg，贝类超过 1.0×10^5kg，蚬子超过 1.5×10^6kg；北京发生了鱼污染事件，市场出售的鱼有异味，经调查是官厅水库的水受污染造成的。此外，还发生了松花江水系污染报警。一些渔民食用江中含汞的鱼类、贝类，已经出现了水俣病（甲基汞中毒）的症状。

根据时任总理周恩来的指示，中国派代表团参加了 1972 年 6 月 5 日在斯德哥尔摩召开的人类环境会议。通过这次会议，使中国代表团的成员比较深刻地了解到环境问题对经济社会发展的重大影响。中国高层次的决策者们开始认识到中国也存在着严重的环境问题，需要认真对待。

在这样的历史背景下，1973 年 8 月 5~20 日，在北京召开了第一次全国环境保护会议。第一次全国环保会议的历史贡献具体表现为会议取得了 3 项主要成果。一是向全国人民、也向全世界表明了中国不仅认识到存在环境污染，且环境污染已到了比较严重的程度；而且有决心去治理污染。会议作出了环境问题“现在就抓，为时不晚”的明确结论。二是审议通过了“全面规划、合理布局，综合利用、化害为利，依靠群众、大家动手，保护环境、造福人民”的 32 字环境保护方针。三是会议审议通过了中国第一个全国性环境保护文件《关于保护和改善环境的若干规定（试行）》，后经国务院以“国发[1973]158 号”文批转全国。

《关于保护和改善环境的若干规定（试行）》（以下简称《规定》），是中国历史上第一个由国务院批转的具有法规性质的文件。《规定》共 10 条，第 1 条和第 2 条提出“做好全面规划，工业合理布局”；第 3 条“逐步改善老城市的环境”，要求保护水源，消烟除尘，治理城市“四害”，消除污染；第 4 条“综合利用，除害兴利”规定以预防为主治理工业污染，要求努力改革工艺，开展综合利用，并明确规定：“一切新建、扩建和改建企业，防治污染项目必须和主体工程同时设计，同时施工，同时投产”（即“三同时”）。其余各条则是加强土壤和植被的保护；加强水系和海域的管理；植树造林，绿化祖国；以及开展环保科研和宣传教育；开展环境监测工作，落实环保投资、设备和材料等。

这一时期的环境保护工作主要有以下 4 个方面：

（1）全国重点区域的污染源调查、环境质量评价及污染防治途径的研究　主要有：北京西北郊污染源调查及环境质量评价研究；北京东南郊污染源调查、环境质量评价及污染防治途径的研究，这是在总结西北郊工作经验基础上进行的，强调了污染防治途径研究的重要性。此外，沈阳市、南京市等也开展了类似的研究工作。在水域、海域方面开展了蓟运河、白洋淀、鸭儿湖污染源调查，以及渤海、黄海的污染源调查。

（2）开展了以水、大气污染治理和“三废”综合利用为重点的环保工作　主要是保护城市饮用水源和消烟除尘，并大力开展工业“三废”的综合利用。

（3）制定环境保护规划和计划　自 1974 年国务院环境保护领导小组成立之日起，为了尽快控制环境恶化，改善环境质量，1974—1976 年连续下发了三个制定环境保护规划的通知，并提出了“5 年控制，10 年解决”的长远规划目标。尽管因缺乏科学的预测分析，目标不切合实际，但仍是一大进步。

（4）逐步形成一些环境管理制度、制定了“三废”排放标准　1973 年“三同时”制度逐步形成并要求企事业单位执行；1973 年 8 月原国家计划委员会在上报国务院的《关于全国环境保护会议情况的报告》中明确提出：对污染严重的城镇、工业企业、江河湖泊和海湾，要一个一个地提出具体措施，限期治好。1978 年由原国家计划委员会、原国家经济委员会、国务院环境保护领导小组联合提出了一批限期治理的严重污染环境的企业名单，并于当年 10 月下达。

为了加强对工业企业污染的管理，做到有章可循，1973 年 11 月 17 日，由原国家计划委员会、原国家建设委员会、卫生部联合颁布了中国第一个环境标准——GBJ 4—1973《工业三废排放试行标准》。这是一种浓度控制标准，共 4 章 19 条。

2. 改革开放时期环保事业的发展（1979—1992 年）

1978 年 12 月 18 日，党的十一届三中全会的召开，实现了全党工作重点的历史性转移，开创了改革开放和集中力量进行社会主义现代化建设的历史新时期，我国的环境保护事业也进入了一个改革创新的新时期。

1978 年 12 月 31 日，中共中央批准了国务院环境保护领导小组的《环境保护工作汇报要点》，要点指出：“消除污染，保护环境，是进行社会主义建设，实现四个现代化的一个重要组成部分……我们绝不能走先建设、后治理的弯路。我们要在建设的同时就解决环境污染的问题。”这是在中国共产党的历史上，第一次以党中央的名义对环境保护作出的指示，它引起了各级党组织的重视，推动了中国环保事业的发展。

1983 年 12 月 31 日至 1984 年 1 月 7 日，在北京召开了第二次全国环境保护会议。这次会议是中国环境保护工作的一个转折点，为中国的环境保护事业作出了重要的历史贡献。主要有以下 4 个方面。

（1）环境保护基本国策的确立　在第二次全国环境保护会议上，当时担任副总理的李鹏代表国务院宣布：环境保护是中国现代化建设中的一项战略任务，是一项基本国策。从而确定了环境保护在社会主义现代化建设中的重要地位。

（2）“三同步”、“三统一”战略方针的提出　根据我国国情，会议制定了环境保护工作的重要战略方针，提出“经济建设、城乡建设和环境建设同步规划、同步实施、同步发展”，实现“经济效益、社会效益与环境效益的统一”。

（3）确定了符合国情的三大环境政策　中国绝不能走先污染后治理的弯路，而由于人口众多、底子薄，在一个相当长的时期内又不可能拿出大量资金用于污染治理，会议确定把强化环境管理作为当前环境保护的中心环节，提出了符合国情的三大环境政策，即“预防为主、防治结合、综合治理”、“谁污染谁治理”、“强化环境管理”。

（4）提出了到20世纪末的环保战略目标　会议提出：到2000年，力争全国环境污染问题基本得到解决，自然生态基本达到良性循环，城乡生产生活环境优美、安静，全国环境状况基本上同国民经济和人民物质文化生活水平的提高相适应。虽然此后对这个战略目标进行了调整，但奋斗目标的提出为环保工作指明了方向，有利于调动广大干部和人民群众的积极性。

在这一阶段中国的环保政策体系已初步形成，如图1-1所示。

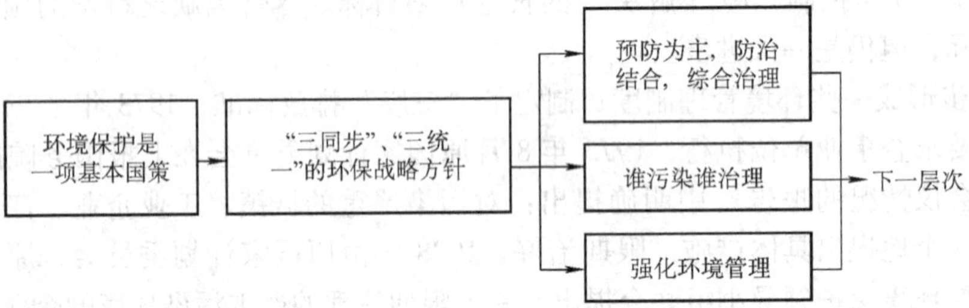

图1-1　环保政策体系示意图

三大环境政策的下一个层次包括环境经济政策、生态保护政策、环境保护技术政策、工业污染控制政策，以及相关的能源政策、技术经济政策等。

在这一阶段中国的环境保护法规体系也初步形成，如图1-2所示。

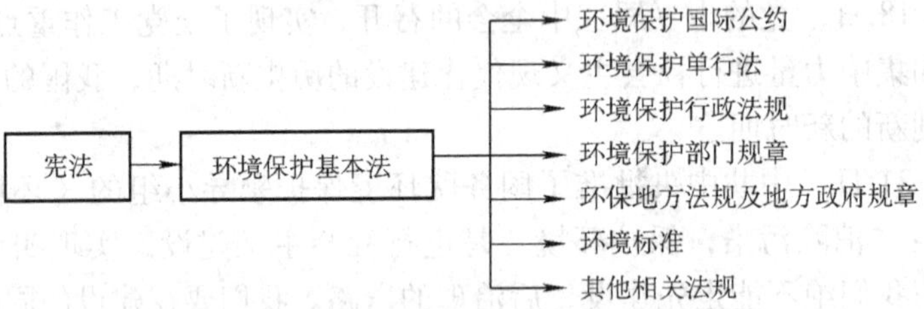

图1-2　中国环境保护法规体系示意图

1989年4月底至5月初在北京召开了第三次全国环境保护会议，这是一次开拓创新的会议。会议明确提出：“努力开拓有中国特色的环境保护道路”，总结确定了八项有中国特色的环境管理制度。按照其在环境管理运行机制中的作用，八项环境管理制度可分为3组。

1）贯彻“三同步”方针，促进经济与环境协调发展的制度，主要包括环境影响评价及“三同时”制度。这两项制度结合起来是防止新污染产生的两个有力的制约环节，可保证经济建设与环境建设同步实施，达到同步协调发展的目标。

2）控制污染，以管促治的制度，主要包括排污收费、排污申报登记及排污许可制度、污染集中控制、限期治理四项制度。

3）环境责任制与定量考核制度，主要包括环境目标责任制、城市环境综合整治定量考核两项制度。

3. 可持续发展时代的中国环境保护（1992 年以后）

1992 年在里约热内卢召开了联合国环境与发展大会，至此实施可持续发展战略已成为全世界各国的共识，世界已进入了可持续发展的时代。可持续发展时代的重要特征是环境原则已成为经济活动中的重要原则。

（1）国际贸易中的环境原则　这项原则是指投放市场的商品（各类产品）必须达到国际规定的环境指标。发达国家的政府实行环境标志制度（里约热内卢大会后我国也开始实行），即对达到环境指标要求的产品颁发环境标志。在国际贸易中将采取限制数量、压低价格甚至禁止进入市场等方法控制无环境标志的产品进口。

（2）工业生产发展的环境原则　1989 年联合国环境规划署决定在全世界范围内推广清洁生产。1991 年 10 月在丹麦举行了生态可承受的（生态可持续性）工业发展部长级会议。推行清洁生产，实现生态可持续工业生产成为工业生产发展的环境原则。生态可持续性工业发展，要求经济增长方式要进行根本性转变，即由粗放型向集约型转变，这是控制工业污染的最佳途径。

（3）经济决策中的环境原则　实行可持续发展战略，就必须推行环境与发展综合决策（环境经济综合决策），即在整个经济决策的过程中都要考虑生态要求，控制开发建设的强度不超出资源环境的承载力，从而使经济与环境协调发展。

这一时期于 1996 年 7 月在北京召开了第四次全国环境保护会议。这次会议对于部署落实跨世纪的环境保护目标和任务，实施可持续发展战略，具有十分重要的意义。这次会议提出了两项重大举措：

其一，“九五”期间全国主要污染物排放总量控制计划。这项举措实质上是对 12 种主要污染物（烟尘、粉尘、SO_2、COD、石油类、汞、镉、六价铬、铅、砷、氰化物及工业固体废物）的排放量进行总量控制，要求其 2000 年的排放总量控制在国家批准的水平。

其二，中国跨世纪绿色工程规划。这项举措是《国家环境保护“九五”计划和 2010 年远景目标》的重要组成部分，也是《国家环境保护“九五”计划》的具体化。它有项目、有重点、有措施，在一定意义上可以说是对“六五”、“七五”、“八五”历次环保 5 年计划的创新和突破，也是同国际接轨的做法。

第四次全国环保会议后，国务院又发布了《国务院关于环境保护若干问题的决定》（以下简称《决定》）。《决定》具有明显的特点。

（1）目标明确《决定》规定：到 2000 年，全国所有工业污染源排放污染物要达到国家或地方规定的标准；各省、自治区、直辖市要使本辖区主要污染物排放总量控制在国家规定的排放总量指标内，环境污染和生态破坏的趋势得到基本控制；直辖市及省会城市、经济特区城市、沿海开放城市和重点旅游城市的环境空气、地面水环境质量，按功能区分别达到国家规定的有关标准（概括为“一控双达标”）。

（2）重点突出　《决定》提出：污染防治的重点是控制工业污染；重点保护好饮用水源，水域污染防治的重点是三湖（太湖、巢湖、滇池）和三河（淮河、海河、辽河）；大气污染防治主要是控制燃煤产生的大气污染，重点控制二氧化硫和酸雨加重的趋势（依法尽快划定酸雨控制区和二氧化硫污染控制区）。

（3）《决定》要求高、可操作性强　《决定》中明确规定的目标、任务和措施共 10 条，要求很高、政策性很强。但这10条内容都是经过有关部门反复讨论、协调形成的统一意见，可操作性强。

2002年11月8～14日中国共产党第十六次全国代表大会举行。在《全面建设小康社会，开创中国特色社会主义事业新局面》的报告中，把实施可持续发展战略，实现经济发展和人口、资源、环境相协调写入了党领导人民建设中国特色社会主义必须坚持的基本经验，强调实现全面建设小康社会的宏伟目标，必须使可持续发展能力不断增强，生态环境得到改善，资源利用效率显著提高，促进人与自然的和谐，推动整个社会走上生产发展、生活富裕、生态良好的文明发展道路。

2005年12月3日国务院发布了《关于落实科学发展观加强环境保护的决定》。该决定指出，要充分认识做好环境保护工作的重要意义，用科学发展观统领环境保护工作，协调经济社会发展与环境保护，切实解决突出的环境问题，建立和完善环境保护的长效机制，加强对环境保护工作的领导。

2007年10月15日在中国共产党第十七次全国代表大会上，《高举中国特色社会主义伟大旗帜，为夺取全面建设小康社会新胜利而奋斗》报告中提出了实现全面建设小康社会奋斗目标的新要求，其中，要"建设生态文明，基本形成节约能源资源和保护生态环境的产业结构、增长方式、消费模式"，并首次把"生态文明"写入了党代会的政治报告。这更有利于着力解决中国发展新阶段面临的一些突出问题。

2012年11月中国共产党第十八次全国代表大会在《坚定不移沿着中国特色社会主义道路前进，为全面建成小康社会而奋斗》报告中，从新的历史起点出发，作出了"大力推进生态文明建设"的战略决策，并将生态文明建设与经济建设、政治建设、文化建设、社会建设相并列形成五大建设，把生态文明建设放在前所未有的突出地位，努力建设美丽中国，实现中华民族永续发展。

2017年10月18日，中国共产党第十九次全国代表大会在《决胜全面建成小康社会，夺取新时代中国特色社会主义伟大胜利》报告中指出，"坚持人与自然和谐共生。建设生态文明是中华民族永续发展的千年大计。必须树立和践行绿水青山就是金山银山的理念，坚持节约资源和保护环境的基本国策，像对待生命一样对待生态环境，统筹山水林田湖草系统治理，实行最严格的生态环境保护制度，形成绿色发展方式和生活方式，坚定走生产发展、生活富裕、生态良好的文明发展道路，建设美丽中国，为人民创造良好生产生活环境，为全球生态安全作出贡献。"

2020年9月22日，习近平在第七十五届联合国大会一般性辩论上发表重要讲话："中国将提高国家自主贡献力度，采取更加有力的政策和措施，二氧化碳排放力争于2030年前达到峰值，努力争取2060年前实现碳中和。"

在《中华人民共和国国民经济和社会发展第十四个五年规划和2035年远景目标纲要》中，第十一篇从提升生态系统质量和稳定性、持续改善环境质量、加快发展方式绿色转型三个方面对"推动绿色发展，促进人与自然和谐共生"做了论述，并指出，"坚持绿水青山就是金山银山理念，坚持尊重自然、顺应自然、保护自然，坚持节约优先、保护优先、自然恢复为主，实施可持续发展战略，完善生态文明领域统筹协调机制，构建生态文明体系，推动经济社会发展全面绿色转型，建设美丽中国。"

2022年10月16日，中国共产党第二十次全国代表大会在《高举中国特色社会主义伟大旗帜，为全面建设社会主义现代化国家而团结奋斗》报告中指出，“要推进美丽中国建设，坚持山水林田湖草沙一体化保护和系统治理，统筹产业结构调整、污染治理、生态保护、应对气候变化，协同推进降碳、减污、扩绿、增长，推进生态优先、节约集约、绿色低碳发展。”

1.5 可持续发展

1.5.1 可持续发展思想的由来

发展是人类社会不断进步的永恒主题。

人类在经历了对自然顶礼膜拜，唯唯诺诺的漫长历史阶段之后，通过工业革命，铸就了驾驭和征服自然的现代科学技术之剑，从而一跃成为大自然的主宰。可就在人类为科学技术和经济发展的累累硕果沾沾自喜之时，却不知不觉地步入了自己挖掘的陷阱。种种始料不及的环境问题击破了单纯追求经济增长的美好神话，固有的思想观念和思维方式受到了强大的冲击，传统的发展模式面临着严峻的挑战。历史把人类推到了必须从工业文明走向现代新文明的发展阶段。可持续发展思想在环境与发展理念的不断更新中逐步形成。

1. 古代朴素的可持续性思想

可持续性（Sustainability）的概念渊源已久。早在公元前3世纪，杰出的先秦思想家荀况在《王制》中说：“草木荣华滋硕之时，则斧斤不入山林，不夭其生，不绝其长也；鼋鼍鱼鳖鳅鳣孕之时，罔罟毒药不入泽，不夭其生，不绝其长也；春耕、夏耘、秋收、冬藏，四者不失时，故五谷不绝，而百姓有余食也；污池渊沼川泽，谨其时禁，故鱼鳖优多，而百姓有余用也；斩伐养长不失其时，故山林不童，而百姓有余材也。”这是自然资源有续利用思想的反映。春秋时在齐国为相的管仲，从发展经济，富国强兵的目标出发，十分注意保护山林川泽及其生物资源，反对过度采伐。他说：“为人君而不能谨守其山林、菹泽、草莱，不可为天下王”。1975年在湖北云梦睡虎地11号秦墓中发掘出110多枚竹简，其中的《田律》清晰地体现了可持续性发展的思想。因此，“与天地相参”可以说是中国古代生态意识的目标和思想，也是可持续性的反映。

西方一些经济学家如马尔萨斯、李嘉图和穆勒等的著作中也比较早认识到人类消费的物质限制，即人类的经济活动范围存在的生态边界。

2. 现代可持续发展思想的产生和发展

现代可持续发展思想的提出源于人们对环境问题的逐步认识和热切关注。其产生背景是人类赖以生存和发展的环境和资源遭到越来越严重的破坏，人类已不同程度地体会到了环境破坏的后果，因此，在探索环境与发展的过程中逐渐形成了可持续发展思想。在这一过程中有几件事的发生具有历史意义。

(1)《寂静的春天》——对传统行为和观念的早期反思 20世纪中叶，随着环境污染的日趋加重，特别是西方国家公害事件的不断发生，环境问题频频困扰着人类。20世纪50年代末，美国海洋生物学家蕾切尔·卡逊在潜心研究美国使用杀虫剂所产生的种种危害之后，于1962年发表了环境保护科普著作《寂静的春天》(Silent Spring)。作者通过对污染物DDT等的富集、迁移、转化的描写，阐明了人类同大气、海洋、河流、土壤、动植物之间的密切关系，初步揭示了污染对生态系统的影响。她告诉人们："地球上生命的历史一直是生物与其周围环境相互作用的历史……只有人类出现后，生命才具有了改造其周围大自然的异常能力。在人类对环境的所有袭击中，最最令人震惊的，是空气、土地、河流以及大海受到各种致命化学物质的污染。这种污染是难以清除的，因为它们不仅进入了生命赖以生存的世界，而且进入了生物组织内。"她还向世人呼吁，我们长期以来行驶的道路，容易被人误认为是一条可以高速前进的平坦、舒适的超级公路，但实际上，这条路的终点却潜伏着灾难，而另外的道路则为我们提供了保护地球的最后唯一的机会。这"另外的道路究竟是什么样的，卡逊没能确切告诉我们，但作为环境保护的先行者，卡逊的思想在世界范围内，较早地引发了人类对自身的传统行为和观念进行比较系统和深入的反思。

（2）《增长的极限》——引起世界反响的"严肃忧虑" 1968 年，来自世界各国的几十位科学家、教育家和经济学家等学者聚会罗马，成立了一个非正式的国际协会——罗马俱乐部（The Club of Rome）。它的工作目标是关注、探讨与研究人类面临的共同问题，使国际社会对人类面临的社会、经济、环境等诸多问题有更深入的理解，并在现有知识的基础上推动采取能扭转不利局面的新态度、新政策和新制度。

受罗马俱乐部的委托，以麻省理工学院丹尼斯 L. 梅多斯（Dennis L. meadows）为首的研究小组，针对长期流行于西方的高增长理论进行了深刻的反思，并于 1972 年提交了俱乐部成立后的第一份研究报告——《增长的极限》。报告深刻阐明了环境的重要性以及资源与人口之间的基本联系。报告认为：由于世界人口增长、粮食生产、工业发展、资源消耗和环境污染这五项基本因素的运行方式是指数增长而非线性增长，全球的增长将会因为粮食短缺和环境破坏于 21 世纪某个阶段内达到极限。就是说，地球的支撑力将会达到极限，经济增长将发生不可控制的衰退。因此，要避免因超越地球资源极限而导致世界崩溃的最好方法是限制增长，即"零增长"。

《增长的极限》一发表，在国际社会特别是在学术界引起了强烈的反响。该报告在促使人们密切关注人口、资源和环境问题的同时，因其反增长情绪而遭受到尖锐的批评和责难。因此，引发了一场激烈的、旷日持久的学术之争。一般认为，由于种种因素的局限，《增长的极限》的结论和观点存在十分明显的缺陷。但是，报告所表现出的对人类前途的"严肃的忧虑"以及唤起人类自身的觉醒，其积极意义却是毋庸置疑的。它所阐述的"合理、持久的均衡发展"，为孕育可持续发展的思想萌芽提供了土壤。

（3）联合国"人类环境会议"——人类对环境问题的正式挑战 1972 年，联合国"人类环境会议"在斯德哥尔摩召开，来自世界 113 个国家的代表汇聚一堂，共同讨论环境对人类的影响问题。这是人类第一次将环境问题纳入世界各国政府和国际政治的事务议程。大会通过的《联合国人类环境宣言》宣布了 37 个共同观点和 26 项共同原则。它向全球呼吁：现在已经到达历史上这样一个时刻，我们在决定世界各地的行动时，必须更加审慎地考虑它们对环境产生的后果。由于无知或不关心，我们可能给生活和幸福所依靠的地球环境造成巨大的无法挽回的损失。因此，保护和改善人类环境是关系到全世界各国人民的幸福和经济发展的重要问题，是全世界各国人民的迫切希望和各国政府的责任，也是人类的紧迫目标。各国政府和人民必须为着全体人民和自身后代的利益而作出共同的努力。

作为探讨保护全球环境战略的第一次国际会议，联合国"人类环境会议"的意义在于唤起了各国政府对环境问题，特别是对环境污染的觉醒和关注。尽管大会对整个环境问题的认识比较粗浅，对解决环境问题的途径尚未确定，尤其是没能找出问题的根源和责任，但是，它正式吹响了人类共同向环境问题挑战的进军号。各国政府和公众的环境意识，无论是在广度上还是在深度上都向前迈进了一步。

（4）《我们共同的未来》——环境与发展思想的重要飞跃 20世纪80年代伊始，联合国本着必须研究自然的、社会的、生态的、经济的以及利用自然资源过程中的基本关系，确保全球发展的宗旨，于1983年成立了以挪威首相布伦特兰夫人任主席的世界环境与发展委员会。联合国要求其负责制定长期的环境对策，研究能使国际社会更有效地解决环境问题的途径和方法。经过3年多的深入研究和充分论证，该委员会于1987年向联合国大会提交了研究报告《我们共同的未来》。

《我们共同的未来》分为“共同的问题”“共同的挑战”“共同的努力”三大部分。报告将注意力集中于人口、粮食、物种和遗传资源、能源、工业和人类居住等方面。在系统探讨了人类面临的一系列重大的经济、社会和环境问题之后，提出了“可持续发展”的概念。报告深刻指出，过去我们关心的是经济发展对生态环境的影响，而现在我们正迫切地感到生态的压力对经济发展所带来的重大影响。因此，我们需要有一条新的发展道路，这条道路不是一条仅能在若干年内、在若干地方支持人类进步的道路，而是一直到遥远的未来都能支持全球人类进步的道路。这实际上就是卡逊在《寂静的春天》没能提供答案的所谓“另外的道路”，即“可持续发展道路”。布伦特兰鲜明、创新的观点，把人类从单纯考虑环境保护引导到把环境保护与人类发展切实结合起来，实现了人类有关环境与发展思想的飞跃。

（5）联合国环境与发展大会——环境与发展的里程碑 从1972年联合国“人类环境会议”召开到1992年的20年间，尤其是20世纪80年代以来，国际社会关注的热点已由单纯注重环境问题逐步转移到环境与发展二者的关系上来，而这一主题必须由国际社会广泛参与。在这一背景下，联合国环境与发展大会于1992年6月在巴西里约热内卢召开。共有183个国家的代表团和70个国际组织的代表出席了会议，102位国家元首或政府首脑到会讲话。会议通过了《里约环境与发展宣言》（又名《地球宪章》）和《21世纪议程》两个纲领性文件。前者是开展全球环境与发展领域合作的框架性文件，是为了保护地球永恒的活力和整体性，建立一种新的、公平的全球伙伴关系的“关于国家和公众行为基本准则”的宣言；它提出了实现可持续发展的27条基本原则。后者是全球范围内可持续发展的行动计划，它旨在建立21世纪世界各国在人类活动对环境产生影响的各个方面的行动规则，为保障人类共同的未来提供一个全球性措施的战略框架。此外，各国政府代表还签署了《联合国气候变化框架公约》、《关于森林问题的原则申明》、《生物多样性公约》等国际文件及有关国际公约。可持续发展得到世界最广泛和最高级别的政治承诺。

以这次大会为标志，人类对环境与发展的认识提高到了一个崭新的阶段。大会为人类高举可持续发展旗帜，走可持续发展之路发出了总动员，使人类迈出了跨向新的文明时代的关键性的一步，为人类的环境与发展树立了一座重要的里程碑。

1.5.2 可持续发展的内涵与基本原则

1. 可持续发展的定义

要精确给可持续发展下定义是比较困难的。不同的机构和专家对可持续发展的定义角度有所不同，但基本方向一致。

世界环境与发展委员会在《我们共同的未来》中将可持续发展定义为“既满足当代人的需要，又不对后代人满足其需要的能力构成危害的发展”。这个定义明确地表达了两个基本观点：一是要考虑当代人，尤其是世界上贫穷人的基本要求；二是要在生态环境可以支持的前提下，满足人类当前和将来的需要。

1991 年世界自然保护同盟、联合国环境规划署和世界野生生物基金会在《保护地球——可持续生存战略》一书中提出这样的定义：“在生存不超出维持生态系统承载能力的情况下，改善人类的生活质量”。

1992 年，联合国环境与发展大会的《里约环境与发展宣言》中把可持续发展进一步阐述为“人类应享有以与自然和谐的方式过健康而富有生产成果的生活的权利，并公平地满足今世后代在发展和环境方面的需要，求取发展的权利必须实现”。

另有许多学者也纷纷提出了可持续发展的定义，如英国经济学家皮尔斯和沃福德在1993年所著的《世界无末日》一书中提出了以经济学语言表达的可持续发展定义：“当发展能够保证当代人的福利增加时，也不应使后代人的福利减少”。

我国学者叶文虎、栾胜基等将可持续发展定义为：“不断提高人群生活质量和环境承载能力的，满足当代人需求又不损害子孙后代满足其需求的，满足一个地区或一个国家的人群需求又不损害别的地区或国家的人群满足其需求的发展”。

2. 可持续发展的内涵

在人类可持续发展的系统中，经济可持续性是基础，环境可持续性是条件，社会可持续性才是目的。人类共同追求的应当是以人的发展为中心的经济—环境—社会复合生态系统持续、稳定、健康的发展。所以，可持续发展需要从经济、环境和社会三个角度加以解释才能完整地表述其内涵。

1）可持续发展应当包括“经济的可持续性”。具体而言，是指要求经济体能够连续地提供产品和劳务，使内债和外债控制在可以管理的范围以内，并且要避免对工业和农业生产带来不利的极端的结构性失衡。

2）可持续发展应当包含“环境的可持续性”。这意味着要求保持稳定的资源基础，避免过度地对资源系统加以利用，维护环境的净化功能和健康的生态系统，并且使不可再生资源的开发程度控制在使投资能产生足够的替代作用的范围之内。

3）可持续发展还应当包含“社会的可持续性”。这是指通过分配和机遇的平等、建立医疗和教育保障体系、实现性别的平等、推进政治上的公开性和公众参与性这类机制来保证“社会的可持续发展”。

更根本地，可持续发展要求平衡人与自然和人与人两大关系。人与自然必须是平衡的、协调的。恩格斯指出：“我们不要过分陶醉于我们人类对自然界的胜利，对于每一次这样的胜利，自然界都对我们进行报复”。他告诫我们要遵循自然规律，否则就会受到自然规律的惩罚，并且提醒我们每走一步都要记住：“我们统治自然界，绝不像征服者统治异族人那样，绝不像站在自然界之外的人似的——相反的，我们连同我们的肉、血和头脑都是属于自然界和存在于自然界之中的；我们对自然界的全部统治力量，就在于我们比其他一切生物强，能够认识和正确运用自然规律”。

可持续发展还强调协调人与人之间的关系。马克思、恩格斯指出：劳动使人们以一定的方式结成一定的社会关系，社会是人与自然关系的中介，把人与人、人与自然联系起来。社会的发展水平和社会制度直接影响人与自然的关系。只有协调好人与人之间的关系，才能从根本上解决人与自然的矛盾，实现自然、社会和人的和谐发展。由此可见，可持续发展的内容可以归结为三条：人类对自然的索取，必须与人类向自然的回馈相平衡；当代人的发展，不能以牺牲后代人的发展机会为代价；本区域的发展，不能以牺牲其他区域或全球的发展为代价。

总之，可以认为可持续发展是一种新的发展思想和战略，目标是保证社会具有长期的持续性发展的能力，确保环境、生态的安全和稳定的资源基础，避免社会经济大起大落的波动。可持续发展涉及人类社会的各个方面，要求社会进行全方位的变革。

3. 可持续发展的基本原则

（1）公平性原则　公平是指机会选择的平等性。可持续发展强调：人类需求和欲望的满足是发展的主要目标，因而应努力消除人类需求方面存在的诸多不公平性因素。“可持续发展”所追求的公平性原则包含两个方面的含义：一是追求同代人之间的横向公平性，“可持续发展”要求满足全球全体人民的基本需求，并给予全体人民平等性的机会以满足他们实现较好生活的愿望，贫富悬殊、两极分化的世界难以实现真正的“可持续发展”，所以要给世界各国以公平的发展权（消除贫困是“可持续发展”进程中必须优先考虑的问题）；二是代际间的公平，即各代人之间的纵向公平性。要认识到人类赖以生存与发展的自然资源是有限的，本代人不能因为自己的需求和发展而损害人类世世代代需求的自然资源和自然环境，要给后代人利用自然资源以满足其需求的权利。

（2）可持续性原则　可持续性是指生态系统受到某种干扰时能保持其生产率的能力。资源的永续利用和生态系统的持续利用是人类可持续发展的首要条件，这就要求人类的社会经济发展不应损害支持地球生命的自然系统，不能超越资源与环境的承载能力。社会对环境资源的消耗包括两方面：耗用资源及排放污染物。为保持发展的可持续性，对可再生资源的使用强度应限制在其最大持续收获量之内，对不可再生资源的使用速度不应超过寻求作为替代品的资源的速度，对环境排放的废物量不应超出环境的自净能力。

（3）共同性原则　不同国家、地区由于地域、文化等方面的差异及现阶段发展水平的制约，执行可持续的政策与实施步骤并不统一，但实现可持续发展这个总目标及应遵循的公平性及持续性两个原则是相同的，最终目的都是为了促进人类之间及人类与自然之间的和谐发展。因此，共同性原则有两个方面的含义：一是发展目标的共同性，这个目标就是保持地球生态系统的安全，并以最合理的利用方式为整个人类谋福利；二是行动的共同性。因为生态环境方面的许多问题实际上是没有国界的，必须开展全球合作，而全球经济发展不平衡也是全世界的事。

1.5.3 可持续发展战略的实施途径

不论是对于人类还是对于世界各国的政府，可持续发展战略都是一个全新的革命性的发展战略。为了在国际国内的各项工作中对此项战略加以实施，必须解决一系列的问题，包括：①加强教育，改变人们的哲学观和发展观，特别是帮助人们建立环境伦理观；②制定国际条约和国内法规，用法律、行政、经济等各种手段约束和规范人们的行为；③制定可持续发展的行动纲领和实施计划，将经济发展规划与环境保护规划协调起来；④在工业和一切产业部门实施清洁生产，以最大限度地节约资源和最大限度地减少对环境的危害；⑤在农村大力发展生态农业，使人类的生产活动与自然实现和谐一致；⑥按照生态平衡的原理建设和管理城市，使城市成为可持续发展的人类居住区；⑦实现对能源和资源的可持续利用，尽可能地提高能源和资源的利用效率，采用可再生的能源和资源代替不可再生的能源和资源；⑧加强对各类废弃物的净化处理和综合利用，采用合理措施修复已被污染破坏的生态环境。

1. 关于可持续发展的指标体系

目前，尽管可持续发展已被人们，尤其是各国政府所接受，但是还有很多人认为可持续发展只是一个概念、理想，对于如何操作却并不明了，因此，很多学者和管理人员提出了建立可持续发展指标体系的问题，即通过一些指标测定和评价可持续发展的状态和程度。由前述可知，可持续发展是经济系统、社会系统以及环境系统和谐发展的象征，它所涵盖的范围包括经济发展与经济效益的实现、自然资源的有效配置和永续利用、环境质量的改善、社会公平与适宜的社会组织形式等。因此，可持续发展指标体系几乎涉及人类社会经济生活以及生态环境的各个方面。

1992 年联合国环境与发展大会以来，许多国家按大会要求，纷纷研究自己的可持续发展指标体系，目的是检验和评估国家的发展趋势是否可持续，并以此进一步促进可持续发展战略的实施。作为全球实施可持续发展战略的重大举措，联合国也成立了可持续发展委员会，其任务是审议各国执行《21 世纪议程》的情况，并对联合国有关环境与发展的项目计划在高层次进行协调。为了对各国在可持续发展方面的成绩与问题有较为客观的衡量标准，该委员会制定了联合国可持续发展指标体系。

长期以来，人们采用国内生产总值来衡量经济发展的速度，并以此作为宏观经济政策分析与决策的基础。但是从可持续发展的观点看，它存在着明显的缺陷，如忽略收入分配状况、市场活动以及不能体现环境退化等状况。为了克服其缺陷，使衡量发展的指标更具科学性，不少较权威的世界性组织和专家学者都提出了一些衡量发展的新思路。

（1）衡量国家（地区）财富的新标准　1995 年，世界银行颁布了一项衡量国家（地区）财富的新标准：一国的国家财富由三个主要资本组成，即人造资本、自然资本和人力资本。人造资本为通常经济统计和核算中的资本，包括机械设备、运输设备、基础设施、建筑物等人工创造的固定资产。自然资本指的是大自然为人类提供的自然财富，如土地、森林、空气、水、矿产资源等。可持续发展就是要保护这些财富，至少应保证它们在安全的或可更新的范围之内。很多人造资本是靠大量消耗自然资本来换取的，所以应该从中扣除自然资本的价值。如果将自然资本的消耗计算在内，一些人造资本的生产未必是经济的。人力资本指的是人的生产能力，它包括了人的体力、受教育程度、身体状况、能力水平等各个方面。人力资本不仅与人的先天素质有关系，而且与人的教育水平、健康水平、营养水平有直接关系。因此，人力资本是可以通过投入人造资本来获得增长的。从这一新标准可以看出，财富的真正含义在于：一个国家生产出来的财富，减去国民消费，再减去产品资产的折旧和消耗掉的自然资源；这就是说，一个国家可以使用和消耗本国的自然资源，但必须在使其自然生态保持稳定的前提下，能够高效地转化为人力资本和人造资本，保证人造资本和人力资本的增长能补偿自然资本的消耗。如果自然资源减少后，人力资本和人造资本并没有增加，那么这种消耗就是一种纯浪费型的消耗。该方法更多地纳入了绿色国民经济核算的基本概念，特别是纳入了资源和环境核算的一些研究成果，通过对宏观经济指标的修正，试图从经济学的角度去阐明环境与发展的关系，并通过货币化度量一个国家或地区总资本存量（或人均资本存量）的变化，以此来判断一个国家或地区发展是否具有可持续性，能够比较真实地反映一个国家或地区的财富。

（2）人文发展指数 联合国开发计划署于1990年5月在其第一份《人类发展报告》中首次公布了人文发展指数（HDI），以衡量一个国家的进步程度。它由收入、寿命、教育三个衡量指标构成：收入是指人均GDP的多少；寿命反映了营养和环境质量状况；教育是指公众受教育的程度，也就是可持续发展的潜力。收入通过估算实际人均国内生产总值的购买力来测算；寿命根据人口的平均预期寿命来测算；教育通过成人识字率（2/3权数）和大、中、小学综合入学率（1/3的权数）的加权平均数来衡量。虽然“人文发展指数”并不等同“可持续发展”，但该指数的提出带给人们许多有益的启示。HDI强调了国家发展应从传统的以物为中心转向以人为中心，强调了达到合理的生活水平而非追求对物质的无限占有，向传统的消费观念提出了挑战。HDI将收入与发展指标相结合，人类在健康、教育等方面的社会发展是对以收入衡量发展水平的重要补充，倡导各国更好地投资于民，关注人们生活质量的改善，这些都是与可持续发展原则相一致的。

（3）绿色国民账户 从环境的角度来看，当前的国民核算体系存在三个方面的问题：一是国民账户未能准确反映社会福利状况，没有考虑资源状态的变化；二是人类活动所使用自然资源的真实成本没有计入常规的国民账户；三是国民账户未计入环境损失。因此，要解决这些问题，有必要建立一种新的国民账户体系。近年来，世界银行与联合国统计局合作，试图将环境问题纳入当前正在修订的国民账户体系框架中，以建立经过环境调整的国内生产净值（NDP）和经过环境调整的净国内收入（EDI）统计体系。目前，已有一个试用性的联合国统计局框架问世，称为“环境与经济综合核算体系（SEEA）”。其目的在于在尽可能保持现有国民账户体系的概念和原则的情况下，将环境数据结合到现存的国民账户信息体系中。环境成本、环境收益、自然资产以及环境保护支出均与以国民账户体系相一致的形式，作为附属账户内容列出。简单说来，SEEA寻求在保护现有国民账户体系完整性的基础上，通过增加附属账户内容，鼓励收集和汇入有关自然资源与环境的信息。因此，附属账户是实现最终计算NDP和EDI的一个重大进展。

（4）国际竞争力评价体系 国际竞争力评价体系是由世界经济论坛和瑞士国际管理学院共同制定的。它清晰地描述了主要经济强国正在经历的变化，展示出未来经济发展的趋势。它不仅为各国制定经济政策提供重要参考，而且对整个社会经济的发展具有重要导向作用。

这套评价体系由8大竞争力要素、41个方面、224项指标构成。8大要素包括：国内经济实力、国际化程度、政府作用、金融环境、基础设施、企业管理、科技开发和国民素质。其中国民素质有人口、教育结构、生活质量和就业失业等7个要素；生活质量中包含医疗卫生状况、营养状况和生活环境等状况。这套评价体系比较全面地评价和反映一个国家的整体水平，不仅包括现实的竞争能力，还预示潜在的竞争力，从而揭示未来的发展趋势。

（5）几种典型的综合型指标 综合型指标是通过系统分析方法，寻求一种能够从整体上反映系统发展状况的指标，综合型指标对很多单个指标进行了综合分析，为决策者提供有效信息。

1）货币型综合指标。货币型指标以环境经济学和资源经济学为基础，其研究始于20世纪70年代的改良GNP运动。1972年，美国经济学家W. Nordhaus和Tobin提出“经济福利尺度”概念，主张通过对GNP进行修正得到经济福利指标。这方面研究的代表还有英国伦敦大学环境经济学家D. W皮尔斯，在其著作《世界无末日》中，将可持续发展定义为：随着时间的推移，人类福利持续不断地增长。从该定义出发，形成测量可持续发展的判断依据：总资本存量的非递减是可持续性的必要前提，即只有当全部资本的存量随时间保持一定增长的时候，这种发展才有可能是可持续的。

2）物质流或能量流型综合指标。以世界资源研究所的物资流指标为代表，寻求经济系统中物质流动或能量流动的平衡关系，反映可持续发展水平，也为分析经济、资源与环境长期协调发展战略提供了一种新思路。物质流或能量流的主要计量单位是能量单位“J”，所有的货币单位都通过特定的系数（能量强度）转化为能量单位。它通过分析自然资产消耗和生产资产增加之间的关系，在一定的政策、技术条件下，对一个国家的国民经济系统的潜力进行分析，这是可持续发展指标的一种定量分析方法。

2. 全球《21 世纪议程》

如前所述，1992 年联合国环境与发展大会不仅在《地球宪章》中明确了可持续发展战略的方向，而且还制定了贯彻实施可持续发展战略的人类行动计划《21 世纪议程》。这份文件虽然不具有法律的约束力，但它反映了环境与发展领域的全球共识和最高级别的政治承诺，提供了全球推进可持续发展的行动准则。

（1）《21 世纪议程》的基本思想 《21 世纪议程》深刻指出：人类正处于一个历史性关键时刻，人类面对国家之间和各国内部长期存在的经济悬殊现象，贫困、饥荒、疾病和文盲有增无减，赖以维持生命的地球生态系统继续恶化。如果不想进入不可持续的绝境，就必须改变现行的政策，综合处理环境与发展问题，提高所有人特别是穷人的生活水平，在全球范围更好地保护和管理生态系统。要争取一个更为安全、更为繁荣、更为平等的未来，任何一个国家不可能仅依靠自己的力量取得成功，必须联合起来，建立促进可持续发展全球伙伴关系，只有这样才能实现可持续发展的长远目标。

《21 世纪议程》强调圆满实施议程是各国政府必须负起的责任。为了实现议程的目标，各国的战略、计划、政策和程序至关重要。国际合作需要相互支持和各国的努力。同时，要特别注重转型经济阶段许多国家所面临的特殊情况和挑战。它还指出，议程是一个能动的方案，应该根据各国和各地区的不同情况、能力和优先次序来实施，并视需要和情况的改变不断调整。

（2）《21 世纪议程》的主要内容 《21 世纪议程》涉及人类可持续发展的所有领域，提供了 21 世纪如何使经济、社会与环境协调发展的行动纲领和行动蓝图。它共计 40 多万字。整个文件分四部分。

第一部分，经济与社会的可持续发展。包括加速发展中国家可持续发展的国际合作和有关的国内政策、消除贫困、改变消费方式、人口动态与可持续能力、保护和促进人类健康、促进人类住区的可持续发展，将环境与发展问题纳入决策进程。

第二部分，资源保护与管理。包括保护大气层；统筹规划和管理陆地资源的方式；禁止砍伐森林、脆弱生态系统的管理——防沙治旱和山区发展；促进可持续农业和农村的发展；生物多样性保护；对生物技术的环境无害化管理；保护海洋，包括封闭和半封闭沿海区，保护、合理利用和开发其生物资源；保护淡水资源的质量和供应，对水资源的开发、管理和利用；有毒化学品的环境无害化管理，包括防止在国际上非法贩运有毒废料，危险废料的环境无害化管理，对放射性废料实行安全和环境无害化管理。

第三部分，加强主要群体的作用。包括采取全球性行动促进妇女的发展；青年和儿童参与可持续发展、确认和加强土著人民及其社区的作用；加强非政府组织作为可持续发展合作者的作用，支持《21世纪议程》的地方当局的倡议；加强工人及工会的作用，加强工商界的作用，加强科学和技术界的作用，加强农民的作用。

第四部分，实施手段。包括财政资源及其机制；环境无害化（和安全化）技术的转让；促进教育、公众意识和培训，促进发展中国家的能力建设、国际体制安排；完善国际法律文书及其机制等。

3. 中国可持续发展的战略措施

中国的社会经济正在蓬勃发展，充满生机与活力，但同时也面临着沉重的人口、资源与环境压力，隐藏着严重的危机，发展与环境的矛盾日益尖锐。表1-1列出的新中国成立60多年来的环境态势可以说明这一点。

表1-1 中国各时期的环境态势

项目	1949年以前的背景情况	60多年来的发展历程	当前存在的主要问题	目前仍沿用的决策偏好
人口	数量极大，素质低	人口数量增长快，人口素质提高滞后	人口数量压力，低素质困扰，老龄化压力，教育落后	重人口数量控制，轻人口素质提高，未及时重视老龄化隐患
资源	人均资源较缺乏	资源开发强度大，综合利用率低	土地后备资源不足，水资源危机加剧，森林资源短缺，多种矿产资源告急	对各种资源管理，重消耗，轻管理；重材料开发，轻综合管理；采富轻贫
能源	能源总储量大，但人均储量少，煤炭质量差	一次能源开发强度大，二次能源所占比例小	一次能源以煤为主，二次能源开发不足，煤炭大多不经洗选，能源利用率低，生物质能过度消耗	重总量增长，轻能源利用率的提高；重火电厂的建设，轻清洁能源的开发利用；重工业和城镇能源的开发，轻农村能源问题的解决
社会经济发展	社会、经济严重落后	经济总体增长率高，波动大，经济技术水平低，效益低	以高资源消耗和高污染为代价换取经济的高速增长，单位产值能耗、物耗高；产业效益低，亏损严重，财政赤字大	增长期望值极高，重速度，轻效益；重外延扩展轻内涵；重本位利益，轻全局利益，重长官意志；轻科学决策
自然资源	自然环境相对脆弱	生态环境总体恶化，环境污染日益突出，生态治理和污染治理严重滞后	自然生态破坏严重，生态赤字加剧；污染累计量递增，污染范围扩大，污染程度加剧	环境意识逐渐增强，环境法则逐渐健全，但执法不力，决策被动，治理投资空位，环境监督虚位

上述态势的发展，特别是自然生态环境的恶化，已成为社会、经济发展的重大障碍，也使经济领域的隐忧不断加剧，几十年来发展的传统模式已不能适应中国的社会、经济发展，迫切需要新的发展战略。走可持续发展之路就成为中国未来发展的唯一选择，唯此才能摆脱人口、环境、贫困等多层压力，提高发展水平，开拓更为美好的未来。

联合国环境与发展大会之后，中国政府重视自己承担的国际义务，积极参与全球可持续发展理论的建设和健全工作。中国制定的第一份环境与发展方面的纲领性文件就是1992年8月党中央国务院批准转发的《环境与发展十大对策》，它是我国现阶段和今后相当长一段时期内环境政策的集中体现，现将主要内容摘录如下。

（1）实行可持续发展战略

1）人口战略。加强人力资源开发、提高人口素质，充分发挥人们的积极性和创造性，合理地利用自然资源，减轻人口对资源与环境的压力，为可持续发展创造一个宽松的环境。

2）资源战略。实行保护、合理开发利用、增殖并重的政策，依靠科技进步挖掘资源潜力，动用市场机制和经济手段促进资源的合理配制，建立资源节约型的国民经济体制。

3）环境战略。中国要实现社会主义现代化就必须把国民经济的发展放在第一位，各项工作都要以经济建设为中心来进行。但是，生态环境恶化已经严重地影响着中国经济和社会的持续发展。因此，防治环境污染和公害，保障公众身体健康，促进经济社会发展，建立与发展阶段相适应的环保体制是实现可持续发展的基本政策之一。

4）稳定战略。要提高社会生产力，增强综合国力和不断提高人民生活水平，就必须毫不动摇地把发展国民经济放在第一位，各项工作都要紧紧围绕经济建设这个中心来开展。为此，必须从国家整体的角度上来协调和组织各部门、各地方、各社会阶层和全体人民的行动，才能保证在经济稳定增长的同时，保护自然资源和改善生态环境，实现国家长期、稳定发展。

社会可持续发展的内容包括：人口、消费与社会服务；消除贫困；卫生与健康；人类居住区可持续发展；防灾减灾。经济可持续发展的内容包括：可持续发展的经济政策；工业与交通、通信业的可持续发展；可持续的能源生产和消费；农业与农村的可持续发展。坚持社会和经济稳定协调发展。

从总体上说，我国可持续发展战略重在发展这一主题，否定了我国传统的人口放任、资源浪费、环境污染、效益低下、分配不公、教育滞后、闭关锁国和管理落后的发展模式，强调了合理利用自然资源、维护生态平衡以及人口、环境与经济的持续、协调、稳定发展的观念和作用。

（2）可持续发展的重点战略任务

1）采取有效措施，防治工业污染。坚持“预防为主，防治结合，综合治理”等指导原则，严格控制新污染，积极治理老污染，推行清洁生产，主要措施如下：

① 预防为主、防治结合。严格按照法律规定，对初建、扩建、改建的工业项目要先评价、后建设，严格执行“三同时”制度，技术起点要高。对现有工业结合产业和产品调整结构，加强技术改进，提高资源利用率，最大限度的实现“三废”资源化。积极引导和依法管理，防治乡镇企业污染，严禁对资源滥挖乱采。

② 集中控制和综合治理。这是提高污染防治的规模效益的必由之路。综合治理要做到合理利用环境自净能力与人为措施相结合、生态工程与环境工程相结合、集中控制与分散治理相结合、技术措施与管理措施相结合。

③ 转变经济增长方式，推行清洁生产。走资源节约型、科技先导型、质量效益型道路，防治工业污染。大力推行清洁生产，全过程控制工业污染。

2）加强城市环境综合整治，认真治理城市“四害”（废水、废气、废渣、噪声）。城市环境综合整治包括加强城市基础设施建设，合理开发利用城市的水资源、土地资源及生活资源，防治工业污染、生活污染和交通污染，建立城市绿化系统，改善城市生态结构和功能，促进经济与环境协调发展，全面改善城市环境质量。

3）提高能源利用率，改善能源结构。通过电厂节煤，严格控制热效率低、浪费能源的小工业锅炉的发展，推广民用型煤，发展城市煤气化和集中供热方式，逐步改变能源价格体系等措施，提高能源利用率，大力节约能源。调整能源结构，增加清洁能源比重，降低煤炭在中国能源结构中的比重。尽快发展水电、核电，因地制宜地开发和推广太阳能等清洁能源。

4）推广生态农业，坚持植树造林，加强生物多样性保护。推广生态农业，提高粮食产量，改善生态环境。植树造林，确保森林资源的稳定增长。通过扩大自然保护区面积，有计划地建设野生珍稀物种及优良家禽、家畜、作物和药物良种的保护及繁育中心，加强对生物多样性的保护。

（3）可持续发展的战略措施

1）大力推进科技进步，加强环境科学研究，积极发展环保产业。解决环境与发展问题的根本出路在于依靠科技进步。加强可持续发展的理论和方法的研究，总量控制及过程控制理论和方法的研究，生态设计和生态建设的研究，开发和推广清洁生产技术的研究，提高环境保护技术水平。正确引导和大力扶持环保产业的发展，尽快把科技成果转化成防治污染的能力，提高环保产品质量。

2）运用经济手段保护环境，做到排污收费，资源有偿使用，资源核算和资源计价，环境成本核算。

3）加强环境教育，提高全民环境意识，特别是提高决策层的环保意识和环境开发综合决策能力，是实施可持续发展的重要战略措施。

4）健全环保法制，强化环境管理。我国的实践表明，在经济发展水平较低，环境保护投入有限的情况下，健全管理机构，依法强化管理是控制环境污染和生态破坏的有效手段。建立、健全使经济、社会与环境协调发展的法规政策体系，是强化环境管理，实现可持续发展战略的基础。

5）实施循环经济。自从20世纪90年代确立可持续发展战略以来，发达国家正在把发展循环经济、建立循环型社会看做是实施可持续发展战略的重要途径和实现方式。

4. 中国21世纪议程

1994年3月，《中国21世纪议程》公布，这是全球第一部国家级的《21世纪议程》，把可持续发展原则贯穿到各个方案领域。

（1）主要内容《中国21世纪议程》共有20章，78个方案领域，主要内容分为四部分。

第一部分，可持续发展总体战略与政策。论述了实施中国可持续发展战略的背景和必要性，提出了中国可持续发展战略目标、战略重点和重大行动，建立中国可持续发展法律体系，制定促进可持续发展的经济技术政策，将资源和环境因素纳入经济核算体系，参与国际环境与发展合作的意义、原则立场和主要行动领域，其中特别强调了可持续发展能力建设，包括建立、健全可持续发展管理体系、费用与资金机制、加强教育、发展科学技术，建立可持续发展信息系统，促使妇女、青少年、少数民族、工人和科学界人士及团体参与可持续发展。

第二部分，社会可持续发展。包括人口、居民消费与社会服务，消除贫困，卫生与健康，人类居住区可持续发展和防灾减灾等。其中最重要的是实行计划生育、控制人口数量、提高人口素质，包括引导建立适度和健康消费的生活体系。强调尽快消除贫困，提高中国人民的卫生和健康水平。通过正确引导城市化，加强城镇用地规划和管理，合理使用土地，加快城镇基础设施建设，促进建筑业发展，向所有的人提供住房，改善住区环境，完善住区功能，建立与社会主义经济发展相适应的自然灾害防治体系。

第三部分，经济可持续发展。把促进经济快速增长作为消除贫困、提高人民生活水平、增强综合国力的必要条件，其中包括可持续发展的经济政策，农业与农村经济的可持续发展，工业与交通、通信业的可持续发展，可持续能源和生产消费等部分。着重强调利用市场机制和经济手段推动可持续发展，提供新的就业机会，在工业活动中积极推广清洁生产，尽快发展环保产业，提高能源效率，开发利用新能源和可再生能源。

第四部分，资源的合理利用与环境保护。包括水、土地等自然资源保护与可持续利用，生物多样性保护，防治土地荒漠化，防灾减灾，保护大气层，如控制大气污染和防治酸雨、固体废物无害化管理等。着重强调在自然资源管理决策下推行可持续发展影响评价制度，对重点区域和流域进行综合开发整治，完善生物多样性保护法规体系，建立和扩大国家自然保护区网络，建立全国土地荒漠化的监测和信息系统，开发消耗臭氧层物质的替代产品和替代技术，大面积造林，制定有害废物处置、利用的新法规和技术标准等。

（2）《中国21世纪议程》实施　自《中国21世纪议程》颁布以来，我国各级政府分别从计划、法规、政策、宣传、公众参与等方面推动实施，并取得不少成就。今后，在相当长的时期内，我国还要采取一系列举措来促进《中国21世纪议程》的实施。具体的措施可归结为以下几条。

1）切实转变指导思想。因为经济发展是通过高投入、高消耗实现较高增长的，于是不可避免地为环境带来严重污染；资源也越来越难以支撑。我国必须真正转变传统的发展战略，由单纯追求增长速度转变为以提高效益为中心，由粗放经营转变为集约经营。

为了持续发展，必须遵循经济规律和自然规律，遵循科学原则和民主集中制原则，在决策中要正确处理经济增长速度与综合效益（经济、环境、社会效益）之间的关系，要把保护环境和资源的目标明确列入国家经济、社会发展总体战略目标中，列入工业、农业、水利、能源、交通等各项产业的发展目标中；要调整和取消一些助长环境污染和资源浪费的经济政策，以综合效益，而不是仅以产值来衡量地区、部门和企业的优劣；在制定经济发展速度时，一定要量力而行，要考虑到资源的承载能力和环境容量，不能吃祖宗饭，造子孙孽；要造就人与自然和谐、经济与环境和谐的良性局面。

2）大力调整产业结构和优化工业布局。今后，我国的人口还会继续增加，工业化进程将会进一步加快，必然给环境带来更大的压力。因此，经济发展要在提高科技含量和规模效益，增强竞争能力上下工夫，才能防止环境和生态继续恶化。

① 制定和实施正确的产业政策，及时调整产业结构。要严格限制和禁止能源消耗高、资源浪费大、环境污染重的企业发展，优先发展高新技术产业。对现有的污染危害较大的企业和行业进行限期治理；推行清洁生产，提倡生态环境技术；大力支持企业开发利用低废技术、无废技术和循环技术，使企业降低资源消耗和废物排放量。

② 根据资源优化配置和有效利用的原则，充分考虑环境保护的要求，制定合理的工业发展地区布局规划，并按规划安排工业企业的类型和规模，同时，依据自然地理的条件和特点，合理利用自然生态系统的自净能力。

③ 要改变控制污染的模式，由末端排放控制转为生产全过程控制，由控制排放含量转为控制排污总量；由分散治理污染向集中控制转化（使有限的资金充分发挥效益）。通过建立区域性供热中心、热电联产等方式进行集中供热，有效控制小工业锅炉的盲目发展；通过建立区域性污水处理厂，实行污水集中处理。通过建立固体废物处理场、处置厂和综合利用设施，对固体废物进行有效集中控制。

3）加强农业综合开发，推行生态农业工程建设。农业是国民经济的基础，合理开发土地资源、切实保护农村生态环境是农业发展的根本保证。因此，在发展农村经济时要注意以下几点。

① 加强土地管理，稳定现有耕地面积。

② 积极开发生态农业工程建设，不断提高农产品质量，发展绿色食品生产。生态农业是一种大农业生产，注重农、林、牧、副、渔全面发展，农工商综合经营。国内外一些生态农场的试验证明：生态农业是遵循生态学原理发展起来的一种新的生产体系，是一种持续发展的农业模式，也是一条保护生态环境的有效途径。

③ 进一步扩大退耕还林和退牧还草规模，加快宜林荒山荒地造林步伐，防止土地沙漠化的扩大和水土流失的加剧；改良土壤、改造中低产田；在大力发展旅游业的同时，注意加强风景名胜和旅游点的环境保护，以改善国土和农村生态环境。

④ 对乡镇企业和个体企业采取合理规划、正确引导、积极扶植、加强管理的方针，提高其生产和设备的科技水平，严格控制其对环境的污染。

4）同经济增长相适应，将公共投资重点向环境保护领域倾斜，并引导企业向环境保护投资。政府在清洁能源、水资源保护和水污染治理、城市公共交通、大规模生态工程建设的投资方面发挥主导作用，并利用合理收费和企业化经营的方式，引导其他方面的资金进入环境保护领域，使我国的环保投资保持在 GDP 的 1% ~1.5%。

5）把可持续发展原则纳入经济立法，完善环境与资源法律，加强与国际环境公约相配套的国内立法。

6）同政府体制改革相配套，建立廉洁、高效、协调的环境保护行政体系，加强其能力建设，使之能强有力地实施国家各项环境保护法律、法规。

7）加强环境保护教育，不断提高国民的环保意识。要充分发挥妇女、工会、青少年等组织和科技界的作用，进一步扩大公众参与环境保护和可持续发展的范围和机会，加强群众监督，使环境保护深入到社会生活各个领域，成为政府和人民的自觉行动。

中国可持续发展战略的总体目标是：用 50 年的时间，全面达到世界中等发达国家的可持续发展水平，进入世界可持续发展能力的 20 名行列；在整个国民经济中科技进步的贡献率达到 70% 以上；单位能量消耗和资源消耗所创造的价值在 2000 年基础上提高 10 ~ 12 倍；人均预期寿命达到 85 岁；人文发展指数进入世界前 50 名；全国平均受教育年限在 12 年以上；能有效地克服人口、粮食、能源、资源、生态环境等制约可持续发展的瓶颈；确保中国的食物安全、经济安全、健康安全、环境安全和社会安全。2030 年实现人口数量的“零增长”；2040 年实现能源资源消耗的“零增长”；2050 年实现生态环境退化的“零增长”，全面实现进入可持续发展的良性循环。

复习与思考

1. 什么是环境科学与环境工程学？
2. 什么是环境、环境要素？环境要素有哪些属性？
3. 当前人类面临的主要环境问题有哪些？
4. 世界环境保护工作经历了哪四个发展阶段？
5. 可持续发展的内涵和基本原则是什么？
6. 可持续发展战略的实施途径是什么？

第 2 章

大气污染与控制

2

2.1 概述

大气是包围地球的空气，通常又称为大气层或大气圈。像鱼类生活在水中一样，人类生活在地球大气的底部，并且一刻也离不开大气。大气为地球生命的繁衍、人类的发展提供了理想的环境。大气环境的状态和变化，时时处处影响到人类的生存、活动以及人类社会的发展。由于工业、交通的迅速发展，人口的急剧增加和城市化进程的加快，人类正不断地面临着大气污染的困扰。从早期工矿区和城市地区的大气污染，发展到目前全球性大气环境问题，特别是随着人们对生活质量要求的不断提高，对污染物控制标准的日益加强，要控制的大气污染物种类也逐渐增多，大气环境污染控制已成为当代人类的一项重要工作。

2.1.1 大气圈的结构和组成

1. 大气圈的结构

大气圈是指受地球引力作用而围绕地球的大气层，又称大气环境，是自然环境的组成要素之一，也是一切生物赖以生存的物质基础。大气圈垂直距离的温度分布和大气的组成有明显的变化，根据这种变化通常可将大气划分为五层，如图 2-1 所示。

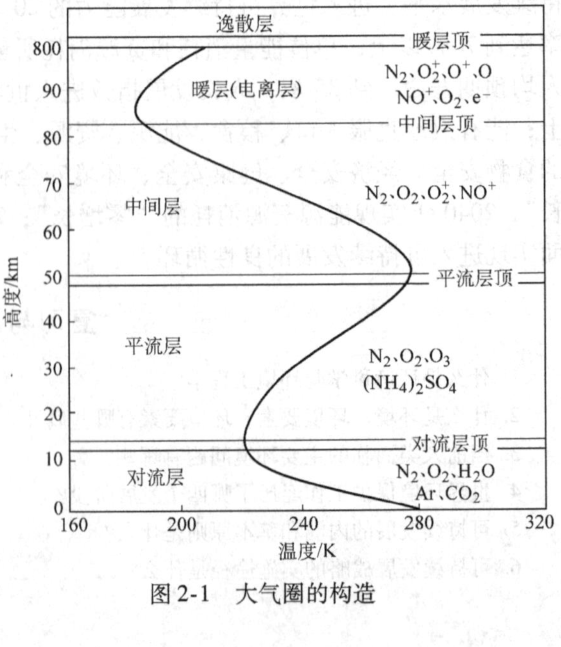

图 2-1 大气圈的构造

(1) 对流层 对流层位于大气圈的最底层，是空气密度最大的一层，直接与岩石圈、水圈和生物圈相接触。对流层厚度随地球纬度不同而有些差异，在赤道附近高 15 ~ 20km，在两极区高 8 ~ 10km。空气总质量的 95% 和绝大多数的水蒸气、尘埃都集中在这一层；各种天气现象如云、雾、雷、电、雨和雪等都发生在这一层；大气污染也主要发生在这一层里，尤其是在近地面1~2km范围内更为明显。在对流层里，气温随高度增加而下降，平均递减率为6.5℃/km，空气由上而下进行剧烈的对流，使大气能充分混合，各处空气成分比例相同，为均质层。

（2）平流层　位于对流层顶上，上界高度约为50~55km。在这一层内，臭氧集中，太阳辐射的紫外线（$\lambda < 0.29\mu m$）几乎全部被臭氧吸收，使其温度升高。在较低的平流层内，温度上升十分缓慢，出现较低等温（-55℃），气流只有水平流动，而无垂直对流。到25km以上时，温度上升很快，而在平流层顶50km处，最高温度可达-3℃。在平流层内，空气稀薄，大气密度和压力仅为地表附近的1/10~1/1000，几乎不存在水蒸气和尘埃物质。

（3）中间层　位于平流层顶上，上界高度约为80~90km，温度再次随高度增加而下降，中间层顶最低温度可达-100℃，是大气温度最低的区域。其原因是这一层几乎没有臭氧，而能被N_2和O_2等气体吸收的波长更短的太阳辐射，大部分被上层大气吸收。

（4）暖层　从中间层顶至800 km高度，空气分子密度是海平面上的五百万分之一。强烈的紫外线辐射使N_2和O_2分子发生电离，成为带电离子或分子，使此层处于特殊的带电状态，所以又称电离层。在这一层里，气温随高度增加而迅速上升，这是因为所有波长小于$0.2\mu m$的紫外辐射都被大气中的N_2和O_2分子吸收，在300km高度处，气温可达1000℃以上。电离层能使无线电波反射回地面，这对远距离通信极为重要。

（5）逸散层　高度800km以上的大气层，统称为逸散层。气温随高度增加而升高，大气部分处于电离状态，质子的含量大大超过氢原子的含量。由于大气极其稀薄，地球引力场的束缚也大大减弱，大气物质不断向星际空间逸散，极稀薄的大气层一直延伸到离地面2200km高空，在此以外是宇宙空间。暖层和逸散层也称非均质层。

在这五个层次中，与人类关系最密切的是对流层，其次是平流层。离地面1km以下部分为大气边界层，该层受地表影响较大，是人类活动的空间，大气污染主要发生在这一层。

2. 大气圈的组成

大气是由多种气体、水蒸气、液体颗粒和悬浮固体杂质组成的混合物。大气中，除去水蒸气、液体颗粒和悬浮固体杂质的混合气体，称为干洁空气。

干洁空气：N_2（体积约占78%）、O_2（体积约占21%）、氩（体积约占0.9%），此外还有少量的其他成分，如CO_2、氖、氦、氪、氙、氢、O_3等，这些气体的含量约小于或等于空气总体积的0.1%。

水蒸气：大气中的水蒸气含量，比起氮、氧等主要成分含量所占的百分比要低得多，且随着时间、地域、气象条件的不同变化很大。在干燥地区可低至0.02%，在湿润地区可高达6%。大气中的水蒸气含量虽然不大，但对天气变化却起着重要的作用，可形成云、雨、雪等天气现象。

大气颗粒物：指那些悬浮在大气中由于粒径较小导致沉降速率很小的固体、液体微粒。无论其含量、种类，还是化学成分都是变化的。

2.1.2 大气污染的定义及其污染物和危害

1. 大气污染的定义

国际标准化组织（ISO）的定义是，“大气污染通常指由于人类活动或自然过程引起某些物质进入大气中，呈现出足够的浓度，达到足够的时间，并因此危害了人体的舒适、健康和福利，或危害了环境的现象”。所谓人体舒适、健康的危害，包括对人体正常生理机能的影响，如引起急性病、慢性病，甚至死亡等，而所谓福利，包括与人类协调并共存的生物、自然资源，以及财产、器物等。

该定义指明了造成大气污染的原因是人类活动和自然过程。自然过程包括火山活动、森林火灾、海啸、土壤和岩石的风化、雷电、动植物尸体的腐烂以及大气圈空气的运动等。但是由自然过程引起的空气污染，通过自然环境的自净化作用（如稀释、沉降、雨水冲洗、地面吸附、植物吸收等物理、化学及生物机能），一般经过一段时间后会自动消除，能维持生态系统的平衡。因此，大气污染主要是由人类的生产与生活活动向大气中排放的污染物质，在大气中积累，超过了环境的自净能力而造成的。

该定义还指明了形成大气污染的必要条件，即污染物在大气中要有足够的浓度，并在此浓度下对受体作用足够的时间。在此条件下对受体及环境产生了危害，造成了后果。大气中有害物质的浓度越高，污染就越重，危害也就越大。污染物在大气中的浓度，除了取决于排放的总量外，还与排放源高度、气象和地形等因素有关。

按照大气污染的范围，大气污染可分为下列三种类型。

1）局地性的大气污染，即在较小的空间尺度内（如厂区，或者一个城市）产生的大气污染问题，在该范围内造成影响，并可以通过该范围内的控制措施加以解决的局部污染。

2）局域性的大气污染，即跨越城市乃至国家的行政边界的大气污染，需要通过各行政单元间相互协作才能解决的大气环境问题，如北美洲、欧洲和东亚地区的酸沉降、大气棕色云等。

3）全球性的大气污染，即涉及整个地球大气层的大气环境问题，如臭氧层被破坏以及温室效应等。

2. 大气污染源、污染物及其危害

大气污染源可分为天然源和人为源两类。天然源指自然界自行向大气环境排放物质的场所。人为源指人类的生产活动和生活活动所形成的污染源。由于自然环境的自净作用能够使自然过程所造成的大气污染经过一定时间后自动消除。一般而言，大气污染主要是人类活动造成的。为了满足污染调查、环境评价、污染物治理等不同方面的需要，对人为源进行了多种分类。

1）按污染源存在形式分为固定污染源（排放污染物的装置、所处位置固定，如火力发电厂、烟囱、炉灶等）、移动污染源（排放污染物的装置、所处位置是移动的，如汽车、火车、轮船等）。

2）按污染物的排放形式分为点源（集中在一点或在可当做一点的小范围内排放污染物，如烟囱）、线源（沿着一条线排放污染物，如汽车、火车等的排气）、面源（在一个大范围内排放污染物，如成片的民用炉灶、工业炉窑等）。

3）按污染物排放空间分为高架源（在距地面一定高度上排放污染物，如烟囱）、地面源（在地面上排放污染物）。

4）按污染物排放的时间分为连续源（连续排放污染物，如火力发电厂的排烟）、间断源（间歇排放污染物，如某些间歇生产过程的排气）、瞬时源（无规律地短时间排放污染物，如事故排放）。

5）按污染物发生类型分为工业污染源（主要包括工业用燃料燃烧排放的废气及工业生产过程的排气等）、农业污染源（农用燃料燃烧的废气，某些有机氯农药对大气的污染，施用的氮肥分解产生的 NO_x）、生活污染源（民用炉灶及取暖锅炉燃煤排放的污染物，焚烧城市垃圾的废气，城市垃圾在堆放过程中由于厌氧分解排出的有害污染物）、交通污染源（交通运输工具燃料燃烧排放的污染物）。

大气污染物是指由于人类活动或自然过程排入大气，并对人和环境产生有害影响的物质。大气的污染物种类很多，按其来源可分为一次污染物与二次污染物。一次污染物指直接从污染源排出的原始物质，一次污染物进入大气后其性质没有发生变化，如 SO_2 气体、CO 气体等。若由污染源直接排出的一次污染物与大气中原有成分，或几种一次污染物之间，发生了一系列的化学变化或光化学反应，形成了与原污染物性质不同的新污染物，则所形成的新污染物称为二次污染物，如硫酸烟雾和光化学烟雾。大气污染物按其存在的形态可分为两大类：颗粒污染物与气态污染物。

（1）颗粒污染物　进入大气的固体粒子和液体粒子均属于颗粒污染物。对颗粒污染物可作如下分类。

1）粉尘，指悬浮于气体介质中的小固体颗粒，受重力作用能发生沉降，但在一段时间内能保持悬浮状态。它通常是由固体物质的破碎、研磨、分级、输送等机械过程，或土壤、岩石的风化等自然过程形成的。颗粒的状态往往是不规则的。颗粒的尺寸范围一般为 1～200μm。属于粉尘类的大气污染物的种类很多，如黏土粉尘、石英粉尘、粉煤、水泥粉尘、各种金属粉尘等。

2）烟，一般指由冶金过程形成的固体颗粒气溶胶。它是由熔融物质挥发后生成的气态物质的冷凝物，在生成过程中总是伴有诸如氧化之类的化学反应。烟颗粒的尺寸很小，一般为 0.01～1μm。产生烟是一种较为普遍的现象，如有色金属冶炼过程中产生的氧化铅烟、氧化锌烟，在核燃料后处理场中的氧化钙烟等。

3）飞灰，指随燃料燃烧产生的烟气排出的分散得较细的灰分。

4）黑烟，一般指由燃料燃烧产生的能见气溶胶。

5）雾，是气体中液滴悬浮体的总称，在气象中指造成能见度小于 1km 的小水滴悬浮体。

在我国的环境空气质量标准中，根据粉尘粒径的大小，将颗粒污染物分为总悬浮颗粒物和可吸入颗粒物两大类。总悬浮颗粒物（TSP）指悬浮在空气中，空气动力学当量直径小于或等于 100μm 的颗粒物。可吸入颗粒物（PM_{10}）指悬浮在空气中，空气动力学当量直径小于或等于 10μm 的颗粒物。

颗粒物对人体健康危害很大，其危害主要取决于大气中颗粒物的浓度和人体在其中暴露的时间。研究数据表明，因上呼吸道感染、心脏病、支气管炎、气喘、肺炎、肺气肿等疾病而到医院就诊人数的增加与大气中颗粒物浓度的增加是相关的。患呼吸道疾病和心脏病老人的死亡率在颗粒物浓度一连几天异常高的时期内也有所增加。暴露在合并有其他污染物（如 SO_2）的颗粒物中所造成的健康危害，要比分别暴露在单一污染物中严重得多。表 2-1 中列举了颗粒物浓度与其产生的影响之间关系的有关数据。

颗粒物粒径大小是危害人体健康的另一重要因素。它主要表现在以下两个方面：

表 2-1 观察到的颗粒物的影响

颗粒物质量浓度/$mg \cdot m^{-3}$	测量时间及合并污染物	影 响
0.06～0.18	年度几何平均，SO_2 和水分	加快钢和锌板的腐蚀
0.15	相对湿度 <70%	能见度缩短到 8km
0.10～0.15		直射日光减少 1/3
0.08～0.10	硫酸盐水平 30mg/(cm^2·月)	50 岁以上的人死亡率增加
0.10～0.13	SO_2 质量浓度 >0.12mg/m^3	儿童呼吸道发病率增加
0.20	24h 平均值，SO_2 质量浓度 >0.25mg/m^3	工人因病未上班人数增加
0.30	24h 最大值，SO_2 质量浓度 >0.63mg/m^3	慢性支气管炎病人可能出现急性恶化的症状
0.75	24h 平均值，SO_2 质量浓度 >0.715mg/m^3	病人数量明显增加，可能发生大量死亡

1）粒径越小，越不易沉积，长时间漂浮在大气中容易被吸入体内，且容易深入肺部。一般粒径在 100μm 以上的尘粒会很快在大气中沉降，10μm 以上的尘粒可以滞留在呼吸道中；5～10μm 的尘粒大部分会在呼吸道沉积，被分泌的黏液吸附，可以随痰排出；小于 5μm 的尘粒能深入肺部，0.01～0.1μm 的尘粒，50% 以上将沉积在肺腔中，引起各种尘肺病。

2）粒径越小，粉尘比表面积越大，物理、化学活性越高，加剧了生理效应的发生与发展。此外，尘粒的表面可以吸附空气中的各种有害气体及其他污染物，而成为它们的载体，如可以承载致癌物质苯并[a]芘及细菌等。

（2）气态污染物

1）一次污染物。以气体形态进入大气的污染物称为气态污染物。气态污染物种类极多，按其对我国大气环境的危害大小，主要分为以下五种类型。

① 含硫化合物。含硫化合物主要是指 SO_2、SO_3 和 H_2S 等，其中以 SO_2 的数量最大，对人类和环境危害也最大，SO_2 是形成酸雨的重要污染气体，是影响大气质量的最主要的气态污染物。

SO_2 在空气中的含量（体积分数）达到（0.3～1.0）$\times 10^{-6}$时，人们就会闻到一种气味。包括人类在内的各种动物，对 SO_2 的反应都表现为支气管收缩。一般认为，空气中 SO_2 含量（体积分数）在 0.5×10^{-6}以上时，对人体健康已有某种潜在性影响，（1～3）$\times 10^{-6}$时多数人开始受到刺激，10×10^{-6}时刺激加剧，个别人还会出现严重的支气管痉挛。

当大气中 SO_2 氧化形成硫酸和硫酸烟雾时，即使其含量只相当于 SO_2 的 1/10，其刺激和危害也将显著增加。根据动物实验表明，硫酸烟雾引起的生理反应要比单一 SO_2 气体强 4～20倍。

在自然界里，火山爆发能喷出大量的 SO_2，森林火灾也能使一定量的 SO_2 进入大气，但人为活动仍是大气中 SO_2 的主要来源。城市及其周围地区大气中 SO_2 主要来源于含硫燃料的燃烧。其中约有 60% 来自煤的燃烧，30% 左右来自石油燃烧和炼制过程。

② 含氮化合物。含氮化合物种类很多，其中最主要的是 NO、NO_2、NH_3 等。

NO 毒性不太大，但进入大气后可被缓慢地氧化成 NO_2，当大气中有 O_3 等强氧化剂存在时，或在催化剂作用下，其氧化速度会加快。NO 结合血红蛋白的能力比 CO 还强，容易造成人体缺氧。NO_2 是棕红色气体，其毒性约为 NO 的 5 倍，对呼吸器官有强烈的刺激作用。

据实验表明，NO_2 会迅速破坏肺细胞，可能是哮喘病、肺气肿和肺癌的一种病因。环境空气中 NO_2 含量（体积分数）低于 0.01×10^{-6} 时，儿童（2～3 周岁）支气管炎的发病率有所增加；NO_2 含量（体积分数）为 $(1\sim3)\times10^{-6}$ 时，可闻到臭味；含量（体积分数）为 13×10^{-6} 时，眼、鼻有急性刺激感；在含量（体积分数）为 17×10^{-6} 的环境下，呼吸10min，会使肺活量减少，肺部气流阻力增加。NO_x（NO、NO_2）与碳氢化合物混合时，在阳光照射下发生光化学反应生成光化学烟雾。光化学烟雾的成分是 PAN、O_3、醛类等光化学氧化剂，它的危害更加严重。

NO_x 是形成酸雨的主要物质之一，是大气环境中的另一个重要污染物。

天然排放的 NO_x 主要来自土壤、海洋中的有机物分解。人为活动排放的 NO_x 主要来自化石燃料的燃烧。燃烧过程产生的高温使氧分子（O_2）热解为原子，氧原子和空气中的氮分子（N_2）反应生成 NO。城市大气中的 NO_x 一般有 2/3 来自汽车等流动源的排放，1/3 来自固定源的排放。无论是流动源还是固定源，燃烧产生的 NO_x 主要是 NO，占 90% 以上；NO_2 的数量很少，占 0.5%～10%。在适宜的条件下，NO 可以转化为 NO_2。

③ 碳氧化合物。污染大气的碳氧化合物主要是 CO 和 CO_2。

CO 是一种窒息性气体，进入大气后，由于大气的扩散稀释作用和氧化作用，一般不会造成危害。但在城市冬季采暖季节或在交通繁忙的十字路口，当气象条件不利于排气扩散时，CO 的含量有可能达到危害人体健康的水平。如在 CO 含量（体积分数）$(10\sim15)\times10^{-6}$ 下暴露 8h 或更长时间的有些人，对时间间隔的辨别力就会受到损害。这种含量范围是白天商业区街道上的普遍现象。在 30×10^{-6} 含量（体积分数）下暴露 8h 或更长时间，会造成损害，出现呆滞现象。一般认为，CO 含量（体积分数）为 100×10^{-6} 是一定年龄范围内健康人暴露 8h 的工业安全上限。CO 含量（体积分数）达到 100×10^{-6} 以上时，多数人感觉眩晕、头痛和倦怠。

大气中的 CO 主要来源于内燃机的排气和锅炉中化石燃料的燃烧。缺氧燃烧会生成大量的 CO，供氧量越低，产生的 CO 量就越大。汽车尾气排放的 CO 约占全球 CO 排放总量的 50%。

CO_2 是无毒气体，但当其在大气中的含量过高时，使氧气含量相对减少，对人会产生不良影响。在大气污染问题中，CO_2 之所以引起人们的普遍关注，原因在于 CO_2 是一种重要的温室气体，能够导致温室效应的发生，从而引发一系列全球性的气候变化。CO_2 的主要来源是生物的呼吸作用和化石燃料的燃烧过程。

④ 碳氢化合物。此处主要是指有机废气。有机废气中的许多组分构成了对大气的污染，如烃、醇、酮、酯、胺等。

大气中的挥发性有机化合物（VOC），一般是 $C_1\sim C_{10}$ 化合物，它不完全相同于严格意义上的碳氢化合物，因为它除含有碳和氢原子以外，还常含有氧、氮和硫的原子。甲烷被认为是一种非活性烃，所以人们总以非甲烷烃类（NMHC）的形式来报道环境中烃的含量。特别是多环芳烃（PAH）中的苯并[a]芘（B[a]P）是强致癌物质，因而作为大气受 PAH 污染的依据。苯并[a]芘主要通过呼吸道侵入肺部，并引起肺癌。实验数据表明，肺癌与大气污染、苯并[a]芘含量的相关性是显著的。从世界范围看，城市肺癌死亡率约比农村高 2 倍，有的城市高达 9 倍。

大气中大部分碳氢化合物来自于植物的分解作用，人类活动中碳氢化合物的主要来源是石油燃料的不充分燃烧和化工生产过程等，其中汽车尾气是碳氢化合物主要的来源之一。

⑤ 卤素化合物。对大气构成污染的卤素化合物，主要是含氯化合物及含氟化合物，如 HCl、HF、SiF_4 等。HCl 和 HF 都是强酸性气体，无论是对人体健康还是对生态环境都会造成不利的影响，但其在环境中造成影响的范围是有限的，因此其危害性也是局限的。

2）二次污染物。气态污染物从污染源排放入大气，可以直接对大气造成污染，同时还经过反应形成二次污染物。主要气态污染物和其所形成的二次污染物种类见表 2-2。

表 2-2 气体污染物和其所形成的二次污染物的种类

污染物	一次污染物	二次污染物	污染物	一次污染物	二次污染物
含硫化合物	SO_2、H_2S	SO_3、H_2SO_4、MSO_4	碳氢化合物	C_mH_n	醛、酮等
含氮化合物	NO、NO_2	NO_2、HNO_3、MNO_3、O_3	卤素化合物	HF、HCl	无
碳氧化合物	CO、CO_2	无			

注：M 代表金属离子。

二次污染物中危害最大，也最受人们普遍关注的是硫酸烟雾和光化学烟雾。

① 硫酸烟雾。因为其最早发生在英国伦敦，也称为伦敦型烟雾。硫酸烟雾是还原型烟雾，是大气中的 SO_2 等硫氧化物，在有水雾、含有重金属的悬浮颗粒物或氮氧化物存在时，发生一系列化学或光化学反应而生成的硫酸雾或硫酸盐气溶胶。这种污染一般发生在冬季、气温低、湿度高和日光弱的天气条件下。硫酸烟雾引起的刺激作用和生理反应等危害，要比 SO_2 气体大得多。

② 光化学烟雾。1946 年美国洛杉矶首先发生严重的光化学烟雾事件，故又称洛杉矶型烟雾。光化学烟雾是氧化型烟雾，是在阳光照射下，大气中的氮氧化物和碳氢化合物等污染物发生一系列光化学反应而生成的蓝色烟雾（有时带些紫色或黄褐色）。其主要成分有臭氧、过氧乙酰硝酸酯（PAN）、酮类和醛类等。光化学烟雾的刺激性和危害比一次污染物强烈得多。

2.1.3 我国大气污染概况

自 20 世纪 70 年代以来，我国政府加强了环保工作力度，颁布并实施了一系列防治大气污染的政策、法规和措施，并收到了一定的效果。但从总体看，我国大气污染问题还没有被完全控制，部分地区大气污染问题依然严峻。

根据国家环保部 2010 年发布的《2009 年中国环境状况公报》显示，全国城市空气质量比 2008 年有所提高，但部分城市污染仍较重；全国酸雨分布区域保持稳定，但酸雨污染仍较重。

1. 空气质量

2009 年，全国 612 个城市开展了环境空气质量监测，其中达到一级标准的城市 26 个（占 4.2%），达到二级标准的城市 479 个（占 78.3%），达到三级标准的城市 99 个（占 16.2%），劣于三级标准的城市 8 个（占 1.3%）。全国地级及以上城市环境空气质量的达标比例为 79.6%，县级城市的达标比例为 85.6%。

PM_{10} 年均含量达到或优于二级标准的城市占 84.3%，劣于三级标准的占 0.3%。SO_2 年均含量达到或优于二级标准的城市占 91.6%，无劣于三级标准的城市。所有地级及以上城

市 NO_2 年均含量均达到二级标准，86.9%的城市达到一级标准。

113个环境保护重点城市空气质量有所提高，空气质量达到一级标准的城市占0.9%，达到二级标准的占66.4%，达到三级标准的占32.7%。2009年与2008年相比，达标城市比例上升了9.8个百分点。

2009年，环境保护重点城市总体平均的 NO_2 含量与上年相比持平，SO_2 和 PM_{10} 含量均略有降低。

2. 酸雨

酸雨发生频率监测的488个城市（县）中，出现酸雨的城市有258个，占52.9%；酸雨发生频率在25%以上的城市164个，占33.6%；酸雨发生频率在75%以上的城市53个，占10.9%。

与2008年相比，发生较重酸雨（降水 $pH<5.0$）的城市比例降低2.8个百分点，发生重酸雨（降水 $pH<4.5$）的城市比例降低0.8个百分点。

全国酸雨分布区域主要集中在长江以南，青藏高原以东地区，主要包括浙江、江西、湖南、福建、重庆的大部分地区以及长江、珠江三角洲地区。酸雨发生面积约120万 km^2，重酸雨发生面积约6万 km^2。2009年与2008年相比，酸雨区域分布格局未发生明显变化。

3. 废气中主要污染物排放量

2009年，SO_2 排放量为2214.4万t，烟尘排放量为847.2万t，工业粉尘排放量为523.6万t，分别比上年下降4.6%、6.0%、11.7%。与2005年相比，SO_2 排放总量下降13.14%，SO_2 减排进度已超过"十一五"减排目标要求。近几年我国大气污染物排放情况见表2-3。

表2-3 全国废气中主要污染物排放量年际变化

项目	SO_2 排放量/万t			烟尘排放量/万t			工业粉尘排放量/万t
年度	合计	工业	生活	合计	工业	生活	
2006	2588.8	2234.8	354.0	1088.8	864.5	224.3	808.4
2007	2468.1	2140.0	328.1	986.6	771.1	215.5	698.7
2008	2321.2	1991.3	329.9	901.6	670.7	230.9	584.9
2009	2214.4	1866.1	348.3	847.2	603.9	243.3	523.6

2.1.4 大气环境标准

为消除日趋严重的大气污染，除采取大气污染源治理技术，尽量减少甚至消除典型大气污染物的排放之外，还应通过制定和贯彻执行环境保护方针政策，通过立法手段建立、健全环境保护法规，加强环境保护管理等一系列措施做好对大气环境质量的管理工作。制定大气环境标准是执行环境保护法规，实施大气环境管理的科学依据。

1. 大气环境标准的种类和作用

大气环境标准按其用途可分为大气环境质量标准、大气污染物排放标准、大气污染控制技术标准及大气污染警报标准等，按其适用范围可分为国家标准、地方标准和行业标准。

（1）大气环境质量标准　大气环境质量标准是以保障人体健康和正常生活条件为主要目标，规定出大气环境中某些主要污染物的最高允许含量。它是进行大气污染评价，制定大气污染防治规划和大气污染物排放标准的依据，是进行大气环境管理的依据。

（2）大气污染物排放标准　大气污染物排放标准是以实现大气环境质量标准为目标，

对污染源排入大气的污染物允许含量作出限制，是控制大气污染物的排放量和进行净化装置设计的依据，同时也是环境管理部门的执法依据。

（3）大气污染控制技术标准　大气污染控制技术标准是大气污染物排放标准的一种辅助规定。它根据大气污染物排放标准的要求，结合生产工艺特点、燃料、原料使用标准、净化装置选用标准、烟囱高度标准及卫生防护带标准等，为保证达到污染物排放标准而从某一方面作出具体技术规定。

（4）大气污染警报标准　大气污染警报标准是确保大气环境污染不致恶化或根据大气污染发展趋势，预防发生污染事故而规定的污染物含量的极限值。超过这一极限值时就发生警报，以便采取必要的措施。警报标准的制定，主要建立在污染物对人体健康的影响和生物承受限度的综合研究基础之上。

2. 大气环境质量标准

（1）制定原则　大气环境质量标准是为了保障人体健康、防止生态破坏、创造清洁适宜的环境而制定的。因此，首先要考虑保障人体健康和保护生态环境这一大气质量目标，并研究这一目标与大气中污染物含量之间的关系，定量分析其相关性，以确定大气环境质量标准规定的污染物及其限值。目前各国判断空气质量时，一般多依据世界卫生组织（WHO）提出的空气质量四级水平。

第一级：在处于或低于所规定的限值和接触时间内，看不到直接或间接的反应（包括反射性或保护性反应）。

第二级：达到或高于规定的限值和接触时间时，对人的感觉器官有刺激，对植物有损害，或对环境产生其他有害作用。

第三级：达到或高于规定的限值和接触时间时，使人的生理功能发生障碍或衰退，引起慢性病，缩短生命。

第四级：达到或高于规定的限值和接触时间时，敏感者将发生急性中毒或死亡。

标准的确定还应充分考虑地区的差异性原则。要充分注意各地区的人群构成、生态系统的结构功能、技术经济发展水平等的差异性。除了制定国家标准外，还应根据各地区的特点，制定地方大气环境质量标准。

（2）我国环境空气质量标准　我国1982年就颁布了GB 3095—1982《大气环境质量标准》，先后作过多次修改，目前实施的是1996年完成，2000年经修改调整的GB 3095—1996《环境空气质量标准》。我国的环境空气质量标准分为三级，见表2-4。

表2-4 《环境空气质量标准》中各种污染物的限值

污染物名称	取值时间	质量浓度限值			质量浓度单位（标准状态）
		一级标准	二级标准	三级标准	
二氧化硫（SO_2）	年平均	0.02	0.06	0.10	mg/m^3（标准状态）
	日平均	0.05	0.15	0.25	
	1h平均	0.15	0.50	0.70	
总悬浮颗粒物（TSP）	年平均	0.08	0.20	0.30	
	日平均	0.12	0.30	0.50	
可吸入颗粒物（PM_{10}）	年平均	0.04	0.10	0.15	
	日平均	0.05	0.15	0.25	

（续）

污染物名称	取值时间	质量浓度限值			质量浓度单位（标准状态）
		一级标准	二级标准	三级标准	
二氧化氮（NO_2）	年平均	0.04	0.08	0.08	mg/m^3（标准状态）
	日平均	0.08	0.12	0.12	
	1h 平均	0.12	0.24	0.24	
一氧化碳（CO）	日平均	4.00	4.00	6.00	
	1h 平均	10.00	10.00	20.00	
臭氧（O_3）	1h 平均	0.16	0.20	0.20	
铅（Pb）	季平均		1.50		μg/m^3（标准状态）
	年平均		1.00		
苯并[a]芘（B[a]P）	日平均		0.01		
氟化物（F）	日平均		7①		
	1h 平均		20①		
	月平均	1.8②	3.0③		μg/（dm^2·d）
	季平均	1.2②	2.0③		

① 适用于城市地区。

② 适用于牧业区和以牧业为主的半农半牧区、蚕桑区。

③ 适用于农业和林业区。

3. 大气污染物排放标准

（1）制定原则 制定大气污染物排放标准的原则是以环境空气质量标准为依据，同时还应综合考虑治理技术的可行性、经济的合理性及地区的差异性，并尽量做到简明易行。制定排放标准的方法，大体上有两种：按最佳适用技术确定法和按污染物在大气中的扩散规律推算法。

（2）工业“三废”排放标准 我国于1973年颁布了GB J 4—1973《工业三废排放试行标准》，规定了13类有害物质的排放标准。经过二十多年的试行，于1996年修改制定了GB 16297—1996《大气污染物综合排放标准》。

该标准对33种污染物的最高允许排放含量、最高允许排放速率和无组织监控含量限值作了规定，同时还规定了标准的实施要求。该标准适用于现有污染源大气污染物的排放管理，以及建设项目的环境影响评价、设计、环保设施竣工验收和投产后的大气污染物排放管理。

（3）汽车排放标准 随着我国汽车保有量的持续增长，汽车尾气污染日益严重。为了抑制这些有害气体的产生，促使汽车生产厂家改进产品以降低这些有害气体的产生源头，欧洲和美国都制定了相关的汽车排放标准。

与国外先进国家相比，我国汽车尾气排放法规起步较晚、水平较低，根据我国的实际情况，从20世纪80年代初期开始采取了先易后难分阶段实施的具体方案。由于我国的汽车车型大多从欧洲引进生产技术，我国大体上采用欧洲标准体系。我国汽车排放的国标略低于欧标。

近年我国的汽车尾气排放标准在逐年提高。2004全国范围内开始实施国Ⅱ排放标准；2006年北京在全国范围内率先实施国Ⅲ排放标准；2007年全国范围内开始实施国Ⅲ排放标准；2008年符合国Ⅳ排放标准的燃油在北京上市。我国轻型汽车目前采用的是国Ⅲ标准，2010年已在部分城市启动国Ⅳ标准。

2.2 大气污染物的扩散

大气污染物自污染源排出后，在到达受体之前，要经过大气输送和稀释扩散过程。排入大气中的有害物质可以向大气中低含量区域迁移，从而使有害物质含量不断降低。由污染源排放到大气中的污染物在迁移和扩散过程中要受到各种因素的影响，主要有污染源参数、气象条件和下垫面状况等。

源参数是指污染源排放污染物的数量、组成、排放源的密集程度及位置等。它是影响大气污染的重要因素，它决定了进入大气的污染物的量和所涉及的范围。气象因素决定大气对污染物的稀释扩散速率和迁移转化的途径。下垫面是指大气底层接触面的性质、地形及建筑物的构成情况。下垫面的状况不同会影响到气流的运动，同时也直接影响当地的气象条件，因此同样会对大气污染物的扩散造成影响。

在大气污染监测工作中，经常发现源参数不变的同一污染源，在有利于稀释扩散的气象条件下，不会造成太大的污染问题；而在不利于污染物扩散的气象条件下，会产生严重的大气污染。20世纪几次著名的大气污染事件都是在特定的、不利于污染物稀释扩散的气象条件下发生的。因此，了解并掌握污染物在大气中迁移扩散的规律及影响因素，对于大气污染综合防治、大气环境规划与评价等工作都具有重要意义。

2.2.1 影响大气污染物扩散的气象因素

影响大气扩散稀释能力的主要因素有气象的动力因子和气象的热力因子。

1. 气象动力因子

气象动力因子主要是指风和湍流，风和湍流对污染物在大气中的扩散和稀释起着决定性作用。

(1) 风　大气的水平运动称为风，风是矢量，以风向和风速两个基本要素来描述。风可使污染物向下风向输送、扩散和稀释。风速和风向都能影响到大气污染物的扩散。一般风速越大，对污染物的输送、扩散能力越强。但风速越大，烟羽的抬升高度越低，反而会增加地面污染物含量，同时风速增大还可能增加开放性污染源的源强，所以风速对大气污染物含量具有双向影响。风向决定迁移运动的方向，在污染源下风向污染总是要重一些，所以风向也是影响大气污染物扩散的重要因素。为了反映风向和风速的联合作用，通常以污染系数（风向频率/平均风速）来分析当地各水平方向上的扩散能力，也可绘制污染系数玫瑰图来直观表达（图2-2）。污染系数越大说明该风向的下风向扩散能力越差，可能造成严重污染。

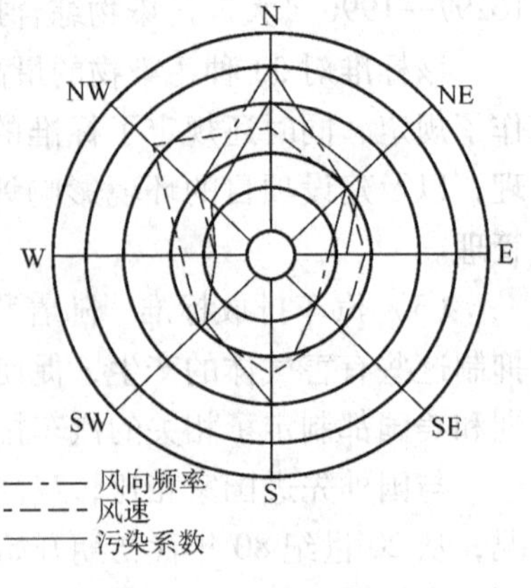

图2-2　污染系数玫瑰图

(2) 湍流　大气除了整体水平运动以外，还存在着不同于主流方向的各种不同尺度的次生运动或旋涡运动，这种极不规则的大气运动叫做湍流。大气湍流与大气的热力因子如大气的垂直稳定度有关，又与近地面的风速和下垫面等机械因素有关。前者所形成的湍流称为热力湍流，后者所形成的湍流称为机械湍流，大气湍流就是这两种湍流综合作用的结果。大气湍流以近地层大气表现最为突出。

大气湍流造成湍流场中各部分之间的强烈混合。当污染物由污染源排入大气中时，高含量部分污染物又与湍流混合，不断被清洁空气渗入，同时又无规则地分散到其他方向去，使污染物不断地被稀释、冲淡。

风和湍流是决定污染物在大气中扩散状况的最直接的因子，也是最本质的因子，是决定污染物扩散快慢的决定性因素。风速越大，湍流越强，污染物扩散稀释的速率就越快。因此，凡是有利于增大风速、增强湍流的气象条件，都有利于污染物的稀释扩散，否则将会使污染加重。

2. 气象热力因子

气象热力因子主要是指大气的温度层结及大气稳定度等。

（1）大气的温度层结与逆温　大气的温度层结是指在地球表面上方大气的温度随高度变化的情况，或者说是在垂直地球表面方向上的气温分布。气温的垂直分布决定着大气的稳定度，而大气的稳定程度又影响着湍流的强度，因而温度层结与大气污染有十分密切的联系。

在大气圈的对流层内，气温垂直变化的规律是随高度的增加而逐渐降低的。这是因为，大气直接吸收太阳辐射能造成的增温没有地面辐射造成的增温显著，地面是大气的主要增温热源，所以在正常的气象条件时，近地面的温度比上层高。此外，对吸收地面辐射能较强的水蒸气和固体颗粒物，在大气中的分布是随高度的增加而减少，这也是近地面层的温度比上层高的原因。

气温随高度的变化通常用气温垂直递减率（γ）来表示（图2-3中的实线）。气温垂直递减率的含义是：在垂直于地球表面方向上，高度每增加100m气温的变化值。对于标准大气状况下对流层中的 γ 值，下层为0.3～0.4℃/100m；中层为0.5～0.6℃/100m；上层为0.65～0.75℃/100m。整个对流层的气温垂直递减率平均值约为0.65℃/100m。但实际上，近地面低层大气的气温垂直变化比标准大气状况要复杂得多。由于气象条件不同，气温垂直递减率可大于零、等于零或小于零。大于零表示气温随高度增加而降低；等于零表示气温不随高度增加而变化（或叫等温层）；小于零表示气温随高度增加而增加，简称逆温。出现逆温的大气层叫逆温层，逆温层至地面的距离下限称为逆温高度，上下限的温度差称为逆温强度。

根据逆温层出现的高度不同，可分为接地逆温层和上层逆温层（图2-3）。根据逆温层发生的原因可分为辐射性逆温、下沉逆温、平流性逆温、锋面逆温、地形逆温5种类型。

1）辐射性逆温。一般来说，在晴朗、少云、风小的夜间，地面强烈的辐射使地面和近地面的大气层迅速降温，而上层大气降温较慢，出现了从地面起上高下低的温度分布，形成逆温。这种逆温是由于地面辐射形成的，因而称为辐射逆温。日出后，太阳辐射逐渐增强，地面逐渐增温，空气也自下而上增温，逆温也会逐渐消失。辐射性逆温全年都可出现，它的厚度可从几米到二三百米。

2）下沉逆温。下沉逆温是由于空气的下沉压缩增温形成的逆温。下沉逆温持续时间

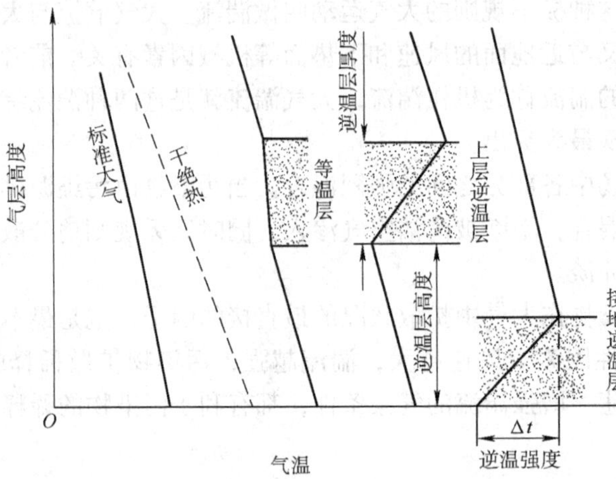

图 2-3 气温垂直递减率

长、范围宽、厚度大，特别是在冬季，若与辐射逆温结合在一起，会形成很厚的逆温层，对高架污染源污染物的扩散影响很大。

3）平流性逆温。当暖空气平流到冷空气上面时，会形成下低上高的温度分布而形成逆温，这种逆温称为平流逆温。

4）锋面逆温。在对流层中，冷暖空气相遇时，暖空气密度小，会爬升到冷空气的上面去，形成倾斜的过渡区，称为锋面。锋面处冷暖空气温度差较大，即可在冷气团范围内的不同高度处形成逆温，称为锋面逆温。

5）地形逆温。地形逆温是由于局部地区的地形而形成的。这种逆温常发生在盆地、谷地中。日落后由于山坡散热较快，使坡面上的大气温度比盆地、谷地中的大气温度低。坡面上的冷空气沿坡下沉，使盆地、谷地中温度较高的暖空气抬升，从而形成逆温。

逆温的出现将阻止气团的上升运动，使逆温层以下的污染物不能穿过逆温层，只能在其下方扩散，因此可能造成高浓度污染。很多空气污染事件都发生在有逆温的静风的条件下，故对逆温现象必须予以高度重视。

（2）气温的干绝热递减率　在物理学上，若一系统在与周围物体没有热量交换而进行状态变化时，称为绝热变化。状态变化所经历的过程称为绝热过程。在绝热过程中系统的状态变化及对外做功是靠系统的内能变化来达到的。系统某状态时的内能与绝对温度成正比，一定状态下的内能可由温度来度量。若取大气中一气块做垂直运动，气块因上升或下降而引起膨胀、压缩，由膨胀或压缩所引起的温度变化，比和外界交换热量所引起的温度变化大得多。理论和实践都证明，对一个干燥或未饱和的湿空气气块，在大气中绝热上升每 100m 要降温 0.98℃，气块在大气中下降 100m，气块升温 0.98℃，通常可近似取为 1℃/100m。而这个现象与周围的温度无关，并被称为气温的干绝热递减率，用 γ_d（1℃/100m）表示，如图 2-4 中虚线所示。

（3）大气稳定度　大气稳定度与气温垂直递减率和干绝热递减率有着密切的关系。大气垂直运动的增强或减弱，即大气稳定度取决于气温垂直递减率（γ）和干绝热递减率（γ_d）的对比。

下面以图 2-4 为例，用气块（气团）理论讨论大气稳定度的判别问题。在大气中假想

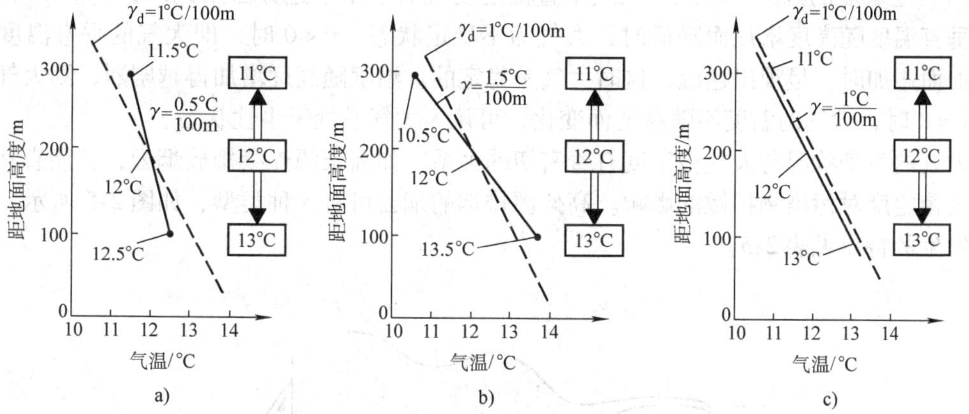

图2-4　大气稳定度判断图

a）当 $\gamma<\gamma_d$ 时　b）当 $\gamma>\gamma_d$ 时　c）当 $\gamma=\gamma_d$ 时

割取出与外界绝热密闭的气块，根据其受外力作用产生垂直方向运动时，此气块在大气中所处的运动状态来判别大气的稳定度。

首先判断当 $\gamma<\gamma_d$ 时大气稳定度，如图2-4a所示。已知距地面100m高度处的大气温度为12.5℃，200m处为12℃，300m处为11.5℃，即 γ(0.5℃/100m) $<\gamma_d$(1℃/100m)。假如由于某种气象因素作用，迫使大气做垂直运动，如把200m处割取的绝热气块（此气块温度为12℃）推举到300m处，由于上升气块的内部压力大于外部大气的压力，所以气块在上升过程中不断地进行绝热膨胀，气块内部的温度将按 γ_d =1℃/100m的递减率下降到11℃。则此时，在300m处气块内部温度为11℃，气块外部的大气温度为11.5℃。气块内部的气体密度大于外部大气的密度，于是气块的重力大于外部的浮升力。也就是说，由于受外力推举上升的气块总是要下沉，力争恢复到原来的位置。同理，在上述条件下，假定由于某种气象因素，迫使大气向下运动，如把200m处割出的气块压下到100m处，由于压下的气块内部压力小于外部大气的压力，所以在向下运动过程中，不断地受到绝热压缩，气块内部的温度将以 γ_d =1℃/100m升温率上升到13℃。这时气块内部温度为13℃，而气块外部的大气温度为12.5℃，气块内部的气体密度小于外部大气的密度，气块将受外部大气浮升力的影响，将气块推回到原来的位置。从上面的分析不难看出，当 $\gamma<\gamma_d$ 时，无论有某种气象因素使大气做垂直上下运动，它都是力争恢复到原来状态。大气的这种状态称为稳定状态。

图2-4b表示当 $\gamma>\gamma_d$ 时的大气稳定状态，如果使气块受外力作用，从200m上升到300m时，气块比周围大气轻，因受气块外部的大气浮升力作用，使它继续上升；反之，当气块受外力作用使其下降到100m处，由于气块内部的温度低于外部的大气温度，气块将要继续下降。总之，在 $\gamma>\gamma_d$ 时，无论由某种气象因素使大气做垂直上下运动，它的运动趋势总是远离平衡位置。大气的这种状态称为不稳定状态。

图2-4c表示当 $\gamma=\gamma_d$ 时的大气稳定状态，气块因受外力作用上升或下降，气块内的温度与外部的大气温度始终保持相等，气块被推到哪里就停留在哪里。这时的大气状态称为中性状态。

当大气处于稳定状态时湍流受到抑制，大气对污染物的扩散稀释能力弱；当大气处于不稳定状态时，湍流得到充分发展，扩散稀释能力增强。

（4）稳定度的判断　近地层大气垂直稳定度可简单用下述方法来判断：$\gamma>0$ 时，即大气的垂直温度随高度增加而降低时，大气为不稳定状态。$\gamma<0$ 时，即大气的垂直温度随高度增加而增加时，呈现出逆温，这时大气是稳定的。温度随高度增加得越剧烈，则大气越稳定。$\gamma=0$ 时，大气的温度不随高度而变化，可认为大气是处于中性状态。

大气的污染状况与大气稳定度有着密切的关系。如高架源连续排放烟云，就能直观地说明大气稳定度对污染物扩散的影响。高架源排烟的烟云可有 5 种类型，如图 2-5 所示。这些烟云发生的特点见表 2-5。

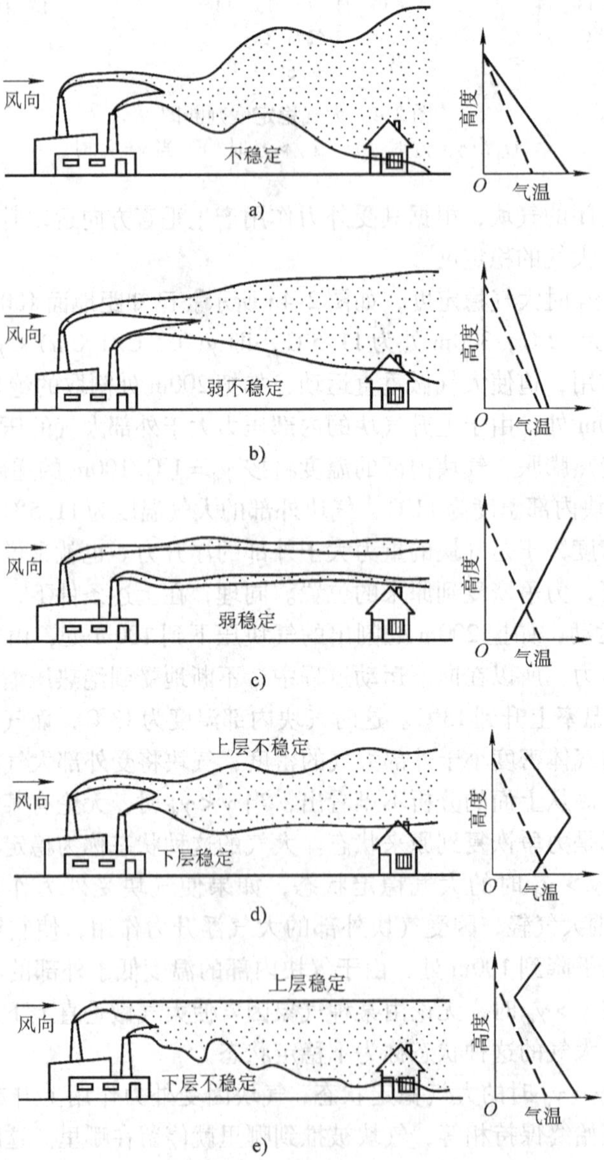

图 2-5　高架源排烟烟云形状

a）翻卷型　b）锥型　c）扇型　d）屋脊型　e）漫烟型

表 2-5 烟云及其发生原因和特点

烟型	特点	大气状况	发生条件	与风湍流关系	地面污染状况
翻卷型（波浪型）	烟云由连续及孤立的烟团所组成 烟云在上下左右方向上摆动很大，扩散速度较快，烟云呈剧烈翻卷，烟团向下风向输送	$\gamma>0$ $\gamma>\gamma_d$ 大气处于不稳定状态，对流强烈	多出现于太阳光较强的晴朗中午	伴随较强的热扩散，微风	由于扩散速度快，靠近污染源地区污染物落地含量高，对附近居民有害，一般不会造成烟雾事件
锥型	烟云离开排放口一定距离后，云轴仍基本上保持水平，外形似一个椭圆锥。烟云比翻卷型规则，扩散能力比翻卷型弱	$\gamma>0$ $\gamma=\gamma_d$ 大气处于中性或弱稳定状态	多出现于多云或阴天的白天，强风的夜晚或冬季夜间	高空风较大，扩散主要靠热和动力因子的作用	扩散速度比翻卷型低，污染物落地含量也比翻卷型低，污染物输送得较远
扇 型（长带型）	烟云在垂直方向上扩散速度很小，烟云的厚度在风向方向上变化不大，在水平方向上有缓慢扩散	$\gamma<0$ $\gamma<\gamma_d$ 出现逆温层，大气处于稳定状态	多出现于弱晴朗的夜晚和早晨	微风，几乎无湍流发生	污染物可传送到较远的地方，遇山或高大建筑物阻拦时，污染物不易扩散稀释，在逆温层下的污染物含量较大
屋脊型（上扬型）	烟云的下侧边缘清晰，呈平直状，而其上部出现湍流扩散	排出口上方：$\gamma>0$，$\gamma>\gamma_d$ 大气处于不稳定状态 排出口下方：$\gamma<0$，$\gamma<\gamma_d$ 大气处于稳定状态	多出现于日落后，因地面有辐射逆温，大气稳定。高空受冷空气影响大气不稳定	排出口上方有微风，伴有湍流；排出口下方几乎无风，无湍流	如烟囱高度处于不稳定层时，烟气中污染物不向下扩散，只向上方扩散，这种烟型对地面污染较小
漫烟型（熏烟型）	与屋脊型相反，烟云上侧边缘清晰，呈平直状，烟云的下部有较强的湍流扩散，烟云上方有逆温层，从烟囱排出的烟云上升到一定程度就受到逆温层的控制	排出口上方：$\gamma<0$，$\gamma<\gamma_d$ 大气处于稳定状态 排出口下方：$\gamma>0$，$\gamma>\gamma_d$ 大气处于不稳定状态	日出后，地面低层空气被日照加热，使逆温自下而上逐渐破坏，但上部仍保持逆温	烟云的下部有明显的热扩散，烟云的上部热扩散很弱，风在烟云之间流动	当烟囱高度不能超过上部稳定气层时，烟云就好像被盖子盖住，烟云只能向下部扩散，像烟熏一样直扑地面，在靠近污染源附近污染物的含量很高，地面污染严重

2.2.2 大气污染物扩散与下垫面的关系

地形或地面情况的不同，即下垫面情况的不同，会影响到该地区的气象条件，形成局部地区的热力环流，表现出独特的局地气象特征。除此之外，下垫面本身的机械作用也会影响到气流的运动，如下垫面粗糙，湍流就可能较强，下垫面光滑平坦，湍流就可能较弱。因此下垫面通过影响该地的气象条件影响着污染物的扩散，同时也通过本身的机械作用，影响着污染物的扩散。

1. 城市下垫面的影响

城市下垫面以两种基本方式改变着局地的气象特征：一个是城市的热力效应，即城市热岛效应；一个是城市粗糙地面的动力效应。

（1）城市热岛效应　城市是人口、工业高度集中的地区，由于人的活动和工业生产，使城市温度比周围郊区温度高，这一现象被称之为城市热岛效应。由于城区温度比农村高，特别是低层空气温度比四周郊区空气温度高，于是城市地区热空气上升，并在高空向四周辐散，而四周郊区较冷的空气流过来补充，形成了城市特有的热力环流——热岛环流。这种现象在夜间、在晴朗平稳的天气下，表现得最为明显。图 2-6 就是这种环流的示意图。

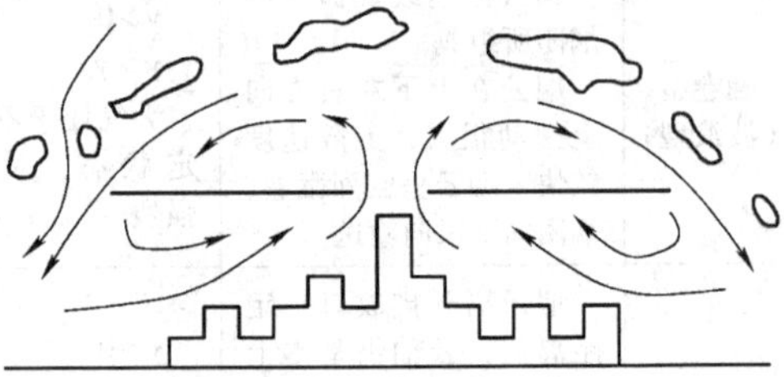

图 2-6　城市热岛环流

由于热岛环流的存在，城市郊区工厂所排放的污染物可由低层吹向市区，使市区污染物含量升高。因此，在城市四周布置工业区时，要考虑热岛环流存在这一特点。

（2）动力效应　城市下垫面粗糙度大，对气流产生了阻挡作用，使得气流的速度与方向变得很复杂，而且还能造成小尺度的涡流，阻碍烟气的迅速传输，不利于烟气扩散。这种影响的大小与建筑物的形状、大小、高矮及烟囱高度有关，烟囱越矮，影响越大。

2. 山区下垫面的影响

山区地形复杂，日照不均匀，使得各处近地层大气的增热与冷却的速度不同，因而形成了山区特有的局地热力环流，它们对大气污染物的扩散影响很大。

（1）过山气流　气流过山时，在山坡迎风面造成上升气流，山脚处形成反向涡流；背风面造成下沉气流，山脚处形成回流区。污染源在山坡上风侧时，对迎风坡会造成污染，而在背风侧，污染物会被下沉气流带至地面，或在回流区内回旋积累，无法扩散出去，很容易造成高浓度污染。

（2）坡风和谷风　晴朗的夜晚，由于坡地辐射冷却快，贴近山坡的冷而重的空气顺坡滑向谷底，形成下坡风。下坡风可将污染物带至地面，或聚集谷底、低地，形成厚而强的逆温层，阻滞污染物的扩散，形成严重的局地污染。山谷各处的下坡风汇集谷底，形成一股速度较大、层次较厚的气流，流向平原或谷地下游，形成山风。白日情况与此相反，风从平原吹向山谷，形成谷风；从谷底吹向山坡，形成上坡风。山谷风具有明显的日变化，如图 2-7 所示，大气污染也就具有了明显的日变化。

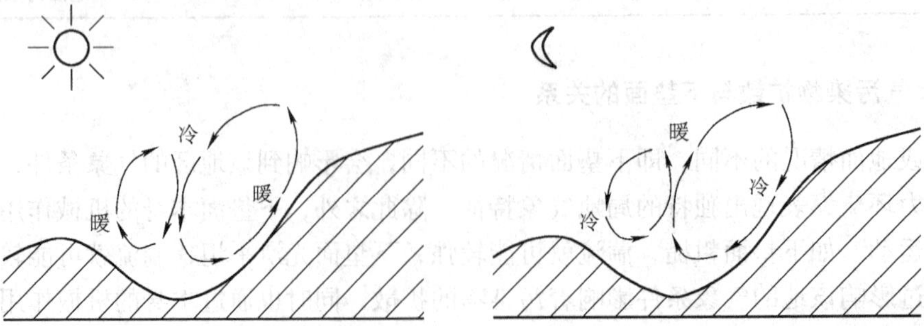

图 2-7　谷风和坡风

3. 水陆交界区的影响

水陆交界处（沿海、沿湖地带），经常出现海陆风。白天，地表受热后，陆地增温比海面快，因此陆地上的气温高于海面上的气温。陆地上的暖空气上升，并在上层流向海洋。而下层海面上的空气则由海洋流向陆地，形成海风。夜间，陆地散热快，海洋散热慢，形成和白天相反的热力环流，上层空气由海洋吹向陆地，而下层空气由陆地吹向海洋，即为陆风，如图2-8所示。海陆风的环状气流不能把污染物完全输送、扩散出去，当海陆风转换时，原来被陆风带走的污染物会被海风带回原地，形成重复污染。

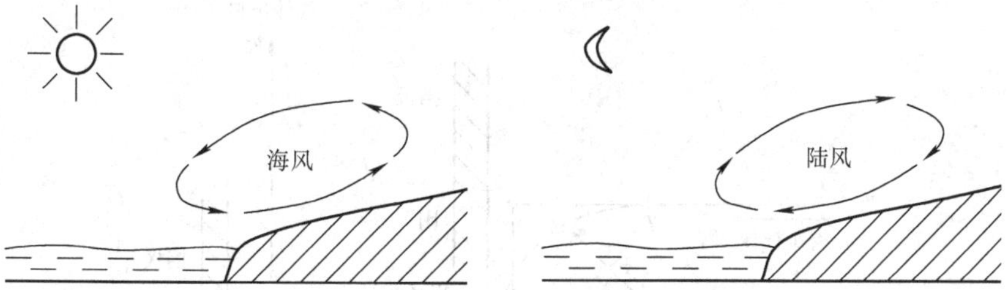

图2-8 海陆风

2.3 大气污染控制工程

如前所述，无论是大气污染源、污染物还是大气污染物的危害，都具有多样性，这种多样性给大气污染控制带来了很大的难度。因此，要从根本上解决大气污染的问题，也就必须多种手段并行。在符合自然规律的前提下，综合运用行政、法律、经济、技术等多种手段对大气污染进行从源头到末端的综合治理，才能达到人与大气环境的和谐。本节将重点介绍大气污染物控制的技术手段。

2.3.1 颗粒物净化

从烟气中将颗粒物分离出来并加以捕集、回收的过程称为除尘。实现上述过程的设备装置称为除尘器。

1. 除尘器的分类

除尘器种类繁多，根据不同的原则，可对除尘器进行不同的分类。依照除尘器的主要机制可将其分为机械式除尘器、过滤式除尘器、湿式除尘器、静电除尘器等四类。根据在除尘过程中是否使用水或其他液体可分为湿式除尘器和干式除尘器。按除尘效率的高低可将除尘器分为高效除尘器、中效除尘器和低效除尘器。

近年来，为提高对微粒的捕集效率，还出现了综合几种除尘机制的新型除尘器。如声凝聚器、热凝聚器、高梯度磁分离器等，但目前大多仍处于试验研究阶段，还有些新型除尘器由于性能、经济效果等方面原因不能推广使用。

2. 各类除尘器

（1）机械式除尘器　机械式除尘器是通过质量力的作用达到除尘目的的除尘装置。质量力包括重力、惯性力和离心力，主要除尘器形式为重力沉降室、惯性除尘器和离心除尘器。

1）重力沉降室是利用粉尘与气体的密度不同，使含尘气体中的尘粒依靠自身的重力从气流中自然沉降下来，达到净化目的的一种装置。重力沉降室是各种除尘器中最简单的一种，只能捕集粒径较大的尘粒，只对粒径为50μm以上的尘粒具有较好的捕集作用，因此除尘效率较低，只能作为初级除尘手段。

2）惯性除尘器利用粉尘与气体在运动中的惯性力不同，使粉尘从气流中分离出来的方法除尘。常用方法是使含尘气流冲击在挡板上，气流方向发生急剧改变，气流中的尘粒惯性较大，不能随气流急剧转弯，便从气流中分离出来（图2-9）。

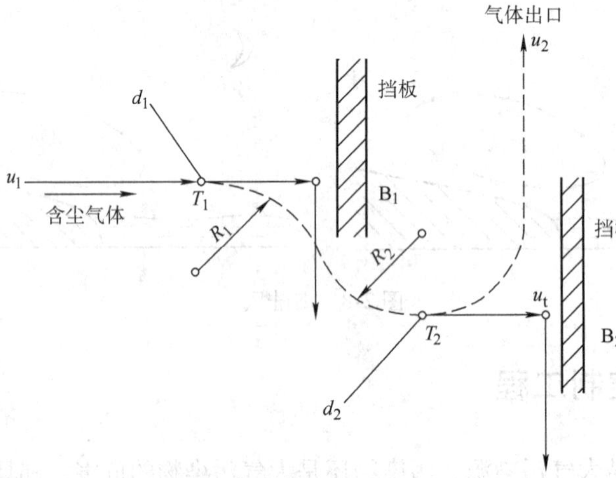

图2-9　惯性除尘器的分离机理

一般情况下，惯性除尘器中的气流速度越高，气流方向转变角度越大，气流转换方向次数越多，则对粉尘的净化效率越高，但压力损失也越大。

惯性除尘器适于非黏性、非纤维性粉尘的去除，设备结构简单，阻力较小，但其分离效率较低，约为50%～70%，只能捕集粒径为10～20μm及以上的粗尘粒，故只能用于多级除尘中的第一级除尘。

3）离心式除尘器是使含尘气流沿某一方向作连续的旋转运动，粒子在随气流旋转中获得离心力，使粒子从气流中分离出来的装置，也称为旋风除尘器（图2-10）。

在机械式除尘器中，离心式除尘器是效率最高的一种。它适用于非黏性、非纤维性粉尘的去除，对粒径大于5μm的颗粒具有较高的去除效率，除尘效率约为85%，属于中效除尘器。它多应用于锅炉烟气除尘、多级除尘及预除尘。它的主要缺点是对细小尘粒（粒径小于5μm）的去除效率较低。

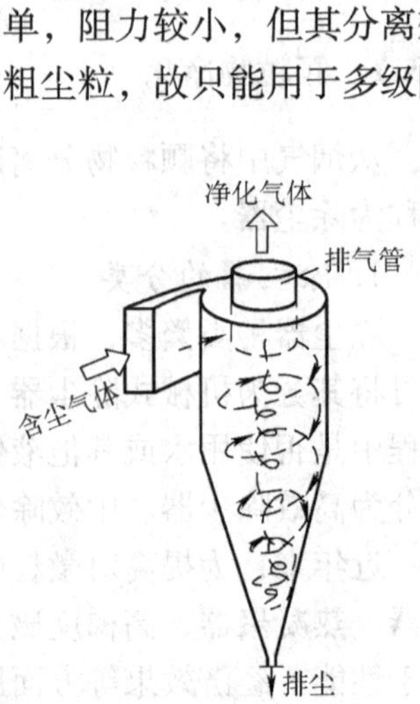

图2-10　离心式除尘器示意图

（2）过滤式除尘器　过滤式除尘是使含尘气体通过多孔滤料，把气体中的尘粒截留下来，使气体得到净化的方法。按滤尘方式有内部过滤与外部过滤两种。内部过滤是把松散多孔的滤料填充在框架内作为过滤层，尘粒是在滤层内部被捕集，如颗粒层过滤器就属于内部过滤器（图2-11）。外部过滤器是用纤维织物、滤纸等作为滤料，通过滤料的表面捕集尘粒。这种除尘方式的最典型的装置是袋式除尘器（图2-12），它是过滤式除尘器中应用最广泛的一种。

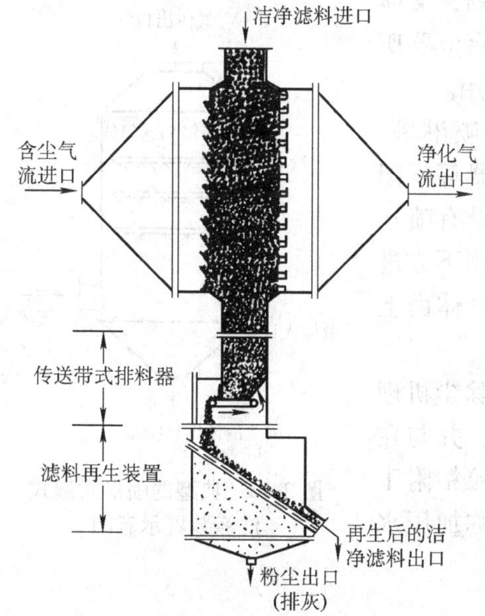

图2-11 颗粒层过滤器示意图

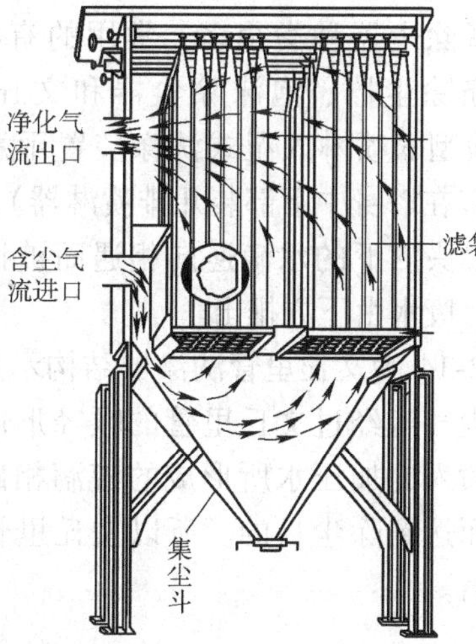

图2-12 袋式除尘器示意图

用棉、毛、有机纤维、无机纤维的纱线织成滤布，用此滤布做成的滤袋是袋式除尘器中最主要的滤尘部件，滤袋的捕尘是通过以下的机制完成的。

1）筛滤作用。尘粒粒径大于滤料纤维的孔隙时，会被滤料拦截，从气流中筛滤出来；特别是粉尘在滤料上沉积到一定厚度后，形成了所谓的“粉尘初层”，这使得筛滤作用更为显著。粉尘层的存在是保证高除尘效率的关键因素。随着粉尘层的增厚，除尘效率不断提高，但气流通过阻力也不断加大，当粉尘积累到一定厚度后要进行清灰，以减少通过阻力。

2）惯性碰撞作用。粒径在1μm以上的粒子有较大的惯性。当气流遇到滤料等障碍物产生绕流时，粒子仍会因本身的惯性按原方向运动，与滤料相碰而被捕集。

3）扩散作用。气流中粒径小于1μm的小尘粒，由于布朗运动或热运动与滤料表面接触而被捕集。

4）静电作用。当滤布和粉尘带有电性相反的电荷时，由于静电引力，尘粒可被吸引到纤维上而捕获。但静电作用会影响到滤料的清扫。

5）重力沉降作用。含尘气流进入除尘器后，因气流速度降低，大颗粒尘粒由于重力作用而沉降下来。

在袋式除尘器中，集尘过程的完成是上述各机制综合作用的结果。由于粉尘性质的不同，装置结构的不同及运行条件的不同，各种机理所起作用的重要性也就不会相同。

袋式除尘器广泛应用于各种工业废气除尘中，它属于高效除尘器，除尘效率大于99%，对细粉尘有很强的捕集作用，对颗粒性质及气量适应性强，同时便于回收干料。袋式除尘器不适于处理含油、含水及黏性粉尘，同时也不适于处理高温含尘气体，一般情况下被处理气体温度应低于100℃。在处理高温烟气时需预先对烟气进行冷却降温。

(3) 湿式除尘器　湿式除尘也称为洗涤除尘。该方法是利用液体所形成的液膜、液滴或气泡来洗涤含尘气体，尘粒随液体排出，气体得到净化。由于洗涤液对多种气态污染物具有吸收作用，因此它既能净化废气中的固体颗粒物，又能同时脱除废气中的气态有害物质，这是其他类型除尘器所无法做到的。某些洗涤器也可以单独充当吸收器使用。

湿式除尘器种类很多，常用的有各种形式的喷淋塔、填料洗涤除尘器、泡沫除尘器和文丘里管洗涤器等。图2-13为典型的喷淋式湿式洗涤装置示意图。顶部设有喷水器（也有在塔身中下部装几排喷淋器），含尘气体由下方进入，与喷头洒下的水滴逆向相遇而被捕集，净化气体由上方排出，废水由下方排出。

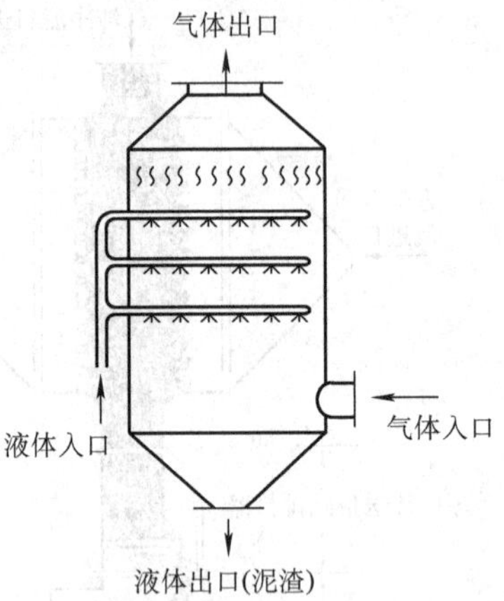

图 2-13　典型的喷淋式湿式洗涤装置示意图

图 2-14 为文丘里管洗涤器结构示意图。它的除尘机理是使含尘气流经过文丘里管的喉径形成高速气流，并与在喉径处喷入的加压水所形成的液滴相碰撞，使尘粒粘附于液滴上而达到除尘目的。所以文丘里管洗涤器又称加压水式洗涤器。

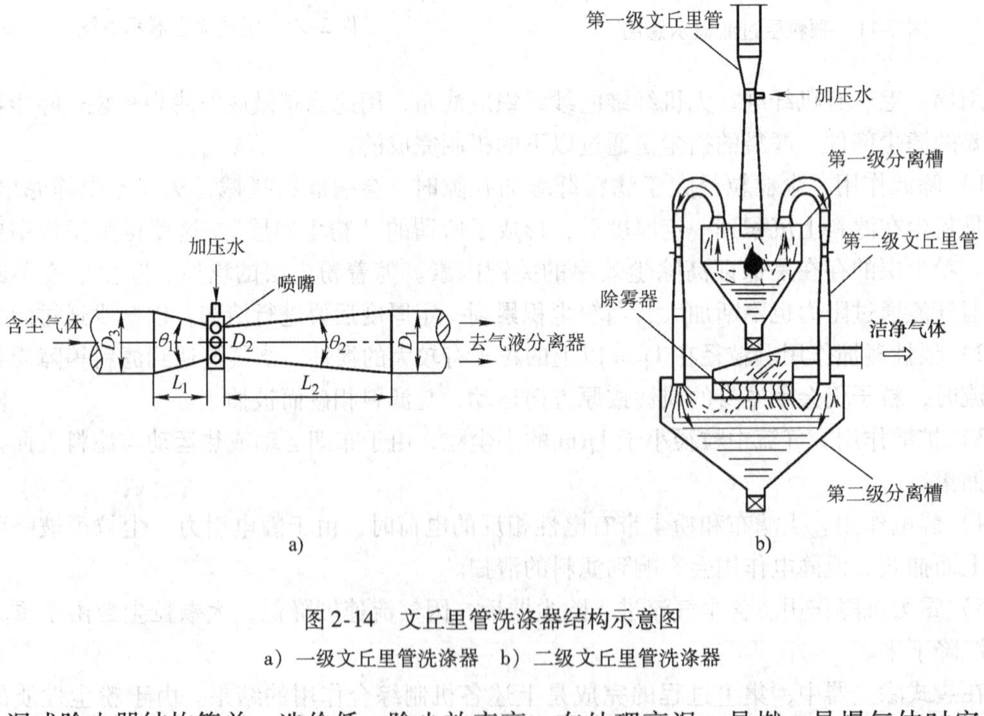

图 2-14　文丘里管洗涤器结构示意图

a）一级文丘里管洗涤器　b）二级文丘里管洗涤器

湿式除尘器结构简单，造价低、除尘效率高，在处理高温、易燃、易爆气体时安全性好，在除尘的同时还可以去除废气中的有害气体。湿式除尘器的不足是用水量大，易产生腐蚀性液体，产生的废液或泥浆需进行处理，并可能造成二次污染。在寒冷地区和季节，易结冰。

(4) 静电除尘器　静电除尘是利用高压电场产生的静电力（库仑力）的作用实现固体

粒子或液体粒子与气流分离的方法。常用的静电除尘器有管式与板式两大类型，均由放电极与集尘极组成。图2-15为管式静电除尘器示意图，放电极为一用重锤绷直的细金属线，与直流高压电源相接；金属圆管的管壁为集尘极，与地相接。

含尘气体进入静电除尘器后，通过以下三个阶段达到除尘目的。

1）粒子荷电。在放电极与集尘极间施以很高的直流电压时，两极间形成一不均匀电场，放电极附近电场强度很大，集尘极附近电场强度很小。在电压加到一定值时，发生电晕放电，故放电极又称为电晕极。电晕放电时，生成的大量电子及阴离子在电场作用下，向集尘极迁移。在迁移过程中，中性气体分子很容易捕获这些电子或阴离子形成负气体离子，当这些带负电荷的气体离子与气流中的尘粒相撞并附着其上时，就使尘粒带上了负电荷，实现了粉尘粒子的荷电。

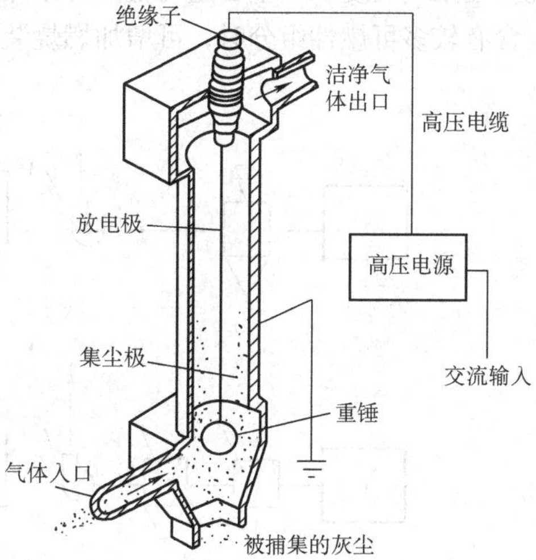

图2-15 管式静电除尘器示意图

2）粒子沉降。荷电粉尘在电场中受库仑力的作用被驱往集尘极，经过一定时间到达集尘极表面，尘粒上的电荷便与集尘极上的电荷中和，尘粒放出电荷后沉积在集尘极表面。

3）粒子清除。集尘极表面上的粉尘沉积到一定厚度时，用机械振打等方法，使其脱离集尘极表面，沉落到灰斗中。

静电除尘器是一种高效除尘器，对细微粉尘及雾状液滴捕集性能优异，除尘效率达99%以上，对于粒径小于0.1μm的粉尘粒子，仍有较高的去除效率；静电除尘器的气流通过阻力小，处理气量大；由于所消耗的电能通过静电力直接作用于尘粒上，因此能耗也低；静电除尘器还可应用于高温、高压的场合，因此被广泛用于工业除尘。静电除尘器的主要缺点是设备庞大，占地面积大，因此一次性投资费用高，同时不易处理有爆炸性的含尘气体。

表2-6中比较了各种除尘装置的实用性能。

表2-6 各种除尘装置的实用性能比较

类型	粒度/μm	压力降/mmH_2O	除尘效率(%)	一次性投资	运行费用
重力沉降室	50～1000	10～15	40～60	小	小
惯性除尘	10～100	30～70	50～70	小	小
旋风除尘	3～100	50～150	85～95	中	中
湿式文丘里除尘	0.1～100	300～1000	80～95	中	大
袋式除尘器	0.1～20	100～200	90～99	中以上	中以上
静电除尘	0.05～20	10～20	85～99.9	大	小～大

注：$1mmH_2O=9.80665Pa$。

3. 净化系统

在进行烟尘治理时，往往采用多种除尘设备组成一个净化系统。一般的烟尘净化系统有图2-16所示的几种基本形式。图2-16a所示为最简单的形式，适于烟气温度和烟尘含量都不太高，或者对排放要求不高的场合。当烟气温度高，需要冷却时，采用图 2-16b 所示的系统。当烟气温度和烟尘含量均较高时采用图 2-16c 所示的系统。如烟气温度和烟尘含量高，且含有较多可燃性组分时，可增加燃烧装置，采用如图 2-16d 所示的系统。

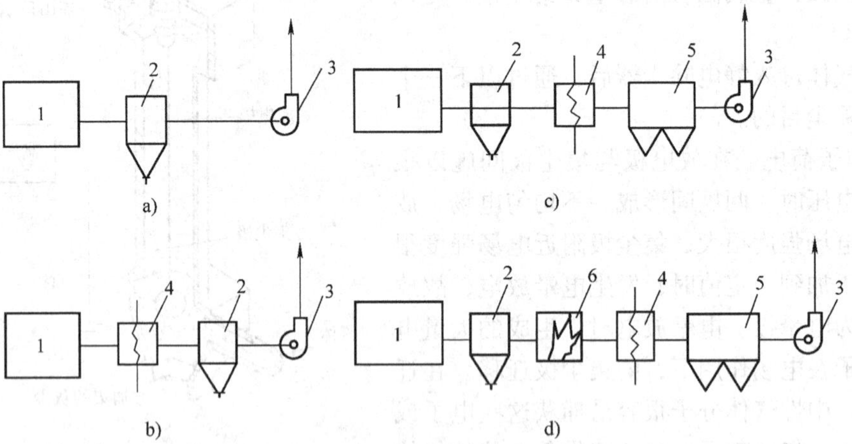

图 2-16 烟尘净化系统的几种基本形式

1—炉窑 2—一级除尘 3—风机 4—冷却器 5—二级除尘 6—燃烧室

锅炉排放烟尘的控制技术已基本完善，只要选用合适的除尘器就能达到烟尘排放的环境标准要求。现以锅炉烟尘净化系统为例说明。

锅炉烟气的污染物是烟尘和 SO_2 气体。烟尘主要包括未能完全燃烧的炭粒，由灰粒和固体可燃物微粒组成的飞灰。对不同形式的锅炉应设置不同的除尘系统。对中小型锅炉，主要采用旋风除尘器。对于电站的大型锅炉，由于烟气量大、粉尘含量高、颗粒细，宜采用二级净化系统；第一级选用旋风除尘器，第二级一般采用静电除尘器和布袋除尘器、文丘里管洗涤器等。静电除尘器和布袋除尘器的初期投资较高，湿式除尘器存在腐蚀和形成水污染问题。

随着环境标准对烟尘排放含量的限制越来越严，除尘器的选用也逐步向高效除尘器发展。在许多发达国家已广泛地使用静电除尘器和袋式除尘器，旋风除尘器已很少采用。

2.3.2 有害气体净化

工业生产、交通运输和人类生产活动中所排放的有害气态物质种类繁多，依据这些物质不同的化学性质和物理性质，需要采用不同的技术方法进行治理。

1. 一般的净化方法

（1）吸收法　吸收法是采用适当的液体作为吸收剂，使含有有害物质的废气与吸收剂接触，废气中的有害物质被吸收于吸收剂中，使气体得到净化的方法。用于吸收污染物的液体叫做吸收剂，被吸收剂吸收的气体污染物叫做吸收质。吸收过程中，依据吸收质与吸收剂是否发生化学反应，可将吸收分为物理吸收与化学吸收。在处理以气量大、有害组分含量低为特点的各种废气时，化学吸收的效果要比单纯物理吸收好得多，因此在用吸收法治理气态污染物时，多采用化学吸收法进行。

吸收过程是在吸收塔内进行的。吸收设备有喷淋塔、填料塔、泡沫塔、文丘里管洗涤器等。吸收过程的一般工艺如图2-17所示。其中图2-17a所示是最简单的逆流工艺；图2-17b所示为循环的逆流工艺；图2-17c所示为多级串联逆流工艺。

吸收法几乎可以处理各种有害气体，也可回收有价值的产品，但工艺比较复杂，吸收效率一般不高。吸收液必须经过处理以免引起处理液废水的二次污染。

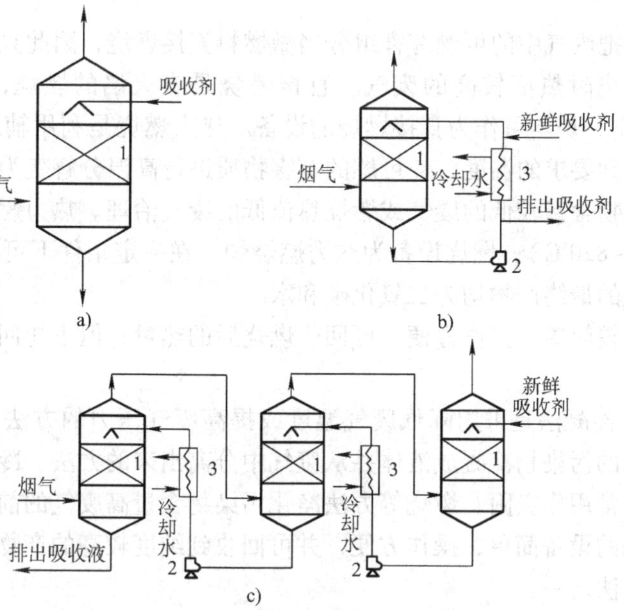

图2-17　吸收过程的一般工艺
a）最简单的逆流工艺　b）循环的逆流工艺　c）多极串联逆流工艺
1—填料层　2—循环泵　3—热交换器

（2）吸附法　吸附法治理废气即使废气与大表面多孔性固体物质相接触，将废气中的有害组分吸附在固体表面上，使其与气体混合物分离，达到净化有害气体的目的。具有吸附作用的固体物质称为吸附剂，被吸附的有害气体组分称为吸附质。

当吸附进行到一定程度时，为了回收吸附质及恢复吸附剂的吸附能力，要采用一定的方法使吸附质从吸附剂上解脱下来，称为吸附剂的再生。吸附法治理气态污染物包括吸附及吸附剂再生的全部过程。

吸附法的净化效率高，特别是对污染物含量低的气体仍具有很强的净化能力。因此，吸附法特别适用于排放标准要求严格或有害物含量低，用其他方法达不到净化要求的气体净化。吸附效率高的吸附剂如活性炭、分子筛等，价格一般都比较昂贵，因此必须对失效吸附剂进行再生，重复使用吸附剂，以降低吸附的费用。常用的再生方法有升温脱附、减压脱附、吹扫脱附等。再生的操作比较麻烦，这一点限制了吸附方法的应用。另外，由于一般吸附剂的吸附容量有限，对污染物含量高的废气的净化，不宜采用吸附法。

（3）催化法　催化法净化气态污染物是利用催化剂的催化作用，使废气中的有害组分发生化学反应并转化为无害物或易于去除物质的一种方法。催化法净化效率较高，净化效率受废气中污染物含量影响较小，而且在治理过程中，无须将污染物与主气流分离，可直接将主气流中的有害物转化为无害物，避免了二次污染。但存在所用催化剂价格比较贵，操作上要求较高，废气中的有害物质很难作为有用物质回收等缺点。

（4）燃烧法　燃烧净化法是对含有可燃有害组分的混合气体进行氧化燃烧或高温分解，从而使这些有害组分转化为无害物质的方法。燃烧法主要应用于碳氢化合物、一氧化碳、沥青烟、黑烟等有害物质的净化治理。实用中的燃烧净化方法有直接燃烧、热力燃烧与催化燃烧三种。

直接燃烧法是把废气中的可燃有害组分当做燃料直接燃烧，因此只适用于净化含可燃组分高或有害组分燃烧时热值较高的废气。直接燃烧是有火焰的燃烧，燃烧温度高（大于1000℃），一般的窑、炉均可作为直接燃烧的设备。热力燃烧是利用辅助燃料燃烧放出的热量将混合气体加热到要求的温度，使可燃的有害物质进行高温分解变为无害物质。热力燃烧一般用于可燃有机物含量较低的废气或燃烧热值低的废气治理。热力燃烧为无火焰燃烧，燃烧温度较低（760～820℃），燃烧设备为热力燃烧炉，在一定条件下可用一般锅炉进行。直接燃烧与热力燃烧的最终产物均为二氧化碳和水。

燃烧法工艺比较简单，操作方便，可回收燃烧后的热量；但不能回收有用物质，并容易造成二次污染。

（5）冷凝法　冷凝法是采用降低废气温度或提高废气压力的方法，使一些易于凝结的有害气体或蒸气态的污染物冷凝成液体并从废气中分离出来的方法。冷凝法只适于处理有机物含量高的废气，常用作吸附、燃烧等方法净化污染物含量高废气的前处理，以减轻这些方法的负荷。冷凝法的设备简单，操作方便，并可回收到纯度较高的产物，因此也成为气态污染物治理的主要方法之一。

2. SO_2 的净化技术

我国主要采用回收法，把 SO_2 变成有用物质加以回收，成本虽高，但所得副产品可以利用，并对保护环境有利。目前工业上脱硫方法主要为湿法，即用液体吸收剂洗涤烟气，吸收所含的 SO_2；其次为干法，用吸附剂或催化剂脱除废气中的 SO_2。

（1）氨液吸收法　氨液吸收法是用氨水（$NH_3 \cdot H_2O$）来吸收烟气中的 SO_2，其中间产物为亚硫酸铵[$(NH_4)_2SO_3$]和亚硫酸氢铵[NH_4HSO_3]

$$2NH_3 \cdot H_2O + SO_2 = (NH_4)_2SO_3 + H_2O$$

$$(NH_4)_2SO_3 + SO_2 + H_2O = 2NH_4HSO_3$$

采用不同方法处理中间产物可回收不同的副产品。如在中间产物（吸收液）中加入 $NH_3 \cdot H_2O$，可使 NH_4HSO_3 转化为（$(NH_4)_2SO_3$），然后经空气氧化、浓缩、结晶等过程即可回收硫酸铵[$(NH_4)_2SO_4$]。如再添加石灰或石灰石乳浊液，经反应后得到石膏。反应生成的 NH_3 被水吸收重新返回作为吸收剂。如将（$(NH_4)_2SO_3$）溶液加热分解，再以 H_2S 还原，即可得到单体硫。

氨液吸收法工艺成熟，流程设备简单，操作方便，副产品很有用，是一种较好的方法，适用于处理硫酸生产的尾气，但由于氨易挥发，吸收剂消耗量大，在缺乏氨源的地方不宜采用。

（2）石灰-石膏法（又称钙法）　采用石灰石、生石灰（CaO）或消石灰[$Ca(OH)_2$]的乳浊液来吸收 SO_2，并得到副产品石膏。通过控制吸收液的 pH 值，可得到副产品半水亚硫酸钙，该副产品是一种用途很广的钙塑材料。此法的优点在于原料易得、价格低廉，回收的副产品用途大，它是目前国内外所采用的主要方法之一。其存在的主要问题是吸收系统易结垢堵塞，同时石灰乳循环量大，设备体积庞大，操作费时。

（3）双碱法（又称钠碱法） 先用氢氧化钠、碳酸钠或亚硫酸钠（第一碱）吸收 SO_2，生成的溶液再用石灰或石灰石（第二碱）再生，可生成石膏。因为该法具有对 SO_2 吸收速度快、管道和设备不易堵塞等优点，所以应用比较广泛。

双碱法主要化学反应如下：

第一碱吸收

$$2NaOH + SO_2 = Na_2SO_3 + H_2O$$

$$Na_2CO_3 + SO_2 = Na_2SO_3 + CO_2$$

$$Na_2CO_3 + 2SO_2 + H_2O = 2NaHSO_3 + CO_2$$

第二碱用石灰再生

$$Ca(OH)_2 + 2NaHSO_3 = CaSO_3 + Na_2SO_3 \cdot \frac{1}{2}H_2O + \frac{3}{2}H_2O$$

$$Ca(OH)_2 + Na_2SO_3 \cdot \frac{1}{2}H_2O = 2NaOH + CaSO_3 \cdot \frac{1}{2}H_2O(s)$$

若加石灰石

$$CaCO_3 + 2NaHSO_3 = Na_2SO_3 + CaSO_3 \cdot \frac{1}{2}H_2O(s) + \frac{1}{2}H_2O + CO_2$$

除了回收固态的半水亚硫酸钙，还可将含有 Na_2SO_3 的吸收液直接送至造纸厂代替烧碱煮纸浆，这是一种综合利用的措施。也可以把含有 Na_2SO_3 的吸收液经过浓缩、结晶和脱水后回收 Na_2SO_3 晶体。

还可作进一步的后处理——氧化处理，生成 Na_2SO_4

$$2Na_2SO_3 + O_2 = 2Na_2SO_4$$

脱除硫酸盐，生成石膏

$$Na_2SO_4 + Ca(OH)_2 + 2H_2O = 2NaOH + CaSO_4 \cdot 2H_2O(s)$$

$$Na_2SO_4 + 2CaSO_3 \cdot \frac{1}{2}H_2O(s) + H_2SO_4 + H_2O = 2NaHSO_3 + 2CaSO_4 \cdot 2H_2O(s)$$

回收硫：将吸收液中的 $NaHSO_3$ 加热分解后可获得高含量的 SO_2，如再经接触氧化后即可制得硫酸，也可用 H_2S 还原制成单体硫。

（4）催化氧化法 催化氧化法处理硫酸尾气技术成熟，已成为制酸工艺的一部分，同时在锅炉烟气脱硫中也得到实际应用。此法所用的催化剂是以 SiO_2 为载体的五氧化二钒（V_2O_5）。处理时，将烟气除尘后进入催化转换器，在催化剂作用下，SO_2 被氧化为 SO_3，转化效果可达 80%～90%。然后，烟气经过省煤器、空气预热器放热，保证出口烟气温度达 230℃左右，防止酸露腐蚀空气预热器。烟气进入吸收塔后，用稀硫酸洗涤吸收 SO_3，等到气体冷却到 104℃时便获得含量为 80% 的硫酸。

3. NO_x 的净化技术

在排烟中的氮氧化物主要是 NO。净化的方法也分为干法和湿法两类。干法有选择性催化还原法（Selective Catalytic Reduction，SCR）、非选择性催化还原法（NSCR）、分子筛或活性炭吸附法等，湿法有氧化吸收法、吸收还原法以及分别采用水、酸、碱液吸收法等。

（1）选择性催化还原法 选择性催化还原法是以铂或铜、铬、铁、矾、镍等的氧化物（以铝矾土为载体）为催化剂，以氨、硫化氢、氯－氨及一氧化碳为还原剂，选择最适当的温度范围（一般为 250 ~ 450℃，视所选用的催化剂和还原剂而定），使还原剂只是选择性地与废气中的 NO_x 发生反应，不与废气中的 O_2 发生反应。

如氨催化还原法，是以氨为还原剂，铂为催化剂，反应温度控制在 150 ~ 250℃。其主要反应为

$$6NO + 4NH_3 \xlongequal{Pt,150 \sim 250℃} 5N_2 + 6H_2O$$

$$6NO_2 + 8NH_3 = 7N_2 + 12H_2O$$

用此法还可同时除去烟气中的 SO_2。

（2）非选择性催化还原法　非选择性催化还原法利用铂（或钴、镍、铜、铬、锰等金属的氧化物）为催化剂，以氢或甲烷等还原性气体作还原剂，将烟气中的 NO_x 还原成 N_2，在此反应中，不仅把烟气中的 NO_x 还原成 N_2，而且还原剂还与烟气中过剩的氧起作用，故称为非选择性催化还原法。由于该法中氧也参与了反应，故放热量大，应设有余热回收装置，同时在反应中使还原剂过量并严格控制废气中的氧含量。选取的温度范围为400 ~ 500℃。

（3）吸收法　吸收法是利用某些溶液作为吸收剂，对 NO_x 进行吸收。根据吸收剂的不同分为碱吸收法、硫酸吸收法及氢氧化镁吸收法等。碱吸收法常采用的碱液为 NaOH、Na_2CO_3、$NH_3 \cdot H_2O$ 等，吸收设备简单，操作容易，投资少。但吸收效率较低。特别对 NO 的吸收效果差，只能消除 NO_2 所形成的黄烟。若采用“漂白”的稀硝酸来吸收硝酸尾气中的 NO_x，可以净化排气，回收的 NO_x 用于制硝酸，一般用于硝酸生产过程中，应用范围有限。

（4）吸附法　吸附法采用的吸附剂为活性炭与沸石分子筛。活性炭对低含量 NO_x 具有很高的吸附能力，经解吸后回收含量高的 NO_x。温度高时活性炭有燃烧的可能，给吸附和再生造成困难，限制了该法的使用。丝光沸石分子筛是一种极性很强的吸附剂。对被吸附的硝酸和 NO_x 可用水蒸气置换法将其脱附下来。脱附后的吸附剂经干燥冷却后，可重新用于吸附操作。分子筛吸附法适于净化硝酸尾气，可将 1500 ~ 3000μL/L 的 NO_x 降低至 50μL/L 以下，回收的 NO_x 用于硝酸的生产，是一种很有前途的方法。其主要缺点是吸附剂吸附容量小，需频繁再生，因此用途也不广。

2.3.3 汽车排气净化

汽车尾气排放已经成为我国城市大气环境污染的主要污染源之一，必须采取有效措施，减少汽车尾气的排放，并对尾气进行净化处理。汽车尾气净化就是采取各种有效措施，减少污染物的排放或使排放废气中的 CO、HC、NO_x 等污染物，分别被氧化或还原，生成无毒的 CO_2、H_2O 和 N_2 等。汽车尾气净化，主要有以下三种途径。

1. 前处理净化技术

前处理净化技术主要是燃油处理技术，在混合气进入气缸前，通过改善汽油品质，在汽油内加入添加剂，或使用清洁能源（液化石油气、压缩天然气以及醇类燃料）等，使发动机燃烧更充分，以减少污染物排放。

在世界大部分国家汽油实现无铅化之后，生产低硫及超低硫汽油进而实现汽油无硫化正

逐渐为人们所关注。目前，欧、美等国家和地区汽油标准的硫含量已由原来的200μg/g降至50μg/g，甚至提出了硫含量为5～10μg/g的“无硫汽油”的建议。我国车用汽油国家标准从2005年起执行汽油硫含量不大于500μg/g的规定，与国外的现行标准相比尚有一定的差距。

另外，世界各国都在对汽油中影响排放的成分开展研究，努力通过提高汽油品质来减少污染物排放。汽油中掺入15%以下的甲醇燃料或者采用含10%水分的水-汽油燃料，都能在一定程度上减少或者消除CO、NO_x和HC的排放。选用恰当的润滑添加剂也能达到减少污染物排放的效果。如在机油中添加一定量（比例为3%～5%）的石墨、二硫化钼、聚四氟乙烯粉末等固体添加剂，可节约发动机燃油5%左右，同时可使汽车发动机气缸密封性能大大改善，气缸压力增加，燃烧完全，使尾气排放中CO和HC含量下降。

2. 机内净化技术

机内净化技术主要是指通过改进发动机本身的设计，优化发动机燃烧过程来降低污染物排放。其主要措施有燃烧系统优化、闭环电子控制技术、汽油机直喷技术、可变进排气系统和废气再循环控制系统等。这些措施大多需要发动机精确的电控系统来实现。

（1）燃烧系统优化　燃烧系统优化技术包括改善气缸内气流运动、优化燃烧室形状等。提高气缸内混合气的湍流程度，有助于混合气快速和完全燃烧。燃烧室形状优化原则是尽可能紧凑，面容比要小；火花塞装在燃烧室中央位置，以缩短火焰的传播距离。紧凑的燃烧室可使燃烧时间缩短，提高热效率，降低CO和HC的排放。

（2）闭环电子控制技术　闭环电子控制技术是通过电子控制系统精确控制空（气）燃（料）比和点火，是目前汽油发动机排放控制的主流技术。稀薄燃烧条件下发动机燃烧效率高，生成的HC和CO含量低；富燃时燃烧不完全，生成的HC和CO较多。NO_x的产生量在理论空燃比附近最高，这是因为燃烧温度较高的原因。电子控制燃油系统可以精确控制空燃比，从而使污染物的生成总量达到理想目标。

（3）汽油机直喷技术　汽油机直喷技术是将汽油直接喷到燃烧室内与空气混合、燃烧。汽油机直喷技术和稀薄燃烧技术是相结合的，直喷技术使均匀燃烧和分层燃烧成为现实，可以极大地提高混合气的混合程度，更精确地控制燃烧过程的空燃比，从而达到完全燃烧，有效降低未燃HC的排放。汽油机直喷技术可增大发动机的压缩比，提高发动机的热效率，节能30%以上。

（4）可变进排气系统　采用多气门技术，减少进气阻力，提高充量系数。采用气门连续可变正时控制和升程控制技术实现发动机随转速和工况的变化达到最佳的充气效率。这是使尾气排放达到欧Ⅳ排放限值的重要技术。

（5）废气再循环控制系统　废气再循环技术是一项广泛应用的技术，用来降低NO_x。其主要是通过使一部分废气流回进气管来降低最高燃烧温度，抑制NO_x的生成。但再循环率过大会使燃烧恶化，燃油消耗率增大，HC排放量上升。电子控制废气再循环系统可实现非线性控制，控制范围和自由度大，更符合净化的实际需要。

3. 机外净化技术

机外净化技术也称汽车尾气排放后处理技术，是指在发动机的排气系统中进一步削减污染物排放的技术。常见的排气后处理装置有氧化型催化转化器、还原型催化转化器、三元催化转化器等。目前应用最广泛的是三元催化转化器（图2-18）。

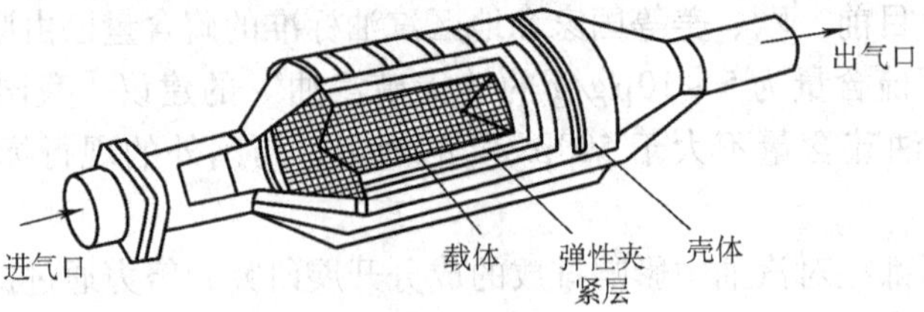

图 2-18　三元催化转化器结构示意图

三元催化转化器主要由外壳、入口和出口锥段、弹性夹紧材料、催化剂等几部分组成，其中催化剂作为三元催化转化器的技术核心，包括载体和涂层两部分。壳体一般由不锈钢材料制成，为了保证催化剂的反应温度，壳体多做成双层结构，壳体外表面还装有隔热罩。弹性夹紧层一般是膨胀垫片或钢丝网垫，起密封、保温和固定载体的作用，同时可以防止壳体受热变形造成对载体的伤害。载体基本材料多数为陶瓷，也有少数采用金属材料。载体使用的目的是提供承载催化剂涂层的惰性物理结构。为了在较小的体积内有较大的催化表面，载体表面多制成蜂窝状。在载体表面涂敷有一层极松散的活性层，它以金属氧化物 γ-Al_2O_3 为主。由于表面十分粗糙，大大增加了三元催化转化器的活性表面。在活性层外部涂敷有含有铂（Pt）、钯（Pd）、铑（Rh）三种贵金属的催化剂。

在催化剂的作用下，三元催化转化器能将发动机产生的三种主要污染物 CO、HC 和 NO_x 转化为 CO_2、H_2O 和 N_2，其主要发生的化学反应如下

$$2CO + O_2 = 2CO_2$$

$$CO + H_2O = CO_2 + H_2$$

$$C_mH_n + \left(m + \frac{n}{4}\right)O_2 = mCO_2 + \frac{n}{2}H_2O$$

$$2CO + 2NO = 2CO_2 + N_2$$

$$2NO_2 = N_2 + 2O_2$$

$$2NO + 2H_2 = 2H_2O + N_2$$

$$2H_2 + O_2 = 2H_2O$$

由于汽油中的铅能使催化剂永久中毒，所以应用三元催化转化器的前提条件是必须使用无铅汽油。随着无铅汽油在世界范围内的推广，三元催化转化器得到了广泛应用。

复习与思考

1. 什么是大气污染？形成大气污染的条件是什么？
2. 什么是二次污染物？它们是如何产生的？
3. 试述四种常用除尘器的除尘机制。
4. 试述气体污染物净化的主要方法。
5. SO_2 的净化技术有哪些？
6. NO_x 的净化技术有哪些？
7. 汽车排气污染物与一般气态污染物的治理有何异同？

第3章 水体污染与控制

3

3.1 概述

3.1.1 水体污染的定义及其污染物和危害

地球素有“水的星球”之称，正是由于水的存在，地球上才有生命。水是人类赖以生存和发展必不可少的物质。地球上任何一个地区，只要有人类的日常生活和生产活动存在，就需要从各种天然水体中取用大量的水，并经过简单或复杂的工艺处理后供生活和生产使用。这些纯净的水在经过使用以后，改变了其原来的物理性质或化学成分，甚至丧失了某种使用价值，成为含有不同种类杂质的废水。废水中的污染物种类繁多，因原水使用方式的不同，或主要含有有机污染物，或主要含有无机污染物，或含有病原微生物等，更可能多种污染物并存。这些废水如果未经任何处理直接排放到水环境中，就不可避免地造成水环境不同性质或不同程度的污染，从而危害人类身心健康，妨碍工农业生产，制约人类社会和经济的可持续发展。因此，人类必须寻求各种办法来处理废水和回用污水，以解决水资源短缺和水环境污染加剧问题。

1. 水体污染的定义

水体一般是指河流、湖泊、沼泽、水库、地下水、海洋的总称；在环境科学领域中则把水体当做包括水中的悬浮物、溶解物质、底泥和水生生物等完整的生态系统或完整的综合自然体来看。

水体按类型可划分为海洋水体和陆地水体，其中陆地水体又包括地表水体（如河流、湖泊等）和地下水体；按区域划分是指按某一具体的被水覆盖的地段而言的，如长江、黄河、珠江。

在研究环境污染时，区分“水”与“水体”的概念十分重要。如重金属污染物易于从水中转移到底泥中，水中重金属的含量一般都不高，若只着眼于水，似乎未受到污染，但从水体看，可能受到较严重的污染，因此，研究水体污染主要研究水污染，同时也研究底质（底泥）和水生生物体污染。

水体污染是指排入水体的污染物，使水体的感官性状（如色度、味、浑浊度等）、物理化学性质（如温度、电导率、氧化还原电位、放射性等）、化学成分（有机物和无机物）、水中的生物组成（种群、数量）以及底质等发生变化，从而影响水的有效利用，危害人体健康或者破坏生态环境，造成水质恶化的现象。

2. 水体污染源

向水体排放或释放污染物的来源或场所，称为“水体污染源”。水体污染源可分为自然污染源和人为污染源两大类，自然污染源是指自然界自发向环境排放有害物质、造成有害影响的场所，人为污染源则是指人类社会经济活动所形成的污染源。

随着人类活动范围和强度的不断扩大与增强，人类生产、生活活动已成为水体污染的主要来源。人为污染源又可分为点污染源和面污染源。

（1）点源　点源的排污形式为集中在一点或一个可当做一点的小范围，最主要的点污染源有工业废水和生活污水。

工业废水是水体最重要的一个大点源。随着工业的迅速发展，工业废水的排放量大，污染范围广，排放方式复杂，污染物种类繁多，成分复杂，在水中不易净化，处理也比较困难。表 3-1 给出了一些工业废水中所含的主要污染物及废水特点。

表 3-1　一些工业废水中的主要污染物及废水特点

工业部门	废水中主要污染物	废水特点
化学工业	各种盐类、Hg、As、Cd、氰化物、苯类、酚类、醛类、醇类、油类、多环芳香烃化合物等	有机物含量高，pH 值变化大，含盐量高，成分复杂，难生物降解，毒性强
石油化学工业	油类、有机物、硫化物	有机物含量高，成分复杂，水量大，毒性较强
冶金工业	酸、重金属 Cu、Pb、Zn、Hg、Cd、As 等	有机物含量高，酸性强，水量大，有放射性，有毒性
纺织印染工业	染料、酸、碱、硫化物、各种纤维素悬浮物	带色，pH 值变化大，有毒性
制革工业	Cr、硫化物、盐、H_2SO_4、有机物	有机物含量高，含盐量高，水量大，有恶臭
造纸工业	碱、木质素、酸、悬浮物等	碱性强，有机物含量高，水量大，有恶臭
动力工业	冷却水的热污染、悬浮物、放射性物质	高温，酸性，悬浮物多，水量大，有放射性
食品加工工业	有机物、细菌、病毒	有机物含量高，致病菌多，水量大，有恶臭

城市生活污水是另一个大点源，主要来自家庭、商业、学校、旅游、服务行业及其他城市公用设施，包括粪便水、洗浴水、洗涤水和冲洗水等。生活污水中物质组成不同于工业废水，99.9% 以上为水，固体物质含量小于 0.1%，污染物质主要是悬浮态或溶解态的有机物（如纤维素、淀粉、脂肪、蛋白质及合成洗涤剂等）、氮、磷营养物质、无机盐类、泥沙等，其中的有机物质在厌氧细菌的作用下，易生成恶臭物质，如 H_2S、硫醇等。此外，生活污水中还含有多种致病菌、病毒和寄生虫卵等。

（2）面源　面源的污染物排放一般分散在一个较大的区域范围，多为人类在地表上活动所产生的水体污染源。面源分布广泛，物质构成与污染途径十分复杂，如地表水径流、村中分散排放的生活污水及乡镇工业废水、含有农药化肥的农田排水、畜禽养殖废水以及水土流失等。目前，非点源对水体的污染随着点源控制力度的加大，已逐渐成为水体水质恶化的主要原因。

3. 水体中的主要污染物及其危害

（1）悬浮物 悬浮物是指悬浮在水中的细小固体或胶体物质，主要来自水力冲灰、矿石处理、建筑、冶金、化肥、化工、纸浆和造纸、食品加工等工业废水和生活污水。悬浮物除了会使水体浑浊，影响水生植物的光合作用外，还会窒息水底栖息生物，淤塞河流或湖库。此外，悬浮物中的无机和有机胶体物质较容易吸附营养物、有机毒物、重金属、农药等，形成危害更大的复合污染物。

（2）耗氧有机物 生活污水和食品、造纸、制革、印染、石化等工业废水中含有碳水化合物、蛋白质、脂肪和木质素等有机物质，这些物质以悬浮态或溶解态存在于污废水中，排入水体后能在微生物作用下最终分解为简单的无机物，这些有机物在分解过程中需要消耗大量的氧气，使水中溶解氧降低，因而被称为耗氧有机物。

在标准状况下，水中溶解氧的质量浓度约为9mg/L，当溶解氧的质量浓度降至4 mg/L以下时，将严重影响鱼类和水生生物的生存；当溶解氧的质量浓度降低到1mg/L时，大部分鱼类会窒息死亡；当溶解氧的质量浓度降至零时，水中厌氧微生物占据优势，有机物将进行厌氧分解，产生甲烷、硫化氢、氨和硫醇等难闻、有毒气体，造成水体发黑发臭，影响城市供水及工农业生产用水和景观用水。耗氧有机物是当前全球最普遍的一种水污染物，清洁水体中耗氧有机物的质量浓度应低于3mg/L，耗氧有机物的质量浓度超过10mg/L则表明水体已受到严重污染。由于耗氧有机物成分复杂、种类繁多，一般常用综合指标如生化需氧量（BOD）、化学需氧量（COD）等表示。

（3）植物营养物 植物营养物主要是指氮、磷及其化合物。从农作物生长的角度看，适量的氮、磷为植物生长所必需，但过多的营养物质进入天然水体，将使水体质量恶化，影响渔业的发展和危害人体健康。

过量的植物营养物质主要来自以下三个途径：

1）来自化肥，也是主要方面。施入农田的化肥只有一部分为农作物所吸收，以氮肥为例，在一般情况下，未被植物利用的氮肥超过50%，有的甚至超过80%。这么多的未被植物利用的氮化合物绝大部分被农田排水和地表径流携带至地下水与地表水中。

2）来自生活污水的粪便（氮的主要来源）和含磷洗涤剂。由于近年来大量使用含磷洗涤剂，生活污水中磷含量显著增加。如美国生活污水中50% ~70%的磷来自洗涤剂。

3）由于雨、雪对大气的淋洗和对磷灰石、硝石、鸟粪层的冲刷，使一定量的植物营养物质汇入水体。

过量的植物营养物质排入水体，刺激水中藻类及其他浮游生物大量繁殖，导致水中溶解氧下降，水质恶化，鱼类和其他水生生物大量死亡，称这为水体的富营养化。当水体出现富营养化时，大量繁殖的浮游生物往往使水面呈现红色、棕色、蓝色等颜色，这种现象发生在海域时称为“赤潮”，发生在江河湖泊则叫做“水华”。水体富营养化一般都发生在池塘、湖泊、水库、河口、河湾和内海等水流缓慢、营养物容易聚积的封闭或半封闭水域。

藻类死亡后，沉入水底，在厌氧条件下腐烂、分解。又将氮、磷等营养物重新释放进入水体，再供给藻类利用。这样周而复始，形成了氮、磷等植物营养物质在水体内部的物质循环，使植物营养物质长期保存在水体中。所以缓流水体一旦出现富营养化，即使切断外界营养物质的来源，水体还是很难恢复，这是水体富营养化的重要特征。

（4）重金属　作为水污染物的重金属，主要是指汞、镉、铅、铬以及类金属砷等生物毒性显著的元素。重金属以汞毒性最大，镉次之，铅、铬、砷也有相当的毒害。采矿和冶炼是向环境水体中释放重金属的最主要污染源。重金属污染物最主要的特性是：在水体中不能被微生物降解，而只能发生各种形态之间的相互转化，以及分散和富集的过程。

从毒性和对生物体、人体的危害方面看，重金属的污染有以下几个特点。

1）在天然水体中只要有微量浓度即可产生毒性效应，如重金属汞、镉产生毒性的质量浓度范围在0.001～0.01mg/L。

2）通过食物链发生生物放大、富集，在人体内不断积蓄造成慢性中毒。如日本的“骨痛病”事件就是由镉积累过多所引起的。

3）水体中的某些重金属可在微生物的作用下转化为毒性更强的金属化合物，如汞的甲基化（无机汞在水环境或鱼体内由微生物的作用转化为毒性更强的有机汞——甲基汞）。如日本水俣病就是由甲基汞所造成的。

（5）难降解有机物　难降解有机物是指那些难以被自然降解的有机物，它们大多为人工合成化学品，如有机氯化合物、有机芳香胺类化合物、有机重金属化合物以及多环有机物等。它们的特点是能在水中长期稳定地存留，并在食物链中进行生物积累，其中一部分化合物即使在十分低的含量下仍具有致癌、致畸、致突变作用，对人类的健康产生远期影响。

（6）石油类　水体中石油类污染物质主要来源于船舶排水、工业废水、海上石油开采及大气石油烃沉降。水体中油污染的危害是多方面的：含有石油类的废水排入水体后形成油膜，阻止大气对水的复氧，并妨碍水生植物的光合作用；石油类经微生物降解需要消耗氧气，造成水体缺氧；石油类粘附在鱼鳃及藻类、浮游生物上，可致其死亡；石油类还可抑制水鸟产卵和孵化。此外，石油类的组成成分中含有多种有毒物质，食用受石油类污染的鱼类等水产品，会危及人体健康。

（7）酚类和氰化物　酚是一类含苯环化合物，可分单元酚和多元酚；也可按其性质分为挥发性酚和非挥发性酚。水中酚类主要来源是炼焦、钢铁、有机合成、化工、煤气、制药、造纸、印染以及防腐剂制造等工业排出的废水。酚虽然易被分解，但水体中酚负荷超量时亦会造成水体污染。水体低质量浓度酚影响鱼类生殖回游，仅0.1～0.2mg/L时，鱼肉就有异味，降低食用价值；质量浓度高时可使鱼类大量死亡，甚至绝迹。人类长期饮用被酚污染的水源，可引起头昏、出疹、搔痒、贫血及各种神经系统症状，甚至中毒。

氰化物分两类：一类为无机氰，如氢氰酸及其盐类（如氰化钠、氰化钾等）；另一类为有机氰或腈，如丙烯腈、乙腈等。氰化物在工业中应用广泛，但由于它有剧毒，因而其污染问题引起了人们充分的重视。氰化物对鱼类及其他水生生物的危害较大，水中氰化物含量折合成氰离子[CN^-]，其质量浓度达0.04～0.1mg/L时，就能使鱼类致死。对浮游生物和甲壳类生物的氰离子最大允许质量浓度为0.01mg/L。

（8）酸、碱及一般无机盐类　酸性废水主要来自矿山排水、冶金、金属加工酸洗废水和酸雨等。碱性废水主要来自碱法造纸、人造纤维、制碱、制革等废水。酸、碱废水彼此中和，可产生各种盐类，它们分别与地表物质反应也能生成一般无机盐类，所以酸和碱的污染，也伴随着无机盐类污染。酸、碱废水破坏水体的自然缓冲作用，消灭或抑制细菌及微生物的生长，妨碍水体的自净功能，腐蚀管道和船舶、桥梁及其他水上建筑。酸碱污染不仅能改变水体的pH值，而且可大大增加水中的一般无机盐类和水的硬度，对工业、农业、渔业和生活用水都会产生不良的影响。

(9) 病原体 主要来自生活污水和医院废水，制革、屠宰、洗毛等工业废水，以及牧畜污水。病原体有病毒、病菌、寄生虫三类，可引起霍乱、伤寒、胃炎、肠炎、痢疾及其他多种病毒传染疾病和寄生虫病。1848 年、1854 年英国两次霍乱流行，各死亡万余人，1892 年德国汉堡霍乱流行，死亡 7500 余人，都是由水中病原体引起的。

(10) 热污染 由工矿企业排放高温废水引起水体的温度升高，称为热污染。水温升高使水中溶解氧减少，同时加快了水中化学反应和生化反应的速度，改变了水生生态系统的生存条件，破坏生态系统平衡。

(11) 放射性物质 主要来自核工业部门和使用放射性物质的民用部门。放射性物质污染地表水和地下水，影响饮水水质，并且通过食物链对人体产生内照射，可出现头痛、头晕、食欲下降等症状，继而出现白细胞和血小板减少，超剂量的长期作用可导致肿瘤、白血病和遗传障碍等。

3.1.2 水体自净

进入水体的污染物通过物理、化学和微生物等方面的作用，使污染物的含量逐渐降低，经过一段时间后将恢复到受污染前的状态，这一现象就称为水体的自净作用。水体的自净作用是有限度的。影响水体自净作用的因素很多，主要有水体的地形和水文条件、水中微生物的种类和数量、水温和水中溶解氧恢复（复氧）状况和污染物的性质和含量等。水体自净包括下列几个过程：

(1) 物理过程 水体自净的物理过程是指污染物由于稀释、扩散、沉淀和混合等作用，使污染物在水中的含量降低的过程。其中，稀释作用是一个重要的物理净化过程。

(2) 化学和物理化学过程 废水的化学和物理化学过程是指由于氧化、还原、分解、化合、吸附、凝聚和中和等反应而引起水体中污染物质含量降低的过程。

(3) 生物化学过程 有机污染物进入水体后在微生物的氧化分解作用下，分解为无机物而使污染物质含量降低的过程，称为生物化学过程。水体的生物自净过程需要消耗溶解氧，因此生化自净过程实际上包括了氧的消耗和氧的补充（复氧）两方面的过程。水体自净过程中物理、化学和生物净化过程是同时起作用的。认识水体的自净过程，可以对水体的自净能力和纳污能力以及水体环境质量的变化作出比较客观的评价。

图 3-1 所示为有机物的生化降解过程。以某条受污染的河流为例，0 点为废水进入水体的起始点。上游未受污染的清洁河段 BOD_5 很低，DO（溶解氧）接近饱和点。废水流入水体后，废水中的有机物在微生物的作用下氧化分解，BOD_5 逐渐降低。有机物的微生物氧化分解过程要耗氧，由于大量的有机物的分解，耗氧速率大于复氧速率，DO 也随之下降，当河水流至河流下游的某一段，DO 降至最低点。此时耗氧速率与复氧速率处于动态平衡。经过最低点后，耗氧速率因有机物含量的降低而小于复氧速率，DO 开

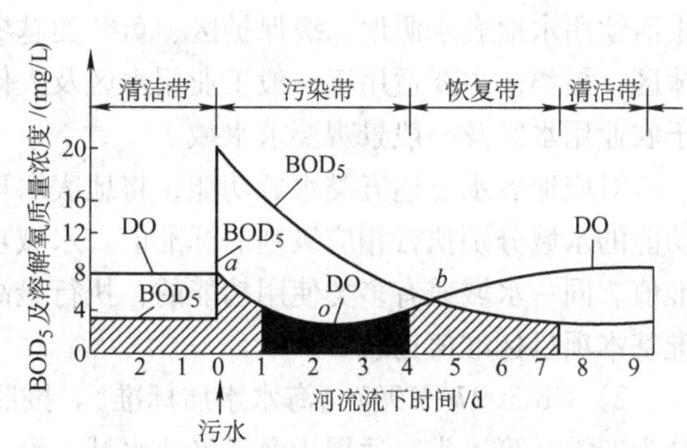

图 3-1 河流中 BOD_5 和 DO 的变化曲线图

始回升，最后恢复到废水流入水体前的 DO 水平。

图 3-1 中的曲线又称为“氧垂曲线”。曲线的变化反映废水排入河流后溶解氧的变化和河流的自净过程，以及最缺氧点距离受污点的位置，可作为控制河流污染的基本数据和制订治污方案的依据。

3.1.3 水环境标准

同大气环境管理一样，为消除日趋严重的水体污染，必须制定和修订水环境标准，加强对水环境的管理。

1. 水环境标准的种类和作用

水环境标准按其用途可分为水环境质量标准、水污染物排放标准等。按其适用范围水环境标准可分为国家标准、地方标准和行业标准。

（1）水环境质量标准　水环境质量标准是政府或环境保护部门为了保护人们的身体健康、社会物质财富、维持生态平衡，对一定空间和时间范围内水环境中的有害物质或因素的允许含量（或大小）所作的限定。水环境质量标准包括：GB 3838—2002《地表水环境质量标准》、GB/T 14848—2017《地下水质量标准》、GB 3097—1997《海水水质标准》、GB 11607—1989《渔业水质标准》、GB 5084—2005《农田灌溉水质标准》等。

1）GB 3838—2002《地表水环境质量标准》。《地表水环境质量标准》是为贯彻《中华人民共和国环境保护法》和《中华人民共和国水污染防治法》，防治水污染，保护地表水水质，保障人体健康，维护良好的生态系统而制定的。

该标准将标准项目分为：地表水环境质量标准基本项目、集中式生活饮用水地表水源地补充项目和集中式生活饮用水地表水源地特定项目。地表水环境质量标准基本项目适用于全国江河、湖泊、运河、渠道、水库等具有使用功能的地表水水域；集中式生活饮用水地表水源地补充项目和特定项目适用于集中式生活饮用水地表水源地一级保护区和二级保护区。

该标准项目共计 109 项，其中地表水环境质量标准基本项目 24 项，集中式生活饮用水地表水源地补充项目 5 项，集中式生活饮用水地表水源地特定项目 80 项。

依据地表水水域环境功能和保护目标，按功能高低依次将地表水划分为五类：Ⅰ类，主要适用于源头水、国家自然保护区；Ⅱ类，主要适用于集中式生活饮用水地表水源地一级保护区、珍稀水生生物栖息地、鱼虾类产场、仔稚幼鱼的索饵场等；Ⅲ类，主要适用于集中式生活饮用水地表水源地二级保护区、鱼虾类越冬场、洄游通道、水产养殖区等渔业水域及游泳区；Ⅳ类，主要适用于一般工业用水区及人体非直接接触的娱乐用水区；Ⅴ类，主要适用于农业用水区及一般景观要求水域。

对应地表水上述五类水域功能，将地表水环境质量标准基本项目标准值分为五级，不同功能的水域分别执行相应级别的标准值。水域功能类别高的标准值严于水域功能类别低的标准值。同一水域兼有多类使用功能的，执行最高功能类别对应的标准值。地表水环境质量标准基本项目标准值见表 3-2。

2）GB 3097—1997《海水水质标准》。按照海域的不同使用功能和保护目标，海水水质分为四类：第一类，适用于海洋渔业水域，海上自然保护区和珍稀濒危海洋生物保护区；第二类，适用于水产养殖区，海水浴场，人体直接接触海水的海上运动或娱乐区，以及与人类食用直接有关的工业用水区；第三类，适用于一般工业用水区，滨海风景旅游区；第四类，适用于海洋港口水域，海洋开发作业区。

表3-2 地表水环境质量标准基本项目标准值 （单位：mg/L）

序号	分类 标准值 参数	Ⅰ类	Ⅱ类	Ⅲ类	Ⅳ类	Ⅴ类
1	水温	人为造成的环境水温变化应限制在：周平均最大温升≤1℃；周平均最大温降≤2℃				
2	pH	6～9				
3	溶解氧≥	7.5	6	5	3	2
4	高锰酸盐指数≤	2	4	6	10	15
5	化学需氧量（COD）≤	15	15	20	30	40
6	五日生化需氧量（BOD_5）≤	3	3	4	6	10
7	氨氮（NH_3-N）≤	0.15	0.5	1.0	1.5	2.0
8	总磷（以P计）≤	0.02（湖、库0.01）	0.1（湖、库0.025）	0.2（湖、库0.05）	0.03（湖、库0.1）	0.04（湖、库0.2）
9	总氮（湖、库，以N计）≤	0.2	0.5	1.0	1.5	2.0
10	铜≤	0.01	1.0	1.0	1.0	1.0
11	锌≤	0.05	1.0	1.0	2.0	2.0
12	氟化物（以F^-计）≤	1.0	1.0	1.0	1.5	1.5
13	硒≤	0.01	0.01	0.01	0.02	0.02
14	砷≤	0.05	0.05	0.05	0.1	0.1
15	汞≤	0.00005	0.00005	0.0001	0.001	0.001
16	镉≤	0.001	0.005	0.005	0.005	0.01
17	铬（六价）≤	0.01	0.05	0.05	0.05	0.1
18	铅≤	0.01	0.01	0.05	0.05	0.1
19	氰化物≤	0.005	0.05	0.2	0.2	0.2
20	挥发酚≤	0.002	0.002	0.005	0.01	0.1
21	石油类≤	0.05	0.05	0.05	0.5	1.0
22	阴离子表面活性剂≤	0.2	0.2	0.2	0.3	0.3
23	硫化物≤	0.05	0.1	0.2	0.5	1.0
24	粪大肠菌群（个/L）≤	200	2000	10000	20000	40000

海水水质指标主要有漂浮物质、色、臭、味、悬浮物质、大肠菌群、粪大肠菌群、病原体、pH 值、溶解氧（DO）、化学需氧量（COD）、生化需氧量（BOD_5）、无机氮、非离子氨、活性磷酸盐、汞、镉、铅、六价铬、氰化物、硫化物、挥发性酚、石油类、马拉硫磷、甲基对硫磷、苯并[a]芘、阴离子表面活性剂（以 LAS 计）、放射性核素等共 39 项。

同地表水一样，对上述各海水水质指标按照四类功能区规定相应的标准值，其中一类功能区对污染物的限值最为严格，依此类推。如化学需氧量（COD）对应四类水域功能区的标准值分别为小于或等于 2mg/L、3mg/L、4mg/L、5mg/L，六价铬质量浓度对应四类水域功能区的标准值分别为小于或等于 0.005mg/L、0.010mg/L、0.020mg/L、0.050mg/L。

（2）水污染物排放标准　水污染物排放标准是国家、行业部门或地方政府为实现水环境质量标准，结合经济技术条件和环境特点，对污染物排入水环境的含量和数量所作的限制。

1）GB 8978—1996《污水综合排放标准》。《污水综合排放标准》是为贯彻《中华人民共和国环境保护法》、《中华人民共和国水污染防治法》和《中华人民共和国海洋环境保护法》，控制水污染，保护江河、湖泊、运河、渠道、水库和海洋等地面水以及地下水水质的良好状态，保障人体健康，维护生态平衡，促进国民经济和城乡建设的发展而制定的。

该标准按照污水排放的去向，规定了 69 种水污染物最高允许排放质量浓度及部分行业最高允许排水量。该标准将排放的污染物按其性质及控制方式分为两类。

第一类污染物，不分行业和污水排放方式，也不分受纳水体的功能类别，一律在车间或车间处理设施排放口采样，其最高允许排放质量浓度必须达到该标准要求（采矿行业的尾矿坝出水口不得视为车间排放口），见表 3-3。

表 3-3　第一类污染物最高允许排放质量浓度

序号	污染物	最高允许排放质量浓度
1	总汞	0.05mg/L
2	烷基汞	不得检出
3	总镉	0.1mg/L
4	总铬	1.5mg/L
5	六价铬	0.5mg/L
6	总砷	0.5mg/L
7	总铅	1.0mg/L
8	总镍	1.0mg/L
9	苯并[a]芘	0.00003mg/L
10	总铍	0.005mg/L

（续）

序号	污染物	最高允许排放质量浓度
11	总银	0.5mg/L
12	总 α 放射性	1Bq/L
13	总 β 放射性	10Bq/L

第二类污染物的长远影响小于第一类，规定的采样点为排污单位排放口，水质指标为pH值、色度（稀释倍数）、悬浮物（SS）、生化需氧量BOD_5、化学需氧量（COD）、石油类、动植物油、挥发酚、总氰化合物、硫化物、氨氮、氟化物、磷酸盐（以P计）、甲醛、苯胺类、硝基苯类、阴离子表面活性剂（LAS）、总铜、总锌、总锰、彩色显影剂、显影剂及氧化物总量、元素磷、粪大肠菌群数、有机磷农药（以P计）、总余氯共计26项。共分为三级标准，其中一级标准要求最严。实施时将视受纳水体的性质而采用不同的标准。

① 排入GB 3838—2002中Ⅲ类水域（划定的保护区和游泳区除外）和排入GB 3097—1997中二类海域的污水，执行一级标准。

② 排入GB 3838—2002中Ⅳ、Ⅴ类水域和排入GB 3097—1997中三类海域的污水，执行二级标准。

③ 排入设置二级污水处理厂的城镇排水系统的污水，执行三级标准。

④ 排入未设置二级污水处理厂的城镇排水系统的污水，必须根据排水系统出水受纳水域的功能要求，分别执行①和②的规定。

⑤ GB 3838—2002中Ⅰ、Ⅱ类水域和Ⅲ类水域中划定的保护区，GB 3097—1997中一类海域，禁止新建排污口，现有排污口应按水体功能要求，实行污染物总量控制，以保证受纳水体水质符合规定用途的水质标准。

2）行业排放标准。造纸工业执行GB 3544—2008《制浆造纸工业水污染物排放标准》，船舶执行GB 3552—2018《船舶水污染物排放控制标准》，海洋石油开发工业执行GB 4914—2008《海洋石油勘探开发污染物排放浓度限值》，纺织染整工业执行GB 4287—2012《纺织染整工业水污染物排放标准》，肉类加工工业执行GB 13457—1992《肉类加工工业水污染物排放标准》，合成氨工业执行GB 13458—2001《合成氨工业水污染物排放标准》，钢铁工业执行GB 13456—2012《钢铁工业水污染物排放标准》，航天推进剂使用执行GB 14374—1993《航天推进剂水污染物排放标准》，兵器工业执行GB 14470.1—2002《兵器工业水污染物排放标准 火炸药》、GB 14470.2—2002《兵器工业水污染物排放标准 火工药剂》、GB 14470.3—2002《兵器工业水污染物排放标准 弹药装药》，磷肥工业执行GB 15580—2011《磷肥工业水污染物排放标准》，烧碱、聚氯乙烯工业执行GB 15581—2016《烧碱、聚氯乙烯工业污染物排放标准》。

2. 各类水环境标准之间的关系

（1）排放标准与水环境质量标准的关系 水环境质量标准是水污染物排放标准制定的依据，根据污水排入受纳水体的功能区类别，对不同的排放去向的污水，执行不同级别的排放标准，高功能区高要求，低功能区低要求。污水排入水体后所形成的初始混合区，必须限定在一定的范围内，在这一范围内的水域，可不执行水环境质量标准。

（2）污水综合排放标准与行业水污染物排放标准之间的关系　根据污水综合排放标准与行业水污染物排放标准不交叉执行的原则，凡是已经发布国家行业水污染物排放标准的排污行业的水污染物的排放，执行相应的行业水污染物排放标准，而不再执行综合污水排放标准，其他行业的水污染物排放和生活污水的排放，包括城镇集中污水处理厂处理后污水的排放一律执行污水综合排放标准。

（3）国家排放标准和地方排放标准的关系　地方水污染物排放标准应由省、自治区、直辖市人民政府制定，并报国家环境保护部备案，已经制定了地方水污染物排放标准的地方，其水污染物的排放应执行地方水污染物排放标准，地方水污染物排放标准应严于国家水污染物排放标准，地方水污染物排放标准没有的项目，应执行相应的国家水污染物排放标准。

3.2 污水处理方法

3.2.1 物理处理法

物理处理法的基本原理是利用物理作用使悬浮状态的污染物与废水分离。在处理过程中污染物质不发生变化，既使废水得到一定程度的澄清，又可回收分离下来的物质加以利用。该法最大的优点是简单、易行、效果良好，并且又十分经济。常用的物理处理法有过滤法、沉淀法、气浮法等。

1. 过滤法

（1）格栅与筛网　在排水过程中，废水通过下水道流入水处理厂，首先经过斜置在渠道内的一组金属制的呈纵向平行的框条（格栅）、穿孔板或过滤网（筛网），这是废水处理流程的第一道设施，用以截阻水中粗大的悬浮物和漂浮物。此步骤属废水的预处理，其目的在于回收有用物质；初步澄清废水以利于以后的处理，减轻沉淀池或其他处理设备的负荷；保护水泵和其他处理设备免受到颗粒物堵塞而发生故障。

格栅构造如图 3-2 所示。栅条截面多为 10mm × 40mm，栅条空隙为 15 ~ 76mm（15 ~ 35mm 的空隙称细隙，36 ~ 76mm 的空隙称粗隙）。清渣方法有人工和机械两种。栅渣应及时清理和处理。

筛网主要用于截留粒度在数毫米到数十毫米的细碎悬浮态杂物，如纤维、纸浆、藻类等，通常用金属丝、化纤编织而成，或用穿孔钢板，孔径一般小于 5mm，最小可为 0.2mm。筛网过滤装置有转鼓式、旋转式、转盘式、固定式振动斜筛等。不论何种结构，既要能截留污物，又要便于卸料及清理筛面。

（2）粒状介质过滤　废水通过粒状滤料（如石英砂）床层时，其中细小的悬浮物和胶体就被截留在滤料的表面和内部空隙中。这种通过粒状介质层分离不溶性污染物的方法称为粒状介质过滤（又称砂滤、滤料过滤）。其过滤机理为：

1）阻力截留。当废水自上而下流过粒状滤料层时，粒径较大的悬浮颗粒首先被截留在表层滤料的空隙中，从而使此层滤料空隙越来越小，逐渐形成一层主要由被截留的固体颗粒构成的滤膜，并由它起主要的过滤作用，这种作用属于阻力截留或筛滤作用。

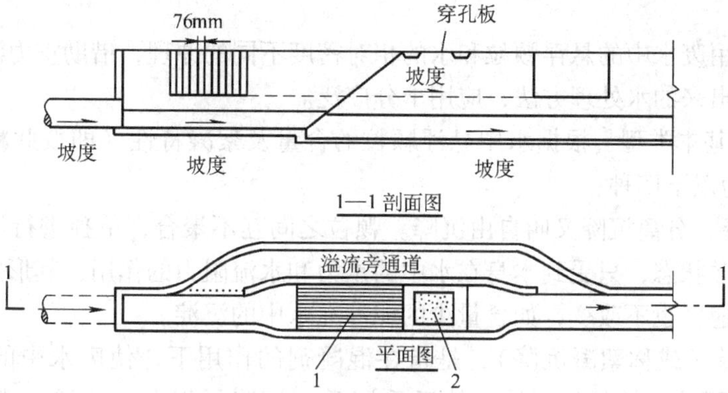

图3-2 人工清除栅渣的固定式格栅及布设位置
1—格栅 2—操作平台

2）重力沉降。废水通过滤料层时，众多的滤料表面提供了巨大的沉降面积。据估计，$1m^3$ 粒径为0.5mm的滤料中就有 $400m^2$ 不受水力冲刷影响而可供悬浮物沉降的有效面积，形成无数的小“沉淀池”，悬浮物极易在此沉降下来。

3）接触絮凝。由于滤料具有巨大的表面积，它与悬浮物之间有明显的物理吸附作用。此外，砂粒在水中常常带有表面负电荷，能吸附带正电荷的铁、铝等胶体，从而在滤料表面形成带有正电荷的薄膜，进而吸附带负电荷的黏土和多种有机物等胶体，在砂粒上发生接触絮凝。

在实际过滤过程中，上述三种机理往往同时起作用，只是依条件不同有主次之分而已。

（3）过滤工艺过程 过滤工艺包括过滤和反洗两个阶段。过滤即截留污物；反洗即把污染物从滤料层中洗去，使之恢复过滤功能。

图3-3所示为重力式快滤池的构造和工作过程。过滤时，废水由进水管经闸门进入池内，并通过滤料层和垫层流到池底，水中的悬浮物和胶体被截留于滤料表面和内层空隙中，滤过的水由集水系统闸门排出。随着过滤过程的进行，污物在滤料层中不断积累，当过滤水头损失超过滤池所能提供的水头（高低水位之差），或出水中的污染物含量超过许可值时，即应终止过滤，并进行反洗。反洗时，反洗水进入配水系统，向上流过垫层和滤层，冲去沉积于滤层中的污物，并夹带着污物进入洗砂排水槽，由此经闸门排出池外，反洗完毕，即可进行下一循环的过滤。

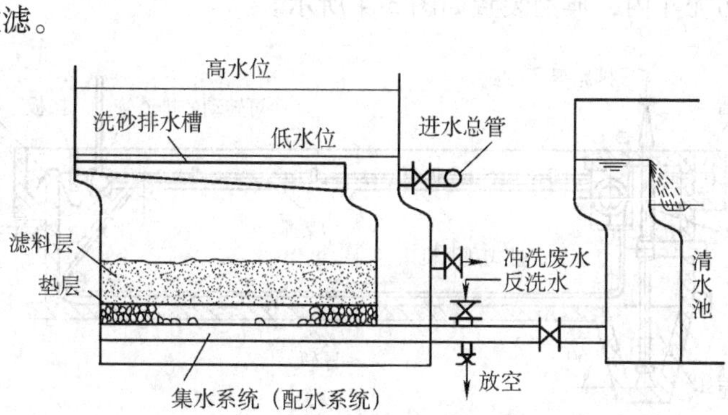

图3-3 重力式快滤池的构造和工作过程示意图

2. 沉淀法

沉淀法是利用废水中的悬浮颗粒和水的相对密度不同的原理，借助重力沉降作用将悬浮颗粒从水中分离出来的水处理方法，应用十分广泛。

（1）沉淀的基本类型　根据水中悬浮颗粒的含量及絮凝特性（即彼此粘结、团聚的能力），沉淀可分为以下四种：

1）分离沉降，分离沉降又叫自由沉降。颗粒之间互不聚合，单独进行沉降。在沉淀过程中，颗粒呈离散状态，只受到本身在水中的重力和水流阻力的作用，其形状、尺寸、质量均不改变，下降速度也不改变，如含量少的泥沙在水中的沉淀。

2）混凝沉降（或称絮凝沉降），是指在混凝剂的作用下，使废水中的胶体和细微悬浮物凝聚为具有可分离性的絮凝体，然后采用重力沉降予以分离去除。常用的无机凝聚剂有硫酸铝、硫酸亚铁、三氯化铁及聚合铝；常用的有机凝聚剂有聚丙烯酰胺等，还可采用助凝剂如水玻璃、石灰等。混凝沉降的特点是在沉降过程中，颗粒接触碰撞而互相聚集形成较大絮体，因此颗粒的尺寸和质量均会随深度的增加而增大，其沉速也随深度而增加。

3）区域沉降。当废水中悬浮物含量较高时，颗粒间的距离较小，其间的聚合力能使其集合成为一个整体，并一同下沉，而颗粒相互间的位置不发生变动，因此澄清水和浑水间有一明显的分界面，逐渐向下移动，此类沉降称为区域沉降（又称拥挤沉降、成层沉降）。如高浊度水的沉淀池及二次沉淀池中的沉降多属此类。

4）压缩沉降。当悬浮液中的悬浮固体含量很高时，颗粒互相接触，挤压，在上层颗粒的重力作用下，下层颗粒间隙中的水被挤出，颗粒群体被压缩。压缩沉降发生在沉淀池底部的污泥斗或污泥浓缩池中，进行得很缓慢。

（2）沉淀池简介　沉淀的主要设备是沉淀池。对沉淀池的要求是能最大限度地除去水中的悬浮物，以减轻其他净化设备的负担或对后续处理起一定的保护作用。沉降池的工作原理是让欲沉淀处理的水在池中缓慢地流动，使悬浮物在重力作用下沉降。按水中固体颗粒的性质可分为自然沉淀法和絮凝沉淀法。在自然沉淀法中根据水流方向常分为下列四种沉淀池。

1）平流式沉淀池。废水从池一端流入，按水平方向在池内流动，水中悬浮物逐渐沉向池底，澄清水从另一端溢出。池呈长方形，在进口处的底部设污泥斗，池底污泥在刮泥机的缓慢推动下被刮入污泥斗内，典型装置如图 3-4 所示。

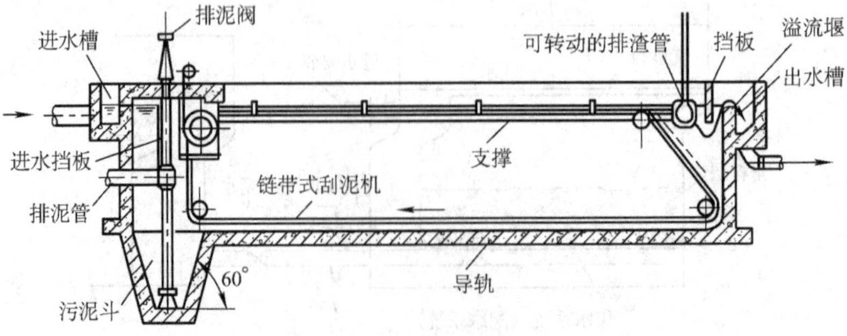

图 3-4　设有链带式刮泥机的平流式沉淀池

2）辐流式沉淀池。如图3-5所示，池子多为圆形，直径较大，一般在20～30m以上，适用于大型水处理厂。原水经进水管进入中心筒后，通过筒壁上的孔口和外围的环形穿孔挡板，沿径向呈辐射状流向沉淀池周边。由于过水断面不断增大，流速逐渐减小，颗粒沉降下来，澄清水从池周围溢出，汇入集水槽排出。沉于池底的泥渣由安装于桁架底部的刮板刮入泥斗，再借静压或污泥泵排出。

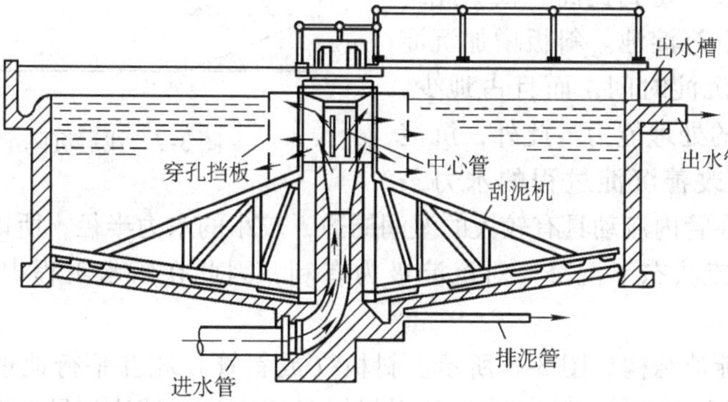

图3-5　辐流式沉淀池

3）竖流式沉淀池。竖流式沉淀池也多为圆形，如图3-6所示。水由中心管的下口流入池中，通过反射板的阻拦向四周分布于整个水平断面上，缓缓向上流动。沉速超过上升流速的颗粒则向下沉降到污泥斗，澄清后的水由池四周的堰口溢出池外。竖流式沉淀池也可做成方形，相邻池子可合并池壁以使布置紧凑。

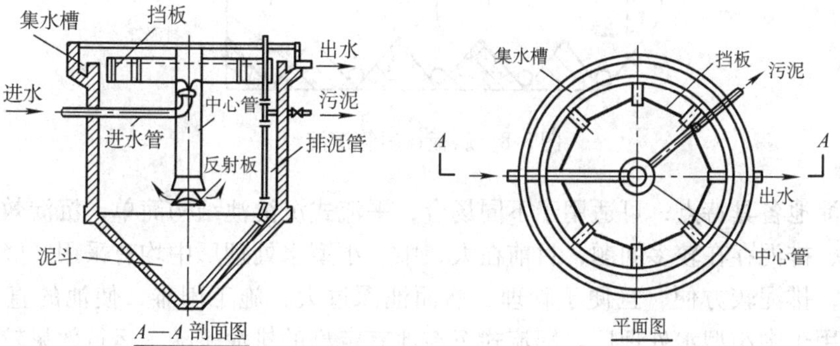

图3-6　圆形竖流式沉淀池

4）斜板、斜管沉淀池。斜板、斜管沉淀池是根据浅池原理（也称为浅层沉降原理）设计的新型沉淀池。浅池理论可用图3-7所示的缩小沉淀区对沉淀过程的关系来说明。如将水深为H的沉淀池分割为n个水深为H/n的沉降单元，此时颗粒的沉降深度由H减小到H/n，也就是说，当沉淀区长度为原沉淀区长度L的$1/n$时，就可以处理与原来的沉淀池相同的水量，并达到完全相同的处理效果。

在理想沉淀池中对悬浮颗粒自由沉降的理论分析可推得以下两个关系式

$$u_0 = Q/A \tag{3-1}$$

和 $$t = H/u_0 \tag{3-2}$$

式（3-1）说明当废水流量 Q 一定时，沉淀池面积 A 增大，使悬浮物流速 u_0 变小，可以有更多的悬浮物沉降下来。式（3-2）说明水深 H 降低，若 u_0 不变，则沉淀时间 t 可以缩短，即沉降效率得到提高。根据此结论设计了斜板、斜管沉淀池。斜板增加沉淀面积，不仅缩短了沉淀时间，而且占地少，可大大提高沉淀池的处理能力。此外，沉淀池的分割还能大大改善沉淀过程的水力条件。水流在板间或在管内流动具有较大的湿润周边，较小的水力半径，所以雷诺数较低，可使颗粒在稳定的层流状态下沉降，对沉淀极为有利，因此在给水工程中得到比较广泛的应用。

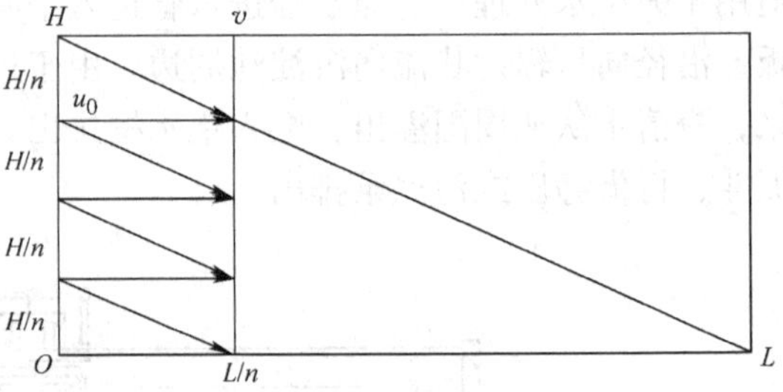

图 3-7　浅层沉降示意图

一般的斜板沉淀池结构如图 3-8 所示。斜板（或斜管）相互平行地重叠在一起，间距不小于 50mm，倾斜角为 50°~60°，水流从平行板（管）的一端流到另一端，使每两块板间（或每根管道）都相当于一个很浅的小沉淀池。

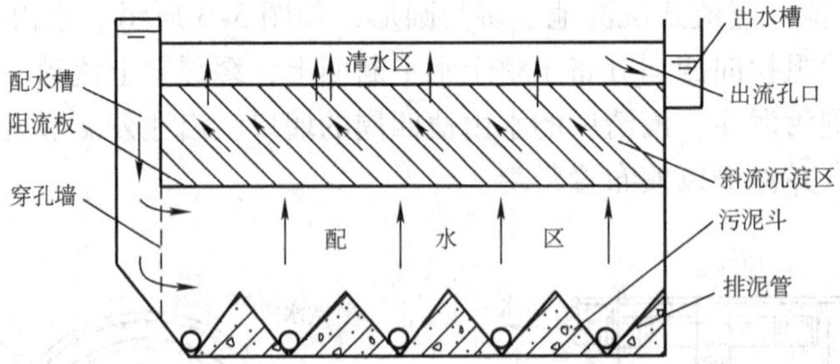

图 3-8　斜板、斜管沉淀池

上述沉淀池各具特点，可适用于不同场合，平流式沉淀池结构简单，沉淀效果较好，但占地面积大，排泥存在较多问题，目前在大、中、小型水处理厂中均有采用。竖流式沉淀池占地面积小，排泥较方便，且便于管理，然而池深过大，施工困难，使池的直径受到了限制，一般适用于中小型水处理厂。辐流式沉淀池有定型的排泥机械，运行效果较好，最适宜于大型水处理厂，但施工质量和管理水平要求较高。

3. 气浮法

气浮法就是在废水中产生大量微小气泡作为载体去粘附废水中细微的疏水性悬浮固体和乳化油，使其随气泡浮升到水面，形成泡沫层，然后用机械方法去除，从而使得污染物从废水中分离出来。

疏水性的物质易气浮，而亲水性的物质不易气浮。因此，需投加浮选剂改变污染物的表面特性，使某些亲水性物质转变为疏水性物质，然后气浮除去，这种方法称为“浮选”。

气浮时要求气泡的分散度高，量多，有利于提高气浮的效果。泡沫层的稳定性要适当，既便于浮渣稳定在水面上，又不影响浮渣的运送和脱水。常用的产生气泡的方法有以下两种：

1）机械法，使空气通过微孔管、微孔板、带孔转盘等生成微小气泡。

2）压力溶气法，将空气在一定的压力下溶于水中，并达到饱和状态，然后突然减压，过饱和的空气便以微小气泡的形式从水中逸出。目前污水处理中的气浮工艺多采用压力溶气法。

气浮法的主要优点有：设备运行能力优于沉淀池，一般只需15～20min即可完成固液分离，因此它占地省，效率较高；气浮法所产生的污泥较干燥，不易腐化，表面刮取，操作较便利；整个工作是向水中通入空气，增加了水中的溶解氧量，对除去水中有机物、藻类、表面活性剂及臭味等有明显效果，其出水水质为后续处理及利用提供了有利条件。

气浮法的主要缺点是：耗电量较大；设备维修及管理工作量增加，运转部分常有堵塞的可能；浮渣露出水面，易受风、雨等气候影响。

3.2.2 生物处理法

生物处理法是利用自然环境中的微生物的生物化学作用来氧化分解废水中的有机物和某些无机毒物（如氰化物、硫化物），并将其转化为稳定无害的无机物的一种废水处理方法，具有投资少、效果好、运行费用低等优点，在城市废水和工业废水的处理中得到最广泛的应用。

现代的生物处理法根据微生物在生化反应中是否需要氧气分为好氧生物处理和厌氧生物处理两类。

1. 好氧生物处理

主要依赖好氧菌和兼性菌的生化作用来完成废水处理的工艺称为好氧生物处理法。该法需要有氧的供应，主要有活性污泥法和生物膜法两种。

好氧菌的生化过程如图3-9所示。好氧菌在有足够溶解氧的供给下吸收废水中的有机物，通过代谢活动，约有1/3的有机物被分解转化或氧化为CO_2、NH_3、亚硝酸盐、硝酸盐、磷酸盐、硫酸盐等代谢产物，同时释放出能量作为好氧菌自身生命活动的能源。此过程称为异化分解。另2/3的有机物则作为好氧菌生长繁殖所需要的构造物质，合成为新的原生质（细胞质），称为同化合成过程。新的原生质就是废水处理过程中的活性污泥或生物膜的增长部分，通常称为剩余活性污泥，又称生物污泥。生物污泥经固-液分离后还需作进一步的处理和处置。当废水中的营养物（主要是有机物）缺乏时，好氧菌则靠氧化体内的原生质来提供生命活动的能源（称内源代谢或内源呼吸），这将会造成微生物数量的减少。

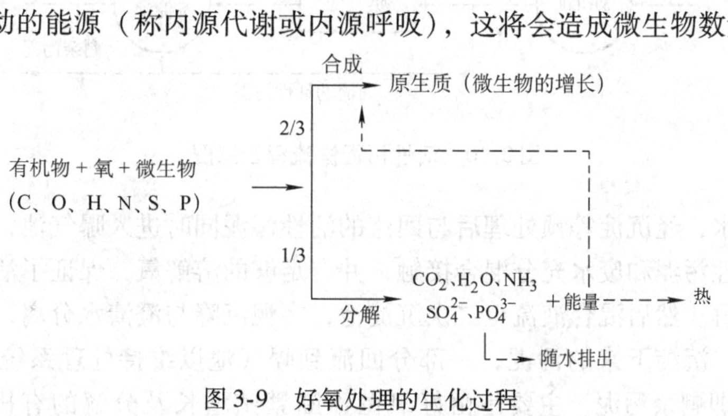

图3-9 好氧处理的生化过程

用好氧菌处理废水不产生带臭味的物质，所需时间短，大多数有机物均能处理。在废水中有机物含量不高（BOD_5 质量浓度为 100～750mg/L），供氧速率能满足生物氧化的需要时，常采用好氧生物处理法。活性污泥法、生物膜法等都属于此类处理方法。

（1）活性污泥法　活性污泥法是处理城市废水常用的方法。它能从废水中去除溶解的和胶体的可生物降解的有机物以及能被活性污泥吸附的悬浮固体和其他一些物质，无机盐类（磷和氮的化合物）也能部分地被去除。

1）概述。向富含有机污染物并有细菌的废水中不断地通入空气（曝气），一定时间后就会出现悬浮态絮花状的泥粒，这实际上是由好氧菌（及兼性菌）、好氧菌所吸附的有机物和好氧菌代谢活动的产物所组成的聚集体，具有很强的分解有机物的能力，称为“活性污泥”。活性污泥易于沉淀分离，使废水得到澄清。这种以活性污泥为主体的生物处理法称为“活性污泥法”。

活性污泥法对废水的净化作用是通过两个步骤完成的：

第一步为吸附阶段。因活性污泥具有很大的表面积，好氧菌分泌的多糖类黏液具有很强的吸附作用，与废水接触后，在很短的时间内（10～30min）便会有大量有机物被污泥所吸附。使废水中的 BOD_5 和 COD 出现较明显的降低（可去除85%～90%）。在这一阶段也进行吸收和氧化的作用。

第二步为氧化阶段。好氧菌对已吸附和吸收的有机物质进行分解代谢，使一部分有机物转变为稳定的无机物，另一部分合成为新的细胞质，使废水得到净化；同时，通过氧化分解使达到吸附饱和的污泥重新呈现活性，恢复它的吸附和分解代谢能力。此阶段进行得十分缓慢。实际上在曝气池的大部分容积内都在进行着有机物的氧化和微生物原生质的合成。

要想达到良好的好氧生物处理效果，需满足以下三点要求：向好氧菌提供充足的溶解氧和适当含量的有机物（做细菌营养料）；好氧菌和有机物（即需要除去的废物）需充分接触，要有搅拌混合设备；当好氧菌把废水中有机物吸附分解之后，活性污泥易于与水分离以改善出水水质，同时回流污泥，重新使用。

2）活性污泥法基本流程。活性污泥法系统由曝气池、二次沉淀池、污泥回流装置和曝气系统组成，如图 3-10 所示。

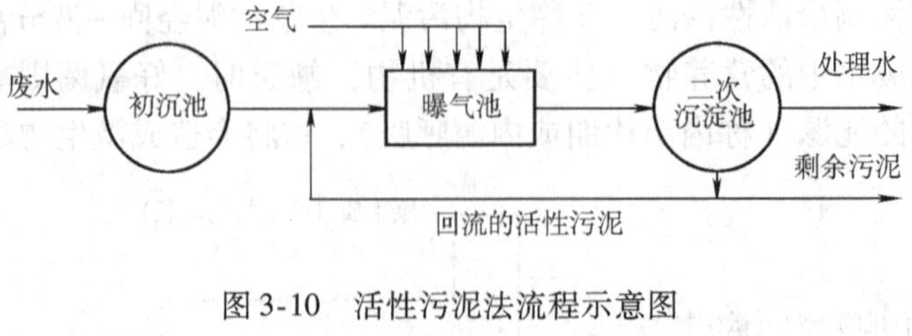

图 3-10　活性污泥法流程示意图

待处理的废水，经沉淀等预处理后与回流的活性污泥同时进入曝气池，成为混合液。由于不断曝气，活性污泥和废水充分混合接触，并有足够的溶解氧，保证了活性污泥中的好氧菌对有机物的分解。然后混合液流至二次沉淀池，污泥沉降与澄清水分离，上清液从二次沉淀池不断地排出，沉淀下来的污泥，一部分回流到曝气池以维持处理系统中一定的细菌数量，另一部分（即剩余污泥，主要是由好氧菌不断繁殖增长及分解的有机物同时产生的）

则从系统中排除，由于其中含有大量活的好氧菌，排入环境前应进行消化处理以防止污染环境。

该系统开始运行时，应先在曝气池内引满污水进行曝气，培养活性污泥。在产生活性污泥后，就可以连续运行。开始时，曝气池中应积累一定数量的活性污泥，当能满足废水处理的需要后，方能将剩余污泥排除。

3）曝气池装置

① 鼓风曝气式曝气池。曝气池常采用长方形的池子。采用定型的鼓风机供给足够的压缩空气，并使它通过布设在池侧的散气设备进入池内与水流接触，使水流充分供氧，并保持活性污泥呈悬浮状态。根据横断面上水流情况，又可分为平面和旋转推流式两种。

② 机械曝气式曝气池。机械曝气池又称曝气沉淀池，是曝气池和沉淀池合建的形式，如图 3-11 所示。它利用曝气器内叶轮的转动剧烈翻动水面使空气中的氧溶入水中，同时造成水位差使回流污泥循环。

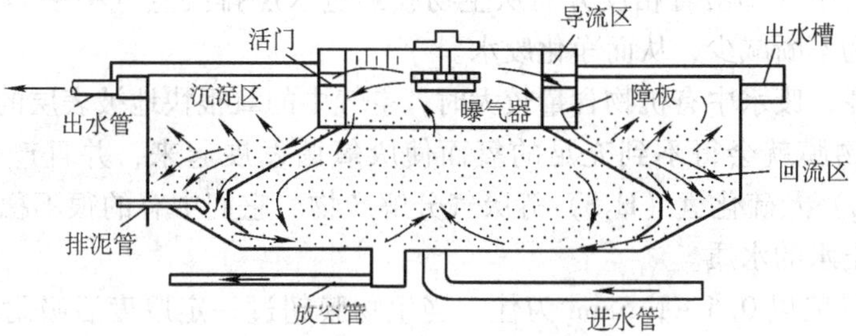

图 3-11 机械曝气法装置简图

叶轮常常安装在池中央水表面。池子多呈圆形和方形，由曝气区、导流区、沉淀区和回流区四部分组成。废水入口在中心，出口在四周。在曝气区内废水与回流污泥和混合液得到充分的混合，然后经导流区流入沉淀区。澄清后的废水经出流堰排出，沉淀下来的污泥则沿回流区底部的回流缝流回曝气区。它布置紧凑，流程缩短，有利于新鲜污泥及时地得到回流，并省去一套回流污泥的设备。由于新进入的废水和回流污泥同池内原有的混合液可快速混合，池内各点的水质比较均匀，好氧菌和进水的接触保证相对稳定，能承受一定程度的冲击负荷。

该法的主要缺点是，由于曝气池和沉淀池合建于一个构筑物，难于分别控制和调节，连续的进出水有可能发生短流现象（即废水未经处理直接流向出口处），据分析，出水中约有 0.7% 的进水短流，使其出水水质难以保证，国外已趋淘汰。

另外，还有借压力水通过水射器吸取空气以充氧混合的新型曝气系统，国内尚在试验阶段。

（2）生物膜法　当废水长期流过固体滤料表面时，微生物在介质“滤料”表面上生长繁育，形成黏液性的膜状生物性污泥，称为“生物膜”。利用生物膜上的大量微生物吸附和降解水中有机污染物的水处理方法称为“生物膜法”。它与活性污泥法的不同之处在于微生物固着生长于介质滤料表面，故又称为“固着生长法”，活性污泥法则又称为“悬浮生长法”。

生物膜法分为以下三种：润壁型生物膜法，废水和空气沿固定的或转动的接触介质表面的生物膜流过，如生物滤池和生物转盘等；浸没型生物膜法，接触滤料固定在曝气池内，完全浸没在水中，采用鼓风曝气，如接触氧化法；流动床型生物膜法，使附着有生物膜的活性炭、砂等小粒径接触介质悬浮流动于曝气池内。

1）基本原理。生物膜净化废水的机理如图3-12所示。生物膜具有很大的表面积。在膜外附着一层薄薄的缓慢流动的水层，叫附着水层。在生物膜内外、生物膜与水层之间进行着多种物质的传递。废水中的有机物由流动水层转移到附着水层，进而被生物膜所吸附。空气中的氧溶解于流动水层中，通过附着水层传递给生物膜，供微生物呼吸之用。在此条件下，好氧菌对有机物进行氧化分解和同化合成产生的 CO_2 和其他代谢产物一部分溶入附着水层，一部分析出到空气中（即沿着相反方向从生物膜经过水层排到空气中去）。如此循环往复，使废水中的有机物不断减少，从而净化废水。

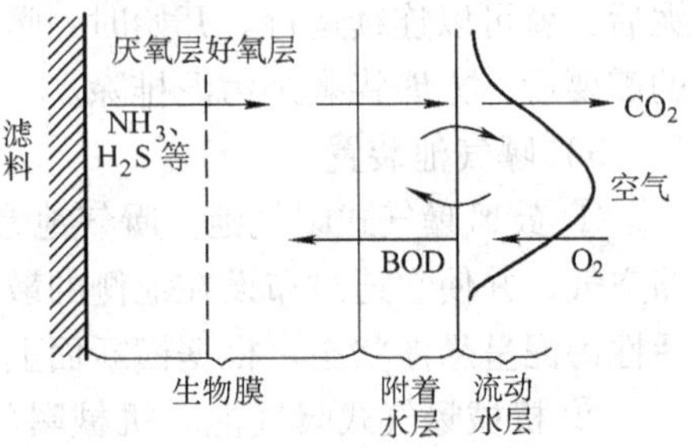

图3-12　生物膜对废水的净化作用

当生物膜较厚，废水中有机物含量较大时，空气中的氧很快地被表层的生物膜消耗，靠近滤料的一层生物膜就会得不到充足的氧而使厌氧菌发展起来，并且产生有机酸、甲烷（CH_4）、氨（NH_3）及硫化氢（H_2S）等厌气分解产物。它们中有的很不稳定，有的带有臭味，将大大影响出水的水质。

生物膜厚度一般以0.5～1.5mm为佳。当生物膜超过一定厚度后吸附的有机物在传递到生物膜内层的微生物之前就已被代谢掉。此时，内层微生物得不到充分的营养而进入内源代谢，失去其粘附在滤料上的性能而脱落下来，随水流出滤池，滤料表面再重新长出新的生物膜。因此在废水处理过程中，生物膜经历着不断生长、不断剥落和不断更新的演变过程。

2）生物膜法净化设备。

① 生物滤池。生物滤池由滤床、布水设备和排水系统三部分组成，在平面上一般呈方形、矩形或圆形，可分为普通生物滤池、高负荷生物滤池和塔式生物滤池三种形式。

普通生物滤池又称低负荷生物滤池或滴滤池，构造如图3-13所示。废水通过回转式布水器均匀地分布在滤池表面上，滤池中装满了滤料，废水沿着滤料表面从上到下流动，到池底进入集水沟和排水渠，流出池外并在沉淀池里进行泥水分离。滤料一般采用碎石、卵石或炉渣等颗粒滤料。滤料的工作厚度通常为1.3～1.8m，粒径为2.5～4cm；承托厚度为0.2m，垫料粒径为70～100mm。对于生活污水，普通生物滤池的有机物负荷率较低，仅为0.1～0.3kg/(m^3·d)（以 BOD_5 计，即单位时间供给单位体积滤料的BOD量），处理效率可达85%～95%。

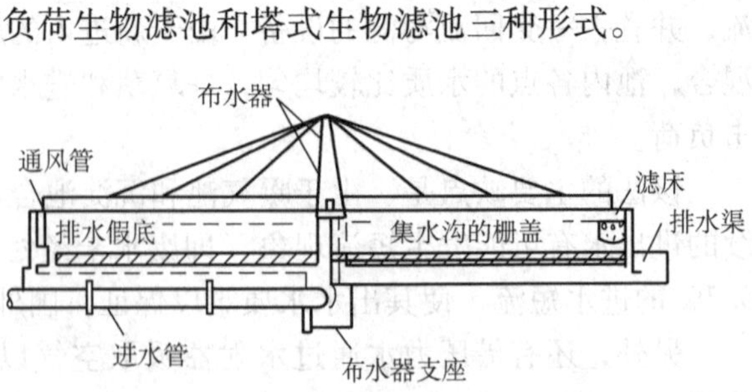

图3-13　普通生物滤池的一般构造

高负荷生物滤池所用滤料的直径一般为40～100mm，滤料层较厚，可达2～4m，采用树脂和塑料制成的滤料时还可增大滤料层高度，同时采用自然通风。高负荷生物滤池的有机物负荷率为0.8~1.2 kg/(m^3·d)（以BOD_5计）。

滤池高度大于8~20m的为塔式生物滤池，也属于高负荷生物滤池，其有机物负荷率可高达2~3 kg/(m^3·d)（以BOD_5计）。由于负荷率高，废水在塔内停留时间很短，仅需几分钟，因而BOD_5去除率较低，为60%~85%。一般采用机械通风供氧。

② 生物转盘。生物转盘的工作原理和生物滤池基本相同，主要的区别是它以一系列绕水平轴转动的盘片（直径一般为2~3m）代替固定的滤料，如图3-14所示。盘片半浸没在水中。当转动时，盘面依次通过水和空气，吸取水中的有机物并溶入空气中的氧。生物转盘投入运行经1~2周，在盘片表面即会形成0.5~2mm厚的生物膜。

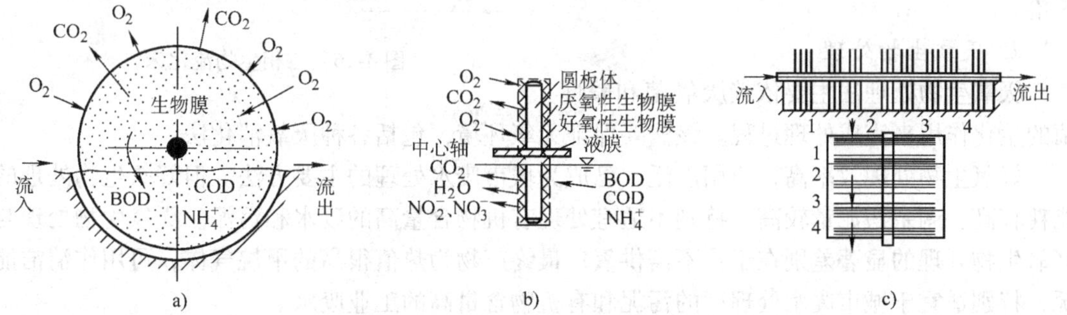

图3-14 生物转盘工作情况示意图

运行时，废水在池中缓慢流动，盘片在水平轴带动下缓慢转动（0.8~3r/min）。当盘片某部分进入废水时，生物膜吸附废水中的有机物，使好氧菌获得丰富的营养；当转出水面时，生物膜又从大气中直接吸收所需的氧气。转盘转动还带进空气，使得槽内废水中溶解氧均匀分布。如此反复循环，使废水中的有机物在好氧菌的作用下氧化分解。盘片上的生物膜会不断地自行脱落，被转盘后设置的二次沉淀池除去。一般废水的BOD负荷保持在低于15mg/L时，可使生物膜维持正常厚度，很少形成厌氧层。

③ 生物接触氧化法——曝气生物滤池。本设备实际上是生物滤池和活性污泥曝气池的综合体，如图3-15所示。池内挂满各种挂膜介质，全部滤料浸没在废水中。目前多使用的是蜂窝式或列管式填料，上下贯通，水力条件良好，氧量和有机物供应充分，同时填料表面全为生物膜所布满，保持了高含量的生物量。在滤料支撑下部设置曝气管，用压缩空气鼓泡充氧。废水中的有机物被吸附于滤料表面的生物膜上，被好氧菌分解氧化。

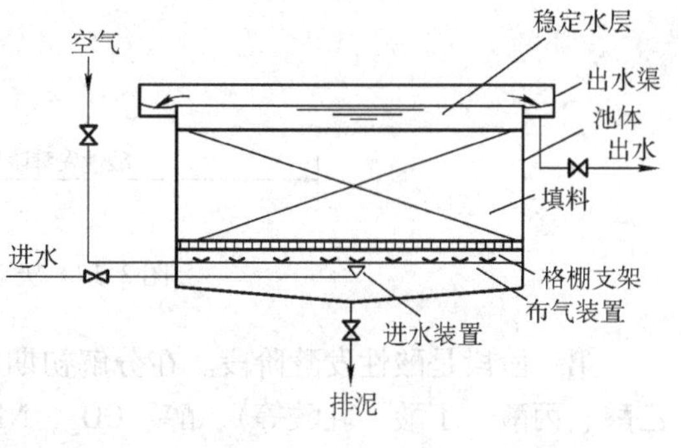

图3-15 曝气生物滤池构造示意图

近年来，国内外都在进行纤维状挂膜填料的研究。纤维状填料用尼龙、维纶、腈纶、涤纶等化纤编结成束，以料框组装放入池内。清洗检修时逐框取出，无须停工。

曝气生物滤池的优点有：易于管理；抗负荷能力强，抗水温变动冲击力强；剩余污泥少；可脱氮和除磷。但也具有填料易于堵塞，布气和布水不易均匀等缺点。

④ 生物流化床——悬浮载体流化床。此方法的实质是以粒径为1mm左右的活性炭、

砂、无烟煤及其他粒子作为好氧菌的载体，充填于容器内，通过脉冲进水措施使载体流态化。由于载体粒径很小，单位容积内具有很大的表面积，能使好氧菌数保持高含量，效率比普通活性污泥法高 10～20 倍，占地小，净化效率高。图 3-16 所示的是目前研究较多的三相生物流化床。气、液、固三相直接在流化床体内进行生化反应，同时载体表面的生物膜依靠气体的搅动作用相互摩擦而脱落。

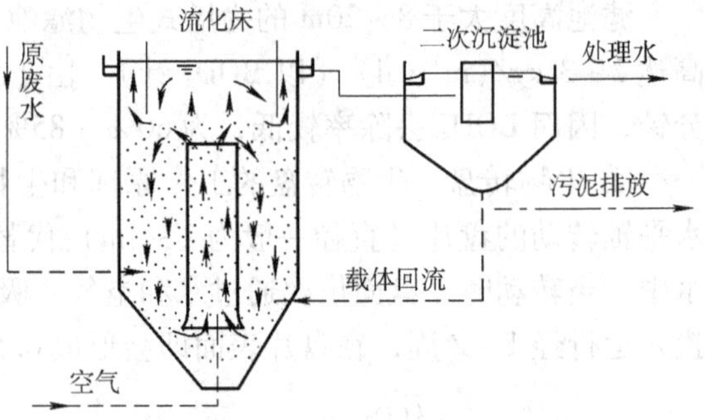

图 3-16　三相生物流化床

2. 厌氧生物处理

厌氧生物处理法主要依赖厌氧菌和兼性菌的生化作用来完成处理过程。该法要保证无氧环境，包括各种厌氧消化法。

好氧生物处理效率高，应用广泛，已成为城市废水处理的主要方法。但好氧生物处理的能耗较高，剩余污泥量较高，特别不适宜处理有机物含量高的废水和污泥。厌氧生物处理与好氧生物处理的显著差别在于：不需供氧；最终产物为热值很高的甲烷气体，可用作清洁能源；特别适宜于城市废水处理厂的污泥和有机物含量高的工业废水。

(1) 厌氧菌的生化过程　厌氧生物处理（或称厌氧消化）是在无氧条件下，通过厌氧菌和兼性菌的代谢作用，对有机物进行生化降解的处理方法。用作生物处理的厌氧菌需有数种菌种接替完成，整个生化过程分为两个阶段（图 3-17）。

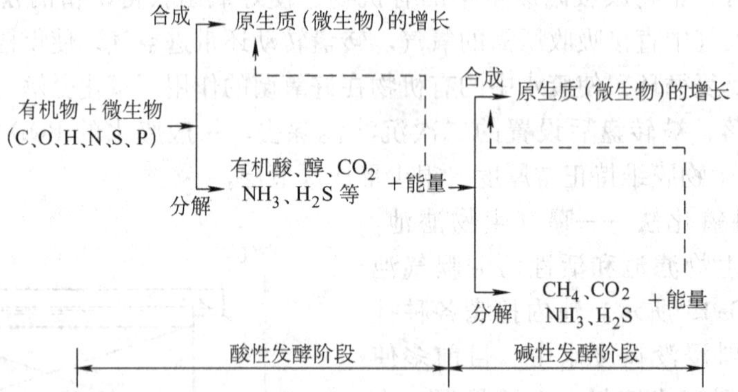

图 3-17　厌氧处理的生化过程

第一阶段是酸性发酵阶段。在分解初期，厌氧菌活动中的分解产物为有机酸（如甲酸、乙酸、丙酸、丁酸、乳酸等）、醇、CO_2、NH_3、H_2S 以及其他一些硫化物，这时废水发出臭气。如果废水中含有铁质，则生成硫化铁等黑色物质，使废水呈黑色。此阶段内有机酸大量积累，pH 值下降，故称为酸性发酵阶段。参与此阶段作用的细菌称为产酸细菌。

第二阶段是碱性发酵阶段，又称为甲烷发酵阶段。由于所产生的 NH_3 的中和作用，废水的 pH 值逐渐上升，这时另一群统称为甲烷细菌的厌氧菌开始分解有机酸和醇，产物主要为 CH_4（甲烷）和 CO_2，此时随着甲烷细菌的繁殖，有机酸迅速分解，pH 值迅速上升，所以又称为碱性发酵阶段。

厌氧生物处理的最终产物为气体，以 CH_4 和 CO_2 为主，另有少量的 H_2S 和 H_2。

厌氧生物处理必须具备的基本条件是：隔绝氧气；pH 值维持在 6.8 ~ 7.8；温度应保持在适宜于甲烷菌活动的范围（中温菌为 30 ~ 35℃；高温菌为 50 ~ 55℃）；要供给细菌所需要的 N、P 等营养物质；并要注意在有机污染物中的有毒物质的含量不得超过细菌的忍受极限。

厌氧处理常用于有机污泥的处理。近年来在有机物含量高的废水（BOD_5 > 5000 ~ 10000mg/L）处理中也得到发展，如屠宰场废水、乙醇工业废水、洗涤羊毛油脂废水等。一般先用厌氧法处理，然后根据需要进行好氧生物处理或深度处理。

(2) 常用的厌氧处理设备　常用的厌氧处理设备有污泥消化池（化粪池）、厌氧生物滤池、升流式厌氧污泥池等。

图 3-18 所示为用于稳定污泥的带有固定盖的厌氧消化池。池内有进泥管、排泥管，还有用于加热污泥的蒸汽管和搅拌污泥用的水射器。投料与池内污泥充分混合，进行厌氧消化处理。产生的沼气聚集于池的顶部，从集气管排走，送往用户。

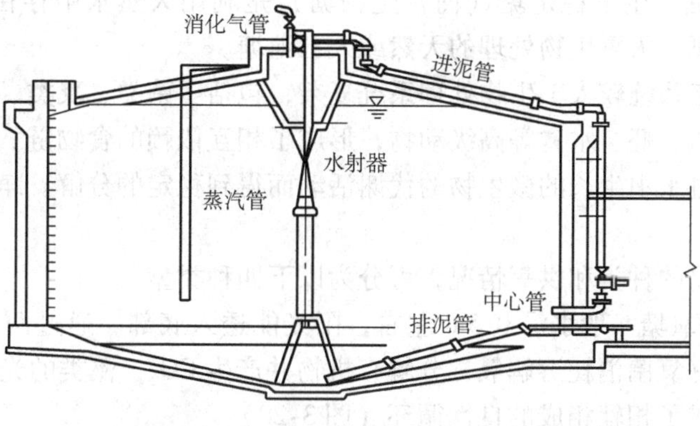

图 3-18　固定盖式厌氧消化池构造图

图 3-19 所示为一种新型的厌氧生物反应器——升流式厌氧污泥床（UASB）。该污泥床的主要组成部分有底部布水系统、污泥床、污泥悬浮层和顶部三相分离器。废水自下而上通过反应器。在底部的高含量（悬浮固体物质量浓度可达 60 ~ 80g/L）、高活性的污泥床内，大部分有机物转化为 CH_4 和 CO_2。由于气态产物（消化气）的搅动和气泡粘附污泥，在污泥床之上形成一个污泥悬浮层。在上部的三相分离器中完成气液固的分离，消化气从上部导出，污泥滑落到污泥悬浮层，出水由澄清区流出。由于反应器内保留有大量的厌氧污泥，反

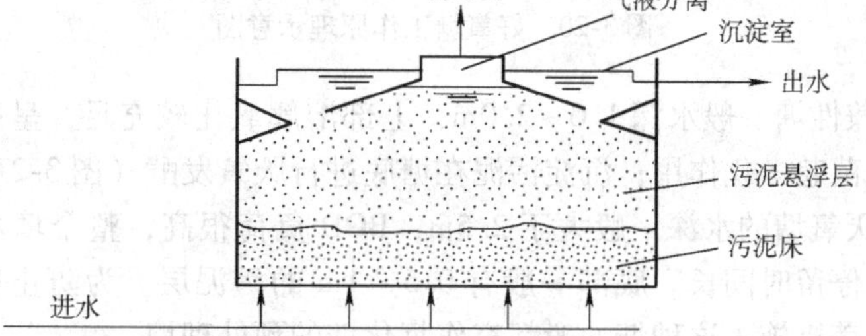

图 3-19　升流式厌氧污泥床

应器的负荷能力很大，特别适合处理一般的有机物含量高的废水，是一种有发展前途的厌氧处理设备。

某些新技术和新材料的开发运用，会导致产生含有很多复杂有机物的废水。这些有机物对好氧生物处理来讲属于不能生物降解或难以降解的。但对厌氧生物处理来讲，则可以被厌氧菌分解为较小分子的有机物。这些较小分子有机物还可以由好氧菌进一步降解，以达到更好的处理效果。这就是近年来颇受重视的厌氧–好氧联用工艺。

目前厌氧–好氧联用工艺已在纺织印染废水处理及生物脱氮除磷处理中得到应用。

3. 自然条件下的生物处理

利用天然水体和土壤中的微生物的生化作用来净化废水的方法称为自然生物处理，常用的有生物稳定塘和废水的土地处理法，最近又研究出人工湿地生态处理的新技术。

废水的自然生物处理系统的效率虽低，但所需的基建费用和运行费用低，又可将废水的处理和利用联合起来兼收环境效益和经济效益，因此在有条件的地方应考虑采用。

（1）生物稳定塘　生物稳定塘（简称生物塘）是利用天然水中存在的微生物和藻类，对有机废水进行好氧、厌氧生物处理的天然或人工池塘。

生物塘内的生态系统较人工生物处理系统复杂，包括了菌类、藻类、浮游生物、水生植物、底栖动物以及鱼、虾、水禽等高级动物，形成了相互依赖的食物链。废水在塘里停留时间很长，有机物通过水中生长的微生物的代谢活动而得到稳定的分解。净化后的废水可用于灌溉农田。

根据塘内微生物的种类和供氧情况，可分为以下四种类型。

1）好氧塘。好氧塘一般水深 0.5m 左右，阳光能透入底部。通过两类微生物的新陈代谢将有机物去除：好氧菌消耗溶解氧，分解有机物并产生 CO_2，藻类的光合作用消耗 CO_2 产生氧气。这两者组成了相辅相成的良性循环（图 3-20）。

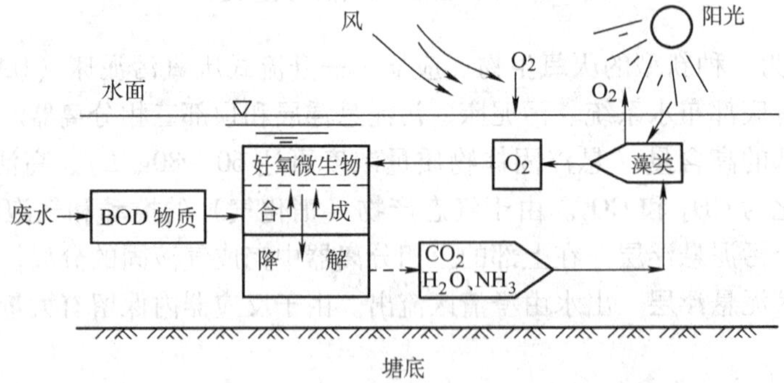

图 3-20　好氧塘工作原理示意图

2）兼性塘。兼性塘一般水深 1.0~2.0m，上部溶解氧比较充足，呈好氧状态；下部溶解氧不足，由兼性菌起净化作用；沉淀污泥在塘底进行厌氧发酵（图 3-21）。

3）厌氧塘。厌氧塘的水深一般大于 2.5m，BOD 负荷很高，整个塘水呈厌氧状态，净化速度很慢，废水停留时间长。底部一般有 0.5~1m 的污泥层。为防止臭气逸出，常采用浮渣层，或人工覆盖措施。这种塘一般都充作氧化塘的预处理塘。

4）曝气塘。曝气塘的水深在 3.0~4.5m，其特征是在塘水表面安装浮筒式曝气器，全

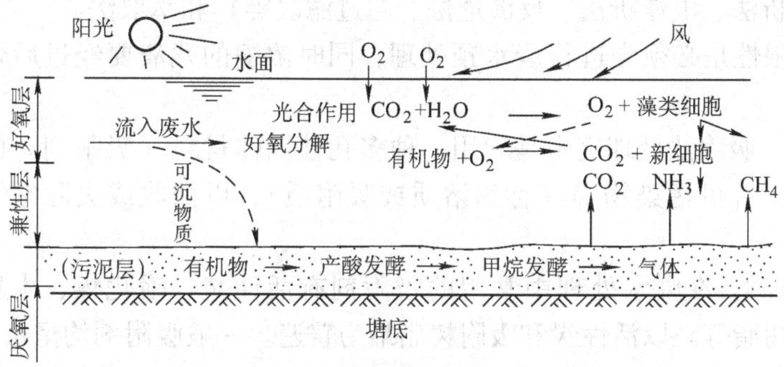

图 3-21 兼性塘工作原理示意图

部塘水都保持好氧状态，BOD 负荷较高，废水停留时间较短。

（2）废水土地处理法 废水土地处理是在人工调控下利用土壤-微生物-植物组成的生态系统使废水中的污染物得到净化的处理系统。它既利用土壤中的大量微生物分解废水中的有机污染物，也充分利用了土壤的物理特性（表层土的过滤截留和土壤团粒结构的吸附储存）、物理化学特性（与土壤胶粒的离子交换、络合吸附）和化学特性（与土壤中的钙、铝、铁等离子形成难溶的盐类如磷酸盐等）净化各种污染物，同时也利用废水及其中的营养物质灌溉土壤供作物吸收。因此，土地处理是使废水资源化、无害化和稳定化的处理利用系统。

应用土地处理法时必须注意：加强水质管理，防止废水中的某些成分危害农作物和土壤，传染疾病和污染地下水等，并要防止土壤盐碱化。

（3）人工湿地生态处理法 废水的人工湿地生态处理法是一种新型的废水生态处理技术，可配合城市绿化工程中人工湿地的建设建造潜流式废水处理站。

在人工湿地床内有不同介质配比的土壤层和经筛选栽种的湿地植物，从而构成一个人工生态系统。当经过初步处理的废水（经格栅和絮凝沉淀处理）通过配水系统进入人工湿地时，附着在湿地植物根系和土壤层中的微生物就对废水中的营养物质和污染物质进行有效地吸收和分解。同时，土壤层本身也能起到过滤吸附作用，最终使废水得到净化，达标后通过集水系统排放。

这种潜流式人工湿地废水处理方式的最大优点在于：废水是通过配水系统直接送至人工湿地床的基质中，能减少臭味和蚊蝇滋生，避免破坏整体景观；运行费用比常规的二级生化处理低 50% 左右；可形成堆肥、绿化、野生动物栖息等综合效益；湿地植物（常选美人蕉、水竹、芦苇等）的观赏性可为湿地园区增添新景观。这正是“鸟语花香中，废水变清流”。目前我国首座这样的废水处理站已在上海崇明建成。

3.2.3 物理化学法及化学处理法

1. 物理化学法

物理化学法（简称物化法）利用物理化学的原理去除废水中的杂质。它主要用来分离废水中无机或有机的（难以生物降解的）溶解态或胶态的污染物质，回收有用组分，并使废水得到深度净化。因此，此法适用于处理杂质含量很高的废水（用作回收利用的方法），或是含量很低的废水（用作废水深度处理）。常用的物理化学方法有吸附法、离子交换法、膜析法（包括渗析法、电渗析法、反渗透法、超过滤法等）和萃取法。

物化法的局限性是必须先进行废水预处理，同时浓缩的残渣要经过后处理以避免二次污染。

（1）吸附法　吸附法处理废水是利用一种多孔性固体材料（吸附剂）的表面来吸附水中的溶解污染物、有机污染物等（称为溶质或吸附质），以回收或去除它们，使废水得以净化。

1）吸附剂种类。在废水处理中常用的吸附剂有活性炭、磺化煤、木炭、焦炭、硅藻土、木屑和吸附树脂等。以活性炭和吸附树脂最为普遍。一般吸附剂均呈松散多孔结构，具有巨大的比表面积。其吸附力可分为分子引力（范德华力）、化学键力和静电引力三种。水处理中大多数吸附剂是上述三种吸附力共同作用的结果。由于吸附剂价格较贵，而且吸附法对进水的预处理要求高，因此多用于给水处理中。

2）吸附操作方式。吸附法处理装置有固定床、移动床和流化床三种。图3-22所示为活性炭吸附柱。废水从吸附柱底部进入，处理后的水由吸附柱的上部排出。在操作过程中，定期将饱和的活性炭从柱底排出，送再生装置进行再生；同时，将等量的活性炭从柱顶储炭斗加至吸附柱内。

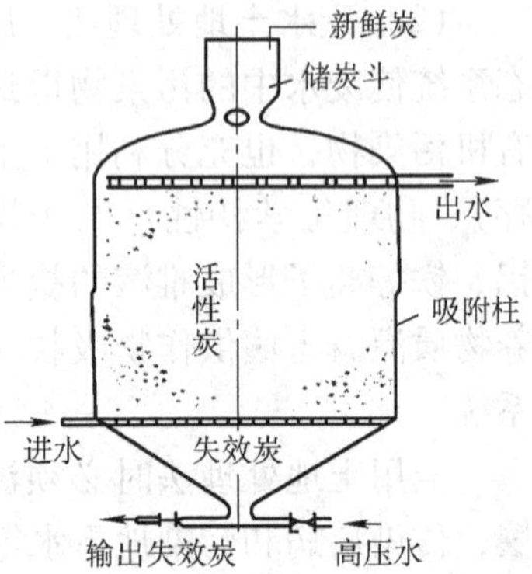

图3-22　活性炭吸附柱构造

吸附剂吸附饱和后必须经过再生，把吸附质从吸附剂的细孔中除去，恢复其吸附能力。再生的方法有加热再生法、蒸汽吹脱法、化学氧化再生法（湿式氧化、电解氧化和臭氧氧化等）、溶剂再生法和生物再生法等。

（2）离子交换法　借助固体离子交换剂与溶液中离子的置换反应，除去水中有害离子的处理方法叫做离子交换法。

1）作用原理。离子交换是一种特殊的吸附过程，是可逆性化学吸附，其反应可表达为

$$RH + M^{+} \rightleftharpoons RM + H^{+} \tag{3-3}$$

式中，R 为离子交换剂；M^+ 为交换离子；RM 为与 M^+ 交换后的离子交换剂，称为饱和交换剂。

离子交换剂有无机和有机两大类。无机离子交换剂有天然沸石和合成沸石（铝代硅酸盐）等。有机离子交换树脂的种类很多，可分为强酸阳离子交换树脂（只能进行阳离子交换）、弱酸阳离子交换树脂、强碱阴离子交换树脂（只能进行阴离子交换）、弱碱阴离子交换树脂、螯合树脂（专用于吸附水中微量金属的树脂）和有机物吸附树脂等。

树脂是人工合成的具有空间网状结构的不溶解聚合物，在制造过程中引入不同的交换基团便成了离子交换树脂。当树脂放入水中就会像海绵一样膨胀，网状结构中的活动离子像电解质一样离解在树脂内部的水相中。废水中的某离子（称为交换离子）在离子浓度差作用下，从外水相扩散到树脂体内。由于交换离子与树脂体内的固定离子的亲和力较大，可替代原有的同性活动离子并将其置换下来扩散到水相。

2）树脂再生与清洗。树脂的交换容量耗尽到交换床出流的离子浓度超过规定值，称为“穿透”。此时必须将树脂再生。再生是交换反应的逆过程。再生前先对交换床进行反冲洗以去除固定沉积物。然后，树脂与再生剂作用（阳树脂采用盐溶液 NaCl 或酸溶液 HCl、H_2SO_4，阴树脂一般用碱溶液 NaOH、NH_4OH）将吸附的离子置换出来，使树脂恢复交换能

力。经过再生后的树脂用水清洗，去除残留在树脂内的再生剂。

3）离子交换法在水处理中的应用。离子交换法多用于工业给水处理中的软化和除盐，主要去除废水中的金属离子。离子交换法采用钠离子树脂交换，交换反应为

$$2RNa^+ + Ca^{2+} = R_2Ca^{2+} + 2Na^+$$

$$2RNa^+ + Mg^{2+} = R_2Mg^{2+} + 2Na^+$$

离子交换树脂将水中的钙盐、镁盐转换为钠盐。由于各种钠盐在水中的溶解度较大，而且还会随温度的升高而增加，所以就不会出现结垢现象，达到了软化水的目的。需再生时，可用8% ~10%的食盐溶液流过失效的树脂，使Ca型树脂还原成Na型树脂。

制备高纯水，要把水中的所有盐类全部除尽。因此，需要使水通过H型阳离子交换器和OH型阴离子交换器，分别除去水中的各种阳离子和阴离子，交换到水中的H^+和OH^-则结合成水。

此外，离子交换法还广泛地用于废水处理、回收工业废水中的有用物质、净化有毒物质。近年来，我国在生产中采用离子交换法处理含铬废水、含汞废水、含锌废水、含镍废水、含铜废水以及电镀含氰废水等。

（3）膜析法　膜析法是利用薄膜来分离水溶液中的某些物质的方法的统称。根据提供给溶液中物质透过薄膜所需要的动力，膜析法可有以下几种：扩散渗析法（依靠分子的自然扩散，简称渗析法）、反渗透法、超过滤法（以压力为动力）和电渗析法（利用电力）。

1）扩散渗析法。该法是利用具有特殊性质的交换膜（如阴离子交换膜只允许阴离子通过）来分离收集废水中的某些离子的处理方法。图3-23为钢铁厂处理酸洗废水的扩散渗析槽示意图。槽内装设一系列间隔很近的阴离子交换膜，把整个槽分割成两组互为邻的小室。一组小室流入废水，另一组小室流入清水，流向是相反的。由于阴离子交换膜的阻挡作用，废水中只有硫酸根离子较多地透过薄膜进入清水小室。这样就在一定程度上分离了酸洗废水中的硫酸和硫酸亚铁。

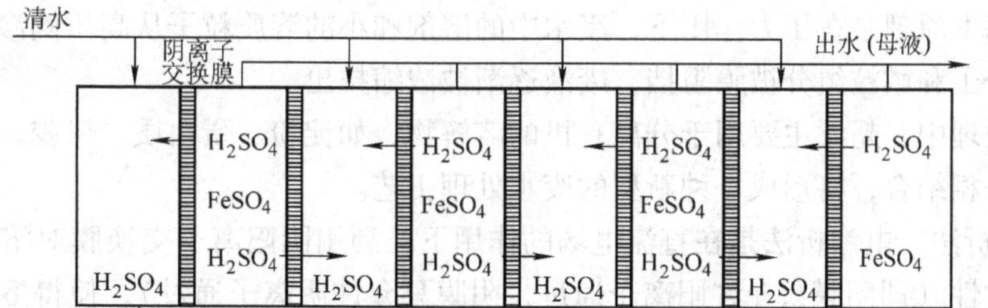

图3-23　钢铁厂处理酸洗废水的扩散渗析槽示意图

2）反渗透法。如果将纯水和某种溶液用半透膜隔开，水分子就会自动地透过半透膜到溶液一侧去，这种现象叫“渗透”，如图3-24a所示。在渗透进行过程中，纯水一侧的液面不断下降，溶液一侧的液面不断上升。当液面不再变化时，渗透便达到了平衡状态。此时两侧液面之差对应的压力称为该种溶液的“渗透压”。任何溶液都有相应的渗透压，它是区别溶液和纯水性质的一种标志。

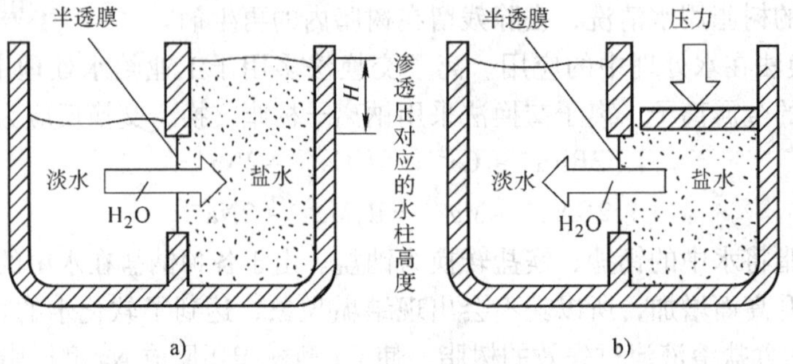

图 3-24　渗透与反渗透
a）渗透　b）反渗透

如果在浓溶液一侧施加大于渗透压的压力，则溶液中的水就会透过半透膜流向纯水一侧，溶质被截留在溶液一侧，这种过程称为“反渗透”（图 3-24b）。所以在废水处理中，在废水一侧施加大于渗透压的压力（一般压力为 2.5 ~ 5MPa），可使废水中的水分子反向透过半透膜并进入稀溶液一侧，污染物被浓缩排出。这种处理方法称为反渗透法。

在给水处理中，反渗透法主要是用于苦咸水和海水的淡化，采用的压力约为 10MPa。在世界淡水供应危机重重的今天，反渗透法结合蒸馏法的海水淡化技术前景广阔。它的又一重要用途是与离子交换系统联用，作为离子交换的预处理以制备去离子的超纯水。在废水处理中，反渗透法主要用于去除与回收重金属离子，去除盐、有机物、色度以及放射性元素。

目前在水处理领域内广泛应用的半透膜有醋酸纤维素膜和聚酰胺膜两种。常用的反渗透装置有管式、螺旋卷式、中空纤维式及板框式等。渗透水可重复利用。

3）超过滤法。超过滤法与反渗透法相似。但超过滤膜的微孔孔径比反渗透的半透膜大，为 0.005 ~ 1μm。超滤所分离的溶质一般为相对分子质量在 500 以上的大分子和胶体，这种液体的渗透压较小，故超滤的操作压力仅为 0.1 ~ 0.7MPa。

超滤的基本原理是在压力作用下，废水中的溶剂和小的溶质粒子从高压侧渗透过膜进入低压侧。大分子和微粒组分被膜阻挡。废液逐渐被浓缩排出。

在废水处理中，超滤主要用于分离有机的溶解物，如淀粉、蛋白质、树胶、油漆等。它与活性污泥法相结合，将形成一种新型的废水处理工艺。

4）电渗析法。电渗析法是在直流电场的作用下，利用阴阳离子交换膜对溶液中阴阳离子的选择透过性（即阳膜只允许阳离子通过，阴膜只允许阴离子通过），使得溶液中的电解质与水分离，以达到脱盐目的的一种水处理方法。

电渗析槽的基本组成如图 3-25 所示，槽内有一组交替排列的阴阳离子交换膜，两端加上直流电场，这样各水室中的离子在电场作用下定向迁移。如中间一室的阳离子受左侧阴极作用向左迁移，但碰到了阴膜，无法通过；同理，阴离子向阳极方向迁移时碰到阳膜，也无法通过。相反，两侧相邻水室中的离子均可迁入该室，使得中间水室成为浓室，两侧相邻的水室成为淡室。进入各水室的废水，经电渗析作用后，完成了离子分离过程，从淡室引出的水成为无离子的净化水，从浓室排出的水则是浓缩液。

电渗析法在水处理中有以下广泛的应用：代替离子交换法，或采用电渗析－离子交换联合工艺制备去离子水，以减少或消除需要再生交换树脂所造成的酸、碱、盐等对环境的污

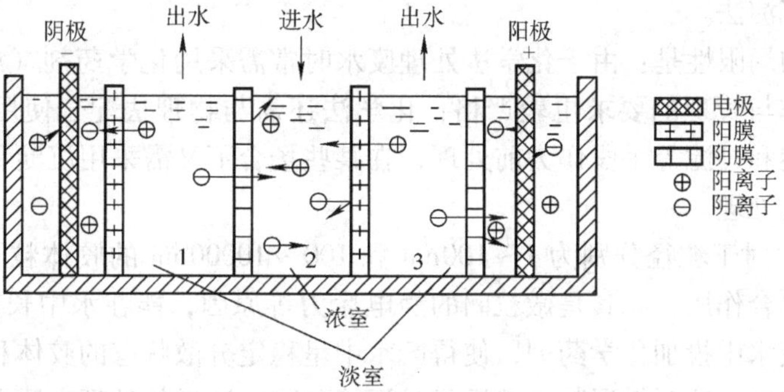

图 3-25 电渗析槽的基本组成

染；用于某些工业废水经处理后除盐供回用需要；处理电镀等工业废水，达到闭路循环的要求；分离或浓缩回收造纸等工业废水中的某些有用成分等。

（4）萃取法 利用物质在不同溶液中溶解度的不同，选用适当的溶剂来分离混合物的方法称为萃取法。使用的溶剂叫萃取剂，提取的物质叫萃取物。在废水处理上，利用废水中的杂质在水中和有机萃取剂中溶解度的不同，可以采用萃取的方法，将杂质提取出来。

用萃取法处理废水时，经过以下三个步骤：混合传质，把萃取剂加入废水并充分混合接触，有害物质作为萃取物从废水中转移到萃取剂中；分离，萃取剂和废水分离；回收，把萃取物从萃取剂中分离出来，使有害物质成为有用的副产品。一种成熟的萃取技术中，萃取剂必须能回用于萃取过程。

图 3-26 所示为某煤气厂用萃取法处理含酚废水的工艺流程。废水中酚的质量浓度为 3000g/L。萃取剂为该厂产品重苯。萃取设备为脉冲筛板塔。废水经焦炭过滤除去焦油，冷却至 40℃送入萃取塔，从顶部淋下。重苯自底部进入，与废水逆向接触，废水中的酚即转入重苯中。饱含酚的重苯经过碱洗塔（塔内装有质量分数为 20% 的 NaOH 溶液）得到再生，然后循环使用。从碱洗塔放出的酚钠溶液可作为回收酚的原料。经萃取后，废水中酚的质量浓度降至 100mg/L，再与厂内其他废水混合后进行生物处理。

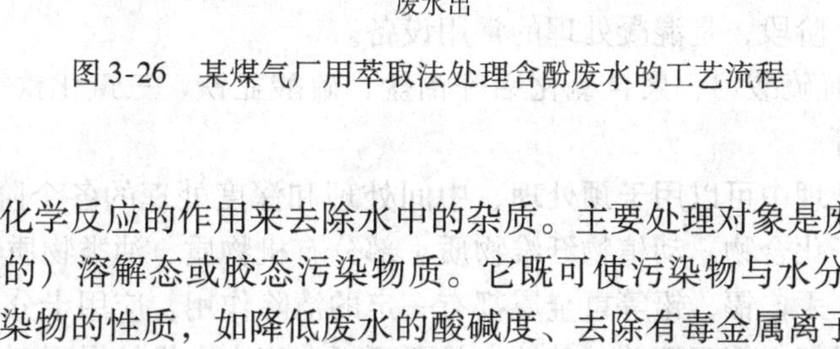

图 3-26 某煤气厂用萃取法处理含酚废水的工艺流程

2. 化学法

化学法是利用化学反应的作用来去除水中的杂质。主要处理对象是废水中无机的或有机的（难以生物降解的）溶解态或胶态污染物质。它既可使污染物与水分离，回收某些有用物质，也能改变污染物的性质，如降低废水的酸碱度、去除有毒金属离子、氧化某些有毒有害的物质等，因此，可达到比物理法更高的净化程度。常用的化学法有混凝法、中和法、氧化还原法和化学沉淀法。

化学法处理的局限性是：由于化学法处理废水时常需采用化学药剂（或材料），运行费用一般较高，操作与管理的要求也较严格；化学法还需与物理法配合使用，在化学处理之前，往往需要沉淀和过滤等手段作为前处理，在某些场合下又需采用沉淀和过滤等物理手段作为化学处理的后处理。

（1）混凝法　对于粒径分别为 1～100nm 和 100～10000nm 的胶体粒子和细微悬浮物，由于布朗运动、水合作用，尤其是微粒间的静电斥力等原因，能在水中长期保持悬浮状态，所以处理时须向废水中投加化学药剂，使得废水中呈稳定分散状态的胶体和悬浮颗粒聚集为具有沉降性能的絮体，这叫做混凝，然后通过沉淀去除。这样的处理方法即为混凝法。

混凝包括凝聚和絮凝两个过程。凝聚是指胶体脱稳并聚集为微小絮粒的过程；絮凝是指微絮粒通过吸附、卷带和桥连而形成更大的絮体的过程。混凝处理工艺包括混合（药剂制备与投加）、反应（凝聚、絮凝）和絮凝体分离（沉淀）三个阶段。絮凝沉淀池一般有两种形式：

1）分开式。由混合池（使废水和凝聚剂快速混合）、絮凝物形成池和沉淀池三部分组成，如图 3-27 所示。废水和药物在混合池中快速搅拌 1～5min，在絮凝物形成池中滞留20～40min，用絮凝器慢慢搅拌，然后在沉淀池中滞留 3～5h。在沉淀池中设有自动排泥装置。

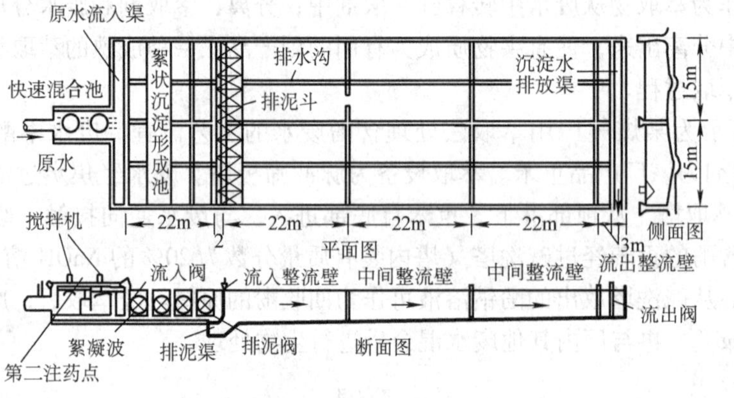

图 3-27　分开式絮凝沉淀池结构示意图

2）综合式。有各种类型的澄清池。澄清池就是将微絮体的絮凝过程和絮凝体与水分离过程综合于一个构筑物中完成。在澄清池中有高含量的活性泥渣，废水在池中与池渣接触时，其中脱稳杂质便被泥渣截留下来，使水获得澄清。图 3-28 所示是机械搅拌加速澄清池，它可分为混合室、第一反应区、第二反应区、回流区、分离室和泥渣浓缩区几部分，可同时完成混凝处理的三个阶段，是混凝处理的常用设备。

常用的混凝剂有硫酸铝、聚合氯化铝等铝盐，硫酸亚铁、三氯化铁等铁盐，以及有机合成高分子絮凝剂等。

混凝法在废水处理中可以用于预处理、中间处理和深度处理的各个阶段。它除了除浊、除色之外，对高分子化合物、动植物纤维物质、部分有机物质、油类物质、微生物、某些表面活性物质、农药、汞、镉、铅等重金属都有一定的清除作用，应用十分广泛。其优点是设备费用低，处理效果好，管理简单；其缺点是要不断向废水中投加混凝剂，运行费用较高。

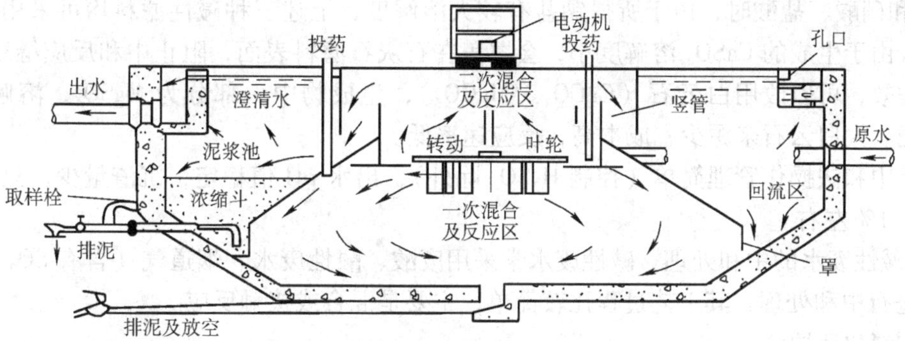

图 3-28　机械搅拌加速澄清池

（2）中和法　中和法处理是利用酸碱相互作用生产盐和水的化学原理将废水从酸性或碱性调整到中性附近的处理方法。

1）酸性废水的中和处理。酸性废水的中和处理最常用的是投药中和法和过滤中和法。

① 投药中和法。最常用的是投加碱性药剂石灰，价廉，原料易得、易制成乳液投加。但投加石灰乳的劳动条件差，污泥较多且脱水困难，仅在酸性废水中含有金属盐类时采用。另外，还可采用苛性钠、碳酸钠和氨水为碱性药剂，其具有组成均匀、易于储存和投加、反应迅速、易溶于水且溶解度高等优点，但价格高。中和法流程如图 3-29 所示。

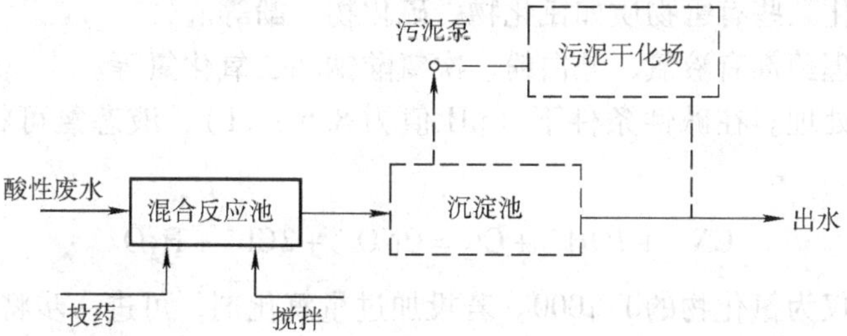

图 3-29　中和法流程

② 过滤中和法。中和滤池结构如图 3-30 所示，用耐酸材料制成，内装碱性滤料。主要碱性滤料有石灰石、大理石和白云石。酸性废水由上而下或由下而上流经滤料层得以中和处理。

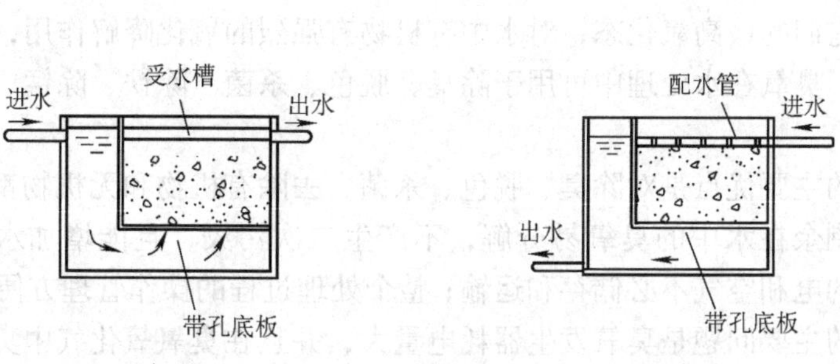

图 3-30　中和滤池结构
a）上升式　b）下降式

中和硝酸、盐酸时，由于所得钙盐有较大溶解度，上述三种碱性滤料均可采用。中和硫酸时，由于生成的 $CaSO_4$ 溶解度小，会覆盖在石灰石滤料表面，阻止中和反应继续进行，使滤床失效，可以改用白云石（$CaCO_3 \cdot MgCO_3$），生成物中一部分为 $MgSO_4$，溶解度大，不易结壳。大白云石来源少，成本高，反应速率低。

过滤中和法操作管理简单（控制 H_2SO_4 除外），出水 pH 值稳定，沉渣量少，只有废水体积的 0.1% 左右。

2）碱性废水的中和处理。碱性废水常采用废酸、酸性废水、烟道气（含有 SO_2 及酸性废气）进行中和处理，其工艺过程比较简单，主要是混合或接触反应。

（3）氧化还原法

1）氧化法。向废水中投加氧化剂氧化废水中的有毒有害物质，使其转变为无毒无害或毒性小的新物质的方法称为氧化法。此法几乎可以处理各种工业废水，如含氰、酚、醛、硫化物的废水，以及脱色、除臭、除铁，特别适用于处理废水中难以生物降解的有机物。

① 氯化处理法。在给水处理和废水处理中广泛地采用氯化处理。气态或液态的氯加入水后，发上下列歧化反应

$$Cl_2 + H_2O \rightleftharpoons HClO + HCl$$

$$HClO \rightleftharpoons H^+ + ClO^-$$

次氯酸（HClO）是强氧化剂，可氧化废水中许多污染物，常用于消毒、降低 BOD、消除异味和脱色、氧化某些有害物质如氰化物、硫化物、酚等。

常用的氯化处理药剂有液氯、漂白粉、次氯酸钠和二氧化氯等。

如含氰污水的处理。在碱性条件下（pH 值为 8.5～11）、液态氯可将氰化物氧化成氰酸盐

$$CN^- + 2OH^- + Cl_2 = CNO^- + 2Cl^- + H_2O$$

氰酸盐的毒性仅为氰化物的1/1000。若投加过量氧化剂，可进一步将氰酸盐氧化为 CO_2 和 N_2

$$2CNO^- + 4OH^- + 3Cl_2 = 2CO_2\uparrow + N_2\uparrow + 6Cl^- + 2H_2O$$

反应要在碱性条件下进行，因为遇到酸后，氰化物会放出剧毒 HCN 气体。

② 臭氧氧化法。臭氧（O_3）是一种强氧化剂，呈淡紫色，具有特殊气味，不稳定，在常温下即可逐渐自行分解为氧（O_2）。在理想的反应条件下，臭氧可把水溶液中大多数单质和化合物氧化到它们的最高氧化态，对水中有机物有强烈的氧化降解作用，还有强烈的消毒杀菌作用。因此，臭氧在水处理中可用于除臭、脱色、杀菌、除铁、除锰、除氰化物、除有机物等。

臭氧氧化法的主要优点是对除臭、脱色、杀菌、去除有机物和无机物都有显著效果；废水经臭氧处理后剩余在水中的臭氧易分解，不产生二次污染，且能增加水中的溶解氧；同时，制备臭氧用的电和空气不必储存和运输；整个处理过程的操作管理方便。

臭氧氧化法的主要问题是臭氧发生器耗电量大，并且在臭氧氧化气中臭氧含量不高，仅为 3% 左右。

其他的氧化法还有空气氧化法及高锰酸钾（$KMnO_4$）氧化等。

2）还原法。在废水处理中采用还原剂改变有毒有害污染物的价态，使其转变为无害或

毒性小的新物质的方法称为还原法。常用的还原剂有铁粉（屑）、锌粉（屑）、硫酸亚铁、亚硫酸氢钠以及电解时的阴极等。

还原法常用于含铬、含汞废水的还原处理。

含六价铬废水的还原处理有亚硫酸氢钠法、硫酸亚铁石灰法、铁屑法等。以亚硫酸氢钠法为例，在酸性条件下（$pH<4$），向废水中投加 $NaHSO_3$，可将废水中的六价铬还原为毒性较小的三价铬

$$2H_2Cr_2O_7+6NaHSO_3+3H_2SO_4=2Cr_2(SO_4)_3+3Na_2SO_4+8H_2O$$

然后投加石灰 $Ca(OH)_2$ 或氢氧化钠（NaOH），生成氢氧化铬沉淀析出

$$Cr_2(SO_4)_3+3Ca(OH)_2=2Cr(OH)_3\downarrow+3CaSO_4$$

或

$$Cr_2(SO_4)_3+6NaOH=2Cr(OH)_3\downarrow+3Na_2SO_4$$

处理含汞废水时，常用的还原剂有比汞活泼的金属（铁屑、锌粒、铝屑、铜屑等）及硼氢化钠等。金属还原汞时，将含汞废水通过金属屑滤床，废水中的汞离子被还原为金属汞而析出，金属本身被氧化为离子而进入水中。置换反应速率与固液有效接触面积、温度、pH 值有关。还原出的汞粒（粒径 10μm）经分离或加热回收。

（4）化学沉淀法　化学沉淀法是指向废水中投加某些化学药剂，使其与废水中的溶解性污染物发生互换反应，形成难溶于水的盐类（沉淀物）从水中沉淀出来。从而除去水中的污染物。

化学沉淀法多用于在水处理中去除钙、镁离子以及废水中的重金属离子，如汞、镉、铅、锌等。

水中 Ca^{2+}、Mg^{2+} 含量的总和称总硬度，它可分为碳酸盐硬度和非碳酸盐硬度。碳酸盐硬度可投加石灰使水中的 Ca^{2+} 和 Mg^{2+} 形成 $CaCO_3$ 和 $Mg(OH)_2$ 沉淀而降低。如需同时去除非碳酸盐硬度，可采用石灰-苏打软化法，使 Ca^{2+} 和 Mg^{2+} 生成 $CaCO_3$ 和 $Mg(OH)_2$ 沉淀除去。因此，当原废水硬度或碱度较高时，可先用化学沉淀法作为离子交换软化的前处理，以节省离子交换的运行费用。

去除废水中的重金属离子时，一般用投加碳酸盐的方法，生成的金属离子碳酸盐的溶度积很小，便于回收。如利用碳酸钠处理含锌废水

$$ZnSO_4+Na_2CO_3=ZnCO_3\downarrow+Na_2SO_4$$

此法优点是经济简便，药剂来源广，因此在处理重金属废水时应用最广。其存在的问题是：劳动卫生条件差，管道易结垢堵塞与腐蚀；沉淀体积大，脱水困难，至今国内外还没有一个经济有效的处理方法。

3.3 废水中磷、氮的去除

引起水体富营养化的营养元素有碳、磷、氮、钾、铁等，其中氮和磷是引起藻类大量繁殖的主要因素。要控制富营养化，就必须限制氮、磷的排放，对出流废水进行脱氮、除磷的处理。

3.3.1 除磷

城市废水中的磷的主要来源是粪便、洗涤剂和某些工业废水，以正磷酸盐、聚磷酸盐和有机磷的形式溶解于水中，除磷的常用方法有化学法和生物法。

1. 化学法除磷

采用沉淀法除磷。利用磷酸盐与铁盐（$FeCl_3$），石灰、铝盐[$Al_2(SO_4)_3 \cdot 16H_2O$]等反应生成磷酸铁、磷酸钙、磷酸铝等沉淀将磷从废水中排除。

化学法的特点是磷的去除效率较高，处理结果稳定，污泥在处理和处置过程中不会重新释放磷而造成二次污染，但污泥的产量比较大。

2. 生物法除磷

采用厌氧和好氧技术联用的生物法除磷是近20年来发展起来的新工艺。生物法除磷是利用微生物在好氧条件下对废水中溶解性磷酸盐的过量吸收，然后沉淀分离而除磷。整个处理过程分为厌氧放磷和好氧吸磷两个阶段。

含有过量磷的废水和含磷活性污泥进入厌氧状态后，活性污泥中的聚磷菌在厌氧状态下将体内积聚的聚磷分解为无机磷释放回废水中，这就是“厌氧放磷”。聚磷菌在分解聚磷时产生的能量除一部分供自己生存外，其余供聚磷菌吸收废水中的有机物，并在厌氧发酵产酸菌的作用下转化成乙酸酐，再进一步转化为PHB（聚β-烃基丁酸）储存于体内。

进入好氧状态后，聚磷菌将储存于体内的PHB进行好氧分解，并释放出大量能量，一部分供自己增殖，另一部分供其吸收废水中的磷酸盐，以聚磷的形式积聚于体内，这就是“好氧吸磷”。在此阶段，活性污泥不断增殖。除了一部分含磷活性污泥回流到厌氧池外，其余的作为剩余污泥排出系统，达到了除磷的目的。

由此可见，在厌氧状态下放磷越多，合成PHB越多，则在好氧状态下合成的聚磷菌越多，除磷效果也越好。

生物法除磷的基本类型有两种：A/O法和Phostrip工艺。

（1）A/O法　A/O法（厌氧-好氧法）流程如图3-31所示，是由厌氧池和好氧池组成的可同时去除水中有机污染物和磷的处理系统。

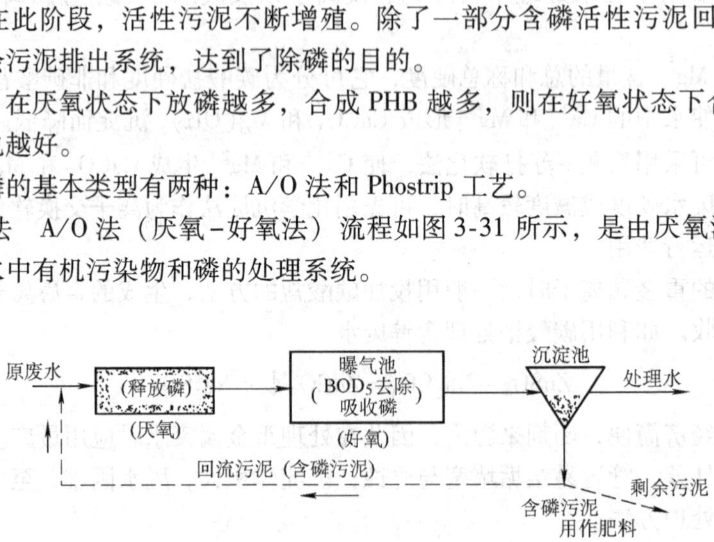

图3-31　厌氧-好氧（A/O）除磷工艺流程

（2）Phostrip除磷工艺流程　在常规的活性污泥工艺的回流污泥过程中增设厌氧放磷池和上清液的化学沉淀池后组成了Phostrip除磷工艺，其流程如图3-32所示。此法是生物法和化学法协同的除磷方法，工艺操作稳定性好，除磷效果好。

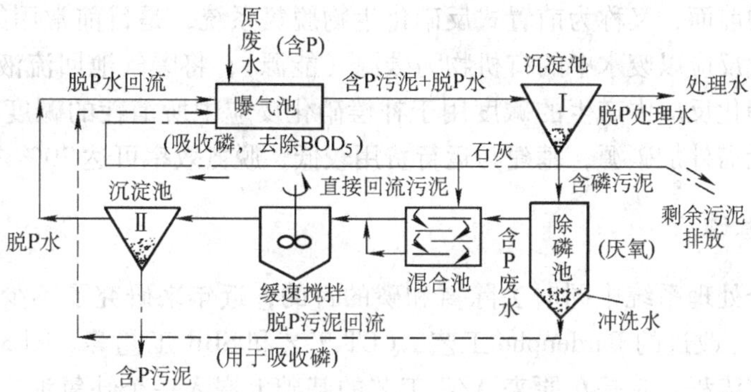

图 3-32 Phostrip 除磷工艺流程

3.3.2 脱氮

生活废水中各种形式的氮占的比例比较恒定：有机氮占 50% ~60%；氨氮占 40% ~50%；亚硝酸盐与硝酸盐中的氮占 0% ~5%。它们均来源于人类食物中的蛋白质。脱氮的方法有化学法和生物法两大类，下面分别介绍。

1. 化学法脱氮

（1）氨吸收法 先把废水的 pH 值调整到 10 以上，然后在解吸塔内解吸氨（当 pH >10 时，氮是以 NH_3 的形式存在）。试验表明，当气液体积比为 2620、流率为 120L/(m^3 · min) 时，可得到 90% 的脱氮效率。

（2）加氯法 在含氨氮的废水中加氯，通过适当控制加氯量，可以完全除去水中氨氮。为了减少氯的投加量，此法常与生物硝化联用，先硝化再除去微量的残余氨氮。

（3）离子交换法 选用对 NH_4^+ 有选择性的阳离子交换树脂可以交换出生化处理后水中的 NH_4^+。该树脂用石灰再生。此法运行费用高，较少采用。

以上方法主要用于工厂内部的治理，在城市污水处理厂中很少采用。

2. 生物法脱氮

生物法脱氮是在微生物作用下，将有机氮和氨态氮转化为 N_2 气体的过程，其中包括硝化和反硝化两个反应过程。

硝化反应是在好氧条件下，废水中的氨态氮被硝化细菌（亚硝酸菌和硝酸菌）转化为亚硝酸盐和硝酸盐。反硝化反应是在无氧条件下，反硝化菌将硝酸盐氮（NO_3^-）和亚硝酸盐氮（NO_2^-）还原为氮气。因此整个脱氮过程需要经历好氧和缺氧两个阶段。

图 3-33 所示为 20 世纪 80 年代初开发的缺氧-好氧生物脱氮工艺流程图。该工艺把反硝

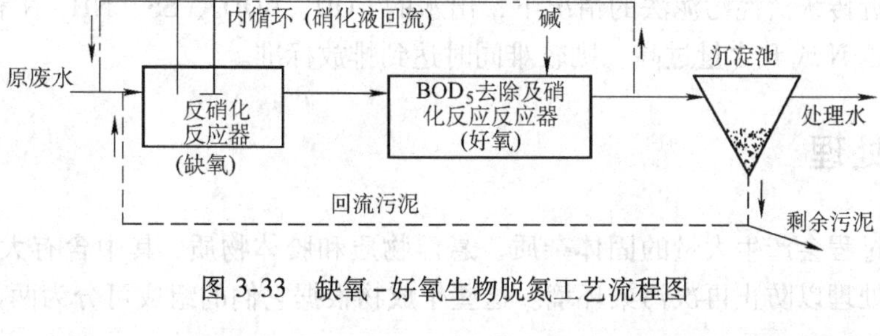

图 3-33 缺氧-好氧生物脱氮工艺流程图

化段设置在系统的前面，又称为前置式反硝化生物脱氮系统，是目前常用的脱氮工艺之一。缺氧池中的反硝化反应以废水中的有机物为碳源（能源），将曝气池回流液中大量的硝酸盐还原脱氮。在反硝化反应中产生的碱度用于补偿硝化反应中所消耗的碱度的50%左右。该工艺流程简单，无需外加碳源，基建与运行费用较低，脱氮效率可达70%。

3.3.3 生物脱氮除磷

为了达到一个处理系统中同时去除氮和磷的目的，近年来研究了不少脱氮除磷的新工艺，如A^2/O工艺、改进的Bardenpho工艺、UCT工艺和SBR工艺等。图3-34所示为A^2/O生物脱氮除磷工艺流程。它是在原来A/O工艺的基础上嵌入一个缺氧池，并将好氧池中的混合液回流到缺氧池中，达到了反硝化脱氮的目的。这样厌氧-缺氧-好氧相串联的系统能同时除磷、脱氮。该处理系统出水中磷的质量浓度基本可在1mg/L以下，氨氮的质量浓度也可在15mg/L以下。由于污泥交替进入厌氧和好氧池，丝状菌较少，污泥的沉降性很好。

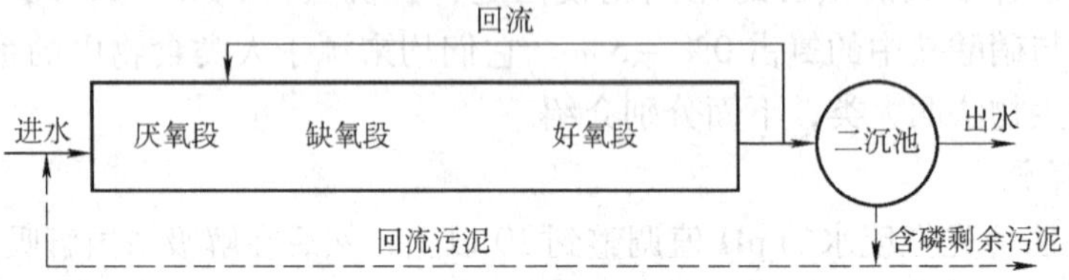

图3-34 A^2/O生物脱氮除磷工艺流程

影响脱氮、除磷活性污泥法的因素主要有以下三类：

（1）环境因素——温度、pH值、溶解氧 温度影响需要在运行过程中进行考察，一般来说，温度上升，微生物活性增强；城市废水的pH值通常在7左右，适于生物处理，略有波动影响不大，若pH值低于6.5时处理效率下降；硝化菌和聚磷菌要求在有氧区有丰富的溶解氧，但由于在回流混合液和回流污泥中会挟带一些溶解氧，所以有氧区的溶氧的质量浓度也不易过高，通常维持在2mg/L左右即可。

（2）工艺因素——泥龄、各反应区的水力停留时间 生物除磷要求污泥中磷含量高，因而泥龄要短，系统需在高负荷下运行；但是对脱氮而言，硝化反应只能在泥龄长的低负荷系统中才能进行。这两者是矛盾的。这种矛盾在水温较低时更为明显。当水温低于15℃时，消化效果下降。

（3）废水成分——BOD_5、N、P的比值 通常城市污水的BOD_5、N、P的组成可适应生物脱氮、除磷的要求。

近年来的研究表明，通过缺氧、厌氧和好氧的合理组合，并提高活性污泥的含量，在水力停留时间接近传统活性污泥法的情况下，出水的COD、BOD_5、SS、NH_3-N和总磷都能达到排放标准。若N或P含量过高，则较难同时达到排放标准。

3.4 污泥处理

废水处理过程会产生大量的固体杂质、悬浮物质和胶体物质，其中含有大量的污染物，必须进行妥善处理以防止再次污染环境。这些生成物根据它们的组成可分为两类：

（1）沉渣 沉渣以无机物为主。颗粒尺寸及相对密度均较大，流动性较差，含水率低，易于脱水分离，化学稳定性高，不会腐化发臭。许多工业废水的沉渣含有贵重化工原料，可以回收。

（2）污泥 污泥以有机物为主。污泥集中了废水中的大部分污染物，不仅含有有毒物质，如病原微生物、寄生虫卵及重金属离子等，也可能含有可利用的物质，如植物营养素、N、P、K、有机物等。这些污泥若不加妥善处理，会造成二次污染。对它们的处理应给予足够的重视。

3.4.1 污泥的性质

污泥的特点是颗粒较细，相对密度接近于1，呈胶体结构。从初次沉淀池排出的污泥称生污泥或新鲜污泥，含水率在95%左右。从二次沉淀池或生物处理构筑物中排出污泥，主要由细菌胶团等微生物组成，呈凝胶态，称活性污泥，含水率在96%～99%。以上两类污泥不易脱水，化学稳定性差，容易腐化发臭。自消化池和双层沉淀池排出的污泥称消化污泥或熟污泥。此类污泥由生污泥或活性污泥经厌氧分解后生成，含水率约为95%，性能稳定，不易腐臭。

3.4.2 污泥的处理

处理污泥的常用方法有浓缩、消化、脱水、干燥和焚烧等。应针对污泥性质综合考虑后采用适当的处理工艺。一般污泥处理费用约占废水处理厂全部运行费用的20%～30%，所以对污泥的处理必须予以充分重视。

污泥处理的一般方法和流程如图3-35所示。

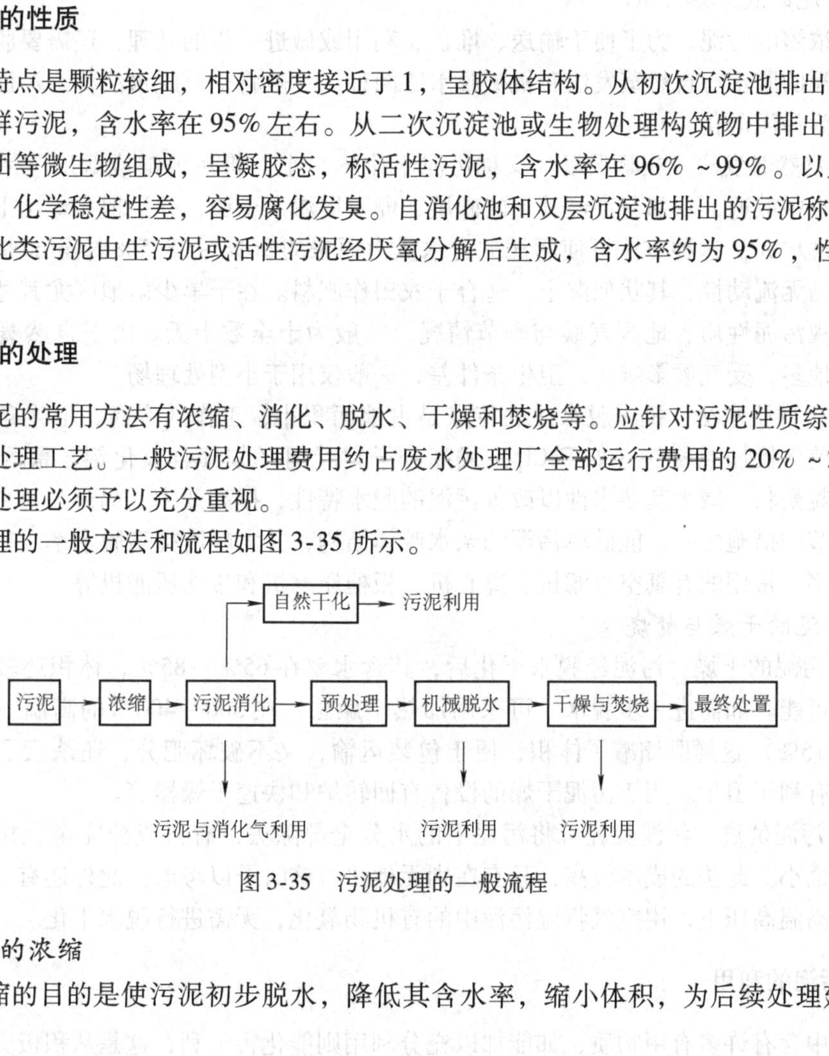

图3-35 污泥处理的一般流程

1. *污泥的浓缩*

污泥浓缩的目的是使污泥初步脱水，降低其含水率，缩小体积，为后续处理建立有利条件。

在污泥固体颗粒的外表常包有一层厚的水合膜，在颗粒之间则存在间隙水和自由水。这些水分，可以通过简单的重力沉降或机械方法分离出去。

最主要的浓缩法是重力沉降法。让污泥在浓缩池中通过重力沉降作用达到与水分离。沉淀于池底的颗粒物由刮泥板刮集经排泥口由泵输送到消化池或干化场。重力浓缩法可使固体物质的质量分数为0.3%～2.5%的稀污泥浓缩至固体物质的质量分数为3%～6%，体积缩小2～5倍。在池内停留时间为6～8h。此法简便、费用低，但占地面积大，效率较低。

用机械分离法可采用离心机、振动筛对污泥进行浓缩。后者借助振动力破坏污泥固体外围的水合膜，释出结合水。这两种方法可减少浓缩时间，提高浓缩效率。

2. 污泥的消化

污泥的消化处理是在人工控制下通过微生物的代谢作用使污泥中的有机物趋于稳定。消化的方法可分为厌氧和好氧两种。最常用的方法是厌氧消化法。经过厌氧消化，40% ~50%的有机物得到了分解稳定，大部分病原微生物和寄生虫卵被杀死，还可产生沼气用作燃料和能源。

3. 污泥的脱水和干化

经过浓缩的污泥，为了便于输送、堆积、利用或做进一步的处理，还需要脱水降低其含水率。污泥的脱水有自然蒸发法和机械脱水法两种。一般将机械脱水法称为污泥脱水，自然蒸发法称为污泥干化。

（1）自然蒸发法　在晒泥场（又称污泥干化场）上，将污泥铺成薄层。污泥所含水分一部分向空中散逸，一部分穿经其下的砂层、卵石层渗入土壤，并沿埋在地层下的排水管汇集输往处理单元。这种方法可使污泥的含水量由原来的96% ~98.5%降至65% ~80%。这时的污泥已无流动性，其状似湿土，适合于农田作肥料。在干旱少雨地区尤其适宜。污泥的干化周期视污泥性质、地区气候与季节情况，一般为十至数十天。由于自然蒸发干化法简单，但占地多，受气候影响大，卫生条件差，一般仅用于小型处理场。

（2）机械脱水法　机械脱水法的特点是占地面积小，工作效率高，卫生条件好。在机械脱水之前需投加混凝剂（如 $FeCl_3$）或高分子絮凝剂（如聚合氧化铝、聚丙烯酰胺等），使污泥呈凝聚状，减少其亲水性以改善污泥的脱水特性，提高效率。另外，冻结-融化法也是污泥调节的措施之一，能破坏污泥的亲水胶体结构，并大幅度提高脱水率。机械脱水设备的类型很多，常用的有真空过滤机、离心机、板框压滤机和带式压滤机等。

4. 污泥的干燥与焚烧

（1）污泥的干燥　污泥经脱水干化后，其含水率在65% ~85%，体积还较大，仍有继续腐化的可能。如需进一步脱水，可采用加热干燥法，在300 ~400℃的高温下将含水率降至10% ~15%。这样既缩减了体积，便于包装运输，又不破坏肥分，还杀灭了病原菌和寄生虫卵，有利于卫生。用于污泥干燥的设备有回转炉和快速干燥器等。

（2）污泥焚烧　污泥焚烧可将污泥中的水分全部除去，有机成分完全无机化，最后残留物减至最小。此法的成本较高，只有在别无他法可施时予以考虑。此外还有一种湿法燃烧法，是在高温高压下，用空气将湿污泥中的有机物氧化，无需进行脱水干化。

3.4.3 污泥的利用

污泥中含有许多有用物质，如能加以充分利用则能化害为利，这是从积极方面解决污泥的出路问题。污泥的利用主要有以下几个方面：

（1）用作农肥　污泥经过浓缩消化后可直接用做农肥，有显著肥效，但其中重金属离子等有害物质的含量应在允许范围内。

（2）制取沼气　污泥经过厌氧发酵产生沼气，可作能源使用，也可提取四氯化碳或用作其他化工原料。

（3）制造建筑材料　某些工业废水中的污泥和沉渣的一些成分可用作建筑材料，如污泥焚烧后掺加黏土和硅砂制砖，或在活性污泥中加进木屑、玻璃纤维后压制板材；以无机物为主要成分的沉渣可用于铺路和填坑。

3.5 水处理系统

3.5.1 废水处理系统

1. 废水的三级处理系统

根据不同的处理程度，废水处理可分为一级处理、二级处理和三级处理（高级处理、深度处理）等不同的处理阶段。

一级处理主要解决悬浮固体污染物的分离，多采用物理法，如格栅、沉淀池、沉砂池等。截留于沉淀池的污泥可进行污泥消化或其他处理。条件许可时，一级出水可排放于水体或用于农田灌溉。但一般来说，一级处理的处理程度低，达不到规定的排放要求，尚需进行二级处理。

二级处理主要解决可分解或氧化的呈胶状或溶解状的有机污染物的去除问题，多采用较为经济的生物化学处理法，它往往是废水处理的主体部分。采用的典型设备有生物曝气池（或生物滤池）和二次沉淀池，产生的污泥经浓缩后进行厌氧消化或其他处理。经二级处理之后，一般均可达到排放标准。但可能会残留有微生物以及不能降解的有机物和氮、磷等无机盐类，数量不多，对水体危害不大，出水可直接排放或用于灌溉。

三级处理主要用于处理难以分解的有机物、营养物质（N 和 P）及其他溶解物质，使处理后的水质达到工业用水和生活用水的标准。因此三级处理方法多属于化学和物理化学法，如混凝、吸附、膜分离、消毒等方法，处理效果好，但处理费用较高。随着对环境保护工作的重视和三废排放标准的提高，三级处理在废水处理中所占的比例也正在逐渐增加，新技术的使用和研究也越来越多。

废水处理总体方案的选择是个很复杂的问题。主要考虑的因素有废水特性、对出水水质的要求、周围有关的环境因素（如企业的现状和发展，现有的下水流道情况，当地的水文、地质、气象情况，农渔业情况，技术设备水平及动力供应状况等）和处理费用与经济效益的分析。一般的处理程序为：澄清→毒物处理→回用或排放。

2. 城市废水处理系统

城市废水处理工艺流程的选择主要依据是废水所要达到的处理程度，而处理程度应结合废水的出路和水体的自净能力来考虑。出路不同，要求的处理程度或所需去除的污染物质也不同。

（1）城市废水出路及处理要求

1）排放至天然水体。要考虑既能较充分的利用水体的自净能力，又要防止水体遭受污染，破坏水体的正常使用价值。

2）农田灌溉。对于生活污水，如无条件进行二级处理，至少需经过沉淀处理，去除大部分悬浮物及虫卵后用于灌溉；对于工业废水或工业废水占较大比例的城市废水，用于灌溉农田时应持慎重态度，必须对废水水质进行严格控制，采用妥善的灌溉制度和方法，一般宜经过二级处理和无害化处理后才能用于灌溉。

3）回用于工业生产。应根据不同用途对水质的不同要求，对废水进行不同程度的处理。

4）中水回用。城市废水经过处理（一般需经过二级处理）后的再生水即“中水”，可用于浇灌绿地、冲厕、洗车、冲洗道路等。

（2）城市废水的三级处理系统　城市废水根据出路的不同，可分为一级处理、二级处理和三级处理等不同的处理阶段。图3-36所示为城市废水的三级处理系统。污水进厂后，首先通过格栅除去大颗粒的漂浮或悬浮物质，防止损坏水系或堵塞管道。有时也可专门配有磨碎机，将较大的一些杂物碾成较小的颗粒，使其可以随污水一起流动，在随后的工艺中除去。

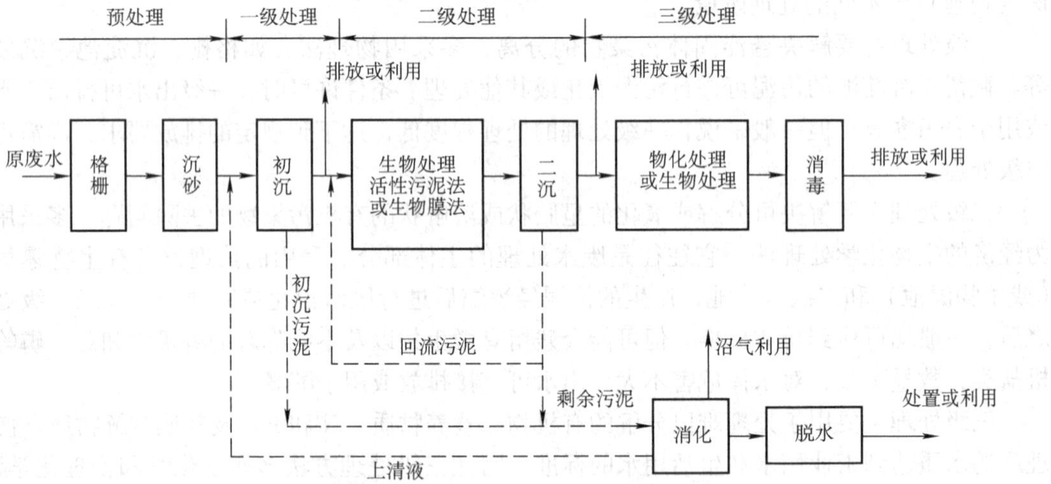

图3-36　城市废水的三级处理系统

流水经过格栅后进入沉砂池，将大粒粗砂、细碎石块、碎屑等颗粒都分离沉淀而从废水中去除。随后污水进入初沉池，在较慢的流速条件下，使大多数悬浮固体借重力沉淀至沉淀池底部，并借助于连续刮泥装置将污泥收集并排出沉淀池。初沉池的水力停留时间一般为90~150min，可去除废水中50%~65%的悬浮固体和25%~40%的有机物（BOD_5）。如果是一级处理厂，污水在出水口进行氯化消毒，杀死病原菌后再排入天然水体。

曝气池是二级处理的主要构筑物，污水在这里利用活性污泥在充分搅拌和不断鼓入空气的条件下，使大部分可生物降解的有机物被细菌氧化分解，转化为CO_2、H_2O、NO_3^-等一些稳定的无机物。曝气所需时间随废水的类型和所需的有机物去除率而定，一般为6~8h。此后，污水进入二沉池，进行泥水分离并澄清出水，其中将部分沉淀污泥回流至曝气池以保证曝气池中一定的污泥数量。根据季节的变化和受纳水体的环境质量及使用功能要求，对二沉池出水加氯消毒，然后排入天然水体。

初沉池收集的污泥（称为初沉污泥）和二沉池排出的剩余污泥，进入污泥浓缩池进行浓缩处理以减小污泥的体积便于其后续处理。经浓缩后的污泥在消化池中进行厌氧分解，使污泥中所含的有机体（包括残留的有机物和大量的微生物体）在无氧条件下进行厌氧发酵分解，产生沼气（以甲烷和CO_2为主），余留的固体残渣已非常稳定，经过脱水干燥处理后进行最终处置（作农业肥料或填埋等）。污泥消化池中排出的尾气含甲烷约65%~70%，可用作燃料。

三级处理的目的是在二级处理的基础上作进一步的深度处理以去除废水中的植物营养物质（N、P），从而控制或防治受纳水体富营养化问题，或使处理出水回用以达到节约水资源的目的。所采用的技术通常为上述的化学和物理化学法及生物处理方法，如混凝、吸附、膜分离法、氯消毒、生物法除磷、脱氮等。但所需处理费用较高，必须因地制宜，视具体情况而定。

3.5.2 水处理与水工业

水处理是给水处理和废水处理的简称。给水处理指的是从天然水源取水，为供给生活用水和生产用水而进行的处理。废水处理指的是对使用过的废弃水所进行的处理，以达到安全排放的目的。由于世界性的水资源危机，各国都在研究将净化处理后的废水作为新水源，直接供工、农、渔业生产和城市生活用水的需要，达到既节约新鲜水，又大大减轻水污染，保护水环境的目的。因而给水处理和废水处理的界限也就逐渐模糊起来。为了废水的再生或再用所进行的处理，就其水质来说是废水处理，就其处理目的来说为给水处理。

水工业是为适应水的永续利用而逐渐形成并完善的新兴工业。它从事水的开采、净化、供给、保护和再生，执行一条“水的可持续利用和保护”的水资源开采模式，使水资源不受到破坏并能进入良性的再生循环。水处理是水工业科学技术的一个重要组成部分。水工业以满足社会经济可持续所需求的水量和水质作为生产目标。

复习与思考

1. 什么是水体和水体污染？
2. 水体中的主要污染物有哪些？
3. 什么是水体自净？溶解氧变化曲线说明什么问题？
4. 试述三种沉淀分离悬浮固体方法的沉降原理和适用范围。
5. 物化处理法与化学处理法相比，在原理上有何不同？处理对象有何不同？
6. 哪些废水可采用生物处理？简述生物处理法的机理及生物处理法对废水水质的要求。
7. 活性污泥法的基本概念和基本流程是什么？
8. 比较离子交换法、反渗透法与电渗析法三者的原理和特点。
9. 生物法除磷的基本原理是什么？有哪些影响因素？
10. 化学处理所产生的污泥与生物处理相比，在数量（质量和体积）、最终处理上有什么不同？
11. 如何合理选择废水处理的总体方案？请设计一种含酚废水的三级处理工艺流程图。
12. 试述城市废水处理系统的典型流程。

第 4 章

4

固体废物污染与控制

4.1 概述

4.1.1 固体废物的分类、来源及特性

固体废物又称固体废弃物，是指人类在生产建设、日常生活和其他活动中产生，在一定时间和地点无法利用而被丢弃的污染环境的固体、半固体物质。“废弃物”只是相对而言的概念，在某种条件下的废物，在另一条件下却可能成为宝贵的原料或另一种产品。所以废物又有“放在错误地点的原料”之称。

1. 固体废物的分类及其来源

固体废物按其组成可分为有机废物和无机废物；按其形态可分为固态、半固态和液态废物；按污染特性可分为有害废物和一般废物；在1995年颁布的《中华人民共和国固体废物污染环境防治法》中，将固体废物分为城市固体废物、工业固体废物和有害废物。

城市固体废物是指在城市居民日常生活中或为日常生活提供服务的活动中产生的固体废物，如厨余物、废纸、废塑料、废织物、废金属、废玻璃陶瓷碎片、粪便、废旧电器等。城市居民家庭、城市商业、餐饮业、旅馆业、旅游业、服务业、市政环卫、交通运输业、文书卫生业和行政事业单位、工业企业单位以及水处理污泥等都是城市固体废物的来源。城市固体废物成分复杂多变，有机物含量高。

工业固体废物是指在工业生产过程中产生的固体废物。按行业分有如下几类：矿业固体废物，产生于采、选矿过程，如废石、尾矿等；冶金工业固体废物，产生于金属冶炼过程，如高炉渣等；能源工业固体废物，产生于燃煤发电过程，如煤矸石、炉渣等；石油化工工业固体废物，产生于石油加工和化工生产过程，如油泥、油渣等；轻工业固体废物，产生于轻工生产过程，如废纸、废塑料、废布头等；其他工业固体废物，产生于机械加工过程，如金属碎屑、电镀污泥等。工业固体废物含固态和半固态物质。随着行业、产品、工艺、材料不同，污染物产量和成分差异很大。

有害废物（又称危险废物）是指由于不适当的处理、储存、运输、处置或其他管理方面，能引起各种疾病甚至死亡，或对人体健康造成显著威胁的固体废物。有害废物通常具有急性毒性、易燃性、反应性、腐蚀性，浸出毒性、放射性和疾病传播性。有害废物来源于

工、农、商、医各部门乃至家庭生活。工业企业是有害废物主要来源之一，集中于化学原料及化学品制造业、采掘业、黑色和有色金属冶炼及其压延加工业、石油工业及炼焦业、造纸及其制品业等工业部门，其中一半有害废物来自化学工业。医疗垃圾带有致病病原体，也是有害废物的来源之一。此外，城市生活垃圾中的废电池、废日光灯管和某些日化用品也属于有害废物。

2. 固体废物的特性

（1）资源和废物的相对性 固体废物是在一定时间和地点被丢弃的物质，是放错地方的资源，因此固体废物的“废”具有明显的时间和空间特征。从时间看，固体废物仅仅是相对于目前的科技水平和经济条件限制，暂时无法利用，随着时间的推移，科技水平的提高，经济的发展以及资源与人类需求矛盾的日益凸显，今日的废物必然会成为明日的资源。从空间角度看，废物仅仅是相对于某一过程或某一方面没有价值，但并非所有过程和所有方面都无价值，某一过程的废物可能成为另一过程的原料，如煤矸石发电、高炉渣生产水泥、电镀污泥回收贵金属等。“资源”和“废物”的相对性是固体废物最主要的特征。

（2）成分的多样性和复杂性 固体废物成分复杂、种类繁多、大小各异，既有有机物也有无机物，既有非金属也有金属，既有有味的也有无味的，既有无毒物又有有毒物，既有单质又有合金，既有单一物质又有聚合物，既有边角料又有设备配件。

（3）富集终态和污染源头的双重作用 固体废物往往是许多污染成分的终极状态。如一些有害气体或飘尘，通过治理最终富集成为固体废物；一些有害溶质和悬浮物，通过治理最终被分离出来成为污泥或残渣；一些含重金属的可燃固体废物，通过焚烧处理，有害金属浓集于灰烬中。但是，这些“终态”物质中的有害成分，在长期的自然因素作用下，又会转入大气、水体和土壤，故又成为大气、水体和土壤环境的污染“源头”。

（4）危害具有潜在性、长期性和灾难性 固体废物对环境的污染不同于废水、废气和噪声。固体废物呆滞性大、扩散性小，它对环境的影响主要是通过水、气和土壤进行的。其中污染成分的迁移转化，如浸出液在土壤中的迁移，是一个比较缓慢的过程，其危害可能在数年以致数十年后才能被发现。从某种意义上讲，固体废物，特别是有害废物对环境造成的危害可能要比水、气造成的危害严重得多。

4.1.2 固体废物的环境问题

1. 产生量与日俱增

伴随工业化和城市化进程的加快，经济不断增长，生产规模不断扩大，以及人们需求不断提高，固体废物产生量也在不断增加，资源的消耗和浪费越来越严重。

目前，我国每年产生的生活垃圾已达1.3亿t，全世界每年产生4.9亿t生活垃圾，我国每年产生的生活垃圾占全世界每年产生生活垃圾总量的27%。而且我国城市生活垃圾每年增长率为8%~12%，超过了欧美6%~10%的增长速度。我国生活垃圾的60%集中在全国52个人口超过50万的重点城市，省级城市、地级市、县级市和建制镇生活垃圾增长速度较快，全国约有2/3的城镇处在垃圾包围之中。据预测，2020年全国城市垃圾产生量将比2005年翻一番。快速增长的城市垃圾加重了城市环境污染，如何妥善解决城市垃圾，已是我国面临的一个重要的城市管理问题和环境问题。

20世纪80年代以来，我国工业固体废物产生量增长速度相当迅速。1981年全国工业固体废物产生量为3.77亿t，到1995年增至6.45亿t。据2006年《中国环境状况公报》统计，我国工业固体废物产生量为15.20亿t，比2005年增加13.1%。

我国工业固体废物的大致组成（质量分数）如下：尾矿29%、粉煤灰19%、煤矸石17%、炉渣12%、冶金废渣11%、有害废物1.5%、放射性废渣0.3%、其他废弃物10%。

近年来有害废物的产生量也呈现出上升的趋势。2002年，我国工业有害废物产生量约为1000万t，2003年达1171万t，比2002年增加17%；医疗卫生机构和其他行业产生放射性废物11.53万t；社会生活中还产生了大量含镉、汞、铅、镍等重金属的废电池和日光灯管等有害废物。

2. 占用大量土地资源

固体废物的露天堆放和填埋处置，需占用大量宝贵的土地资源。固体废物产生越多，累积的堆积量越大，填埋处置的比例越高，所需的土地面积也越大。如此一来，势必使可耕地面积短缺的矛盾加剧。我国许多城市在城郊设置的垃圾堆放场，侵占了大量的农田。

3. 固体废物对环境的危害

（1）对大气环境的影响　固体废物中的细微颗粒等可随风飞扬，从而对大气环境造成污染。据研究表明：当发生4级以上的风力时，在粉煤灰或尾矿堆表层的直径为1~1.5cm以上的粉末将出现剥离，其飘扬的高度可达20~50m，并使平均视程降低30%~70%；而且堆积的废物中某些物质的分解和化学反应，可以不同程度地产生废气或恶臭，造成地区性空气污染。如煤矸石自燃会散发出大量的SO_2、CO_2、NH_3等气体，造成局部地区空气的严重污染。

（2）对水环境的影响　在世界范围内，有不少国家直接将固体废物倾倒于河流、湖泊或海洋。应当指出，这是有违国际公约、理应严加管制的。固体废物可随天然降水或地表径流进入河流，湖泊，或随风飘落入河流、湖泊，污染地面水，并随渗滤液渗透到土壤中，进入地下水，使地下水受污染，废渣直接排入河流、湖泊或海洋，能造成更大的水体污染。

即使无害的固体废物排入河流、湖泊，也会造成河床淤塞，水面减小，甚至导致水利工程设施的效益减少或废弃。我国沿河流、湖泊、海岸建立的许多企业，每年向附近水域排放大量灰渣。仅燃煤电厂每年向长江、黄河等水系排放的灰渣就达500万t以上，有的电厂的排污口外的灰滩已延伸到航道中心，灰渣在河道中大量淤积，从长远看，对其下游的大型水利工程是一种潜在的威胁。

美国的拉夫运河事件是典型的固体废物污染地下水事件。1930~1935年，美国胡克化学工业公司在纽约州尼亚加拉瀑布附近的拉夫运河废河谷填埋了2800多t桶装有害废物，1953年填平覆土，在上面兴建了学校和住宅。1978年大雨和融化的雪水造成有害废物外溢，而后就陆续发现该地区井水变臭，婴儿畸形，居民身患怪异疾病。1978年，美国总统颁布法令，封闭了住宅，封闭了学校，710多户居民迁出避难，并拨出2700万美元进行补救治理。

生活垃圾未经无害化处理任意堆放，也已造成许多城市地下水污染。2006年，哈尔滨市韩家洼子垃圾填埋场的地下水色度和Mn、Fe、酚、Hg含量及细菌总数、大肠杆菌数等都大大超标，Mn含量超标3倍多，Hg超标20多倍，细菌总数超标超过4.3倍，大肠杆菌超标11倍以上。

（3）对土壤环境的影响　固体废物及其渗滤液中所含的有害物质会改变土壤的性质和土壤结构，并对土壤微生物的活动产生影响或杀害土壤中的微生物，破坏土壤的腐解能力。

这些有害成分的存在，不仅有碍植物根系的发育与生长，而且还会在植物有机体内蓄积，通过食物链危及人体健康。

（4）影响安全、环境卫生及景观 城市垃圾无序堆放时，会因厌氧分解产生大量甲烷气体，有关专家指出，$1m^3$ 的垃圾可以产生 $50m^3$ 的沼气，当沼气含量为5%～15%时，就会发生爆炸，危及周围居民的安全。1994年8月，湖南岳阳两个两万 m^3 的垃圾堆发生爆炸，将1.5万t的垃圾抛向高空，摧毁了40m外的一座泵房和两旁的污水大坝。这类严重的事件在许多地方都曾发生。城市的生活垃圾、粪便等由于清运不及时，会产生堆存现象，使蚊蝇滋生，对人们居住环境的卫生状况造成严重影响，对人们的健康也构成潜在的威胁。垃圾堆存在城市的一些死角，对市容和景观会产生“视觉污染”，给人们的视觉带来了不良刺激。这不仅直接破坏了城市、风景点等的整体美感，而且损害了我们国家和国民的形象。

随着经济的迅速发展，特别是众多的新化学产品的不断投入市场，无疑，还会给环境带来更加严重的负担，也将给固体废物污染控制提出更多的课题。

4.1.3 化学工业有害废物对人类和环境的危害

大部分化学工业固体废物属有害废物，表4-1所列为几种化学工业有害废物的组成及其对人体和环境的危害。这些废物中有害有毒物质含量高，如果得不到有效处理、处置，会对人体和环境造成很大影响。根据物质的化学特性，当某些物质相混时，可能发生不良反应，包括热反应（燃烧或爆炸）、产生有毒气体（砷化氢、氰化氢、氯气等）和可燃性气体（氢气、乙炔等）。若人体皮肤与废强酸或废强碱接触，将产生烧灼性腐蚀；若误吸入体内，能引起急性中毒，出现呕吐、头晕等症状。

表4-1 几种化学工业有害废物的组成及其对人体和环境的危害

废物名称	主要污染物及含量（质量分数）	对人体和环境的危害
铬渣	Cr^{6+}，0.3%～2.9%	对人体消化道和皮肤具有强烈的刺激和腐蚀作用，对呼吸道造成损害，有致癌作用；对水体中动物和植物有致死作用，其蓄积在鱼类组织中影响食物链；影响小麦、玉米等作物生长
氰渣	CN^-，1%～4%	引起头痛、头晕、心悸、甲状腺肿大；急性中毒时呼吸衰竭致死，对人体、鱼类危害很大
含汞盐泥	Hg，0.2%～0.3%	无机汞对消化道粘膜有强烈的腐蚀作用，吸入较高含量的汞蒸气可引起急性中毒和神经功能障碍。烷基汞在人体内能长期滞留，甲基汞会引起水俣病；汞对鸟类、水生脊椎动物会产生有害作用
无机盐废渣	Zn^{2+}，7%～25% Pb^{2+}，0.3～2% Cd^{2+}，100～500mg/kg As^{3+}，40～400mg/kg	铅、镉对人体神经系统、造血系统、消化系统、肝、肾、骨骼等都会产生中毒伤害；含砷化合物有致癌作用，锌盐对皮肤和粘膜有刺激、腐蚀作用
蒸馏釜液	苯、苯酚、腈类、硝基苯、芳香胺类、有机磷农药等	对人体中枢神经、肝、肾、胃、皮肤等造成损害。芳香胺类和亚硝胺类有致癌作用，对水生生物和鱼类等也有致毒作用
酸、碱渣	各种无机酸碱，10%～30%，含有大量金属离子和盐类	对人体皮肤、眼睛和粘膜有强烈的刺激作用，导致皮肤和内部器官的损伤和腐蚀，对水生生物、鱼类有严重的有害影响

20 世纪 30 ~ 70 年代，国内外不乏因工业有害废物处置不当，祸及居民的公害事件。如美国纽约州拉夫运河河谷土壤污染事件，我国发生在 20 世纪 50 年代的锦州镉渣露天堆积污染井水事件等。这些公害事件已给人类带来灾难性后果。

到目前为止，我国大部分有害废物是在较低水平下得到处置的，其对环境的污染日益严重，引起的纠纷也因此逐渐增多。如我国某铁合金厂的铬渣堆场，由于缺乏防渗措施，Cr^{6+} 污染了多于 $20km^2$ 的地下水，致使 7 个自然村的 1800 多眼水井无法饮用；某锡矿山的含砷废渣长期堆放，随雨水渗透，污染水井，曾一次造成 308 人中毒，6 人死亡。据不完全统计，每年由于有害废物引起的污染纠纷造成的污染赔款超过 2000 万元。

4.2 固体废物的管理原则

对固体废物污染的管理，关键在于解决好废物的产生、处理、处置和综合利用问题。首先，需要从污染源头起始，改进或采用清洁生产工艺，尽量少排或不排废物。这是控制固体废物污染的根本措施。其次是对固体废物开展综合利用，使其资源化，再次是对固体废物进行处理与处置，使其无害化。

1995 年 10 月 30 日，《中华人民共和国固体废物污染环境防治法》（以下简称《固体废物法》）在第 8 届全国人大常委会第 16 次会议上获得通过，于 1996 年 4 月 1 日正式实施。该法律的颁布与实施为固体废物的管理体系的建立与完善奠定了法律基础。该法首先确立了固体废物污染防治的“三化”原则，即“减量化、资源化、无害化”原则，明确了对固体废物进行全过程管理的原则（图 4-1），以及有害废物重点控制的原则。

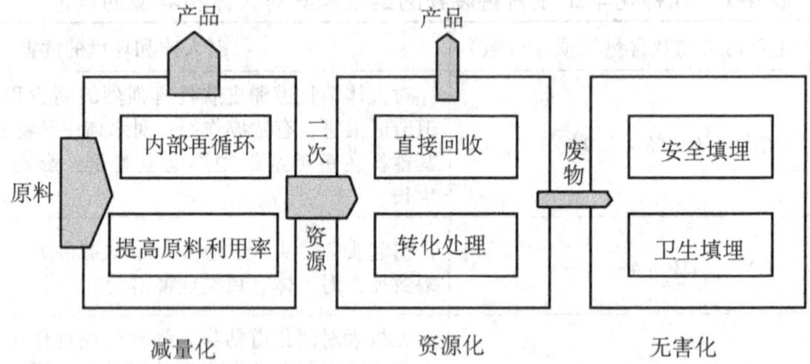

图 4-1　固体废物的全过程管理模式示意图

减量化就是从源头开始控制，主要是采用“绿色技术”和“清洁生产工艺”，合理地开发利用资源，最大限度地减少固体废物的产生和排放。这要求改变传统粗放式经济发展模式，充分利用原材料、能源等各种资源。减量化不仅是减少固体废物的数量和体积，还包括尽可能地减少其种类，降低危险废物有害成分的含量，减轻或消除其危险特性等。

资源化是指采取管理措施和工艺改革方案从固体废物中回收有用的物质和能源，创造经济价值的技术方法。固体废物资源化是固体废物的主要归宿。资源化概念包括以下三个方面：物质回收，即处理废物并从中回收指定的二次物质，如纸张、玻璃、金属等；物质转换，即利用废物制取新形态的物质，如利用炉渣生产水泥和建筑材料，利用有机垃圾生产堆肥等；能量转换，即从废物中回收能量，作为热能和电能，如通过有机废物的焚烧处理回收热量，通过热解技术回收燃料，利用堆肥化生产沼气等。

无害化是指已产生的，且暂时不能综合利用的固体废物，经过物理、化学或生物的方法，进行对环境无害或低危害的安全处理、处置，达到废物的消毒、解毒或稳定化。无害化的基本任务是将固体废物通过工程处理，达到不污染生态环境和不危害人体健康的程度。

固体废物管理的“三化”原则以减量化为前提，以无害化为核心，以资源化为归宿。

《固体废物法》还确立了对固体废物进行全过程管理的原则。所谓全过程管理是指对固体废物的产生、收集、运输、利用、储存、处理与处置的全过程的各个环节都实行控制管理和开展污染防治措施。《固体废物法》之所以确立这一原则是因为固体废物从其产生到最终处置的全过程中的每个环节都有产生污染危害的可能，如固体废物在焚烧过程中可能对空气造成污染，在填埋处理过程中要产生渗滤液，可能对地下水产生污染等，因此有必要对整个过程及其每一环节都实施全方位的监督与控制。

《固体废物法》对有害废物提出了重点控制的原则。由于有害废物的种类繁多、性质复杂，危害特性和方式各有不同，故应根据不同的危险特性与危害程度，采取区别对待、分类管理的原则，对危害性质特别严重的有害废物要实施严格控制和重点管理。对有害废物进行全方位控制与全过程管理，全方位控制包括对其鉴别、分析、监测、实验等环节；全过程管理则包括对固体废物的接收、检查、残渣监督、处理操作和最终处置各环节。

4.3 固体废物污染控制工程

4.3.1 固体废物减量化对策与措施

1. 城市固体废物

控制城市固体废物产生量增长的对策和具体措施如下：

（1）逐步改变燃料结构　我国城市垃圾中，大约有40% ~50%是煤灰。如果改变居民的燃料结构，较大幅度提高民用燃气的使用比例，则可大幅度降低垃圾中的煤灰含量，减少生活垃圾总量。

（2）净菜进城、减少垃圾产生量　目前我国的蔬菜基本未进行简单处理即进入居民家中，其中有大量泥沙及不能食用的附着物。据估计，蔬菜中丢弃的垃圾平均占蔬菜质量的40% 左右，且体积庞大。如果在一级批发市场和产地对蔬菜进行简单处理，净菜进城，即可大大城少城市垃圾中的有机废物量，并有利于利用蔬菜下脚料沤成有机肥料。

（3）避免过度包装和减少一次性商品的使用　城市垃圾中一次性商品废物和包装废物日益增多，既增加了垃圾产生量，又造成资源浪费。为了减少包装废物产生量，促进其回收利用，世界上许多国家颁布包装法规或者条例，强调包装废物的产生者有义务回收包装废物，而包装废物的生产者、进口者和销售者必须“对产品的整个生命周期负责”，承担包装废物的分类回收、再生利用和无害化处理处置的义务，负担其中发生的费用。促使包装制品的生产者和进口者以及销售者在产品的设计、制造环节少用材料，减少废物产生量，少使用塑料包装物，多使用易于回收利用和无害化处理、处置的材料。

（4）加强产品的生态设计　产品的生态设计（又称产品的绿色设计）是清洁生产的主

要途径之一，即在产品设计中纳入环境准则，并置于优先考虑的地位。环境准则包括降低物料消耗，降低能耗，减少健康安全风险，产品可被生物降解。为满足上述环境准则，可通过如下方法实现：

1）采用“小而精”的设计思想。采用轻质材料，去除多余功能。这样的产品不仅可以减少资源消耗，而且可以减少产品报废后的垃圾量。

2）提倡“简而美”的设计原则。减少所用原材料的种类，采用单一的材料。这样产品废弃后作为垃圾分类时简便易行。

3）推行垃圾分类收集。城市垃圾收集方式分为混合收集和分类收集两大类。混合收集通常指对不同产生源的垃圾不作任何处理或管理的简单收集方式。无论从生态环境和资源利用的角度看，还是从技术经济角度看，混合收集都是不可取的。按垃圾的组分进行垃圾分类收集，不仅有利于废品回收与资源利用，还可大幅度减少垃圾处理量。分类收集过程中通常可把垃圾分为易腐物、可回收物、不可回收物几大类。其中可回收物又可按纸、塑料、玻璃、金属等几类分别回收。日本从20世纪70年代中期开始，就已将垃圾分为可燃、不可燃和大件三大类，成功地进行了分类收集和处理，现在则有很多城市将垃圾分为七类进行收集。美国、德国、加拿大、意大利、丹麦、芬兰、瑞士、法国、挪威等国都大规模地开展了垃圾分类收集活动，取得了明显的成效。如荷兰实行垃圾分类收集后，使清运的垃圾量减少了35%。

4）搞好产品的回收、利用的再循环。报废的产品包括大批量的日常消费品，以及耐用消费品，如小汽车、电视机、冰箱、洗衣机、空调、地毯等。随着计算机技术的飞速发展，计算机更新换代的速度异常之快，废弃的计算机设备的数目惊人，目前我国每年至少淘汰500万台计算机，对这些废品进行再利用也是减少城市固体废物产生量的重要途径。

2. 工业固体废物

我国工业规模大、工艺落后，因而固体废物产生量过大。提高我国工业生产水平和管理水平，全面推行无废、少废工艺和清洁生产，减少废物产生量是固体废物污染控制的最有效途径之一。这包括：

（1）淘汰落后生产工艺　《国务院关于环境保护若干问题的决定》（国发［1996］31号）中明确规定取缔、关闭或停产15种污染严重的企业（简称15小）。这对保护环境，削减固体废物的排放，特别是削减有毒有害废物的产生意义重大。这“15小”均产生大量有害废物，对环境造成很大危害。根据推算，1996年全国有害废物产生量2600×10^4t，如果全部取缔、关停“15小”，全国每年可以减少有害废物产生量约75.4万t。

（2）推广清洁生产工艺　推广和实施清洁生产工艺对削减有害废物的产生量有重要意义。利用清洁“绿色”的生产方式代替污染严重的生产方式和工艺，既可节约资源，又可少排或不排废物，减轻环境污染。

如传统的苯胺生产工艺是采用铁粉还原法，其生产过程产生大量含硝基苯、苯胺的铁泥和废水，选成环境污染和巨大的资源浪费。南京化工厂开发的流化床气相加氢、制苯胺工艺，便不再产生铁泥废渣，固体废物产生量由原来每吨产品2500kg减少到每吨产品5kg，还大大降低了能耗。

工业生产中的原料品位低、质量差，也是造成工业固体废物大量产生的主要原因。只有在采用精料工艺，才能减少废物的排放量和所含污染物质成分。如一些选矿技术落后，缺乏烧结能力的中小型炼铁厂，渣铁比相当高。如果在选矿过程中提高矿石品位，便可少加造渣熔剂和焦炭，并大大降低高炉渣的产生量。一些工业先进国家采用精料炼铁，高炉渣产生量可减少一半以上。

（3）发展物质循环利用工艺　在企业生产过程中，发展物质循环利用工艺，使第一种产品的废物成为第二种产品的原料，并以第二种产品的废物再生产第三种产品，如此循环和回收利用，最后只剩下少量废物进入环境，以取得经济的、环境的和社会的综合效益。

4.3.2 固体废物资源化与综合利用

1. 固体废物的资源化途径

固体废物资源化途径包括以下3种：

1）物质回收，如从废弃物中回收纸张、玻璃、金属等物质。

2）物质转换，即利用废弃物制取新形态的物质。如利用废玻璃和废橡胶生产铺路材料，利用炉渣生产水泥和其他建筑材料，利用有机垃圾生产堆肥等。

3）能量转换，即从废物处理过程中回收能量，包括热能或电能。如通过有机废物的焚烧处理回收热量，进一步发电；利用垃圾厌氧消化产生沼气，作为能源向居民和企业供热或发电。

2. 废物资源化技术

（1）物理处理技术　物理处理是通过浓缩或相变化改变固体废物的结构，使之成为便于运输、储存、利用或处置的形态。物理处理方法包括压实、破碎、筛分、粉磨、压缩、分选、增稠、吸附、萃取等。物理处理也往往作为回收固体废物中有用物质的重要手段。

1）破碎。破碎的目的是把固体废物破碎成小块或粉状小颗粒，以利于分选有用或有害的物质。固体废物的破碎方式有机械破碎和物理破碎两种。机械破碎是借助于各种破碎机械对固体废物进行破碎。物理破碎有低温冷冻破碎和超声波破碎。低温冷冻破碎的原理是利用一些固体废物在低温（－60～－120℃）条件下脆化的性质而达到破碎的目的，可用于废塑料及其制品、废橡胶及其制品、废电线（塑料或橡胶被覆）等的破碎。

2）筛分。筛分是利用筛子将粒度范围较宽的混合物料按粒度大小分成不同级别的过程。

3）粉磨。粉磨在固体废物处理和利用中占有重要的地位。粉磨一般有3个目的：对物料进行最后一段粉碎，使其中各种成分分离，为下一步分选创造条件；对各种废物原料进行粉磨，并把它们混合均匀；制造废物粉末，增加物料比表面积，为缩短物料化学反应时间创造条件。

4）压缩。对固体废物压缩处理的目的一是减少其容积，便于装卸和运输；二是制取高密度惰性块料，便于储存、填埋或作为建筑材料。

5）分选。常用的固体废物分选方法有重力分选（简称重选）、浮选、磁力分选（简称磁选）、电场分选、拣选、摩擦和弹道分选。

（2）化学处理技术　采用化学方法使固体废物发生化学转换从而回收物质和能源，是固体废物资源化处理的有效技术。煅烧、焙烧、烧结、溶剂浸出、热分解、焚烧等都属于化学处理技术。

1）煅烧。煅烧是在适宜的高温条件下，脱除物质中二氧化碳和结合水的过程。煅烧过程中发生脱水、分解和化合等物理化学变化。如碳酸钙渣经煅烧再生石灰。

2）焙烧。焙烧是在适宜条件下将物料加热到一定的温度（低于其熔点），使其发生物理化学变化的过程，根据焙烧过程中的主要化学反应和焙烧后的物理状态，可分为烧结焙烧、磁化焙烧、氧化焙烧、中温氯化焙烧、高温氯化焙烧等。

3）烧结。烧结是将粉末或粒状物质加热到低于主成分熔点的某一温度，使颗粒粘结成块或球团，提高致密度和机械强度的过程。为了更好地烧结，一般需在物料中配入一定量的熔剂，如石灰石、纯碱等。

4）溶剂浸出法。使固体物料中的一种或几种有用金属溶解于液体溶剂中，以从溶液中提取有用金属。这种化学过程称为溶剂浸出法。按浸出剂的不同，浸出方法可分为水浸、酸浸、碱浸、盐浸和氰化浸等。溶剂浸出法在固体废物回收利用有用元素中应用很广泛，如用盐酸浸出固体废物中的铬、铜、镍、锰等金属；从煤矸石中浸出结晶三氯化铝、二氧化钛等。

5）热分解（或热裂解）。热分解是利用热能切断大分子量的有机物，使之转变为含碳量更少的低相对分子质量物质的工艺过程。应用热分解处理有机固体废物是热分解技术的新领域。通过热分解可在一定温度条件下，从有机废物中直接回收燃料油、气等。适于采用热分解的有机废物有废塑料（含氯者除外）、废橡胶、废轮胎、废油及油泥、废有机污泥等。

6）焚烧。有关内容见本节焚烧处理。

（3）生物处理技术　生物处理法可分为好氧生物处理法和厌氧生物处理法。好氧生物处理法是在水中有充分溶解氧存在的情况下，利用好氧微生物的活动，将固体废物中的有机物分解为二氧化碳、水、氨和硝酸盐。厌氧生物处理法是在缺氧的情况下，利用厌氧微生物的活动，将固体废物中的有机物分解为甲烷、二氧化碳、硫化氢、氨和水。生物处理法具有效率高、运行费用低等优点。固体废物处理及资源化中常用的生物处理技术有：

1）沼气发酵。沼气发酵是有机物质在隔绝空气和保持一定的水分、温度、酸和碱度等条件下，利用微生物分解有机物的过程。经过微生物的分解作用可产生沼气。沼气是一种混合气体，主要成分是甲烷（CH_4）和二氧化碳（CO_2）。其中甲烷占总体积的60%~70%，二氧化碳占总体积的30%~40%，还有少量氢、一氧化碳、硫化氢、氧和氮等气体。城市有机垃圾、污水处理厂的污泥、农村的人畜粪便、作物秸秆等皆可作产生沼气的原料。为了使沼气发酵持续进行，必须提供和保持沼气发酵中各种微生物所需的条件。沼气发酵一般在隔绝氧的密闭沼气池内进行。

2）堆肥。堆肥是将人畜粪便、垃圾、青草、农作物的秸秆等堆积起来，利用微生物的作用，将堆料中的有机物分解，产生高热，以达到杀灭寄生虫卵和病原菌的目的。堆肥有厌氧和好氧两种，前者主要是厌氧分解过程，后者则主要是好氧分解过程。堆肥的全程一般为1个多月。为了加速堆肥和确保处理效果，必须控制以下几个因素：堆内必须有足够的微生物；必须有足够的有机物，使微生物得以繁殖；保持堆内适当的水分和酸、碱度；适当通风，供给氧气；用草泥封盖堆肥，以保温和防蝇。

3）细菌冶金。细菌冶金是利用某些微生物的生物催化作用，使矿石或固体废物中的金属溶解出来，从溶液中提取所需要的金属。它与普通的“采矿-选矿-火法冶炼”比较，具有如下几个特点：设备简单，操作方便；特别适宜处理废矿、尾矿和炉渣；可综合浸出，分别回收多种金属。

3. 资源化技术在固体废物处理中的应用

（1）城市垃圾　图4-2所示是城市垃圾资源化总体示意图，它包括收集运输系统、资源化系统和最终处置系统三大部分。城市垃圾资源化系统可分为两个过程。前一个过程不改变物质的化学性质，直接利用和回收资源。通过破碎、分选等物理的和机械的作业，回收原形废物直接利用或从原形废料中分选出有用的单体物质。后一个过程则是通过化学的、生物化学的方法回收物质和能量。只有根据城市垃圾数量、组成成分和废物的物理化学特性，正确地选择各种处理单元操作技术，才能组成经济而有效的资源化系统。

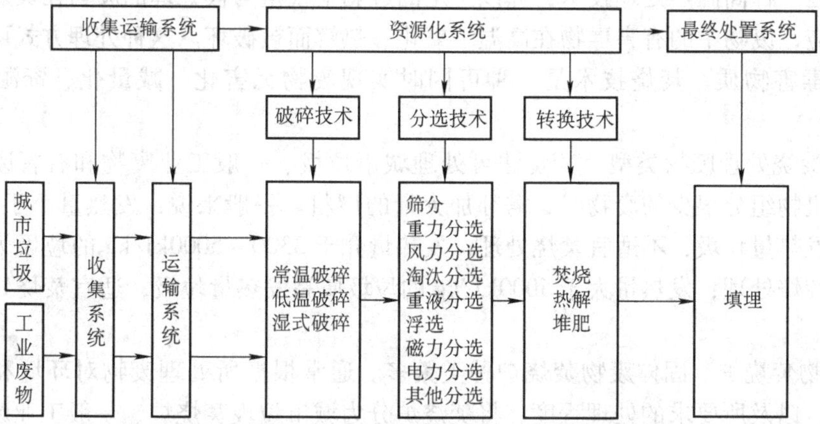

图4-2　城市垃圾资源化总体示意图

（2）工业固体废物资源化　工业固体废物资源化的途径很多，归纳起来有下述5个方面：

1）提取各种金属。把有价值的各种金属提取出来，是固体废物资源化的重要途径。在重金属冶炼渣中，往往可提取金、银、钴、锑、硒、钯、铂等，有的含量甚至可达到或超过工业矿床的品位，从这些矿渣中回收的稀有贵重金属的价值甚至超过主金属的价值。在综合利用这些固体废物时，应首先提取这些稀有贵重金属和其他有价值金属，然后再进行一般利用。

2）生产建筑材料。利用工业固体废物生产建筑材料，一般不会产生二次污染问题，是消除污染、使大量工业固体废物资源化的主要方法之一。

3）生产农肥。利用固体废物生产或代替农肥有着广阔的前景。许多工业固体废物含有硅、钙以及各种微量元素，有些固体废物还含有磷，可作为农业肥料使用。如粉煤灰、高炉渣、钢渣和铁合金渣等可作为硅钙肥直接施用于农田，不但可提供农作物所需要的营养元素，而且有改良土壤的作用；钢渣中含磷较高时可作为生产钙镁磷肥的原料。但是，在使用工业固体废物作为农肥时，必须严格检验这些固体废物是否有毒。应严格禁止将有毒固体废物用于农业生产上。

4）回收能源。很多工业固体废物热值高，可以回收利用。常用的方法有焚烧法、热解法等热处理法以及甲烷发酵法和水解法等低温方法。如粉煤灰中含碳量（质量分数）达10%以上（甚至30%以上），可以回收后加以利用；煤矸石发热量为0.8～8MJ/kg，可利用煤矸石发展坑口电站。

5）取代某种工业原料。工业固体废物经加工处理可取代某种工业原料，以节省资源。如以煤矸石代替焦炭生产磷肥，不仅能降低磷肥的生产成本，还可提高磷肥的质量；电石渣或合金冶炼中的硅钙渣，含有大量的氧化钙成分，可以代替石灰，直接用于工业和民用建筑中或作为硅酸盐建筑制品的原料；赤泥和粉煤灰经加工后可作为塑料制品的填充剂。

4.3.3 固体废物的无害化处理处置

1. 焚烧处理

焚烧法是一种高温热处理技术，即以一定的过剩空气量与被处理的废物在焚烧炉内进行氧化燃烧反应，废物中的有害毒物在高温下氧化、热解而被破坏。这种处理方式可使废物完全氧化成无毒害物质。焚烧技术是一种可同时实现废物无害化、减量化、资源化的处理技术。

（1）可焚烧处理废物类型　焚烧法可处理城市垃圾、一般工业废物和有害废物，但当处理可燃有机物组分很少的废物时，需补加大量的燃料。一般来说，发热量小于3300kJ/kg的垃圾属低发热量垃圾，不适宜焚烧处理；发热量介于3300～5000kJ/kg的垃圾为中发热量垃圾，适宜焚烧处理；发热量大于5000kJ/kg的垃圾属高发热量垃圾，适宜焚烧处理并回收其热能。

（2）废物焚烧炉　固体废物焚烧炉种类繁多。通常根据所处理废物对环境和人体健康的危害大小，以及所要求的处理程度，将焚烧炉分为城市垃圾焚烧炉、一般工业废物焚烧炉和有害废物焚烧炉3种类型。但从其机械结构和燃烧方式上划分，固体废物焚烧炉主要有炉排型焚烧炉、炉床型焚烧炉和沸腾流化床焚烧炉3种类型。

（3）焚烧处理技术指标　废物在焚烧过程中会产生一系列新污染物，有可能造成二次污染。对焚烧设施排放的大气污染物控制项目大致包括4个方面：

1）有害气体，包括SO_2、HCl、HF、CO和NO_x。

2）烟尘，常将颗粒物、黑度、总碳量作为控制指标。

3）重金属元素单质或其化合物，如Hg、Cd、Pb、Ni、Cr、As等。

4）有机污染物，如二恶英，包括多氯代二苯并-对-二恶英（PCDDs）和多氯代二苯并呋喃（PCDFs）。

以美国法律为例，有害废物焚烧的法定处理效果标准为：废物中所含的主要有机有害成分的去除率为99.99%以上；排气中粉尘含量不得超过180mg/m^3，（以标准状态下，干燥排气为基准，同时排气流量必须调整至50%过剩空气百分比条件下）；氯化氢去除率达99%或排放量低于1.8kg/h，以两者中数值较高者为基准；多氯联苯的去除率为99.9999%，同时燃烧效率超过99.9%。

2. 固体废物的处置技术

固体废物经过减量化和资源化处理后，剩余下来的无再利用价值的残渣，往往富集了大量不同种类的污染物质，对生态环境和人体健康具有即时和长期的影响，必须加以妥善处置。安全、可靠地处置这些固体废物残渣，是固体废物全过程管理中的最重要环节。

（1）固体废物处置原则　虽然与废水和废气相比，固体废物中的污染物质具有一定的惰性，但是在长期的陆地处置过程中，由于本身固有的特性和外界条件的变化，必然会因在固体废物中发生的一系列相互关联的物理、化学和生物反应，导致对环境的污染。

固体废物的最终安全处置原则大体上可归纳为：

1）区别对待、分类处置、严格管制有害废物。固体废物种类繁多，其危害环境的方式、处置要求及所要求的安全处置年限均各有不同。因此，应根据不同废物的危害程度与特性，区别对待、分类管理，对具有特别严重危害的有害废物采取更为严格的特殊控制。这样，既能有效地控制主要污染危害，又能降低处置费用。

2）最大限度地将有害废物与生物圈相隔离。固体废物，特别是有害废物最终处置的基本原则是合理地、最大限度地使其与自然和人类环境隔离，减小有毒有害物质进入环境的速率和总量，将其在长期处置过程中对环境的影响降至最低程度。

3）集中处置。对有害废物实行集中处置，不仅可以节约人力、物力、财力，利于监督管理，也是有效控制乃至消除有害废物污染危害的重要形式和主要的技术手段。

（2）固体废物陆地处置的基本方法　固体废物海洋处置现已被国际公约禁止，陆地处置至今是世界各国常用的一种废物处置方法。陆地处置方法可分为土地耕作、永久储存（储留地储存）和土地填埋3种类型，其中应用最多的是土地填埋处置技术。

土地填埋处置是从传统的堆放和土地处置发展起来的一项最终处置技术，不是单纯的堆、填、埋，而是一种按照工程理论和工程标准，对固体废物进行有控管理的一种综合性科学工程方法。在填埋操作处置方式上，它已从堆、填、覆盖向包容、屏蔽隔离的工程储存方向上发展。土地填埋处置，首先需要进行科学的选址，在设计规划的基础上对场地进行防护（如防渗）处理，然后按严格的操作程序进行填埋操作和封场，要制定全面的管理制度，定期对场地进行维护和监测。

土地填埋处置具有工艺简单、成本较低、适于处置多种类型固体废物的优点。目前，土地填埋处置已成为固体废物最终处置的一种主要方法。土地填埋处置的主要问题是渗滤液的收集控制问题。

1）土地填埋处置的分类。土地填埋处置的种类很多，采用的名称也不尽相同。按填埋场地形特征可分为山间填埋、峡谷填埋、平地填埋、废矿坑填埋；按填埋场水文气象条件可分为干式填埋、湿式填埋和干、湿式混合填埋；按填埋场的状态可分为厌氧性填埋、好氧性填埋、准好氧性填埋和保管型填埋；按固体废物污染防治法规，可分为一般固体废物填埋、生活垃圾填埋和有害废物填埋。

2）填埋场的基本构造。填埋场构造与地形地貌、水文地质条件、填埋废物类别有关。按填埋废物类别和填埋场污染防治设计原理，填埋场构造有衰减型填埋场和封闭型填埋场之分。通常，用于处置城市垃圾的卫生填埋场属衰减型填埋场或半封闭型填埋场，而处置有害废物的安全填埋场属全封闭型填埋场。

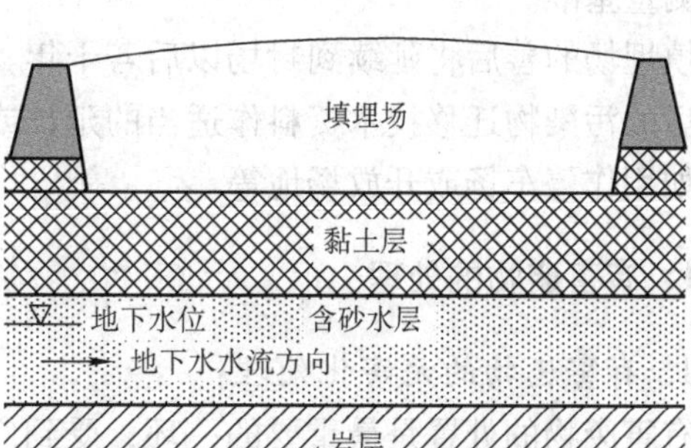

图4-3　理想的自然衰减型土地填埋场土层分层结构

① 自然衰减型填埋场。自然衰减型土地填埋场的基本设计思路，是允许部分渗滤液由填埋场基部渗透，利用下伏包气带土层和含水层的自净功能来降低渗滤液中污染物的含量，使其达到能接受的水平。图4-3所示为理想的自然衰减型土地填埋

场土层分层结构。填埋底部的包气带为黏土层，黏土层之下是含砂潜水层，而在含砂水层下为基岩。包气带土层和潜水层应较厚。

② 全封闭型填埋场。全封闭型填埋场的设计是将废物和渗滤液与环境隔绝，将废物安全保存相当一段时间（数十年甚至上百年）。这类填埋场通常利用地层结构的低渗透性或工程密封系统来减少渗滤液产生量和通过底部的渗透泄露渗入蓄水层的渗滤液量，将对地下水的污染降到最低限度，并对所收集的渗滤液进行妥善处理、处置，认真执行封场及善后管理，从而达到使处置的废物与环境隔绝的目的。图 4-4 所示为全封闭型填埋场剖面图。

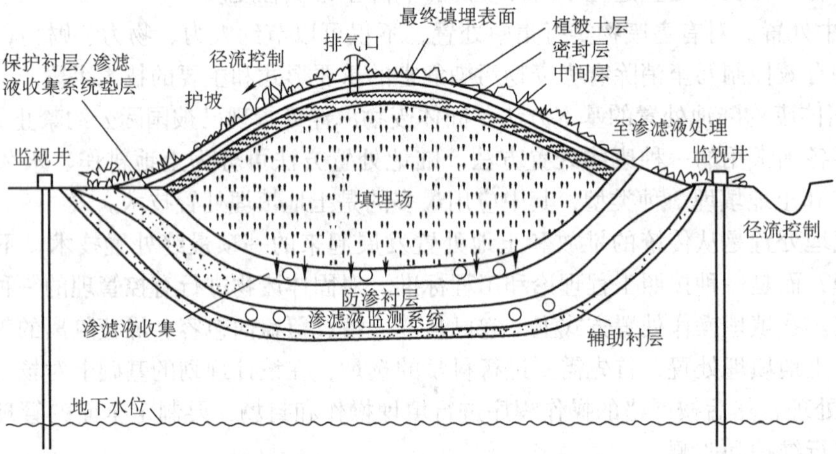

图 4-4 全封闭型填埋场剖面图

③ 半封闭型填埋场。这种类型的填埋场实际上介于自然衰减型填埋场和全封闭型填埋场之间。半封闭型填埋场的顶部密封系统一般要求不高，而底部一般设置单密封系统，并在密封衬层上设置渗滤液收集系统。大气降水仍会部分进入填埋场，而渗滤液也可能会部分泄漏进入下包气带和地下含水层，特别是只采用黏土衬层时更是如此。但是，由于大部分渗滤液可被收集排出，通过填埋场底部渗入下包气带和地下含水层的渗滤液量显著减少。

填埋场封闭后的管理工作十分必要，主要包括以下几项：维护最终覆盖层的完整性和有效性，进行必要的维修，以消除沉降和凹陷以及其他因素的影响；维护和监测检漏系统；继续运行渗滤液收集和去除系统，直到渗滤液检不出为止；维护和检测地下水监测系统；维护任何测量基准。

填埋场的善后将延续到封场以后若干年。这是一个随机性的时间期限，可以根据填埋场封闭后的污染物迁移技术资料作适当的延长或减短。妥善封闭的填埋场能用于一般的使用目的，如用作停车场或开放场地等。

4.3.4 有害废物的处理

1. 有害废物的无害化处理

有害废物的处置是最重要的一环，受到广泛的重视。一般的处理方法有以下 4 种。

（1）填埋法　安全填埋是处置有害废物的一种较好的方法。

（2）焚烧法　对于有毒、有害的有机性固体废物最好用焚烧法处理，如医院的带菌性固体废物、石化工业生产中某些含毒性的中间副产物等。

（3）固化法 固化法是利用物理或化学方法将危险固体废物固定或包容在惰性固体基质内，使之呈现化学稳定性或密封性的一种无害化处理方法。固化后的产物应具有良好的机械性能、抗渗透、抗浸出、抗干、抗湿、抗冻、抗融等特性。

根据用于固化的凝结剂的不同，此法又分为以下几种。

1）水泥固化法。水泥固化法是以水泥为固化基质，利用水泥与水反应后可形成坚固块体的特征，将有害废物包容其中，从而达到减小表面积，降低渗透性，使之能在较为安全的条件下运输与处置。水泥固化是对有害废物处理较为成熟的方法，具有工艺设备简单、操作方便、材料来源广泛、费用相对较低、产品机械强度较高等优点。这一方法常用于电镀业污泥的固化处理、含汞泥渣的固化处理、含砷泥渣的固化处理。水泥固化的主要缺点是产品体积比原废物增大0.5~1.0倍，致使最终处置费用增大。

2）塑料固化法。塑料固化法是以塑料为凝结剂，将含有重金属的污泥固化而将重金属封闭起来，降低其渗透性的一种方法。塑料固化技术有热塑性和热固性两类。热塑性塑料在常温下呈固态，高温时可变为熔融胶黏液体，如聚乙烯、聚氯乙烯树脂等，可将有害废物掺合包容其中，冷却后形成塑料固化体。热固性塑料有脲醛树脂和不饱和聚酯等，可在常温常压下固化成型，固化体具有较好的耐水性、耐热性及耐腐蚀性，适用于对有害废物和放射性废物的固化处理。塑料固化法的特点是常温操作，增容比小，固化体的密度也较小，且不可燃。此法既能处理干废渣，也能处理污泥浆。主要缺点是塑料固化体耐老化性能差，固化体一旦破裂，污染物浸出会污染环境，因此，处置前都应有容器包装，因而增加了处理费用。

3）沥青固化法。沥青固化法是以沥青为固化剂与危险废物在一定的温度、配料比、碱度和搅拌作用下产生皂化反应，使危险废物均匀地包容在沥青中，形成固化体。经沥青固化处理所生成的固化体空隙小、致密度高、性能稳定、有害废物的沥滤率比水泥固化体更低，且固化时间短。主要缺点是：沥青在固化时，由于沥青的导热性不好，加热蒸发的效率不高；若污泥中所含水分较大，蒸发时会有起泡现象和雾沫夹带现象，容易排出废气发生污染。所以对水分含量大的污泥，在进行沥青固化之前，要通过分离脱水的方法使水分降到50%~80%。沥青还具有可燃性，加热蒸发时必须防止沥青过热而引起更大的危险。

4）水玻璃固化法。水玻璃固化法是以水玻璃（也叫“泡花碱”，主要成分为硅酸钠）为固化剂，无机酸类（如硫酸、硝酸、盐酸等）作为辅助剂，利用水玻璃的硬化、结合、包容及其吸附的性能，与一定配比的有害污泥混合进行中和与缩合脱水反应，形成凝胶体，可将有害污泥包容，并逐步凝结硬化形成水玻璃固化体。水玻璃固化法具有工艺操作简便、原料价廉易得、处理费用低、固化体耐酸性强、抗透水性好、重金属浸出率低等特点。

（4）化学法 化学法是利用有害废物的化学性质，通过酸碱中和、氧化还原及沉淀等方式，将有害物质转化为无害的最终产物的一种无害化处理方法。中和法主要用于化工、冶金、电镀与金属表面处理等工业中产生的酸、碱性泥渣。中和反应设备可以采用罐式机械搅拌或池式人工搅拌，前者多用于大规模中和处理，而后者多用于间断的小规模处理。氧化还原法是通过氧化或还原化学处理，将固体废物中可以发生价态变化的某些有毒成分转化为无毒或低毒，且具有化学稳定性的成分，以便无害化处置或进行资源回收。如铬渣干式还原处理就是利用一氧化碳与硫酸亚铁为还原剂使铬渣中含有的四价铬还原为三价铬。

2. 有毒废渣的回收处理与利用

（1）含汞废渣　含汞固体废物主要有汞矿和冶炼厂排出的含汞矿石烧渣以及化学工业中的水银法制碱、电解法生产烧碱、定期更换下的含汞触媒。由于汞的沸点低于废物中其他物质，目前国内外多采用焙烧法处理并回收废物中的汞，此外还有氧化还原法和固定法等。

对于含汞污泥和固态含汞废物，首先加入碱系药剂处理后才送去焙烧。焙烧所产生的含汞蒸气经除尘器除去大部分灰尘后进入冷凝器回收大部分汞。尾气再依次进入吸收塔和吸附器，吸收剩余汞蒸气。最后由鼓风机经烟囱排出。因此，含汞废物焙烧系统需有尾气处理装置，以确保环境不会受到污染，残渣需做安全填埋处置。

（2）含铬废渣　铬渣是冶金和化工部门在生产金属铬或铬盐时排出的废渣，其中所含的六价铬的毒性较大，处理方法是将毒性大的六价铬还原为毒性小的三价铬，并生成不溶性化合物，在此基础上再加以利用。我国对铬渣的处理利用主要有以下几个方面：

1）铬渣作玻璃着色剂。用铬渣代替铬铁矿作着色剂制作绿色玻璃。在玻璃窑炉1600℃高温还原气氛下，铬渣中的六价铬被还原成三价铬而进入玻璃熔融体中，急冷固化后即可制得绿色玻璃，同时铬也被封固在绿色玻璃中，达到了除毒的目的。

2）铬渣作助熔剂制造钙镁磷肥。铬渣可代替蛇纹石、白云石等与磷矿石配料，经高炉或电炉的高温焙烧（800～1500℃），六价铬还原成三价铬和金属铬，分别进入磷肥和铬镍铁中。经研究，铬渣用于生产钙镁磷肥是可行的，已规定了铬渣钙镁磷肥中铬的安全控制指标。此法可使铬渣彻底解毒。

3）铬渣作炼铁烧结熔剂。铬渣中含有大量的CaO、MgO、Fe_2O_3（三者质量分数之和大于60%），且具有自熔性和半自熔性，可代替石灰石等作炼铁辅料。在烧结过程中六价铬还原率达99.98%以上，残留的微量六价铬还可在高炉冶炼中进一步被还原。此法还能节约能源。此外，铬渣还可用于制造铬渣铸石、制砖、作水泥添加剂生产水泥等。

4）电镀铬废液、污泥。电镀铬的离子交换洗脱液可以通过化学法（酸还原、碱和盐基中和）制鞣革剂。镀铬污泥可以代替黏土制砖或与煤渣等配料制成废渣砖；铬铁氧化污泥可制铁铬红、铁氧铁基远红外涂料、中温变换催化剂等。

（3）可燃性有害废物　可燃性有害废物主要指受铅污染的废油、多氯联苯、甲苯、氯化烃、含重金属的润滑油、氟利昂、醇类、废可燃溶剂等。这些废物中的毒性组分在1450℃高温和碱性气氛中可以得到分解，主要有机有害物去除率在99.99%以上，烟气的各项指标均可达到排放标准。因此，国外的许多水泥厂利用可燃废物替代25%～65%的燃料，节约了能源，降低了水泥成本。

4.3.5 城市垃圾的处理

随着城市规模的不断扩大和人民生活水平的提高，城市化进程不断加快，城市生活垃圾产量与日俱增。这些城市垃圾不仅污染环境，破坏城市景观，而且传播疾病，威胁人类的健康，成为当前社会的公害之一。

由于目前对垃圾的无害化处理率低，不可避免地造成二次污染。特别是由于大部分城市缺乏分类收集，大量的电池及重金属等垃圾进入垃圾场，导致城市垃圾填埋场重金属污染严重，垃圾分解产生的渗滤液，多数未经处理便排入河中，对下游及周围环境造成极大污染；另一方面，一些城市垃圾场把只经简单分选的垃圾当成有机肥料，出售给菜农和果农使用，使这些垃圾中的重金属很快通过食物链进入人体，对人们生活和健康构成严重的威胁。因此，如何处理城市垃圾已成为当前城市发展过程中急需解决的重大环境问题。

目前国内外常采用的垃圾处理方式有：焚烧法、堆肥法、卫生填埋法和分选法，其中以焚烧法和卫生填埋法应用最为普遍。由于城市垃圾成分复杂，并受经济发展水平、能源结构、自然条件及传统习惯的影响，生活垃圾成分相差很大，因此，对城市垃圾的处理一般随国情的不同而不同，往往一个国家各个城市也采取不同的处理方式，很难统一，但最终都以减量化、资源化和无害化为处理标准。

1. 我国城市生活垃圾处理现状

由于我国城市垃圾无害化处理设施缺乏，无害化处理率不足20%，垃圾堆存侵占的土地面积多达5亿多立方米，历年堆存量达到60多亿t，全国666座城市中，已有200多座城市陷入垃圾的包围之中，许多地方已出现垃圾包围城市并逐渐向农村蔓延的趋势。

目前我国城市垃圾无害化处理的主要方法有卫生填埋、高温堆肥和焚烧三种。国内的填埋垃圾几乎没有经过处理，大多是简单的倾倒和填埋，对地下水造成了不可逆转的污染，在北京、太原、广州、上海等城市的部分地区都曾经发生过严重的水污染事件。

垃圾处理有三项公认的原则，即无害化、减量化、资源化。卫生填埋处理的缺点是建填埋场占地面积大，使用时间短，造成垃圾中可回收利用的资源的浪费；垃圾的堆肥处理，这种方式最大的要求是垃圾要分类收集，由于目前国内垃圾分类大多没有实行，一些重金属会留在肥料中，一旦用于农作物，会带来一系列的生物安全问题。而垃圾的焚烧处理优点是减容率高，可使垃圾体积缩小50%~95%，而且燃烧垃圾过程中会产生一定的热量可用于城市供暖供电。但烧掉了可回收的资源，释放出二恶英、汞蒸气等有毒气体，并产生有毒有害炉渣和灰尘。

近年来，我国一些城市先后建设了城市垃圾处理设施，如上海老港填埋场、杭州天子岭填埋场、沈阳大辛填埋场；上海安亭、无锡及常州堆肥厂；深圳焚烧发电厂等，具体采用何种工艺，应因地制宜。

2. 国外城市生活垃圾处理现状

国外城市生活垃圾的处理方法很多：堆肥、填埋、焚烧、流化床制燃气、垃圾燃料、垃圾养殖蚯蚓、垃圾做筑路材料、垃圾制砖、垃圾制石油、纤维糖化技术、废纤维饲料化技术、垃圾炼钢、垃圾产沼等，其中最为常用的处理方式有堆肥、填埋、焚烧。许多发达国家以焚烧为主。下面以德国为例介绍国外城市生活垃圾的处理状况。

德国位于欧洲中部，地域较大，人口不多，经济发达，垃圾数量巨大。据初步统计，德国每年产生垃圾近3000万t，主要分为可回收垃圾（玻璃、废纸、旧纺织品、包装物、废金属、废家具）、堆肥垃圾（厨房、庭院、生物垃圾）、不可再生垃圾（建筑垃圾、污水处理厂污泥等）。由于垃圾产生量的不断增加和垃圾填埋场地的日益短缺，且未经过处理的垃圾填埋会产生大量的甲烷气体，而甲烷气体所造成的温室效应是二氧化碳的60倍，在19世纪末，德国在汉堡建成了德国第一座垃圾焚烧厂。垃圾焚烧主要是减少垃圾的体积和质量，从而达到减少填埋场地，使垃圾中的有害物质无害化的目的，同时可以回收热能。

德国是世界上最早进行垃圾焚烧技术研究开发的国家。至2002年，已有60余套从垃圾中提取能量的装置及几十家垃圾发电厂，并且用于热电联产。德国的垃圾焚烧炉由1965年的7台增至1985年的46台，年处理垃圾由71.8万t增至800万t，可供总人口14%的居民用电增至34%。柏林、汉堡、慕尼黑等大型城市中民用电的10% ~17%来自垃圾焚烧。1995年德国垃圾焚烧炉达67台，受益人口的比率从35%增加到50%，当年国家用于垃圾处理的投入为140亿马克，每年投入的增加率为18%。

从2005年开始，德国严禁建设填埋场，废除垃圾直接填埋方式，包括污水处理厂污泥在内必须进行热处理，垃圾处理趋于彻底化和资源化。

3. 城市生活垃圾处理系统简介

为了防止垃圾污染，人们研究开发了填埋、堆肥、焚烧、热解、蚯蚓分解等技术，但目前技术成熟，使用较多的方法是前三种。

（1）卫生填埋　卫生填埋有别于垃圾的自然堆放或简易填埋，卫生填埋是按卫生填埋工程技术标准处理城市垃圾的一种方法，其填埋过程为一层垃圾一层覆盖土交替填埋，并用压实机压实，填埋堆中预埋导气管导出垃圾分解时产生的有害气体（CH_4、CO_2、N_2、H_2S等）。填埋场底部做成不透水层，防止渗滤液对地下水的污染，并在底部设垃圾渗滤液导出管将渗滤液导出进行集中处理。

填埋气（LFG）是一种宝贵的可再生的资源，现已成功地利用填埋气作车辆燃料及发电。

LFG含40% ~60%（体积分数）的甲烷，其热值与城市煤气的热值相近，每升LFG的能量相当于0.24L柴油，或0.31L汽油的能量，它不仅是清洁燃料，而且辛烷值高，着火点高，可采用较高的压缩比。使用时首先要净化，去除LFG中含有的有毒且对机械设备有腐蚀作用的H_2S、CO_2、H_2O等成分，可采用吸附法、吸收法、分子筛分离等方法。然后储存于钢瓶中以备使用。汽车的发动机经过适当改装便可使用填埋气为燃料了。巴西里约热内卢在20世纪80年代便建成LFG充气站向全市汽车供气。

填埋气发电技术目前已比较成熟，工艺操作便捷，填埋气燃烧完全，排放的二次污染气体较少，工艺流程如图4-5所示。杭州市天子岭废弃物处理厂有一个容量为600万m^3的垃圾填埋场，1994年引进外资兴建了填埋气发电厂后，每年可减少945万m^3填埋气排入大气，发电功率达1800kW。

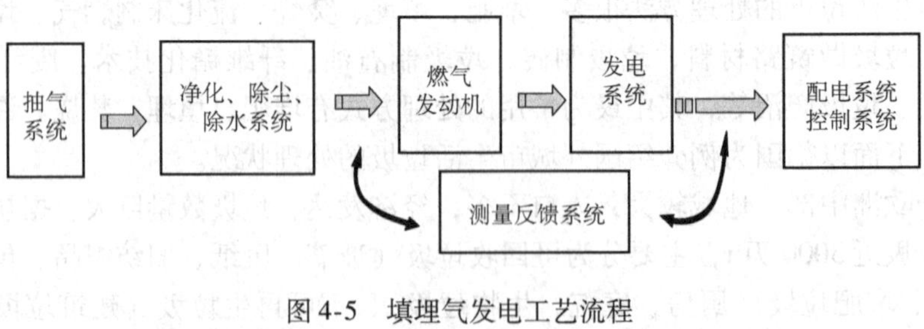

图4-5　填埋气发电工艺流程

卫生填埋具有技术简单，处理量大，风险小，建设费用、运行成本相对较低的优点，但卫生填埋对场址条件要求较高，所需的覆盖土量较大。如果能够找到合适场址并解决覆盖土的来源问题，在目前的经济、技术条件下，卫生填埋法是最适用的方法。

（2）堆肥　堆肥是在有控制的条件下，利用微生物对垃圾中的有机物进行生物降解，使之成为具有良好稳定性的腐殖土肥料的过程，因此它是一种垃圾资源化处理方法。堆肥有厌氧和好氧两种，前者堆肥时间长、堆温低、占地大、二次污染严重。现代堆肥工艺是指高温好氧堆肥，是在好氧条件下，用尽可能短的时间完成垃圾的发酵分解，并利用分解过程产生的热量使堆温升至60~80℃，起到灭菌、灭寄生虫和苍蝇卵蛹的作用，从而达到无害化的目的。垃圾的堆肥化处理的优点在于能使垃圾转化为可利用的资源，既增加了垃圾处理的经济效益，又减少了垃圾最终填埋地，节约了土地资源。

堆肥法无害化、资源化效果好，出售肥料产品，有一定的经济效益。但该法需一定的技术和设备，建设投资和处理成本较高，堆肥产品的产量、质量和价格受垃圾成分的影响。产品的销路好坏是采用堆肥法的决定性因素。

(3) 焚烧　焚烧法是一种对城市垃圾进行高温热化学处理的技术。将垃圾送入焚烧炉中，在800~1000℃高温条件下，垃圾中的可燃成分与空气中的氧进行剧烈的化学反应，放出热量，转化成高温燃烧气体和少量性质稳定的惰性残渣。通过焚烧可以使垃圾中可燃物氧化分解，达到减少体积、去除毒物、回收能量的目的。经焚烧处理后垃圾中的细菌和病毒能被彻底消灭，各种恶臭气体得到高温分解，烟气中的有害气体经处理达标排放。

垃圾焚烧后产生的热能可用于发电或供热。表4-2列出了城市垃圾与几种典型燃料的热值与起燃温度。由表中数据可见，城市垃圾起燃温度较低，有适度热值，具备焚烧与热能回收的条件。可见，采用焚烧技术处理城市垃圾，回收热资源，具有明显的潜在优势。

表4-2　城市垃圾与几种典型燃料的热值与起燃温度

燃料	热值/(kJ/kg)	起燃温度/℃
城市垃圾	9300~18600	260~370
煤炭	32800	410
氢	142000	575~590
甲烷	55500	630~750
硫	1300	240

图4-6所示是城市垃圾处理焚烧-发电系统流程图。首先垃圾进厂之前经过严格的分选，有毒有害垃圾、建筑垃圾、工业垃圾不能进入。符合规格的垃圾在卸料厅经过自动计量后卸入巨大的封闭式垃圾储存器内；然后用抓斗把垃圾投入进料斗中，落入履带，进入焚烧炉，在这里进行充分燃烧，产生的热能把锅炉内水转化为水蒸气，通过汽轮发电机组转化为电能输出。垃圾焚烧工厂必须配备消烟除尘装置以达到排放要求。

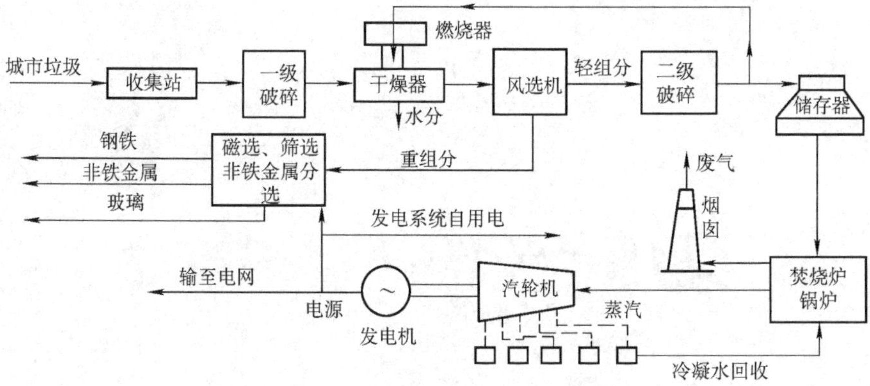

图4-6　城市垃圾处理焚烧-发电系统流程图

作为循环经济的一种体现，垃圾发电不仅是先进的垃圾处置方式，也会产生巨大的经济效益。按预测的垃圾热值，每吨垃圾可发电 300kW·h 以上，这样 4t 垃圾的发电量相当于 1t 标准煤的发电量。如果我国能将垃圾充分有效地用于发电，每年将节省煤炭 5000 万～6000 万 t。在目前能源日渐紧缺的情况下，利用焚烧垃圾产生的热能作为热源，有着现实意义。

据统计，目前全球已有各种类型的垃圾处理工厂几千家，上海也建了两家大型的生活垃圾发电厂（江桥垃圾焚烧厂和浦东御桥生活垃圾发电厂）。

焚烧法减量化的效果最好，无害化程度高，且产生的热量可作能源回收利用，资源化效果好。该法占地少，处理能力可以调节，处理周期短，但建设投资大，处理成本高，处理效果受垃圾成分和热值的影响，是大中城市垃圾处理的发展方向。

复习与思考

1. 什么是固体废物？它是如何分类的？
2. 固体废物有哪些基本特性？
3. 固体废物的主要环境问题是什么？
4. 试述固体废物减量化的对策与措施。
5. 举例说明固体废物是如何进行资源化与综合利用的。
6. 试述固体废物无害化最终处置的方法。

第5章 噪声污染与控制

5.1 噪声及危害

5.1.1 声音与噪声

声音是物体的振动以波的形式在弹性介质中进行传播的一种物理现象。平常所指的声音一般是通过空气传播作用于耳鼓而被感觉到的声音。人类生活在声音的环境中，并且借助声音进行信息的传递、交流思想感情。

尽管生活环境中不能没有声音，但是也有一些声音是我们不需要的，如睡眠时的吵闹声。从广义上来讲，凡是人们不需要的，使人厌烦并干扰人的正常生活、工作和休息的声音统称为噪声。

《中华人民共和国环境噪声污染防治法》中把超过国家规定的环境噪声排放标准，并干扰他人正常生活、工作和学习的现象称为环境噪声污染。

5.1.2 噪声的主要特征及其来源

1. 噪声的主要特征

1）噪声是一种感觉性污染，在空气中传播时不会在周围环境里留下有毒有害的化学污染物质。对噪声的判断与个人所处的环境和主观愿望有关。

2）噪声源的分布广泛而分散，但是由于传播过程中会发生能量的衰减，因此噪声污染的影响范围是有限的。

3）噪声产生的污染没有后效作用。一旦噪声源停止发声，噪声便会消失，转化为空气分子无规则运动的热能。

4）与其他污染相比，噪声的再利用问题很难解决。目前所能做到的是利用机械噪声进行故障诊断。如通过对各种运动机械产生的噪声水平和频谱进行测量和分析，评价机械机构完善程度和制造质量。

2. 噪声源及其分类

声是由于物体振动而产生的，所以把振动的固体、液体和气体通称为声源。

声能通过固体、液体和气体介质向外界传播，并且被感受目标所接收。人耳则是人体的声音感受器官，所以在声学中把声源、介质、接收器称为声的三要素。

产生噪声的声源很多，若按产生机理来划分，有机械噪声、空气动力性噪声和电磁性噪声三大类。

（1）机械噪声　各种机械设备及其部件在运转和能量传递过程中由于摩擦、冲击、振动等原因所产生的噪声。如齿轮变速箱、织布机、球磨机、粉碎机、车床等发出的噪声就是典型的机械噪声。

（2）空气动力性噪声　由气体流动过程中的相互作用，或气体和固体介质之间的相互作用而产生的噪声。常见的气流噪声有风机噪声、喷气发动机噪声、高压锅炉放气排气噪声和内燃机排气噪声等。

（3）电磁性噪声　由电磁场交替变化而引起某些机械部件或空间容积振动而产生的噪声。日常生活中，民用大小型变压器、镇流器、电源开关、电感、电动机等均可能产生电磁噪声。工业中变频器、大型电动机和变压器是主要的电磁噪声来源。

若按声源发生的场所来划分，有工业噪声、交通噪声、建筑施工噪声和社会生活噪声。

（1）工业噪声　工业噪声是指工厂在生产过程中由于机械振动、摩擦撞击及气流扰动产生的噪声。它不仅直接危害工人健康，而且干扰周围居民的生活。一般工厂车间内噪声级为75～105dB，少数车间或设备的噪声级高达110～120dB。

（2）交通噪声　交通噪声是指飞机、火车、汽车等交通运输工具在飞行和行驶中所产生的噪声。常见的交通噪声有道路交通噪声、航空噪声、铁路运输噪声、船舶噪声等。随着我国经济的迅速发展，各种交通设施及交通工具快速增多，交通噪声污染随之加剧。

（3）建筑施工噪声　建筑施工噪声是指在建筑施工过程中产生的干扰周围生活环境的声音。建筑施工噪声是影响城市声环境质量的重要因素。它具有强度高、分布广、流动性大、控制难等特点。如打桩机、混凝土搅拌机、推土机、运料机等噪声级为85～100dB，对周围环境造成严重的污染。

（4）社会生活噪声　社会生活噪声是指街道以及建筑物内部各种生活用品设备和人们日常活动所产生的噪声。包括商业、文娱、体育活动等场所的空调设备、音响系统等产生的噪声，舞厅、卡拉OK（KTV）噪声，家用电器噪声，装修噪声等。

5.1.3　噪声污染的危害

随着工业生产、交通运输、城市建筑的发展，以及人口密度的增加，家庭设施（音响、空调、电视机等）的增多，环境噪声日益严重，它已成为污染人类社会环境的一大公害，20世纪50年代后，噪声被公认为是一种与污水、废气、固体废物并列的四大公害之一。据统计，1998年我国城市噪声诉讼案件已占全部环境污染诉讼案件的40%左右。

1. 对人体生理和心理的影响

噪声不仅会影响人的听力，而且还对心血管系统、神经系统、内分泌系统产生不利影响，所以有人称噪声为“致人死命的慢性毒药”。噪声给人带来生理上和心理上的危害主要有以下几方面：

（1）干扰休息和睡眠、影响交谈和思考

1）干扰休息和睡眠。休息和睡眠是人们消除疲劳、恢复体力和维持健康的必要条件。但噪声使人不得安宁，难以休息和入睡。当人辗转不能入睡时，便会心态紧张，呼吸急促，脉搏跳动加剧，大脑兴奋不止，第二天就会感到疲倦，或四肢无力。从而影响到工作和学习，久而久之，就会得神经衰弱症，表现为失眠、耳鸣、疲劳。人进入睡眠之后，即使是40～50dB较轻的噪声干扰，也会从熟睡状态变成半熟睡状态。人在熟睡状态时，大脑活动是缓慢而有规律的，能够得到充分的休息；而半熟睡状态时，大脑仍处于紧张、活跃的阶段，这就会使人得不到充分的休息和体力的恢复。

2）影响交谈和思考，使工作效率降低。噪声妨碍人们之间的交谈、通信是常见的。因为人们思考也是语言思维活动，其受噪声干扰的影响与交谈是一致的。试验研究表明噪声干扰交谈，其结果见表5-1。此外，研究发现，噪声超过85dB，会使人感到心烦意乱，人们会感觉到吵闹，因而无法专心地工作，结果会导致工作效率降低。

表5-1 噪声对交谈的影响

噪声/dB	主观反映	保证正常讲话距离/m	通信质量
45	安静	10	很好
55	稍吵	3.5	好
65	吵	1.2	较困难
75	很吵	0.3	困难
85	太吵	0.1	不可能

（2）损伤听觉、视觉器官　我们都有这样的经验，从飞机里下来或从锻压车间出来，耳朵总是嗡嗡作响，甚至听不清对方说话的声音，过一会儿才会恢复。这种现象叫做听觉疲劳，是人体听觉器官对外界环境的一种保护性反应。如果人长时间遭受强烈噪声作用，听力就会减弱，进而导致听觉器官的器质性损伤，造成听力下降。

1）强的噪声可以引起耳部的不适，如耳鸣、耳痛、听力损伤。据测定，超过115dB的噪声还会造成耳聋。据临床医学统计，若在80dB以上噪声环境中生活，造成耳聋者可达50%。噪声性耳聋有两个特点，一是除了高强噪声外，一般噪声性耳聋都需要一个持续的累积过程，发病率与持续作业时间有关，这也是人们对噪声污染忽视的原因之一；二是噪声性耳聋是不能治愈的。工作40年后噪声性耳聋发病率的统计结果见表5-2。从表5-2可以看出在80dB以下工作不致耳聋，80dB以上，每增加5dB，噪声性发病率增加10%甚至更多。

表5-2 工作40年后噪声性耳聋发病率 （单位：%）

噪声/dB	国际统计（ISO）	美国统计
80	0	0
85	10	8
90	21	18
95	29	28
100	41	40

医学专家研究认为，家庭噪声是造成儿童聋哑的病因之一。噪声对儿童身心健康危害更大。因儿童发育尚未成熟，各组织器官十分娇嫩和脆弱，不论是体内的胎儿还是刚出世的孩子，噪声均可损伤其听觉器官，使其听力减退或丧失。据统计，当今世界上有7000多万耳聋者，其中相当部分是由噪声所致。

2）噪声对视力的损害。人们只知道噪声影响听力，其实噪声还影响视力。试验表明：当噪声级达到90dB时，人的视觉细胞敏感性下降，识别弱光反应时间延长；噪声达到95dB时，有40%的人瞳孔放大，视觉模糊；而噪声达到115dB时，多数人的眼球对光亮度的适应都有不同程度的减弱。所以长时间处于噪声环境中的人很容易发生眼疲劳、眼痛、眼花和视物流泪等眼损伤现象。同时，噪声还会使色觉、视野发生异常。调查发现噪声使人对红、蓝、白三色视野缩小80%。

（3）对人体的生理影响　噪声是一种恶性刺激波，长期作用于人的中枢神经系统，可使大脑皮质的兴奋和抑制失调，条件反射异常，出现头晕、头痛、耳鸣、多梦、失眠、心慌、记忆力减退、注意力不集中等症状，严重者可产生精神错乱。这种症状，药物治疗疗效很差，但当脱离噪声环境时，症状就会明显好转。噪声可引起植物神经系统功能紊乱，表现在血压升高或降低，心率改变，心脏病加剧。噪声会使人唾液、胃液分泌减少，胃酸降低，胃蠕动减弱，食欲缺乏，引起胃溃疡。噪声对人的内分泌机能也会产生影响，如导致女性性机能紊乱，月经失调，流产率增加等。噪声对儿童的智力发育也有不利影响，据调查，3岁前儿童生活在75dB的噪声环境里，他们的心脑功能发育都会受到不同程度的损害，在噪声环境下生活的儿童，智力发育水平要比安静条件下的儿童低20%。噪声对人的心理影响主要是使人烦恼、激动、易怒，甚至失去理智。此外，噪声还对动物、建筑物有损害，在噪声下的植物也生长不好，有的甚至死亡。

2. 对动植物及建筑物等设施的影响

噪声不但会给人体健康带来危害，而且还会给动植物以及建筑物等设施产生一定的影响。

（1）噪声对动物的影响　有人给奶牛播放轻音乐后，牛奶的产量大大增加，而强烈的噪声使奶牛不再产奶。20世纪60年代初，美国一种新型飞机进行历时半年的试验飞行，结果使附近一个农场的10000只鸡羽毛全部脱落，不再下蛋，有6000只鸡体内出血，最后死亡。

（2）噪声对植物的影响　噪声能促进果蔬的衰老进程，使呼吸强度和内源乙烯释放量提高，并能激活各种氧化酶和水解酶的活性，使果胶水解，细胞破坏，导致细胞膜透性增加。85～95dB的噪声剂量对果蔬的生理活动影响较为显著。

（3）噪声对建筑物的影响　如果建筑物附近有振动剧烈的振动筛、大型空气锤，或建设施工时的打桩和爆破等，则可以观察到桌上的物品有小跳动。在这种振动的反复冲击下，曾发生墙体裂痕，瓦片振落和玻璃振碎等危害建筑物的现象。

轰声是超声速飞行中的飞机产生的一种噪声。1970年德国韦斯特堡城及其附近曾因强烈的轰声而发生378起建筑物受损事件。大部分是玻璃损坏，石板瓦掀起，合页及门心板损坏等。另据美国对轰声受损的统计，在3000起建筑受损事件中，抹灰开裂占43%，窗损坏占32%，墙开裂占15%，还有瓦和镜子损坏等，均未提及主体受损。因此，可以认为轰声对结构基本无显著影响，而对大面积的轻质结构则可能造成损害。

5.2 噪声的量度与标准

描述噪声特性的方法可分为两类：一类是把噪声单纯地作为物理扰动，用描述声波的客观特性的物理量来反映，这是对噪声的客观量度；另一类涉及人耳的听觉特性，根据听者感觉到的刺激来描述，称为噪声的主观评价。噪声的评价量是在研究了人对噪声反应的方方面面的不同特征后提出的。

5.2.1 噪声的客观量度

噪声强弱的客观量度用声压、声强、声功率等物理量来表示。声压和声强反映声场中声的强弱，声功率反映声源辐射噪声本领的大小。声压、声强、声功率等物理量的变化范围非常宽广，在实际应用中一般采用对数标度，以分贝（dB）为单位，分别用声压级、声强级、声功率级等无量纲的量来度量噪声。当空间存在多个噪声源时，空间总的声场强度将按能量叠加原理来计算。

1. *声压与声压级*

当声波在空气中传播时，声场中某一点的组成空气的分子在其平衡位置沿着声波前进的方向发生前后振动，使平衡位置处空气的密度时疏时密，引起平衡位置处空气的压力相对于没有声音传播时的大气静压发生变化。将该点空气压力相对于静压力的差值定义为该点的声压，用 p 表示。一般情况下，声压与大气压相比是极弱的。声压的大小与物体的振动有关，物体振动的振幅越大，则压力的变化也越大，因而声压也越大，我们听起来就越响，因此声压的大小表示了声波的强弱。衡量声压大小的单位在国际单位制中是帕斯卡，简称帕，符号是 Pa。

正常人耳能听到的最弱声压为 2×10^{-5}Pa，称为人耳的“听阈”，也称基准声压。使人耳感觉疼痛的声压定义为“痛阈”，其值为20Pa。听阈和痛阈两者之间相差100万倍，一般声音的声压介于两者之间。由于声音大小相差悬殊，为了度量与记录方便，采用级的概念，即用声压的倍比关系的对数量来表示，这种表示方法不仅应用简单，而且也接近于人耳的听觉特性。这种用声压的倍比关系的对数量来表示的声压称为声压级。声压级的计算公式为

$$L_p = 20\lg\left(\frac{p}{p_0}\right) = 10\lg\left(\frac{p^2}{p_0^2}\right) \tag{5-1}$$

式中，L_p 为声压级（dB）；p_0 是基准声压，是人耳能听到的最低声压，国际上规定 $p_0 = 2\times10^{-5}$Pa。

声压级的大小能衡量声音的相对强弱。听阈（人耳刚能听到的最弱声压）的声压为 2×10^{-5}Pa，声压级就是0dB。痛阈（使人耳感觉疼痛的声压）的声压为20Pa，声压级就是120dB。听阈与痛阈的声压级变化范围为0~120dB。

2. *声强与声强级*

在声传播方向上单位时间内垂直通过单位面积的声能量，称为声音的强度或简称声强，用 I 表示，单位是瓦/米²（W/m^2）。声强的大小可用来衡量声音的强弱，声强越大，我们听到的声音越响；声强越小，我们感觉到声音越轻。声强与声音离开声源的距离有关，距离越远，声强就越小。

用声强的倍比关系的对数量来表示的声强称为声强级，即声强级 L_I，它的单位也是分贝（dB），声强级的计算公式为

$$L_I = 10\lg\left(\frac{I}{I_0}\right) \tag{5-2}$$

式中，I_0 为基准声强，$I_0 = 10^{-12}\mathrm{W/m^2}$，它相当于人耳能听到最弱声音的强度。

在室温20℃和标准大气压下，声强级比声压级约小0.1dB，这个差别可略去不计，因此在一般情况下认为声强级与声压级的值相等，即 $L_p = L_I$。

3. *声功率与声功率级*

声功率为声源在单位时间内辐射的总能量，用符号 W 表示，采用瓦（W）的单位。声功率是衡量噪声源声能输出大小的基本量，对于给定的声源，其声功率是不变的。声强和声源辐射的声功率有关，声功率越大，在声源周围的声强也大，两者成正比，它们的关系为

$$I = W/S \tag{5-3}$$

式中，S 为波阵面面积（$\mathrm{m^2}$）。

声功率用级来表示时称为声功率级 L_W，单位也是 dB。声功率级计算公式为

$$L_W = 10\lg\left(\frac{W}{W_0}\right) \tag{5-4}$$

式中，W_0 为基准声功率，$W_0 = 10^{-12}\mathrm{W}$（瓦）。

4. *声级的运算*

（1）级的叠加（声级合成） 级的叠加也叫声级的合成，分贝相加。

对于多个声波 $$L_{pT} = 10\lg(p_T^2/p_0^2) = 10\lg(10^{0.1L_{p1}} + 10^{0.1L_{p2}} + \cdots) \tag{5-5}$$

对于两个不同声源 $$L_{pT} = L_{p大} + \Delta L \tag{5-6}$$

式中，L_{pT}为合成后总声压级（dB）；$L_{p大}$为较大声压级（dB）；ΔL 为实际分贝增值（dB），ΔL 通过查表（表5-3）得到。

表5-3 ΔL 表

声压级差值 ΔL_p/dB	0	1	2	3	4	5	6	7	8	9	10
实际分贝增值 ΔL/dB	3.0	2.5	2.1	1.8	1.5	1.2	1.0	0.8	0.6	0.5	0.4

如果两个噪声的声压级相等，则它们的合成声场的声压级仅增加3dB；如果两个噪声的声压级相差10dB以上，则在它们的合成声场中，数值低的那个噪声对总声场几乎没有贡献，也就是说它们的合成声场的声压级等于数值高的那个噪声的声压级。

（2）级的相减 若已知两个声波的合成声场的声压级为 L_{pT}，其中一个声波的声压级为 L_{p1}，则另一个声波的声压级 L_{p2}可按下式计算

$$L_{p2} = 10\lg(10^{0.1L_{pT}} - 10^{0.1L_{p1}}) \tag{5-7}$$

声级相减的公式在现场测试中很有用。如在车间内测量某一设备的运转噪声级时，先关闭此设备，测得背景噪声级 L_1，然后开动设备测出同一点处的总声级 L_T，最后利用级的相减公式求出该设备单独运转该点的噪声级。

5.2.2 噪声的主观评价

对噪声进行评价，是一个比较复杂的问题。一方面各种不同的噪声有各自的物理特性，另一方面在不同环境下，人们对噪声控制的目的也不同。因此，要根据不同情况，拟定不同的噪声评价量，以制定不同的噪声控制标准。几种最基本和常用的评价量包括响度与响度级、A 声级（计权声级、等效声级）等。

1. 响度与响度级

（1）响度　响度是用来描述声音大小的主观感觉量，符号为 N，响度的单位是"宋"(sone)，定义 1000Hz 纯音声压级为 40dB 时的响度为 1 sone。

（2）响度级　当某一频率的纯音和 1000Hz 的纯音听起来同样响时，这时 1000Hz 纯音的声压级就定义为该待定声音的响度级。响度级的符号为 L_N，单位为方（phon）。如某声音听起来与频率为 1000Hz、声压级为 90dB 的纯音一样响，则此声音的响度级为 90phon。响度级既考虑了声音的物理效应，又考虑了人耳的听觉生理效应，它是人耳对声音的主观评价。

（3）等响曲线　在等响曲线图中，同一条等响曲线上的各点，虽然频率不同，声压级不同，但是人耳主观感觉到的声音响度却是一样的，即响度级是相等的，所以称为等响曲线（图 5-1）。

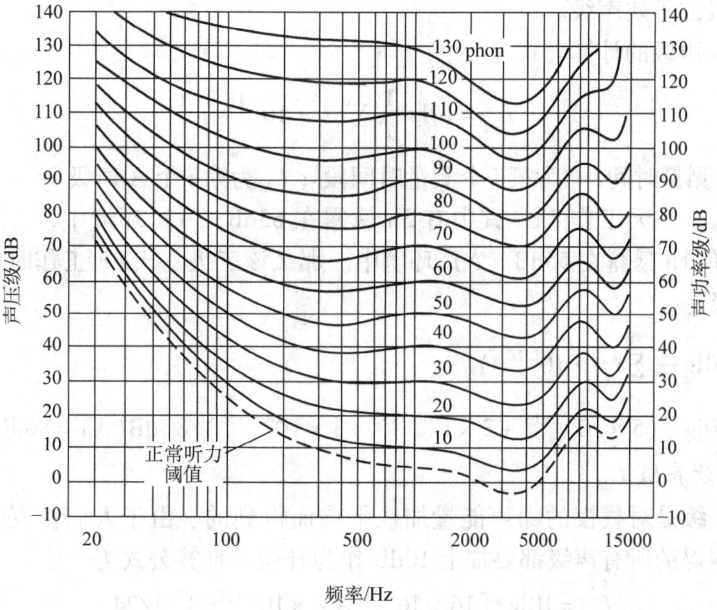

图 5-1　等响曲线

（4）响度与响度级的关系　响度级每改变 10phon，响度感觉就增减 1 倍。在 20 ~ 120phon 之间的纯音或窄带噪声，响度级 L_N 与响度 N 之间近似有如下关系

$$N=2^{(L_N-40)/10} \tag{5-8}$$

或

$$L_N=40+10\log_2 N=40+33.22\lg N \tag{5-9}$$

对于纯音的响度值，可以在测出它的声压级后，从等响曲线图中查出它的响度级，再按上式计算出它的响度值。

2. A声级

A声级是对声音的一种主观评价。在声学测量仪器中设置有“A计权网络”，使接收到的噪声在低频有较大的衰减，而高频不衰减，甚至稍有放大。这样测得的声级叫A声级，记作dB（A）。由于它能较好地反映出人们对噪声强度和频率的主观感觉，因此，已成为国际标准化组织和绝大多数国家用作评价噪声的主要指标。

5.2.3 公共噪声的评价量

1. 等效连续A（计权）声级

A（计权）声级对连续稳态噪声是较好的评价方法。实际噪声很少是稳定地保持固定声级的，而是随时间有忽高忽低的起伏。对于这种非稳态的噪声如何来评价呢？常用的方法是采用声能按时间平均的方法，求得某一段时间内随时间起伏变化的各个A声级的平均能量，并用一个在相同时间内声能与之相等的连续稳定的A声级来表示该段时间内噪声的大小。称这一连续稳定的A声级为该不稳定噪声的等效连续声级，用L_{eq}表示，单位为dB（A）。这相当于在这段时间内，一直有L_{eq}这么大的A声级在作用，也称为等效连续A声级，或简称为等效A声级或等效声级。

等效连续A声级的计算公式为

$$L_{eq}=10\lg\frac{1}{T}\sum(t_i\cdot 10^{0.1L_{Ai}}) \tag{5-10}$$

式中，T为总的测量时间；t_i为第i个测量时间段；L_{Ai}为第i个A声级。

如一个工人，一天工作8h，其中有5h暴露在65dB（A）环境中，有2h暴露在92dB（A）环境中，有1h暴露在55dB（A）环境中。那么该工人一天8h工作时间内所受到环境噪声的等效声级是

$$\begin{aligned}L_{eq}&=10\lg\frac{1}{T}\sum(t_i\cdot 10^{0.1L_{Ai}})\\&=10\lg\left[(5\times10^{0.1\times65}+2\times10^{0.1\times92}+1\times10^{0.1\times55})/8\right]\text{dB(A)}=86\text{dB(A)}\end{aligned}$$

2. 昼夜等效声级L_{dn}

昼夜等效声级是对昼夜的噪声能量加权平均而得到的。由于人们在夜间对声音比较敏感，因此夜间测得的所有声级都要加上10dB作为补偿。计算公式为

$$L_{dn}=10\lg\{[16\times10^{0.1L_d}+8\times10^{0.1(L_n+10)}]/24\} \tag{5-11}$$

式中，L_d为白天的等效声级，时间为6: 00～22: 00，共16个小时；L_n为夜间的等效声级，时间为22: 00至第二天的6: 00，共8个小时。为表明夜间噪声对人的烦扰更大，故计算夜间等效声级这一项时加上10dB的计权。

3. 交通噪声指数（*TNI*）

交通噪声指数（*TNI*）是城市道路交通噪声评价的一个重要参量，适用于机动车辆噪声

对周围环境干扰的评价，而且限于车流量较多及附近无固定声源的环境。交通噪声指数可按下式确定

$$TNI = 4(L_{10} - L_{90}) + L_{90} - 30 \quad (5\text{-}12)$$

式中，L_{10}为在测量时间内有10%的时间A声级超过的值，相当于噪声的平均峰值；L_{90}为在测量时间内有90%的时间A声级超过的值，相当于噪声的平均本底值。

式（5-12）中，第一项$4(L_{10} - L_{90})$表示噪声的起伏变化程度；第二项L_{90}表示噪声本底值；第三项-30是为了获得比较习惯的数值而引入的调节量。

5.2.4 环境噪声法规和标准

1. 环境噪声污染防治法

《中华人民共和国环境噪声污染防治法》在1996年10月经第八届全国人民代表大会通过，1997年3月1日起施行。该法共分8章64条，对噪声污染防治的监督管理、工业噪声污染防治、建筑施工噪声污染防治、交通运输噪声污染防治、社会生活噪声污染防治作了具体规定，并对违反其中各条规定所应受的处罚及所应承担的法律责任作了明确规定。它是制定各种噪声标准的基础。

该法明确提出了任何单位和个人都有保护声环境的义务，强调对可能产生噪声污染的建设项目必须提出环境影响报告书以及环境噪声污染的防治措施，并规定环境噪声污染的防治措施必须与主体工程同时设计、同时施工、同时投产使用，即实现“三同时”。

各级地方政府在环境噪声污染防治法基础上，制定了具有地方特色的关于噪声污染防治的地方性法规及条例，用于指导本地的噪声污染防治工作，如《杭州市环境噪声管理条例》、《福州市环境噪声污染防治若干规定》、《兰州市环境噪声污染防治办法》、《贵阳市环境噪声污染防治规定》等。

2. 噪声标准

环境保护部2008年发布了GB 3096—2008《声环境质量标准》、GB 22337—2008《社会生活环境噪声排放标准》、GB 12348—2008《工业企业厂界环境噪声排放标准》等3项标准。环境噪声标准的制定充分考虑了当前噪声污染形势的变化和环境管理需求，把促进经济社会和谐发展作为指导思想，以保护人体健康和福利的环境基准研究成果为依据，合理确定噪声限值及其他环境管理、监控要求。

（1）GB 3096—2008《声环境质量标准》　该标准是对GB 3096—1993《城市区域环境噪声标准》的修订。该标准规定了五类声环境功能区的环境噪声限值及测量方法，适用于声环境质量评价与管理。噪声测点选在距居住或敏感建筑物1m（如窗外1m）、传声器高于地面1.2m的噪声敏感区。

环境噪声限值，见表5-4。0类声环境功能区指康复疗养区等特别需要安静的区域。1类声环境功能区指以居民住宅、医疗卫生、文化教育、科研设计、行政办公为主要功能，需要保持安静的区域。2类声环境功能区指以商业金融、集市贸易为主要功能，或者居住、商业、工业混杂，需要维护住宅安静的区域。3类声环境功能区指以工业生产、仓储物流为主要功能，需要防止工业噪声对周围环境产生严重影响的区域。4类声环境功能区指交通干线两侧一定距离之内，需要防止交通噪声对周围环境产生严重影响的区域，包括4a类和4b类两种类型。4a类为高速公路、一级公路、二级公路、城市快速路、城市主干路、城市次干

路、城市轨道交通（地面段）、内河航道两侧区域；4b 类为铁路干线两侧区域。

表 5-4　环境噪声限值　［单位:dB(A)］

声环境功能区类别 \ 时段		昼间	夜间
0 类		50	40
1 类		55	45
2 类		60	50
3 类		65	55
4 类	4a 类	70	55
	4b 类	70	60

（2）GB 22337—2008《社会生活环境噪声排放标准》　该标准适用于对营业性文化娱乐场所、商业经营活动中使用的向环境排放噪声的设备、设施的管理、评价与控制。《社会生活环境噪声排放标准》并不覆盖所有的社会生活噪声源，如建筑物配套的服务设施产生的噪声，街道、广场等公共活动场所噪声，家庭装修等邻里噪声等均不适用该标准。

1）边界噪声排放限值，见表 5-5。在社会生活噪声排放源边界处无法进行噪声测量或测量的结果不能如实反映其对噪声敏感建筑物的影响程度的情况下，噪声测量应在可能受影响的敏感建筑物窗外 1m 处进行。当社会生活噪声排放源边界与噪声敏感建筑物距离小于 1m 时，应在噪声敏感建筑物的室内测量，并将表 5-5 中相应的限值减 10dB(A) 作为评价依据。

表 5-5　社会生活噪声排放源边界噪声排放限值　［单位:dB(A)］

边界外声环境功能区类别 \ 时段	昼间	夜间
0	50	40
1	55	45
2	60	50
3	65	55
4	70	55

2）结构传播固定设备室内噪声排放限值，见表 5-6。A 类房间是指以睡眠为主要目的，需要保证夜间安静的房间，包括住宅卧室、医院病房、宾馆客房等。B 类房间是指主要在昼间使用，需要保证思考与精神集中、正常讲话不被干扰的房间，包括学校教室、会议室、办公室、住宅中卧室以外的其他房间等。

（3）GB 12348—2008《工业企业厂界环境噪声排放标准》　该标准是对 GB 12348—1990《工业企业厂界噪声标准》的修订，适用于工业企业噪声排放的管理、评价及控制。机关、事业单位、团体等对外环境排放噪声的单位也按本标准执行。

厂界环境噪声排放限值见表 5-7。

表 5-6 结构传播固定设备室内噪声排放限值（等效声级） ［单位:dB(A)］

噪声敏感建筑物声环境所处功能区类别 \ 时段 \ 房间类型	A类房间		B类房间	
	昼 间	夜 间	昼 间	夜 间
0	40	30	40	30
1	40	30	45	35
2、3、4	45	35	50	40

表 5-7 工业企业厂界环境噪声排放限值 ［单位:dB(A)］

厂界外声环境功能区类别 \ 时段	昼 间	夜 间
0	50	40
1	55	45
2	60	50
3	65	55
4	70	55

1）夜间频发噪声的最大声级超过限值的幅度不得高于 10dB（A)。

2）夜间偶发噪声的最大声级超过限值的幅度不得高于 15dB（A)。

3）工业企业若位于未划分声环境功能区的区域，当厂界外有噪声敏感建筑物时，由当地县级以上人民政府参照 GB 3096—2008《声环境质量标准》和 GB/T 15190—1994《城市区域环境噪声适用区划分技术规范》的规定确定厂界外区域的声环境质量要求，执行相应的厂界环境噪声排放限值。

4）当厂界与噪声敏感建筑物距离小于 1m 时，厂界环境噪声应在噪声敏感建筑物的室内测量，并将表 5-7 中相应的限值减 10dB（A）作为评价依据。

（4）其他噪声标准 其他噪声标准包括 GB 19606—2004《家用和类似用途电器噪声限值》、GB/T 50087—2013《工业企业噪声控制设计规范》、GB 1495—2002《汽车加速行驶车外噪声限值及测量方法》等。

5.3 噪声控制方法

噪声污染的发生必须有 3 个要素：噪声源、噪声传音途径和接收者。只有这三个要素同时存在才构成噪声对环境的污染和对人的危害。因此，控制噪声污染必须从这三方面着手，既要对其分别进行研究，又要将它们作为一个系统综合考虑。优先次序是：噪声源控制、噪声传音途径控制和接收者保护。噪声控制的一般程序是：首先进行现场调查，测量现场的噪声级和频谱；然后按有关的标准和现场实测数据确定所需降噪量；最后制定技术上可行、经济上合理的控制方案。

5.3.1 噪声控制的基本途径和措施

1. 噪声源的控制

控制噪声污染的最有效方法是从控制声源的发声着手。通过研制和选用低噪声设备、改进生产和加工工艺、提高机械设备的加工精度和装配质量，以及对振动机械采用阻尼隔振等措施，可减少发声体的数目或降低发声体的辐射声功率。这是控制噪声污染的根本途径。

（1）应用新材料、改进机械设备的结构　改进机械设备的结构、应用新材料来降噪，效果和潜力是很大的。近些年，随着科技的发展，各种新型材料应运而生，用一些内摩擦较大的高阻尼合金、高强度塑料生产机器零部件已变成现实。如在汽车生产中就经常采用高强度塑料机件。化纤厂的拉捻机噪声很高，将现有齿轮改用尼龙齿轮，可降噪 20dB。对于风机，不同形式的叶片，产生的噪声也不一样，选择最佳叶片形状，可以降低风机噪声。如把风机叶片由直片式改成后弯形，可降噪 10dB。或者将叶片的长度减小，亦可降低噪声。

（2）改革工艺和操作方法　改革工艺和操作方法，也是从声源上降低噪声的一种途径。如用低噪声的焊接代替高噪声的铆接；用无声的液压代替有梭织布机。在建筑施工中，柴油打桩机在 15m 外其噪声达到 100dB，而压力打桩机的噪声则只有 50dB。在工厂里，把铆接改成焊接，把锻打改成液压加工，均能降噪 20 ~ 40dB。

（3）提高零部件的加工精度和装配质量　零部件加工精度的提高，可使机件间摩擦尽量减少，从而使噪声降低。提高装配质量，减少偏心振动，以及提高机壳的刚度等，都能使机器设备的噪声减小。对于轴承，若将滚子加工精度提高一级，轴承噪声可降低 10dB。

降低机械设备的噪声，对提高机器的运行效率、降低能量消耗、延长使用寿命都有好处。

2. 传播途径上的控制

在噪声源上治理噪声效果不理想时，需要在传播途径上采取措施。

（1）合理规划布局　居民区、学校、办公机关、疗养院和医院这些要求低噪声的地点，应该与商业区、娱乐场所、工业区分开布置。在厂区内应合理地布置生产车间和办公室的位置，将噪声较大的车间集中起来，与办公室、实验室等需要安静的场所分开，噪声源尽量不露天放置。

（2）利用绿化降低噪声　由于植物叶片、树枝具有吸收声能与降低声音振动的特点，成片的林带可在很大程度上减少噪声量。一般的宽林带（几十米）可降噪 10 ~ 20dB。在城市里可采用绿篱、乔灌木和草坪的混合绿化结构，宽度 5m 左右的平均降噪效果可达 5dB。试验表明，绿色植物减弱噪声的效果与林带宽度、高度、位置、配置方式及树木种类有密切关系。在城市中，林带宽度最好是 6 ~ 15m，郊区为 15 ~ 20m。多条窄林带的隔声效果比只有一条宽林带好。林带的高度大致为声源至声区距离的两倍。林带的位置应尽量靠近声源，这样降噪效果更好。一般林带边缘至声源的距离是 6 ~ 11m，林带应以乔木、灌木和草地相结合，形成比一个连续、密集的障碍带。树种一般选择树冠矮的乔木，阔叶树的吸声效果比针叶树好，灌木丛的吸声效果更为显著。

（3）采用声学控制技术　在上述措施均不能满足环境噪声要求时，可采用局部声学技术来降噪，如吸声技术、隔声技术、消声技术等。对噪声传播的具体情况进行分析后综合应用这些措施，才能达到预期效果。

3. 个人防护

因条件所限不能从噪声源和传播途径上控制噪声时，可采取个人防护的办法，个人防护是一种经济而有效的防噪措施。个人防护一是采用防护用具，如防声棉（蜡浸棉花）、耳塞、耳罩、帽盔等；二是采取轮班作业，缩短在强噪声环境中的暴露时间。

5.3.2 吸声技术

1. 吸声技术简介

室内噪声有两个来源。由声源通过空气传来的直达声及由室内各壁面（墙面、顶棚、地面以及其他设备）经多次反射而来的反射声，即混响声。由于混响声的叠加作用，能使声音强度提高10多分贝。在房间的内壁及空间装设吸声结构，声波投射到这些结构表面后，部分声能被吸收，就能使反射声减少，总的声音强度也就降低。这种利用吸声材料和吸声结构来吸收反射声，降低室内噪声的技术，称为吸声技术。

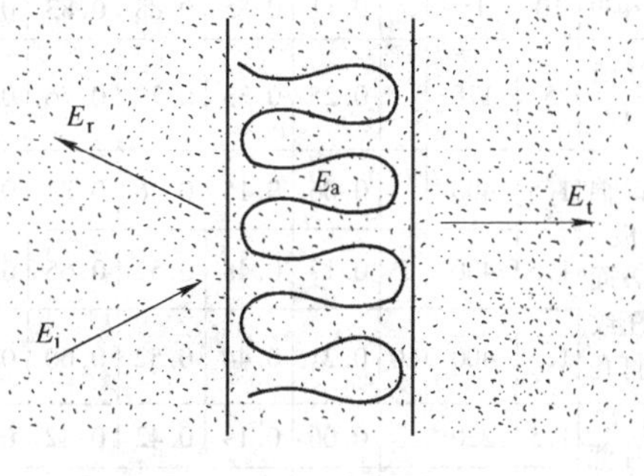

图5-2 声波入射到吸声材料时发生的现象

2. 吸声特性描述

声波入射到吸声材料时发生的现象，如图5-2所示。

（1）吸声系数 声波入射到吸声材料表面时，被材料吸收的声能与入射声能之比称为吸声系数，用α表示，吸声系数也可以定义为入射声能E_i和反射声能E_r的差值与入射声能E_i的比值。吸声系数的计算公式为

$$\alpha = (E_a + E_t)/E_i = \frac{E_i - E_r}{E_i} \tag{5-13}$$

式中，E_i为入射声能；E_t为透射声能；E_a为吸收声能；E_r为反射声能。

一般材料的吸声系数为0.01～1.00。其值越大，表明材料的吸声效果越好。α在0.2以上的材料被称为吸声材料，α在0.5以上的材料是理想的吸声材料。

同一材料对不同频率的入射声波，吸声系数不同。常用125Hz、250Hz、500Hz、1000Hz、2000Hz、4000Hz六个倍频程中心频率的吸声系数的平均值表示某一材料的平均吸声系数。

（2）吸声量 吸声量又称等效吸声面积，为吸声面积与吸声系数的乘积。吸声量的计算公式为

$$A = \sum \alpha_i S_i \tag{5-14}$$

式中，A为总吸声量（m^2）；α_i为第i种材料的吸声系数；S_i为第i种材料的吸声面积（m^2）。

3. 多孔性吸声材料

（1）吸声原理 当声波入射到多孔材料表面时，可以进入细孔中去，引起孔隙内的空气和材料振动，空气的摩擦和粘滞作用使声能转变成热能，消耗一部分声能，从而使声波衰减。即使有一部分声能透过材料到达壁面，也会在反射时再次经过吸声材料，声能又一次被吸收。

具有连续气泡的多孔性材料的吸声效果较好，是应用最普遍的吸声材料。它分纤维型、

泡沫型和颗粒型三种类型。纤维型多孔吸声材料有玻璃纤维、矿渣棉、毛毡、甘蔗纤维、超细玻璃棉、植物纤维、木质纤维等。泡沫型吸声材料有聚氨基甲醋酸泡沫塑料、泡沫橡胶等。颗粒型吸声材料有膨胀珍珠岩和微孔吸声砖等。常见吸声材料的吸声系数见表5-8。

表5-8　常用多孔性吸声材料的吸声系数 α

材料名称	厚度	密度	腔厚	频率/Hz					
	cm	kg/m^3	cm	125	250	500	1000	2000	4000
超细玻璃棉棉径4μm	2	20		0.04	0.08	0.29	0.66	0.66	0.66
	4	20		0.05	0.12	0.48	0.88	0.72	0.66
	5	15		0.05	0.24	0.72	0.97	0.90	0.98
	10	15		0.11	0.85	0.88	0.83	0.93	0.97
矿渣棉	5	175		0.25	0.33	0.70	0.76	0.89	0.97
矿棉板，表面压纹打孔	1.5	400		0.06	0.15	0.46	0.83	0.82	0.78
	1.5	400	5	0.17	0.48	0.52	0.65	0.72	0.75
	1.5	400	10	0.21	0.44	0.52	0.60	0.74	0.76
甘蔗纤维板	1.5	220		0.06	0.19	0.42	0.42	0.47	0.58
	2	220		0.09	0.19	0.26	0.37	0.23	0.21
	2	220	5	0.30	0.19	0.20	0.18	0.22	0.31
水玻璃膨胀珍珠岩	10	250	—	0.44	0.73	0.50	0.56	0.53	—
	10	350~450	—	0.45	0.65	0.59	0.62	0.68	

材料名称	厚度	密度	腔厚	频率/Hz					
	cm	kg/m^3	cm	125	250	500	1000	2000	4000
水泥木丝板	1.5	470	—	0.05	0.17	0.31	0.49	0.37	0.66
	1.5	470	3	0.08	0.11	0.19	0.56	0.59	0.74
	1.5	470	12	0.1	0.28	0.48	0.32	0.42	0.68
	2.5	470	—	0.06	0.13	0.28	0.49	0.72	0.85
	2.5	470	5	0.18	0.18	0.50	0.47	0.57	0.83
工业毛毡	1	370	—	0.04	0.07	0.21	0.50	0.52	0.57
	3	370	—	0.10	0.28	0.55	0.60	0.60	0.59
	5	370	—	0.11	0.30	0.50	0.50	0.50	0.52
	7	370	—	0.18	0.35	0.43	0.50	0.53	0.54
聚氨酯泡沫塑料	3	45	—	0.07	0.14	0.47	0.88	0.70	0.77
	5	45	—	0.15	0.35	0.84	0.68	0.82	0.82
	8	45	—	0.20	0.40	0.95	0.90	0.98	0.85
微孔砖	5			0.15	0.40	0.57	0.48	0.60	0.61
木纤维板	1.3	320		0.10	0.20	0.40	0.50	0.45	0.50

（2）影响吸声性能的因素

1）噪声频率。多孔性材料在低频区吸声系数小，随频率的提高，吸声系数增大，多孔材料对中、高频率噪声吸声效果明显。

2）材料厚度。多孔性材料厚度每增加一倍，吸声频率向低频移动一个倍频程，但材料的厚度有极限，靠增加材料厚度而在低频下获得较高吸声系数是不可行的。

3）材料密度。随着多孔性材料密度增加，吸声系数向低频方向移动。

4）温度。温度升高使多孔性材料的吸声性能向高频方向移动。

5）湿度。湿度增加，多孔性材料孔隙中水量增加，堵塞材料的细孔，使吸声系数下降。

6）空气层。空气层是多孔性材料层与刚性面间的空腔，相当于增加多孔材料厚度，可以改善对低频噪声的吸声性能。

7）护面层。多孔材料疏松，无法固定，需表面覆盖护面层，如护面穿孔板，织物或网纱等。护面层穿孔率大于20%时，穿孔板对于声波为“透明”，仅起护面作用。穿孔率低于20%时，成为穿孔板共振结构。穿孔率越大，对中高频率声音吸收效果越好。

8）空间吸声体。将吸声材料做成各种几何体，悬挂在室内，对声音进行多方位吸收，称为空间吸声体。吸声体面积为房间平顶面积的30%～40%，或室内总表面积的15%时，对声音的吸声效率最高，接近满铺吸声材料时的效果。该法节省吸声材料，对工厂、企业的吸声降噪比较适用。

4. 吸声结构

多孔吸声材料对于高频声有较好的吸声能力，但对低频声的吸声能力较差。为了解决低频声的吸收问题，在实践中人们利用共振原理制成了一些吸声结构。常用的吸声结构有穿孔板共振吸声结构、薄板共振吸声结构和微穿孔板吸声结构。

（1）穿孔板共振吸声结构　在薄板（钢板、铝板、胶合板、塑料板等）上打上小孔，在板后与刚性壁之间留一定深度的空腔就组成了穿孔板共振吸声结构，分为单孔共振吸声结构和多孔共振吸声结构。穿孔板共振吸声结构如图5-3所示。

1）单孔共振吸声结构。如图5-4所示，单孔共振吸声结构是由腔体和颈口组成的共振结构，腔体通过颈部与大气相通。腔体体积为V，颈口颈长为l_0，颈口直径为d。在声波作用下，孔颈中的空气柱像活塞一样作往复运动，由于摩擦作用，使部分声能转化为热能消耗，达到吸声作用。当入射声波的频率与共振器的固有频率一致时，会产生共振现象，声能将得到最大的吸收。单孔共振吸声结构只对共振频率附近的声波有较好吸收，因此吸声频带很窄。共振频率计算公式为

$$f_0=\frac{c}{2\pi}\sqrt{\frac{S}{Vl_k}} \tag{5-15}$$

式中，f_0为单孔共振吸声结构共振频率（Hz）；c为声速（m/s）；S为颈的面积（m^2）；V为空腔体积（m^3）；l_k为颈的有效长度（m），$l_k=l_0+0.85d$，其中，l_0为颈的实际长度（板厚），d为颈口直径。

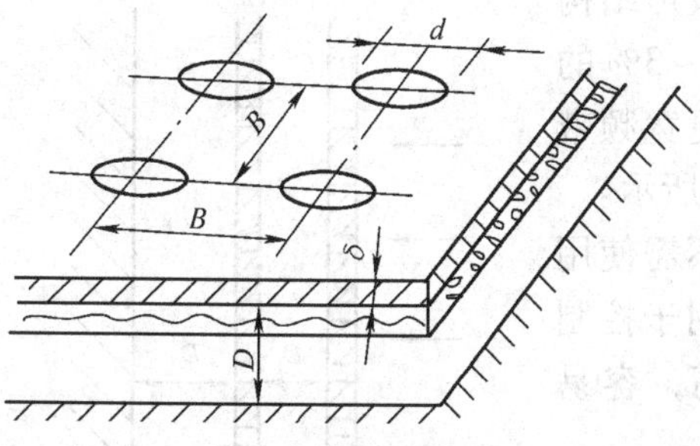

图5-3　穿孔板共振吸声结构

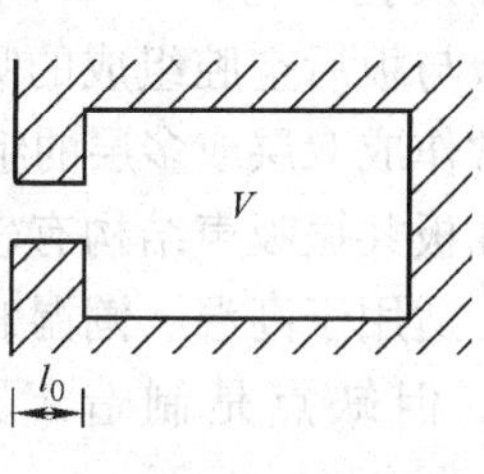

图5-4　单孔共振吸声结构

2）穿孔板共振吸声结构（多腔共振吸声体）。穿孔板共振吸声结构可看做由多个单孔共振腔并联而成。共振频率计算公式为

$$f_0=\frac{c}{2\pi}\sqrt{\frac{P}{Dl_k}} \tag{5-16}$$

式中，f_0为穿孔板共振频率（Hz）；c为声速（m/s）；P为穿孔率（%）；D为空腔厚度（m）；l_k为颈的有效长度（m）。

穿孔板共振吸声结构对频率的选择性很强，吸声频带比较窄，主要用于吸收低、中频噪声的峰值。在穿孔板后空腔内填充多孔吸声材料，能增加空气的摩擦。采用不同穿孔率的多层穿孔板结构，能使吸声频带加宽。孔径取偏小值，能提高孔内阻尼。

（2）薄板共振吸声结构　把不穿孔的薄板（金属板、胶合板、塑料板等）固定在框架上，板后留有一定厚度的空气层，就构成了薄板共振吸声结构（图5-5）。

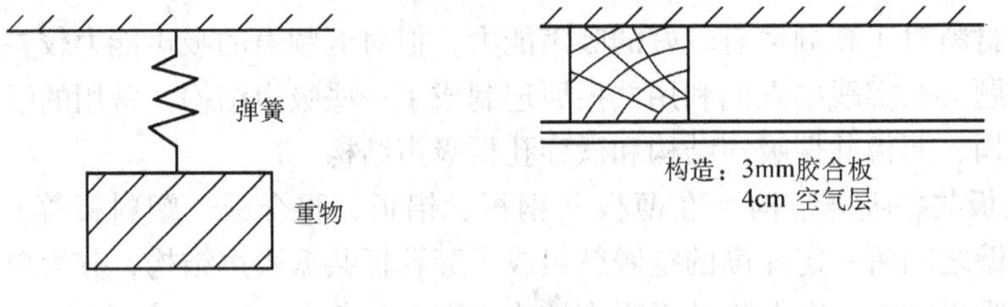

图5-5　薄板共振吸声结构

薄板相当于质量块，板后的空气层相当于弹簧。当声波作用于薄板时，引起薄板的弯曲振动。由于薄板和固定支点之间的摩擦和薄板内部摩擦损耗，使振动的动能转化为热能损耗，使声能衰减。当入射声波的频率与薄板共振吸声结构的固有频率一致时，振动系统会发生共振，声能将获得最大的吸收。共振频率计算公式为

$$f_0 = \frac{600}{\sqrt{MD}} \tag{5-17}$$

式中，f_0 为薄板共振频率（Hz）；M 为薄板面密度（kg/m^2）；D 为板后空气层厚度（cm）。

薄板共振吸声结构对低频声音有良好的吸收性能。在薄板与龙骨交接处放置一些柔软材料或衬垫一些多孔材料，吸声效果将明显提高。将不同腔深的薄板组合使用，可以提高吸声频带。

（3）微穿孔板共振吸声结构　微穿孔板共振吸声结构是一种板厚及孔径均为1mm以下，穿孔率为1%～3%的金属穿孔板与板后空腔组成的吸声结构。为达到更宽频带的吸收，常作成双层或多层的组合结构，如图5-6所示。

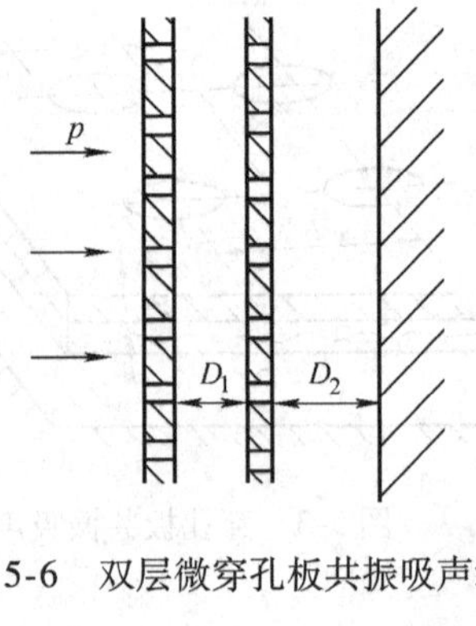

图5-6　双层微穿孔板共振吸声结构

微穿孔板共振吸声结构有较宽的吸声频带，不需使用多孔材料，适用于高温、潮湿和易腐蚀的场合。用于控制气流噪声。但缺点是制造工艺复杂，成本较高，容易堵塞。

5. 吸声减噪量计算

（1）室内声压级计算

$$L_p = L_W + 10\lg\left(\frac{Q}{4\pi r^2} + \frac{4}{R}\right) \tag{5-18}$$

式中，L_p为室内声压级（dB）；L_W 为声功率级（dB）；Q 为声源指向性系数，在室内中央 $Q=1$，在地面或墙面中心 $Q=2$，在室内边线 $Q=4$，在犄角上 $Q=8$；r 为声源距离；R 为房间常数，$R=\frac{S\overline{\alpha}}{1-\overline{\alpha}}$，$S$ 为吸声面积（m^2），$\overline{\alpha}$ 为平均吸声系数。

（2）室内声场　室内声场（图5-7）包括直达声场和混响声场。直达声场为从声源直接到达受声点的直达声形成的声场，对于直达声，吸声降噪量为零。混响声场为声音经过房间壁面一次或多次反射后到达受声点的反射声形成的声场，对于混响声，吸声材料起吸声作用。

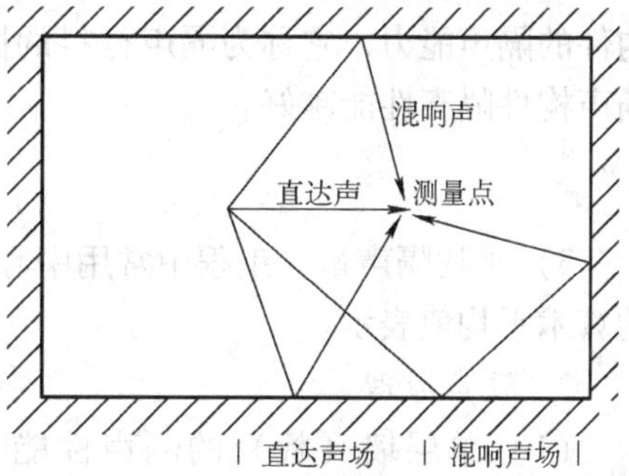

图5-7　室内声场

（3）混响时间　在总体积为 V 的扩散声场中，当声源停止发声后声能密度下降为原有数值的百万分之一所需的时间或房间内声压级下降60dB所需的时间，叫做混响时间，用 T_{60} 表示。计算公式为

$$T_{60}=\frac{0.161V}{A}=\frac{0.161V}{S\overline{\alpha}} \tag{5-19}$$

式中，A 为室内总吸声量（m^2），$A=S\overline{\alpha}$；S 为吸声面积（m^2）；$\overline{\alpha}$ 为平均吸声系数。

（4）吸声减噪量计算

$$\Delta L_p=10\lg\frac{\overline{\alpha}_2}{\overline{\alpha}_1}=10\lg\frac{T_1}{T_2}=10\lg\frac{A_2}{A_1} \tag{5-20}$$

式中，$\overline{\alpha}_1$、$\overline{\alpha}_2$ 分别为治理前、后的平均吸声系数；A_1、A_2 分别为治理前、后的吸声量；T_1、T_2 分别为治理前、后的混响时间。

6. 吸声设计

吸声设计时，首先确定吸声处理前室内的噪声声压级，其次确定降噪地点的允许噪声声压级，然后计算吸声处理后室内平均吸声系数，根据房间可设置吸声材料的面积，确定吸声面的吸声系数，最后选择合适的吸声材料或吸声结构类型。

5.3.3　隔声技术

隔声是噪声控制工程中常用的一种技术措施，它利用墙体、各种板材及构件作为屏蔽物或利用围护结构把噪声控制在一定范围之内，使噪声在空气中的传播受阻而不能顺利通过，从而达到降低噪声的目的。

1. 隔声评价

（1）噪声碰到屏障时的声能分布　噪声碰到屏障时的声能分布如图5-8所示。声波碰到屏障时，一部分声能被反射，一部分被材料吸收，一部分透过屏障，设入射声能为 E_i，反射声能为 E_r，透射声能为 E_t，材料吸收能量为 E_a。它们的关系为

$$E_i=E_r+E_a+E_t \tag{5-21}$$

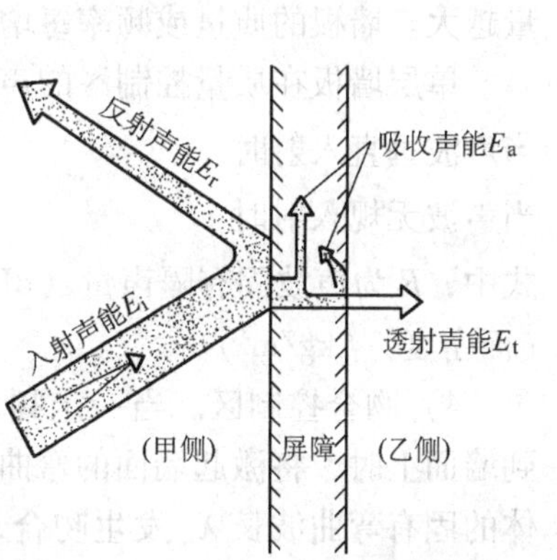

图5-8　噪声碰到屏障时的声能分布

（2）隔声能力评价

1）透射系数τ。透射系数τ是透射声强与入射声强的比值。τ值越小，透射声能越小，构件的隔声能力越好。

$$\tau=\frac{I_t}{I_i} \tag{5-22}$$

式中，τ为透射系数；I_t 为透射声强；I_i 为入射声强。

2）固有隔声量（传声损失）R。为了计算方便，通常采用 $10\lg(1/\tau)$ 来表示一个隔声构件的隔声能力，它称为隔声材料的固有隔声量，记为 R，单位为分贝（dB）。R 值越大，隔声构件隔声性能越好。

$$R = 10\lg\frac{1}{\tau} \tag{5-23}$$

3）平均隔声量。工程中常用中心频率为 125～4000Hz 的 6 个倍频程中心频率的隔声量的算术平均值表示。

2. 隔声原理

（1）单层墙（板）的隔声性能　单层墙的隔声频率特性曲线如图 5-9 所示。单层墙的隔声性能与入射波的频率有关，其频率特性取决于隔声墙本身的单位面积的质量、刚度、材料的内阻尼以及墙的边界条件等因素。单层墙的隔声情况按入射声波频率从低到高分成四个区域：

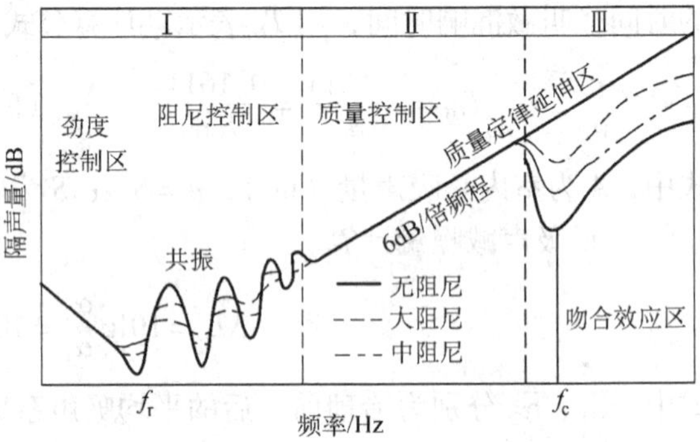

图 5-9　单层墙的隔声频率特性曲线

1）劲度控制区。劲度，全称为劲度系数，是指结构或构件抵抗弹性位移的能力，用产生单位位移所需的力或力矩来量度。隔声量与墙板壁面的劲度成正比。对于某一频率的声波，墙板壁面的劲度越大（产生振动所需外力越大），隔声量越大。对于同一板材，随入射声波频率的增加，隔声量下降。

2）阻尼控制区。阻尼指物体在运动过程中受到阻力的作用，可以减缓运动速度。当入射声波的频率与墙板固有频率相同时，墙板发生共振，振幅最大，透射声能急剧增加，隔声量曲线出现最低谷。增加阻尼可以抑制墙板的振幅，提高隔声量。

3）质量控制区。在这一区域，隔声量随入射声波的频率直线上升。入射声波的频率越大，隔声量越大。声频率一定时，墙板面密度越大，惯性阻力也越大，就越不易振动，隔声量越大。墙板的质量或频率每增加一倍，隔声量提高 6dB。

单层墙板在质量控制区的声波固有隔声量（传声损失）的计算分为以下两种情况：

当声波垂直入射时　$$R = 20\lg f + 20\lg m - 42.5 \tag{5-24}$$

当声波无规入射时　$$R = 20\lg f + 20\lg m - 47.5 \tag{5-25}$$

式中，R 为声波固有隔声量（dB）；f 为入射声波频率（Hz）；m 为隔墙的单位面积的质量（面密度）（kg/m^2）。

4）吻合控制区。当一定频率的声波以某一角度 θ 入射到墙面上时，将激起墙面的弯曲振动。当声波的波长 λ 与墙体的固有弯曲波长 λ_b 发生吻合，满足 $\lambda_b = \lambda/\sin\theta$ 时，声波将激发墙体固有振动，墙体向另一侧辐射声能达到极大，相应隔声量大大下降，这一现象称为“吻合效应”（图 5-10），相应的入射频率为“吻合频率”。在吻合控制区，由于吻合效应的影响，随入射声波频率的升高，隔声量逐渐下降。

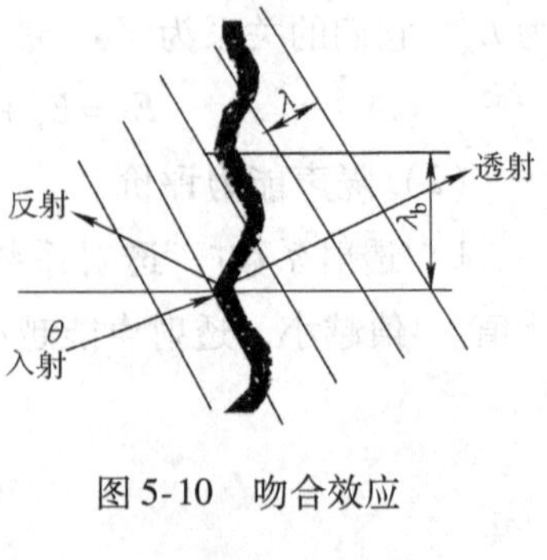

图 5-10　吻合效应

（2）双层墙（板）的隔声性能 由两层墙（板）与中间所夹一定厚度空气层所组成的结构称为双层隔声墙。当声波依次透过特性阻抗完全不同的墙体、空气介质时，造成声波的多次反射，发生声波的衰减，并且由于空气层的弹性和附加吸收作用，使振动能量大大衰减。当入射声波频率比双层墙共振频率低时，双层墙将作整体振动，隔声能力与质量相同的单层墙差不多，此时空气层不起作用。当入射声波达到共振频率时，隔声量出现低谷。当入射声波频率超过共振频率后，隔声量急剧上升，隔声效果大大优于单层墙。

3. 隔声结构

常见的隔声结构包括隔声罩、隔声间、隔声屏及组合隔声墙（隔声门、窗）。

（1）隔声罩 将噪声较大的装置封闭起来，有效地阻隔噪声向周围环境辐射的罩形结构，称隔声罩（图5-11）。隔声罩常用于风机、空压机、柴油机、鼓风机等强噪声机械的降噪。活动密封型隔声罩降噪量为15～30dB，固定密封型隔声罩降噪量为30～40dB，局部开敞型隔声罩降噪量为10～20dB，带有通风散热消声器的隔声罩降噪量为15～25dB。

设计隔声罩时应考虑以下因素：

1）选择适当的材料和形状。隔声罩形状应与该声源装置的轮廓相似，以减少隔声罩的体积和噪声的辐射面积。罩壁尽可能接近声源设备的外壳，但也要考虑满足检修监测方便、通风良好、进排气及其消声器正常工作的要求。曲面形体应有较大的刚度，有利于隔声。尽量少用方形平行罩壁，以防止罩内空气声的驻波效应。

2）金属板面上加筋或涂贴阻尼层。通过加筋或涂贴阻尼层，以抑制罩壁共振和吻合效应的影响。阻尼层的厚度应不小于罩壁厚度的2～4倍，一定要粘贴紧密牢固，阻尼材料常用内损耗、内摩擦大的黏弹性材料，加沥青、石棉漆等。

3）隔声罩内表面应有较好的吸声性能。图5-12所示为隔声构件的组成。在2mm厚的钢板上，牢固涂贴一层厚7mm的沥青石棉绒作阻尼层，内衬50mm厚的超细玻璃棉（假密度25kg/m^3）作吸声层，玻璃棉护面层由一层玻璃布和一层穿孔率为25%的钢板网构成。这种构件的平均透射损失在34～45dB，吸声系数一般不低于0.5。

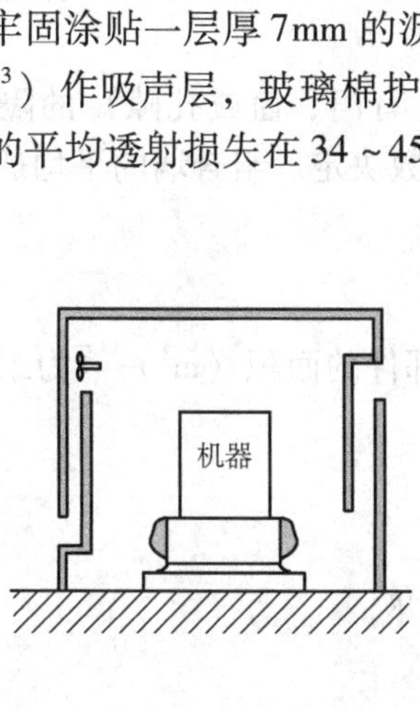

图5-11 带进排风消声通道的隔声罩

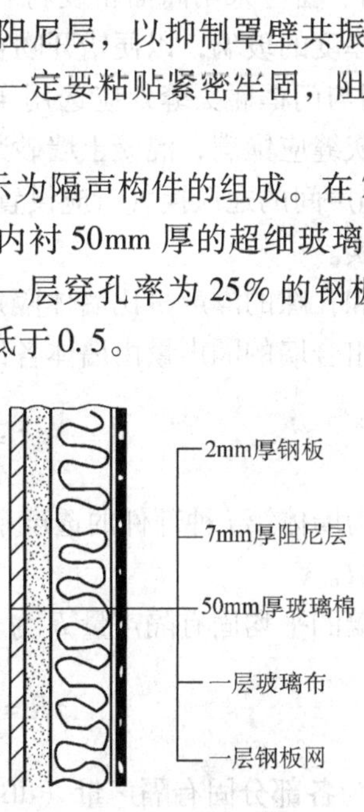

图5-12 隔声构件的组成

4）隔振及密封处理。隔声罩内焊缝应避免漏风。隔声罩与机器之间不能有刚性连接，通常将橡胶或毛毡等柔性连接夹在两者之间吸收振动，机器与基础之间、隔声罩与机器基础之间均需要采用隔振措施。

5）隔声罩的壁材。隔声罩的壁材应具有较大的传声损失。罩壁材料可采用铅板，钢板，铝板，壁薄、密度大的板材，一般采用2~3mm钢板即可。

6）隔声罩设计应与生产工艺相配合，考虑噪声源设备的通风、散热要求，便于操作、安装与维修。

7）隔声罩的实际隔声量（IL）。由于声源被密封在隔声罩内，声源发出的噪声在罩内多次反射，产生混响，大大增加了罩内的声能密度，另外隔声墙板有衍射现象，因此隔声罩的实际隔声量比罩体本身的固有隔声量低。隔声罩的实际隔声量（又称插入损失）IL 计算式为

$$IL = \overline{R} + 10\lg\overline{\alpha} \tag{5-26}$$

式中，$\overline{\alpha}$ 为罩内表面平均吸声系数；$\overline{R}$ 为罩板平均固有隔声量（dB）。

（2）隔声间　由不同隔声构件组成的具有良好隔声性能的房间称为隔声间。可以将多个强声源置于上述小房间中，以保护周围环境，或者供操作人员进行生产控制、监督、观察、休息之用。

隔声间的建造应考虑以下因素：

1）隔声间的建造应采用高性能隔声材料（隔声砖）。

2）隔声间的门窗应采用带双道隔声门的门斗及多层隔声窗。门缝、窗缝、墙上的孔洞要进行缝隙隔声处理，防止声波的衍射作用。

3）门、窗应采用高面密度材料。朝声源一侧的玻璃有一定倾角，以便减弱共振效应，采用不同厚度的玻璃，以便错开吻合效应。

4）门与门框碰头缝处应选用柔软富有弹性的材料（海绵乳胶、泡沫塑料、毛毡）密封。砖墙灰缝应饱满，混凝土墙砂浆要捣实。

5）隔声间的通风换气口应设置消声装置，各种管线在孔洞处加套管，在管道周围用柔软材料包实。

门窗和孔隙的隔声量比墙体隔声量小。组合墙（墙上有门、窗或孔隙）的隔声量比单纯墙低。组合墙的隔声量由墙体各部件的平均声能透射系数决定。组合墙的平均透射系数为

$$\overline{\tau} = \frac{S_1\tau_1 + S_2\tau_2 + \cdots + S_i\tau_i}{S_1 + S_2 + \cdots + S_i} \tag{5-27}$$

式中，τ_i 为墙体第 i 种部件的透声系数；S_i 为墙体第 i 种部件的面积（m^2）；$\overline{\tau}$为组合墙的平均透射系数。

组合墙的平均固有隔声量 $\overline{R}$ 为

$$\overline{R} = 10\lg\frac{1}{\overline{\tau}} = 10\lg\frac{\sum S_i}{\sum S_i 10^{-0.1R_i}} \tag{5-28}$$

式中，R_i 为各部分固有隔声量（dB）。

隔声间的实际隔声量按下式计算

$$IL = R_A + 10\lg\frac{A}{S} = L_{p1} - L_{p2} \tag{5-29}$$

式中，R_A为隔声间的平均固有隔声量（dB）；A 为隔声间内表面总吸声量（m^2）；S 为隔声间内表面总面积（m^2）；L_{p1} 为加隔声间前的声压级（dB）；L_{p2} 为加隔声间后的声压级（dB）。

（3）隔声屏（声屏障） 在声源与接收点之间设置障板，阻断声波的直接传播，以降低噪声，这样的结构称声屏障或隔声屏（帘）。声屏障应用的原理如光照射一样，当声波遇到一个阻挡的障板时，会发生反射，并从屏障上端绕射，于是在障板另一面会形成一定范围的声影区，声影区的噪声相对小些，可以达到利用屏障降噪的目的。

高频噪声波长短，绕射能力差，因此隔声屏对高频噪声有较显著的隔声能力。合理设计隔声屏位置、高度、长度，可使噪声衰减7~24dB。根据材质隔声屏可分为全金属隔声屏、全玻璃钢隔声屏、耐力板全透明隔声屏、高强水泥隔声屏、水泥木屑隔声屏等。隔声屏目前主要应用在城市高架路、穿过城市的铁路、通过居民文教区段的高速公路等。

隔声屏的选用原则：

1）隔声屏障材料选用总的原则是隔声量大、吸声系数高。砖、木板、钢板、塑料板、石膏板、平板玻璃等材料都可以用来制作隔声屏。

2）隔声屏的骨架可用1.5~2.0mm厚的薄钢板制作，沿周铆上型钢，以增加隔声屏的刚度，同时也作为固定吸声结构的支座，吸声结构可用50mm厚的超细玻璃棉加一层玻璃布与一层穿孔板（穿孔率在25%以上）或窗纱、拉板网等构成。

3）隔声屏应尽量靠近噪声源处放置。活动隔声屏与地面的接缝应减到最小。多块隔声屏并排使用时，应尽量减少各块之间接头处的缝隙。隔声屏有效高度越高，减噪效果越好。

4）隔声屏应具有良好降噪性能、轻便、强度高、耐用、防腐、防水、防尘、低成本等特点。

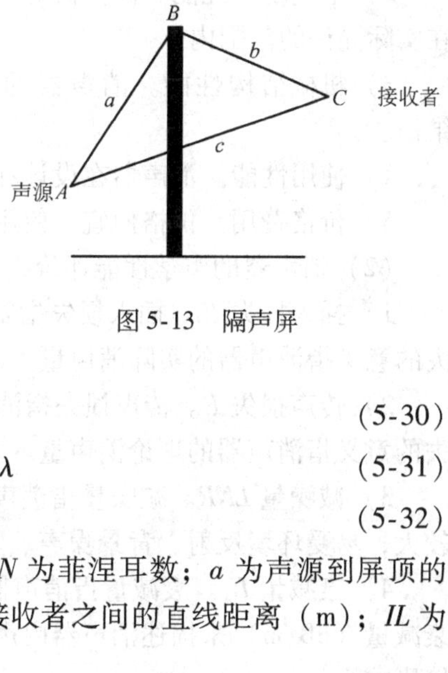

图5-13 隔声屏

图5-13所示为隔声屏，隔声屏降噪量按下式计算

$$IL = 10\lg N + 13 \tag{5-30}$$

$$N = 2q/\lambda = 2(a + b - c)/\lambda \tag{5-31}$$

$$q = a + b - c \tag{5-32}$$

式中，q为声波绕射路径差（m）；λ为声波波长（m）；N为菲涅耳数；a为声源到屏顶的距离（m）；b为接收者到屏顶的距离（m）；c为声源与接收者之间的直线距离（m）；IL为插入损失（降噪量，dB）。

4. 隔声设计的程序

1）首先测量受声点的实际声压级（L_{p1}）。

2）其次根据标准确定受声点允许声压级（L_{p2}）。

3）然后计算需要的降噪量（隔声量）。

$$\Delta L_p = L_{p1} - L_{p2} \tag{5-33}$$

4）最后选择合适的隔声构件。

5. 吸声与隔声的区别

1）两者降噪机理完全不同。吸声是利用吸声材料或吸声结构吸收反射声，降低噪声。隔声是利用隔声结构对声波起隔挡作用，减弱声透射，获得减噪效果。

2）两者所用的材料不同。吸声用轻而疏松的材料，隔声选用重而密实的材料。

3）两者降噪措施的着眼点不同。吸声注意的是反射声能的大小，反射声越小，吸声效果越好。隔声注意的是透射声能的多少，透射声越小，隔声效果越好。

5.3.4 消声技术

许多机械设备的进、排气管道和通风管道都会产生强烈的空气动力性噪声，而消声器是防治这种噪声的主要装置，它既阻止声音向外传播，又允许气流通过，装在设备的气流通道上，可使该设备本身发出的噪声和管道中的空气动力性噪声降低。

1. 消声器的性能评价

消声器是消减气流噪声的装置，把它接在管道中或进、排气口上，让气流通过，对噪声具有一定的消减作用。

（1）好消声器的要求

1）消声性能。要求消声器具有较高的消声值和较宽的消声频谱，也就是说要在所需要的消声频率范围有足够大的消声量。

2）空气动力性能。消声器对气流的阻力要小，安装消声器后所增加的阻力损失要控制在实际允许的范围内。

3）机械结构性能。消声器的体积要小，质量要轻，结构简单，便于加工、安装和维修。

4）使用性能。消声器在设计和使用上要防火、防水、防尘、防腐蚀。

5）价格费用。价格便宜，使用寿命长。

（2）消声器的声学性能评价指标

1）插入损失 *IL*。插入损失指安装消声器前后在系统外某点测得的声压级之差。插入损失的意义指消声器的实际消声量。

2）传声损失 *R*。传声损失指消声器进口端入射声与出口端透射声声压级之差。传声损失的意义指消声器的理论消声量。

3）减噪量 *LNR*。减噪量指消声器进出口端测得的平均声压级之差。这种测量方法误差较大，易受环境反射、背景噪声、气象条件等影响。

4）衰减量 L_A。衰减量指消声器内部两点间的声压级的差值，通常用消声器单位长度的衰减量（dB/m）来描述消声器内声传播特性。衰减量属于消声器本身的特性，受声源与环境影响小。

（3）消声器的分类　阻性消声器主要消除中高频噪声，抗性消声器主要消除低中频噪声，阻抗复合式消声器主要消除宽频带噪声，微穿孔板消声器主要消除宽频带噪声，小孔消声器主要消除空气排放产生的噪声。

2. 阻性消声器

阻性消声器利用多孔吸声材料降低噪声。把吸声材料固定在气流通过的管道周壁，或按一定方式在通道中排列起来，利用吸声材料的吸声作用，使沿通道传播的噪声不断被吸收而逐渐衰减，就构成了阻性消声器。

（1）消声原理　声波进入消声器，便引起阻性消声器内多孔材料孔隙中的空气和纤维振动，由于摩擦阻力和粘滞阻力的作用，使一部分声能转化为热能而散失，通过消声器的声波减弱，起到消声作用。

（2）应用　阻性消声器对中高频范围的噪声具有较好的消声效果，适用于消除气体流速不大的风机、燃气轮机等进气噪声，不适用于对吸声材料有影响的环境。阻性消声器的消声量与消声器的形式、长度、通道截面积有关，同时与吸声材料的种类、密度和厚度等因素也有关。

（3）阻性消声器形式　图5-14所示为阻性消声器的结构。管式消声器是把吸声材料固定在管道内壁上形成的，有直管式和弯管式，通道为圆形或矩形。管式消声器加工简易，空气动力性好，适用于气体流量小的情况。片式消声器由一排平行的消声片组成，每个通道相当于一个矩形消声器。通道宽度越小，消声量越大。片式消声器对中高频噪声消声效果好。蜂窝式消声器由许多平行管式消声器并联而成，对中高频噪声消声效果好，适用于控制大型鼓风机的气流噪声。折板式消声器把消声片做成弯折状，声波在消声器内往复多次反射，增加噪声与吸声材料的接触机会，使消声效果得到提高。但折板式消声器的阻力损失大，适用于压力和噪声较高的设备。

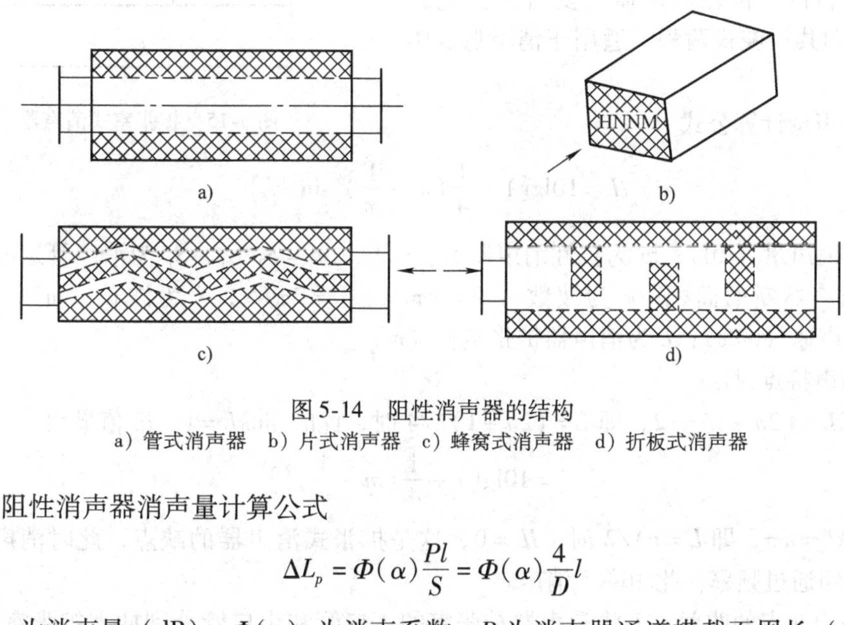

图5-14　阻性消声器的结构
a）管式消声器　b）片式消声器　c）蜂窝式消声器　d）折板式消声器

（4）阻性消声器消声量计算公式

$$\Delta L_p = \Phi(\alpha)\frac{Pl}{S} = \Phi(\alpha)\frac{4}{D}l \tag{5-34}$$

式中，ΔL_p 为消声量（dB）；$\Phi(\alpha)$ 为消声系数；P 为消声器通道横截面周长（m）；l 为消声器有效长度（m）；S 为消声器通道横截面面积（m^2）；α 为吸声系数；D 为消声器通道当量直径（m）。

表5-9为吸声系数与消声系数换算表。

表5-9　吸声系数与消声系数换算表

α	0.1	0.2	0.3	0.4	0.5	0.6	0.7	0.8	0.9	1.0
$\Phi(\alpha)$	0.1	0.25	0.4	0.5	0.7	0.9	1.0	1.2	1.5	1.5

（5）上限失效频率　当阻性消声器的消声性能明显下降时，所对应的频率为上限失效频率（也称之为高频失效频率）。计算公式为

$$f_{上} \approx 1.8\frac{c}{d} \tag{5-35}$$

式中，c 为声速（m/s）；d 为消声通道横截面边长平均值（圆形管道为直径，矩形管道为边长平均值，其他管道取面积的开方值）。

上限失效频率产生的原因：当气体流量较大时，为保持较小的流速，降低阻力损失，阻性消声器的消声管道的横截断面就会增大，声波与管壁上的吸声材料的接触机会就会减少，导致消声量明显降低。解决方法：可以将大的消声器通道分成若干小的通道，每个通道的截面积小了，提高了上限失效频率，同时增加了吸声面的表面积，而增大了消声量，消声性能得到了提高。

3. 抗性消声器

（1）消声原理　抗性消声器不使用吸声材料，而是在管道上接截面积突变的管段或旁接共振腔，使某些频率的声波在声阻抗突变的界面发生反射、干涉等现象，从而在消声器的外侧，达到了消声的目的。抗性消声器主要有扩张室式（图 5-15）和共振腔式两种，适用于消除低、中频噪声。

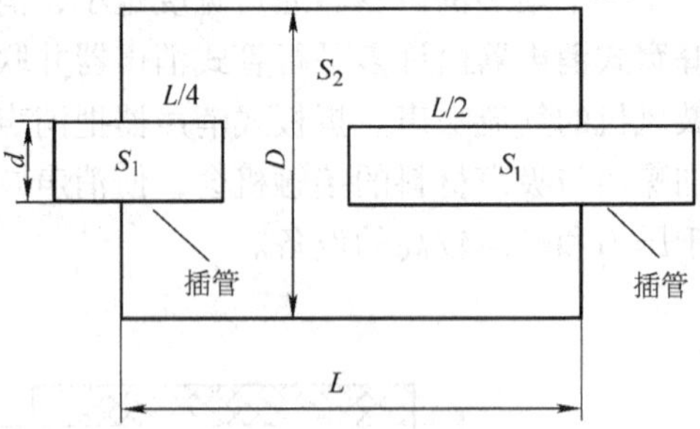

图 5-15　扩张室式消声器

（2）消声量计算公式

$$IL = 10\lg\left[1 + \frac{1}{4}\left(m - \frac{1}{m}\right)^2 \sin^2 kL\right] \tag{5-36}$$

式中，IL 为消声量（dB）；m 为抗性消声器的扩张比，$m = S_2/S_1$，S_1 为消声管道断面面积，S_2 为抗性消声器断面面积；k 为波数，$k = 2\pi/\lambda$，$k = 2\pi f/c$，λ 为波长（m），f 为频率（Hz），c 为声速（m/s）；L 为消声器扩张室长（m）。

（3）消声特点讨论

1）当 $kL = (2n+1)\pi/2$，即 $L = (2n+1)\lambda/4$ 时，此时 $\sin kL = 1$，IL 值最大。

$$IL_{\max} = 10\lg\left[1 + \frac{1}{4}\left(m - \frac{1}{m}\right)^2\right] \tag{5-37}$$

2）当 $kL = n\pi$，即 $L = n\lambda/2$ 时，$IL = 0$，这是扩张式消声器的缺点，此时消声量为零，这时的频率叫通过频率，此频率不消声。

（4）消声缺点的改善　若将消声器扩张室的入口管和出口管分别插入扩张室内，可以使各节扩张室的频率互相错开，改善消声器的频率特性，从而避免某些频率附近根本不消声的现象。最常用是一根插入管插入扩张室长度的 1/2，另一个插入扩张室长度的 1/4。插管长为 $L/2$ 时，可消除 $(2n+1)\lambda/2$ 的声波通过频率，插管长为 $L/4$ 时，可消除 $n\lambda$ 的声波通过频率。

4. 其他类型消声器

（1）阻抗复合消声器　把阻性与抗性两种消声结构按照一定方式组合起来（阻抗结构的并联或串联结构）而构成的消声器（图 5-16）。总消声量可定性地认为阻性和抗性在同一频带的消声值的叠加。一般阻抗复合消声器的抗性在前，阻性在后，即先消低频声，然后消高频声。阻抗复合型消声器可以在低、中、高的宽广频率范围内获得较好的消声效果。

（2）微穿孔板消声器　微穿孔板消声器不采用任何多孔吸声材料，而是在薄金属板上钻许多微孔，由于微穿孔板的孔径很小，声阻很大，可以有效地消耗声能，起到吸声作用，因此可作为阻性消声器处理。通过选择微穿孔板上的不同穿孔率与板后的不同腔深，能够在较宽的频率范围内获得良好的吸声效果。

（3）小孔消声器 小孔消声器是一根直径与排气管直径相等，末端封闭的管道，管壁上钻有很多小孔。当气流经过小孔时，喷气噪声的频谱就从低频移向高频范围（喷气噪声的峰值频率与喷口直径成反比），使频谱中的可听声成分显著减少，从而使干扰噪声降低。小孔消声器具有体积小、质量轻和消声能力大的特点，用来控制高压、高速排气放空噪声。

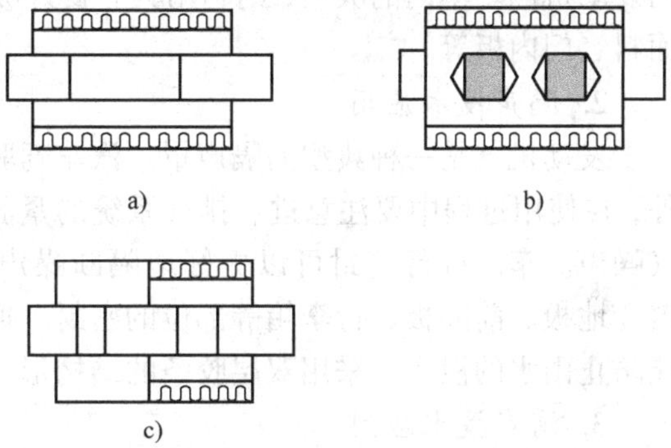

图5-16 阻抗复合消声器
a）阻-抗并联 b）阻-抗串、并联
c）阻-抗串并联

5. 消声器的选用与设计

（1）消声器的选型设计程序 首先调查噪声源，其次确定降噪标准，然后设计计算（考虑口径，尺寸，空气动力学性能，防腐、防水、防火、防尘等性能），选择消声器类型，制造，最后测试消声器性能。

（2）消声器的选型设计原则

1）要符合声源的特性。消声器的选型要符合声源的频率、压力，介质等特性。

2）选型要匹配。消声器的额定风量应等于或稍大于风机的实际风量。消声器通道的风速应等于或小于风机的实际流速。

3）性能优良。消声器达到要求的消声量，消声频带宽；有良好的空气动力学性能，阻力等于允许阻力；便于制造、安装，维修，性能稳定；结构简单、造价低，耐腐蚀，防火，防灰尘等。

4）综合治理，全面考虑。消声不是唯一的噪声治理技术，应当与其他降噪措施相结合，采用综合手段治理噪声。

（3）消声器的安装要求

1）消声器与设备或管道的接口要牢靠。

2）为减小机械噪声对消声器的影响，消声器不应与风机接口直接连接，应加接中间变径管道。

3）应防止其他噪声传入消声器的后端，可在消声器外壳或部分管道上做隔声处理。

4）消声器安装场所应采取防护措施。加防雨罩、防尘罩，加滤清器，从而防水、防尘。

5.3.5 降噪技术应用实例——汽车噪声控制

汽车噪声对环境的影响可以分成两个方面，一方面是对车内乘客和驾驶员的影响——车内噪声；另一方面是对车外环境的影响——交通噪声。

1. 吸声技术应用

针对汽车最主要噪声源——发动机产生的噪声，最常用的降噪措施是采用多孔性吸声材料进行声学处理，对中高频噪声有很好的消除作用。这类材料种类很多，有玻璃棉、岩棉、矿棉等，形状有纤维状、颗粒状和泡沫塑料等。一般是以玻璃纤维和毛毡类为基体，用非织物进行表面处理，其后设成空气层结构，通过热压成形。通常安装在发动机罩内侧和前隔板的发动机侧。车内的吸声，则利用具有良好吸声性能的装饰材料，如地毯、车顶内衬、座椅面料、门内板等。

2. 隔声技术应用

发动机罩是一种典型的隔声罩。汽车驾驶室和客车车厢都属于隔声室这类隔声装置。此外，在使用过程中要注意进、排气系统的紧固和接头的密封状况，以减小表面辐射噪声和漏气噪声。车内进行密封可以更好地隔断噪声的传入，降低车内噪声。特别需要关注车门、窗、地板、前隔板、行李箱等部位的密封。通常采用胶条密封，不但可以隔声降噪，而且还能防止雨水的浸入。采用双层胶条的结构形式密封效果更佳。

3. 消声技术应用

降低发动机的进、排气噪声，最有效的方法是采用进、排气消声器。进气消声器与空气滤清器结合起来就成为最有效的消声器。

4. 减振技术应用

对于金属薄板振动辐射的噪声，常采用阻尼降噪技术。在汽车的减振保护与控制中较广泛采用附加阻尼结构，如粘贴弹性阻尼材料、阻尼橡胶、阻尼塑料等。

5.3.6 噪声控制方法展望

1. 注重吸声、隔声材料及产品的研究和开发

要大力发展噪声控制技术，其中吸声材料是噪声控制中的基本材料。长期以来，人们大量使用纤维性吸声材料，有的材料因纤维被吸到肺中，对人体有害；有些场合（如食品、医药工业）则根本不能用；有的材料不具备防火性能，或虽阻燃，但遇火会散发有害气体。因此，社会需要环保型、安全型的吸声材料，或者称之为无二次污染材料、非纤维吸声材料。

微孔板是理想的环保型、安全型吸声材料。应继续从理论、微孔板材料、结构、加工工艺及具体应用等多个方面进行分析研究。除此之外，还可以对在其他行业应用的一些材料加以改进，使其成为环保型、安全型吸声材料，如将不锈钢纤维、金属烧结毡网多孔材料开发为吸声材料等。

随着我国城市对人居环境的要求不断提高，各种各样的新型隔声、吸声材料将应用于高效隔声窗及通风隔声窗的产品开发。

2. 提高消声器的性能

为保证使用集中式空调时不污染声环境，就必须安装消声器。因此，改进传统空调消声器的材料和结构，进一步提高其消声性能，是摆在噪声与振动控制行业面前的又一项新任务。

3. 高隔声性能轻质隔墙的研制

传统住宅的内墙采用砖墙，隔声性能较好。近年来，由于砖墙的禁止使用，不得不用轻质隔墙代替，可是其隔声性能总不尽如人意。噪声与振动控制行业要从开发新材料、新型隔声结构入手，尽快解决这一问题。

4. 利用绿化控制噪声

城市绿化不仅美化环境，净化空气，同时在一定条件下，对减少噪声污染也是一项不可

忽视的措施。绿化带可以控制噪声在声源和接收者之间的空间自由传播，能增加噪声衰减量。绿化带吸声效果是由林带的宽度、种植结构、树木的组成等因素决定的。为提高降噪效果，绿化带需要密集栽植，高大乔木树冠下的空间植满浓密灌木。研究表明绿化带的存在，对降低人们对噪声的主观烦恼度，有一定的积极作用。

5. 有源减噪技术前景广阔

有源减噪技术是利用电子线路和扩声设备产生与噪声的相位相反的声音——反声，来抵消原有的噪声而达到降噪目的的技术，也称为反声技术。有源降噪技术和利用吸声材料将声能转变为热能的降噪技术相比，其原理截然不同。可以针对各类噪声和振动的特殊条件和专门要求，提供新的有效控制方法，特别适于解决低频噪声和振动的控制难题。

有源降噪系统在理想的条件下能达到降噪效果，但环境噪声频率的成分很复杂且强度随时间起伏，往往在某些频段和位置上的噪声被抵消，而在另外一些频段和位置上却有所增加，难以达到理想的效果，这也将成为我国噪声与振动控制研究的一个前景十分广阔的方向。

复习与思考

1. 什么叫噪声？噪声污染的特征有哪些？
2. 你在生活中遇到过何种噪声污染？你感受到的噪声危害表现在哪些方面？
3. 污染城市声环境的噪声源有几类？你所在的城市哪类是主要的噪声源？如何控制？
4. 噪声强度为什么用“级”来量度？
5. 什么叫A声级？为什么在噪声控制中常用A声级作为衡量的指标？
6. 常用的吸声材料有哪些？多孔吸声材料为什么能够吸声？
7. 试述穿孔板共振吸声结构和薄板共振吸声结构的吸声原理。
8. 试述吸声设计的原则和程序。
9. 进行隔声罩设计应考虑哪些因素？
10. 什么是消声器？对消声器性能上有哪些要求？
11. 阻性消声器和抗性消声器的消声原理是什么？
12. 汽车噪声控制应用了哪些降噪技术？
13. 噪声控制方法有哪些展望？

第6章 其他物理污染及防护

6

6.1 电磁辐射污染及防护

人类探索电磁辐射的利用始于1831年英国科学家法拉第发现电磁感应想象。如今，电磁辐射的利用已经深入到人类生产、生活的各个方面，无线电广播、电视、无线通信、卫星通信、无线电导航、雷达、手机、计算机与因特网使人们能得知地球各个角落发生的新闻要事，使人类的活动空间得以充分延伸，超越了国家，乃至地球的界限；微波加热与干燥，短波与微波治疗，高压、超高压输电网、变电站，电热毯、微波炉使我们享受着生活的便捷。然而这一切却使地球上各式各样的电磁波充斥了人类生活的空间。不同波长和频率的电磁波无色无味、看不见、摸不着、穿透力强，令人防不胜防，它悄悄地侵蚀着我们的躯体，影响着我们的健康，引发了各种社会文明病。电磁污染已成为当今危害人类健康的致病源之一。

6.1.1 电磁辐射源及其危害

1. 电磁辐射源

电磁辐射源主要包括两大类，即天然电磁辐射源和人为电磁辐射源。

（1）天然电磁辐射源　天然电磁辐射源最常见的是雷电，除了可能对电气设备、飞机、建筑物等直接造成危害外，而且会在广大地区内产生从几千赫到几百兆赫以上的极宽频率范围的严重电磁干扰。火山爆发、地震和太阳黑子活动引起的磁暴等都会产生电磁干扰。天然的电磁污染对短波通信的干扰特别严重。

（2）人为电磁辐射源　人为电磁辐射源产生于人工制造的若干系统、电子设备与电气装置，主要来自广播、电视、雷达、通信基站及电磁能在工业、科学、医疗和生活中的应用设备。人为电磁辐射源按频率不同又可分为工频场源和射频场源。工频杂波场源中，以大功率输电线路所产生的电磁污染为主，同时也包括若干种放电型场源。射频场源主要是由无线电设备或射频设备工作中产生的电磁感应与电磁辐射。射频场源是目前电磁辐射污染环境的重要因素。人为电磁辐射污染源分类见表6-1。

2. 电磁辐射的危害

电磁辐射是电场和磁场周期性变化产生波动，电磁波以光速在空气中（或其他介质中）传播能量的物理现象。形象地比喻就像平日里把一块石头丢进了一个平静的水面，马上就会看到水面泛起层层波浪。波浪越扩越大，最后逐渐消失。电磁辐射污染，又称电子雾污染、电磁波污染，是指人类使用产生电磁辐射的器具而泄漏的电磁能量流传播到室内外空间中，其量超出环境本底值，其性质、频率、强度和持续时间等综合影响引起周围受辐射影响人群的不适感，使人群健康和生态环境受到损害的现象。

表 6-1 人为电磁辐射污染源分类

分类		设备名称	污染来源与部件
放电所致场源	电晕放电	电力线（送配电线）	由高电压、大电流而引起静电感应、电磁感应、大地泄漏电流所造成
	辉光放电	放电管	白光灯、高压水银灯及其他放电管
	弧光放电	开关、电气铁道、放电管	点火系统、发电机、整流装置
	火花放电	电气设备、发动机、冷藏车、汽车	整流器、发电机、放电管、点火系统
工频感应场源		大功率输电线、电气设备、电气铁道	高电压、大电流的电力线场、电气设备
射频感应场源		无线电发射机、雷达 高频加热设备、热合机、微波干燥机 理疗机、治疗机	广播、电视的发射系统 工业用射频利用设备的工作电路与振荡系统 医学用射频利用设备的工作电路与振荡系统
家用电器		微波炉、计算机、电磁炉、电热毯	功率源为主
移动通信设备		手机、对讲机等	天线为主

电磁辐射污染的危害主要表现在以下几个方面：

（1）对人体健康产生的影响和危害　人类一直生活在一个存在着电磁辐射的环境之中，因此，在长期的进化过程中，人类已经能够和外部的电磁辐射环境在一定程度上相适应。但是，在超出人体的适应调节范围以后，就会对人体造成伤害。但人体的不同部位对辐射的敏感程度是不一样的，也就是说，在同样的辐射环境下，身体的不同部位受到的伤害是不一样的。电磁辐射可使人出现头昏脑涨，失眠多梦，记忆力减退等症状。电磁辐射对于人的心血管系统的危害主要表现为心悸、失眠、心动过缓、血压下降、白细胞减少、免疫力下降。这种影响一般认为主要是通过影响人的神经系统从而导致心血管系统的不良反应。高强度电磁辐射还可使人眼中的组织受到损伤，导致视力减退乃至完全丧失。大量试验研究表明：电磁辐射以多种方式影响生命细胞。Hardell L 等认为，极低频电磁场（ELF-EMF）与白血病（尤其是儿童白血病）、乳腺癌、皮肤恶性黑色素癌、神经系统肿瘤、急性淋巴性白血病等有关。此外，电磁辐射对人体内分泌系统、免疫系统、骨髓造血系统均有不同程度的影响。

当然，电磁辐射对人体的健康危害还与辐射源、周围环境及受体差异有关。其中辐射源主要涉及频率（波长）、电磁场强度、波形、与辐射源的距离、照射时间与累计频次等。微波长对人体健康的影响见表 6-2。

表 6-2 微波对人体健康的影响

频率/kHz	波长/cm	受影响的主要器官	主要的生物效应
<100	>300		穿透不受影响
150 ~ 1200	200 ~ 15	体内各器官	过热时引起各器官损伤
1000 ~ 3000	30 ~ 10	眼睛晶状体和睾丸	组织加热显著，眼睛晶状体混浊
3000 ~ 10000	10 ~ 3	表皮和眼睛晶状体	伴有温热感的皮肤加热，白内障患病率增高
>10000	<8	皮肤	表皮反射，部分吸收而发热

（2）电磁辐射对机械设备的危害　电磁辐射对电气设备、飞机和建筑物等可能造成直接破坏。当飞机在空中飞行时，如果通信和导航系统受到电磁干扰，就会同基地失去联系，可能造成飞机事故；当舰船上使用的通信、导航或遇险呼救频率受到电磁干扰，就会影响航海安全；有的电磁波还会对有线电设施产生干扰而引起铁路信号的失误动作、交通指挥灯的失控、计算机的差错和自动化工厂操作的失灵，甚至还可能使民航系统的警报被拉响而发出假警报；在纵横交错、蛛网密布的高压线网、电视发射台、转播台等附近的家庭，电视机会被严重干扰。

（3）电磁辐射对安全的危害　电磁辐射会引燃引爆，特别是高场强作用下引起火花儿导致可燃性油类、气体和武器弹药的燃烧与爆炸事故。

6.1.2 电磁辐射污染的防护

电磁辐射污染的控制方法主要包括控制源头的屏蔽技术、控制传播途径的吸收技术和保护受体的个人防护技术。

1. 屏蔽技术

为了防止电磁辐射对周围环境的影响，必须将电磁辐射的强度减小到允许的程度，屏蔽是最常用的有效技术。屏蔽分为两类：一是将污染源屏蔽起来，叫做主动场屏蔽；另一种称被动场屏蔽，就是将指定的空间范围、设备或人屏蔽起来，使其不受周围电磁辐射的干扰。

目前，电磁屏蔽多采用金属板或金属网等导电性材料，做成封闭式的壳体将电磁辐射源罩起来。在电磁屏蔽过程中有三方面的作用：一是屏蔽金属板的吸收作用，这是由于金属厚壁在电磁能的作用下产生涡流造成热损失，消耗了电磁能，起到了减弱电磁能辐射的作用。二是由电磁能从屏蔽金属表面反射而引起的反射损耗。这种反射作用是由制造屏蔽所用金属材料与它们四周介质的波特性有差异造成的，差异越大，屏效越高。三是电磁波在屏蔽金属内部会产生反射波，也会造成电磁能的损耗，称为屏蔽金属内部的反射损耗。

2. 接地技术

接地技术有射频接地和高频接地两类。射频接地是指能够将射频场源屏蔽体或屏蔽部件内由感应生成的射频电流迅速导入大地，形成等电势分布，从而使屏蔽体本身不致成为射频辐射的二次场源，是实践中常用的一种方法。接地系统包括接地线、接地极。其结构如图 6-1 所示。

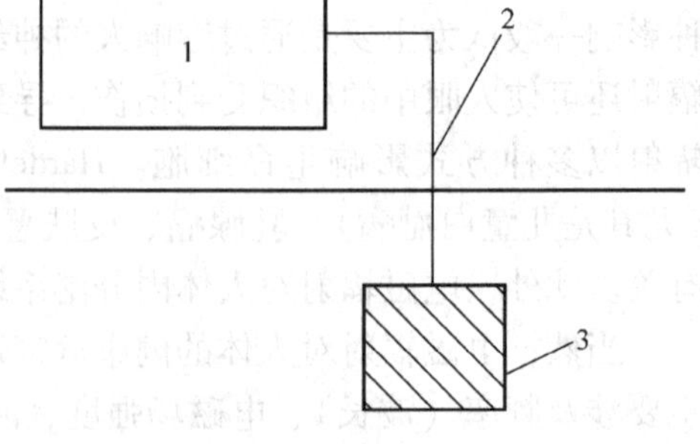

图 6-1　接地系统结构组成
1—射频设备　2—接地线　3—接地板

对射频接地系统要求如下：

1）由于射频电流的集肤效应和为了及时地将屏蔽体上所感应的电荷迅速导入大地，屏蔽体的接地系统表面积要足够大。

2）接地线要尽可能短，以保证接地系统具有相当低的阻抗。

3）接地线应避开 1/4 波长的奇数倍，以保证接地系统的高效能。

4）接地极设计合理，导流面积相当，埋置深度妥当。

5）无论接地物为何种方式，要求有足够厚度，以维持一定机械强度和耐腐蚀。

6）为了有效导流，一般要求接地极立埋，即将 $2m^2$ 的铜板埋于地下土壤中，并将接地线良好地连接在接地铜板上。

高频接地是设备屏蔽体和大地之间，或者与大地上可以看做公共点的某些构件之间，采用低电阻导体连接起来，形成电流通路，使屏蔽系统与大地之间形成一个等电势分布。

屏蔽体直接接地的作用效果有随频率增高而降低的趋势。在频率增高时，接地回路的阻抗匹配与谐振问题越加明显，可通过调整接地回路的电容量大小达到阻抗匹配的目的，从而保证高效屏蔽性能。

3. 线路滤波

线路滤波是通过滤波器截止线路上的杂波信号，保证有用信号正常传输的途径。滤波器的安装准则为：

1）每根进入屏蔽室内的电源线均必须装有滤波器。为最大限度地减少滤波器的接入数量，要求合理地设计电源线系统，使进入屏蔽室内的引入线为最少。

2）各种电源系统的滤波器应当分别进行屏蔽，屏蔽妥善接地。

3）为避免滤波器置于强电磁场中，原则上要求将滤波器的主要部分放于弱场的地方。

4）对于滤波器输入端与输出端形成的杂散耦合，应当采用将滤波器两端分别置于屏蔽室内外的办法进行防治。

5）电源线一般置于滤波器的两端，应装在金属导管中。

6）滤波器的屏蔽壳体应在最短距离内良好接地。

7）电源线必须垂直引入滤波器的输入端，以减少电源线上的干扰电压和屏蔽壳体的耦合。

8）一般情况下，可将电源线中的零线接到屏蔽室的接地芯柱上，将火线通过滤波器引入屏蔽室内。

4. 吸收防护

采用吸收电磁辐射能量的材料进行防护是降低电磁辐射的一项有效的措施。能吸收电磁辐射能量的材料种类很多，如铁粉、石墨、木材和水等，以及各种塑料、橡胶、胶木、陶瓷等。吸收防护就是利用吸收材料对电磁辐能量有一定的吸收作用，从而使电磁波能量得到衰减，达到防护的目的。吸收防护主要用于微波频段，不同的材料对微波能量均有不同的微波吸收效果。

5. 区域控制及绿化

对工业集中城市，特别是电子工业集中的城市或电气、电子设备密集使用的地区，可以将电磁辐射源相对集中在某一区域，使其远离一般工作区或居民区，并对这样的区域设置安全隔离带，从而在较大的区域范围内控制电磁辐射的危害。

区域控制大体分为四类。

1）自然干净区。在这样的区域内要求基本上不设置任何电磁设备。

2）轻度污染区。只允许某些小功率设备存在。

3）广播辐射区。指电台、电视台附近区域，因其辐射较强，一般应设在郊区。

4）工业干扰区。属于不严格控制辐射强度的区域，对这样的区域要设置安全隔离带，厂房、住宅等不得建在隔离带内，隔离带内要采取绿化措施。由于绿色植物对电磁辐射能具有较好的吸收作用，因此加强绿化是防治电磁污染的有效措施之一。依据上述区域的划分标准，合理进行城市、工业等的布局，可以减少电磁辐射对环境的污染。

6. 个人防护

个人防护的对象是个体的微波作业人员，当工作需要操作人员必须进入微波辐射源的近场区作业时，或因某些原因不能对辐射源采取有效的屏蔽、吸收等措施时，必须采取个人防护措施，以保护作业人员。个人防护措施主要有穿防护服、带防护头盔和防护眼镜等。这些个人防护装备同样也是应用了屏蔽、吸收等原理，用相应材料制成的。

6.2 放射性污染及防护

自从1895年发现X射线和1898年居里夫妇发现镭元素后，原子能科学飞速发展。1942年12月，美国科学家首次实现了铀的链式核裂变反应，标志着人类“原子时代”的开端。此后，人们在不断发展核工业进行核试验的同时，对于放射性污染的研究也不断深入。在核工业迅速发展的同时也带来了放射性污染方面的问题。

6.2.1 放射性污染源

环境中的放射性具有天然和人工两个来源。

1. 天然放射性的来源

环境中天然放射性的主要来源有宇宙射线和地球固有元素的放射性。人和生物在其漫长的进化过程中，经受并适应了来自天然存在的各种电离辐射，只要天然辐射剂量不超过这个本底，就不会对人类和生物体构成危害。

2. 人工放射性污染源

放射污染的人工污染源主要来自以下几个方面（图6-2）：

（1）核爆炸的沉淀物　在大气层进行核试验时，爆炸高温体放射性核素变为气态物质，伴随着爆炸时产生的大量赤热气体，蒸汽携带着弹壳碎片、地面物升上天空。在上升过程中，随着与空气的不断混合、温度的逐渐降低，气态物即凝聚成粒或附着在其他尘粒上，并随着蘑菇状烟云扩散，最后这些颗粒都要回落到地面。沉降下来的颗粒带有放射性，称为放射性沉淀物（或沉降灰）。这些放射性沉降物除落到爆炸区附近外，还可随风扩散到广泛的地区，造成对地表、海洋、人体及动植物的污染。细小的放射性颗粒甚至可到达平流层并随大气环流流动，经很长时间（甚至几年）才能回落到对流层，造成全球性污染。即使是地下核试验，由于“冒顶”或其他事故，仍可造成如上的污染。另外，由于放射性核素都有半衰期，因此这些污染在其未完全衰变之前，污染作用不会消失。其中核试验时产生的危害较大的物质有^{90}Sr、^{137}Cs、^{131}I和^{14}C。核试验造成的全球性污染比其他原因造成的污染严重得多，因此是地球上放射性污染的主要来源。随着在大气层进行核试验的次数的减少，由此引起的放射件污染也将逐渐减少。

（2）核工业过程的排放物　核能应用于动力工业，构成了核工业的主体。核工业的废水、废气、废渣的排放是造成环境放射性污染的一个重要原因。核燃料的生产、使用及回收形成了核燃料的循环，在这个循环过程中的每一个环节都会排放种类、数量不同的放射性污染物，对环境造成程度不同的污染。

1）核燃料生产过程。包括铀矿的开采、冶炼、精制与加工过程。在这个过程中，排放的污染物主要有由开采过程中产生的含有氡及氡的子体及放射性粉尘的废气；含有铀、镭、

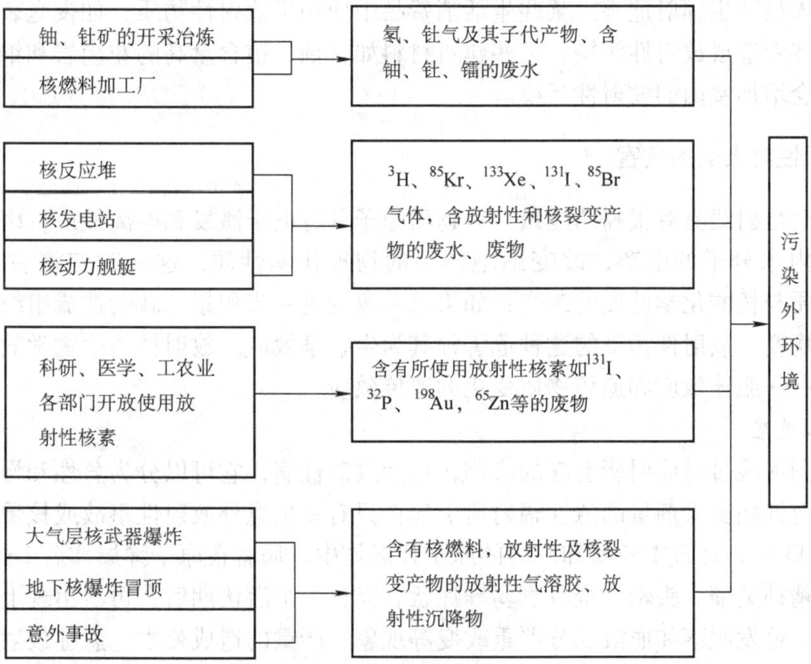

图6-2 环境放射性污染物的主要来源

氡等放射性物质的废水；在冶炼过程中产生的低水平放射性废液及含镭、钍等多种放射性物质的固体废物；在加工、精制过程中产生的含镭、铀等的废液及含有化学烟雾和铀粒的废气等。

2）核反应堆运行过程。反应堆包括生产性反应堆及核电站反应堆等。在这个过程中产生了大量裂变产物，一般情况下裂变产物被封闭在燃料元件盒内。因此正常运转时，反应堆排放的废水中主要污染物是被中子活化后所生成的放射性物质，排放的废气中主要污染物是裂变产物及中子活化产物。

3）核燃料后处理过程。核燃料经使用后运到核燃料后处理厂，经化学处理后提取铀和钚循环使用。在此过程排出的废气中含有裂变产物，而排出的废水既有放射强度较低的废水，也有放射强度较高的废水，其中包含有半衰期长、毒性大的核素。因此燃料后处理过程是燃料循环中最重要的污染源。

对整个核工业来说，在放射性废物的处理设施不断完善的情况下，处理设施正常运行时，对环境不会造成严重污染。严重的污染往往是由事故造成的。如1986年前苏联的切尔诺贝利核电站的爆炸泄漏事故。因此减少事故排放对减少环境的放射性污染将是十分重要的。

（3）医疗照射引起的放射性　随着现代医学的发展，辐射作为诊断、治疗的手段应用越来越广泛，且医用辐射设备增多，诊治范围扩大。辐射方式除外照射方式外，还发展了内照射方式，如诊治肺癌等疾病，就采用内照射方式，使射线集中照射病灶。但同时这也增加了操作人员和病人受到的辐照，因此医用射线已成为环境中的主要人工污染源。

（4）其他方面的污染源　如某些用于控制、分析、测试的设备使用了放射性物质，会对职业操作人员产生辐射危害。某些生活消费品中使用了放射性物质，如夜光表、彩色电视机，会对消费者造成放射性污染；某些建筑材料如含铀、镭含量高的花岗岩和钢渣砖等，它们的使用也会增加室内的放射性污染。

6.2.2 放射性对人类的危害

由于放射性射线具有很高的能量，对物质原子具有电子激发和电离效应，因此，核辐照会引起细胞内水分子的电离，改变细胞体系的物理化学性质，这一改变将引起生命高分子——蛋白质与核酸化学性质的改变；如果这一改变进一步积累，就会造成组织、器官甚至个体水平的病变，放射性污染的这种危害称其为生物学效应。放射性的生物学效应包括有机体自身损害——躯体效应和遗传物质变化的遗传效应。

1. 躯体效应

人体受到射线过量照射所引起的疾病，称为放射性病，它可以分为急性和慢性两种。

急性放射性病由大剂量的急性辐射所引起：只有发生意外放射性事故或核爆炸时才可能发生。如1945年，在日本长崎和广岛的原子弹爆炸中，病者在原子弹爆炸后1h内就出现恶心、呕吐、精神萎靡、头晕、全身衰弱等症状。经过一个潜伏期后，再次出现上述症状，同时伴有出血、毛发脱落和血液成分严重改变等现象；严重的造成死亡。急性放射性病还有潜在的危险，会留下后遗症，而且有的患者会把生理病变遗传给子孙后代。另外，急性辐照也会具有晚期效应。通过对广岛、长崎原子弹爆炸幸存者、接受辐射治疗的病人以及职业受照人群（如铀矿工人的肺癌发病率高）的详细调查和分析，证明辐射有诱发癌的能力。受到放射照射到出现癌症通常有5~30年潜伏期。

慢性放射性病是多次照射、长期积累的结果。全身的慢性放射性病，通常与血液病相联系，如白细胞减少、白血病等。局部的慢性放射性病，如当手部受到多次照射损伤时，指甲周围的皮肤会呈现红色，并且发亮，同时，指甲变脆、变形，手指皮肤光滑、失去指纹，手指无感觉，随后发生溃烂。

2. 遗传效应

辐射的遗传效应的发生是由于生殖细胞受损伤，而生殖细胞是具有遗传性的细胞。染色体是生物遗传变异的物质基础，由蛋白质和DNA组成；DNA有修复损伤和复制自己的能力，许多决定遗传信息的基因定位在DNA分子的不同区段上。电离辐射的作用使DNA分子损伤，如果是生殖细胞中DNA受到损伤，并把这种损伤传给子孙后代，后代身上就可能出现某种程度的遗传疾病。

6.2.3 放射性污染的控制

加强对放射性物质的管理是控制放射性污染的必要措施。

从技术控制手段来讲，放射性废物中的放射性物质，采用一般的物理、化学及生物的方法都不能将其消灭或破坏，只有通过放射性核素的自身衰变才能使放射性衰减到一定的水平，而许多放射性元素的半衰期十分长，并且衰变的产物又是新的放射性元素，所以放射性废物与其他废物相比在处理和处置上有许多不同之处。

1. 放射性废液的处理

放射性废水的处理方法主要有稀释排放法、放置衰变法、混凝沉降法、离子变换法、蒸发法、沥青固化法、水泥固化法、塑料固化法以及玻璃固化法等。

2. 放射性废气的处理

放射性废气主要有以下各种物质组成：挥发性反射性物质（如钌和卤素等）；含氚的氢气和水蒸气；惰性放射性气态物质（如氪、氙等）；表面吸附有放射性物质的气溶胶和微粒。在核设施正常运行时，任何泄漏的放射性废气均可纳入废液中，只是在发生重大事故及以后一段时间，才会有放射性气态物释出。通常情况下，采取预防措施将废气中的大部分放射性物质截留住甚为重要，可选取的废气处理方法有过滤法、吸附法和放置法。

3. 放射性固体废物的处理

放射性固体废物可采用埋藏、煅烧等方法处置。如果是可燃性固体废物则多采用煅烧法。

4. 放射性废物的处置

放射性废物进行处置的总目标是确保废物中的有害物质对人类环境不产生危害。其基本方法是通过天然或人工屏障构成多重屏障层以实现有害物质同生物圈的有效隔离。根据废物的种类、性质、放射性核素成分和比活度以及外形大小等可分为以下四种处置类型：

（1）扩散型处置法　此法适用于比活度低于法定限值的放射性废气或废水，在控制条件下排入大气或水体。

（2）管理型处置法　此法适用于不含铀元素的中、低放射性固体废物的浅地层处置。将废物填埋在距地表有一定深度的土层中，其上面覆盖植被，做出标记牌告。

（3）隔离型处置法　此法适用于数量少，比活度较高，含长寿命α核素的高放射性废物。废物必须置于深地质层或其他长期能与人类生物圈隔离的处所，以待其充分衰减。其工程设施要求严格，需特别防止核素的迁出。

（4）再利用型处置法　此法适用于极低放射性水平的固体废物。经过前述的去污处理，在不需任何安全防护条件下可加以重复或再生利用。

放射性废物的处置与利用是相当复杂的问题，特别是高放射性废物的最终处置，目前在世界范围内还处于探索与研究中，尚无妥善的解决办法。

6.3 热污染与防治

6.3.1 热污染及其危害

热污染是指人类活动影响环境不良增温的现象。产生热污染的原因主要有如下几个方面：

1）燃料燃烧和工业生产过程所产生的废热向环境的直接排放。热污染主要来自能源消费。发电、冶金、化工和其他的工业生产，通过燃料燃烧和化学反应等过程产生的热量，一部分转化为产品形式，一部分以废热形式直接排入环境。转化为产品形式的热量，最终也要通过不同的途径释放到环境中。以火力发电为例：在燃料燃烧的能量中，40%转化为电能，12%随烟气排放，48%随冷却水进入到水体中。在核电站，能耗的33%转化为电能，其余的67%均变为废热全部转入水中。

由以上数据可以看出，各种生产过程排放的废热大部分转入到水中，使水升温成温热水排出。这些温度较高的水排进水体，形成对水体的热污染。电力工业是排放温热水量最多的行业，据统计，排进水体的热量，有80%来自发电厂。

2）温室气体的排放，通过大气温室效应的增强，引起大气增温。

3）由于消耗臭氧层物质，破坏了大气臭氧层，导致太阳辐射的增强。

4）地表状态的改变，使反射率发生变化，影响了地表和大气间的换热等。

热污染的危害可分为局部性的和全球性的。如局部热源（废冷却水）排放会造成水体的热污染，可使水温升高，水中溶解氧降低，造成缺氧现象。水温的升高使水中植物，特别是藻类群落结构发生变化，耐热藻类可存活并大量繁殖，而一些不耐热藻类将会死亡，从而影响水生生态系统。水体生物化学反应由于温度升高而加快，会使被污染水中的化学物质对水生生物毒性增大。另外，水中的鱼类及动物，由于水温升高，对其繁殖、洄游和生存都造成不良影响，甚至造成鱼类和其他水生动物大量死亡。

全球性的热污染主要是指由于能源使用导致大气成分（主要是温室气体，如二氧化碳等）的改变，从而改变地球的热平衡。当前人类非常关心的世界性环境问题，就是全球变暖问题、全球气候变迁都与上述过程有关。这些问题导致了世界性的气候灾害，如撒哈拉牧区、乌干达等地区持续的干旱，造成大量人畜死亡；如厄尔尼诺现象造成的气候反常，对热带和温带生态系统的摧残；而温室效应导致的冰川融化也会对近海地区人类和生态造成灾难。

6.3.2 热污染防治

人类的生产生活永远离不开热能，随着现代工业的发展和人口的不断增长，环境热污染将日趋严重，人类面临的问题是如何在利用热能的同时减少热污染，这是一个系统问题。解决问题的切入点应放在源头和热污染传播途径上，主要应从以下几方面着手：

（1）采用清洁能源　在源头上尽可能开发和利用太阳能、风能、潮汐能、地热能等可再生的清洁能源，可有效地减少 CO_2 的排放量，降低温室效应。既解决了矿物能源的短缺和污染物的排放问题，又是防止和减少热污染的重要途径。特别对取之不尽的太阳能，应投入大量人力和财力进行研究和开发利用。

（2）改进热能的利用技术、提高热能利用率　通过提高热能利用率，既节约了能量，又可以减少废热的排放。如美国的火力发电厂，20世纪60年代时平均热效率为33%，现已提高到40%，使废热排放量降低很多。

（3）利用温排水冷却技术减少温排水　电力等工业系统的温排水，主要来自工艺系统中的冷却水，对排放后可能造成热污染的这种冷却水，可通过冷却的方法使其降温，降温后的冷水可以回到工业冷却系统中重新使用。冷却方法可用冷却塔冷却，或用冷却池冷却。比较常用的为冷却塔冷却。在塔内，喷淋的温水与空气对流流动，通过散热和部分蒸发达到冷却的目的。应用冷却回用的方法，节约了水资源，又可向水体不排或少排热水。

（4）废热的综合利用

1）利用排放的高温废气预热冷原料气。

2）利用废热锅炉将冷水或冷空气加热成热水和热气，用于取暖、淋浴、空调加热等。

3）利用电站温热水进行水产养殖，如国内外均已实验成功用电站温排水养殖非洲鲫鱼。

4）冬季用温热水灌溉农田，可延长适于作物的种植时间。

5）利用温热水调节港口水域水温，防止港口冻结等。

（5）加强绿化、增加森林覆盖面积 森林是陆地上生物量最高的生态系统。森林对温度、湿度、蒸发、蒸腾及雨量可起调节作用。绿色植物具有光合作用，可以吸收CO_2，释放O_2，还可以产生负离子。植物的蒸腾作用可以释放大量水汽，增加空气湿度，降低气温。林木还可以遮光、吸热、反射长波辐射，降低地表温度。绿色植物对防治热污染有巨大的可持续生态功能。研究表明，每公顷绿地平均每天可从周围环境吸收热量81.8MJ，相当于189台空调的制冷作用。$1hm^2$绿地中园林植物每天平均可以吸收$1.8tCO_2$。当绿化覆盖率大于30%时，城市热岛效应将得到明显的削弱，覆盖率达50%时削弱作用极其明显，而规模大于$3hm^2$且绿化覆盖率达60%以上的城市下垫面的气温则与郊区自然下垫面相当。具体措施有：提高城市行道树建设水平，加强机关、学校、小区等的绿化布局，发展城市周边及小区绿化等。

（6）加强监督管理、制定法规和标准、严格限制排放 有关部门应尽快制定水温排放标准，将热污染纳入建设项目的环境影响评价中。同时各地方部门还需加强对受纳水体的热污染管理，对温室气体的排放量加以限制也是防治热污染的一项重要措施。

6.4 光污染与防治

一谈到环境污染，人们首先会想到水污染、大气污染、噪声污染、固体废物污染等，然而另一种形式的污染也围绕在我们身边，且危害日趋严重，这就是光污染。光在带给我们明亮、美观的同时，也潜伏下了污染的阴影。

6.4.1 光污染及其危害

人类活动造成的过量光辐射对人类生活和生产环境形成不良影响的现象称为光污染。目前对光污染的成因及条件研究得还不充分，因此还不能形成系统的分类及相应的防治措施。一般认为，光污染应包括可见光污染、红外光污染和紫外光污染。

1. 可见光污染

（1）眩光污染 人们接触较多的，如电焊时产生的强烈眩光，在无防护情况下会对人的眼睛造成伤害；夜间迎面驶来的汽车前照灯的灯光，会使人视物极度不清，造成事故；长期工作在强光条件下，视觉受损；车站、机场、控制室过多闪动的信号灯以及在电视中为渲染舞厅气氛，快速地切换画面，也属于眩光污染，使人视觉不舒服。

（2）灯光污染 城市夜间灯光不加控制，使夜空亮度增加，影响天文观测；路灯控制不当或建筑工地安装的聚光灯，照进住宅，会影响居民休息。

（3）视觉污染 城市中杂乱的视觉环境，如杂乱的垃圾堆物，乱摆的货摊，五颜六色的广告、招贴等。这是一种特殊形式的光污染。

（4）其他可见光污染 如现代城市的商店、写字楼、大厦等，外墙全部用玻璃或反光玻璃装饰，在阳光或强烈灯光照射下，所发出的反光会扰乱驾驶员或行人的视觉，成为交通事故的隐患。

2. 红外光污染

近年来，红外光在军事、科研、工业、卫生等方面应用日益广泛，由此可产生红外光污染。红外光通过高温灼伤人的皮肤，还可透过眼睛角膜对视网膜造成伤害，长期的红外照射可以引起白内障。

3. 紫外光污染

波长为2500～3200Å的紫外光，对人具有伤害作用，主要伤害表现为角膜损伤和皮肤的灼伤，并伴有高度畏光、流泪和脸痉挛等症状。

6.4.2 光污染防护

光污染是伴随着工业与城市发展产生的一种新污染。光污染的防护对策可概述如下。

1）在城市中，市政当局除需要限制或禁止在建筑物表面使用隐框玻璃幕墙外，还应完善立法加强灯火管制，避免光污染的产生。

2）在工业生产中，对光污染的防护措施包括：在有红外光及紫外光产生的工作场所，应适当采取安全办法。如采用可移动屏障将操作区围住，以防止非操作者受到有害光源的直接照射等。

3）个人防护光污染的最有效的措施是保护眼部和裸露皮肤，使其勿受光辐射的影响。为此，佩戴护目镜和保护面罩是十分有效的。

复习与思考

1. 人为电磁辐射源包括哪些类型？其对人体和环境的危害有哪些？
2. 电磁辐射污染的控制方法有哪些？
3. 人工放射性污染源主要来自哪几个方面？其对人体会产生哪些不良效应？
4. 如何控制放射性污染？
5. 热污染是如何产生的？减少热污染的途径和措施有哪些？
6. 光污染包括哪些类型？如何进行防护？

第 7 章 土壤污染与控制

人类的生存，一方面受环境的制约，另一方面又在不断地影响和改变着环境。人类通过生产活动从自然界取得各种自然资源和能源，最终再以“三废”的形式排入环境。土壤是一个开放的生态系统，工业“三废”中的污染物质可直接或间接地通过大气的干湿沉降、污水灌溉和固体废弃物的堆放、处理与处置等方式输入到土壤环境中；为了提高农产品的产量，过多地施用化肥、农药以及施用污泥和垃圾等，这些途径都可能使土壤环境遭受污染。

7.1 概述

7.1.1 土壤污染的定义

土壤环境中污染物的输入、积累和土壤环境的自净作用是两个相反而又同时进行的对立、统一的过程，在正常情况下，两者处于一定的动态平衡状态。在这种平衡状态下，土壤环境是不会发生污染的。但是，如果人类的各种活动产生的污染物质，通过各种途径输入土壤（包括施入土壤的肥料、农药），其速度超过了土壤环境自净作用的速度，打破了污染物在土壤环境中的自然动态平衡，使污染物的积累过程占据优势，可导致土壤环境正常功能的失调和土壤环境质量的下降；或者土壤生态发生明显变异，导致土壤微生物区系（种类、数量和活性）的变化，土壤酶活性的减小；同时，由于土壤环境中污染物的迁移转化，从而引起大气、水体和生物的污染，并通过食物链最终影响到人类的健康，这种现象属于土壤环境污染。因此，我们说，当土壤环境中污染物的含量超过土壤环境自净能力或当污染物在土壤环境中的积累量超过土壤环境基准或土壤环境标准时，即为土壤污染。

7.1.2 土壤环境的自净作用

土壤环境的自净作用，即土壤环境的自然净化作用（或净化功能的作用过程），是指在自然因素作用下，通过土壤自身的作用，使污染物在土壤环境中的数量、含量或毒性、活性降低的过程。可见，土壤环境自净作用的含义所包括的范围很广。

土壤环境的自净作用按其作用机理的不同，可划分为物理净化作用、物理化学净化作用、化学净化作用和生物净化作用四个方面。

1. 物理净化作用

土壤是一个多相的疏松多孔体，犹如天然的大过滤器。固相中的各类胶态物质——土壤胶体具有很强的表面吸附能力。因此，进入土壤中的难溶性固体污染物可被土壤机械阻留；可溶性污染物可被土壤水分稀释，减小毒性或被土壤固相表面吸附（指物理吸附），但也可能随水迁移至地表水或地下水层，特别是那些呈负吸附的污染物（如硝酸盐、亚硝酸盐），以及呈中性分子态和阴离子形态存在的某些农药等，随水迁移的可能性更大；某些污染物可挥发或转化成气态物质在土壤孔隙中迁移、扩散，以致迁移入大气。这些净化作用都是一些物理过程，因此统称为物理净化作用。

土壤的物理净化能力与土壤孔隙、土壤质地、结构、土壤含水量、土壤温度等因素有关。如砂性土壤的空气迁移、水迁移速率都较快，但表面吸附能力较弱。增加砂性土壤中粘粒和有机胶体的含量，可以增强土壤的表面吸附能力，以及增强土壤对固体难溶污染物的机械阻留作用；但是土壤孔隙度减小，则空气迁移、水迁移速率下降。此外，增加土壤水分，或用清水淋洗土壤，可使污染物含量降低，减小毒性；提高土温可使污染物挥发、解吸、扩散速度增大等。但是，物理净化作用只能使污染物在土壤中的含量降低，而不能从整个自然环境中消除，其实质只是污染物的迁移。土壤中的农药向大气的迁移，是大气中农药污染的重要来源。如果污染物大量迁移入地表水或地下水层，将造成水源的污染。同时，难溶性固体污染物在土壤中被机械阻留是污染物在土壤中的累积过程，产生潜在的威胁。

2. 物理化学净化作用

土壤环境的物理化学净化作用是指污染物的阳、阴离子与土壤胶体上原来吸附的阳、阴离子之间的离子交换吸附作用。如

$$(\text{土壤胶体})Ca^{2+} + HgCl_2 \rightleftharpoons (\text{土壤胶体})Hg^{2+} + CaCl_2$$

$$(\text{土壤胶体})3OH^- + AsO_4^{3-} \rightleftharpoons (\text{土壤胶体})AsO_4^{3-} + 3OH^-$$

此种净化作用为可逆的离子交换反应，且服从质量作用定律（同时，此种净化作用也是土壤环境缓冲作用的重要机制）。其净化能力的大小可用土壤阳离子交换量或阴离子交换量的大小来衡量。污染物的阳、阴离子被交换吸附到土壤胶体上，降低了土壤溶液中这些离子的含量或活度，相对减轻了有害离子对植物生长的不利影响。由于一般土壤中带负电荷的胶体较多，因此，一般土壤对阳离子或带正电荷的污染物的净化能力较强。当污水中污染物离子含量不大时，经过土壤的物理化学净化以后就能得到很好的净化效果。增加土壤中胶体的含量，特别是有机胶体的含量，可以相应提高土壤的物理化学净化能力。此外，土壤 pH 值增大，有利于对污染物的阳离子进行净化；相反，则有利于对污染物阴离子进行净化。对于不同的阳、阴离子，其相对交换能力大的，被土壤物理化学净化的可能性也就较大。

但是，物理化学净化作用也只能使污染物在土壤溶液中的离子含量或活度降低，相对地减轻危害，而并没有从根本上将污染物从土壤环境中消除。如利用城市污水灌溉，只是污染物从水体迁移入土体，对水体起到了很好的净化作用。然而经交换吸附到土壤胶体上的污染物离子还可以被其他相对交换能力更大的，或含量较大的其他离子交换下来，重新转移到土壤溶液中去，又恢复原来的毒性、活性。所以说物理化学净化作用只是暂时性的、不稳定的。同时，对土壤本身来说，物理化学净化作用是污染物在土壤环境中的积累过程，将产生严重的潜在威胁。

3. 化学净化作用

污染物进入土壤以后可能发生一系列的化学反应，如凝聚与沉淀反应、氧化还原反应、络合—螯合反应、酸碱中和反应、同晶置换反应、水解、分解和化合反应，或者发生由太阳辐射能和紫外线等能流而引起的光化学降解作用等。通过这些化学反应，或者使污染物转化成难溶性、难解离性物质，使危害程度和毒性减小；或者分解为无毒物或营养物质，这些净化作用统称为化学净化作用。

土壤的化学净化作用反应机理很复杂，影响因素也较多，不同的污染物有着不同的反应过程。其中特别重要的是化学降解和光化学降解作用，因为这些降解作用可以将污染物分解为无毒物，从土壤环境中消除。而其他的化学净化作用，如凝聚与沉淀反应、氧化还原反应、络合—螯合反应等，只是暂时降低污染物在土壤溶液中的含量或活度，或暂时减小活性和毒性，起到了一定的缓冲作用，但并没有从土壤中消除。当土壤 pH 值或氧化还原电位（E_h）发生改变时，沉淀了的污染物可能又重新溶解，或氧化还原状态发生改变，又恢复原来的毒性、活性，如

$$PbCO_3(固) \rightleftharpoons PbCO_3(水) \rightleftharpoons Pb^{2+} + CO_3^{2-}$$

$$CO_3^{2-} \xrightleftharpoons{+2H^+} CO_2\uparrow + H_2O$$

又如

$$MnO_2(固) + 4H^+ + 2e \rightleftharpoons Mn^{2+} + 2H_2O$$

已知 pH 值为 7 时，该体系的电极电位为 0.42V。因此，当土壤 $E_h < 0.42V$，pH < 7 时，已经沉淀的 MnO_2 又可重新被还原为有一定毒性的活性 Mn^{2+}。

土壤环境的化学净化能力的大小与土壤的物质组成、性质，以及污染物本身的组成、性质有密切关系。如富含碳酸钙的石灰性土壤，对酸性物质的化学净化能力很强。从污染物的本性来考虑，一般化学性质不太稳定的化合物易在土壤中被分解而得到净化。但是，那些性质稳定的化合物，如多氯联苯、稠环芳烃、有机氯农药，以及塑料、橡胶等合成材料，则难以在土壤中被化学净化。重金属在土壤中只能发生凝聚沉淀反应、氧化还原反应、络合—螯合反应、同晶置换反应，而不能被降解。当然，发生上述反应后，重金属在土壤环境中的迁移方向可能发生改变。如富里酸与一般重金属形成可溶性的螯合物，则在土壤中随水迁移的可能性增大。

土壤环境的化学净化能力还与土壤环境条件有关。调节适宜的土壤 pH 值、E_h 值，增施有机胶体以及其他化学抑制剂（如石灰、碳酸盐、磷酸盐等）可相应提高土壤环境的化学净化能力。当土壤遭受轻度污染时，可以采取上述措施减轻其危害。

另外，同时输入土壤环境中的几种污染物相互之间也可能发生化学反应，从而在土壤中沉淀、中和、络合、分解或化合等，我们把这些过程也看做是土壤环境的化学净化作用。

4. 生物净化作用

土壤中存在着大量依靠有机物生活的微生物，如细菌、真菌、放线菌等。它们有氧化分解有机物的巨大能力。当污染物进入土体后，在这些微生物体内酶或分泌酶的催化作用下，发生各种各样的分解反应，统称为生物降解作用。这是土壤环境自净作用中最重要的净化途径之一。土壤中天然有机物的矿质化作用，就是生物净化过程。如淀粉、纤维素等糖类物质最终转变为 CO_2 和水；蛋白质、多肽、氨基酸等含氮化合物转变为 NH_3、CO_2 和水；有机磷

化合物释放出无机磷酸等。这些降解作用是维持自然系统碳循环、氮循环、磷循环等所必经的途径之一。

由于土壤中的微生物种类繁多，各种有机污染物在不同条件下的分解形式是多种多样的，主要有氧化还原反应、水解、脱烃、脱卤、芳环羟基化和异构化、环破裂等过程，并最终转变为对生物无毒性的残留物和 CO_2。一些无机污染物也可在土壤微生物的参与下发生一系列化学变化，以降低活性和毒性。但是，微生物不能净化重金属，甚至能使重金属在土体中富集，这是重金属成为土壤的最危险污染物的根本原因。

土壤的生物降解作用是土壤环境自净作用的主要途径，其净化能力的大小与土壤中微生物的种群、数量、活性，以及土壤水分、土壤温度、土壤通气性、pH 值、E_h 值、适宜的 C/N 等因素有关。如土壤水分适宜、土温为 30℃左右，土壤通气良好，E_h 值较高，土壤偏中性到弱碱性，C/N 在 20∶1 左右，则有利于天然有机物的生物降解。相反，有机物分解不彻底，可产生大量有毒害作用的有机酸等，这是在具体工作中必须引起注意的。

土壤的生物降解作用还与污染物本身的化学性质有关，那些性质稳定的有机物，如有机氯农药和具有芳环结构的有机物，生物降解的速率一般较慢。

土壤环境中的污染物质，被生长在土壤中的植物所吸收、降解，并随茎、叶、种子而离开土壤；或者为土壤中的蚯蚓等软体动物所食用；污水中的病原菌被某些微生物所吞食等，都属于土壤环境的生物净化作用。因此，选育栽培对某种污染物吸收、降解能力特别强的植物，或应用具有特殊功能的微生物及其他生物体，也是提高土壤环境生物净化能力的重要措施。

上述四种土壤环境的自净作用，其过程互相交错，其强度的总和构成了土壤环境容量的基础。尽管土壤具有上述多种净化作用，而且也可通过多种措施来提高土壤环境的净化能力。但是其净化能力毕竟是有限的。随着人类社会的不断发展，各种污染物的排放量不断增加，其他环境要素中的污染物又可通过多种途径输入到土壤环境中。如果我们对土壤环境的自净与污染这一对矛盾的对立统一关系缺乏认识，而又不重视土壤环境保护工作，那么土壤环境污染将会日趋严重，并直接威胁到人类的生活和健康。

7.1.3 土壤污染物与污染源

1. 土壤污染物

通过各种途径输入土壤中的物质种类十分繁多，有的是有益的，有的是有害的，有的在少量时是有益的，而在多量时是有害的；有的虽无益，但也无害处。我们把输入土壤中的足以影响土壤环境正常功能，降低作物产量和生物学质量，有害于人体健康的那些物质，统称为土壤污染物质。其中主要是指城乡工矿企业所排放的对人体、生物体有害的“三废”物质，以及化学农药、病原微生物等。根据污染物的性质，可把土壤污染物质大致分为无机污染物和有机污染物两大类。

（1）无机污染物　污染土壤环境的无机物主要有重金属（汞、镉、铅、铬、铜、锌、镍，以及类金属砷、硒等）、放射性元素（^{137}Cs、^{90}Sr 等）、氟、酸、碱、盐等。其中尤以重金属和放射性物质的污染危害最为严重，因为这些污染物都是具有潜在威胁的，而且一旦污染了土壤，就难以彻底消除，并较易被植物吸收，通过食物链而进入人体，危及人类的健康。

（2）有机污染物 污染土壤环境的有机物主要有人工合成的有机农药、酚类物质、氰化物、石油、稠环芳烃、多氯联苯以及有害微生物等。其中尤以有机氯农药、有机汞制剂、稠环芳烃等性质稳定不易分解的有机物在土壤环境中易累积，造成污染危害。

土壤中主要污染物质见表7-1。

表7-1 土壤中主要污染物质

污染物种类			主要来源
无机污染物	重金属	汞（Hg）	制烧碱、汞化物生产等工业废水和污泥，含汞农药，汞蒸气
		镉（Cd）	冶炼、电镀、染料等工业废水、污泥和废气，肥料杂质
		铜（Cu）	冶炼、铜制品生产等废水、废渣和污泥，含铜农药
		锌（Zn）	冶炼、镀锌、纺织等工业废水和污泥、废渣，含锌农药、磷肥
		铅（Pb）	颜料、冶炼等工业废水，汽油防爆燃烧排气，农药
		铬（Cr）	冶炼、电镀、制革、印染等工业废水和污泥
		镍（Ni）	冶炼、电镀、炼油、染料等工业废水和污泥
		砷（As）	硫酸、化肥、农药、医药、玻璃等工业废水、废气，农药
		硒（Se）	电子、电器、油漆、墨水等工业的排放物
	放射性元素	铯（^{137}Cs）	原子能、核动力、同位素生产等工业废水、废渣，核爆炸
		锶（^{90}Sr）	原子能、核动力、同位素生产等工业废水、废渣，核爆炸
	其他	氟（F）	冶炼、氟硅酸钠、磷酸和磷肥等工业废水、废气，肥料
		盐、碱	纸浆、纤维、化学等工业废水
		酸	硫酸、石油化工、酸洗、电镀等工业废水，大气酸沉降
有机污染物	有机农药		农药生产和使用
	酚		炼焦、炼油、合成苯酚、橡胶、化肥、农药等工业废水
	氰化物		电镀、冶金、印染等工业废水，肥料
	苯并［a］芘		石油、炼焦等工业废水、废气
	石油		石油开采、炼油、输油管道漏油
	有机洗涤剂		城市污水、机械工业污水
	多氯联苯类		人工合成品及生产工业废气、废水
	有害微生物		厩肥、城市污水、污泥、垃圾

2. 土壤污染源

由表7-1可知土壤污染物的来源极其广泛，这是与土壤环境在生物圈中所处的特殊地位和功能密切相关的。

1）人类是把土壤作为农业生产的劳动对象和获得生命能源的生产基地。为了提高农产品的数量和质量，每年都不可避免地要将大量的化肥、有机肥、化学农药施入土壤，从而带入某些重金属、病原微生物、农药本身及其分解残留物。同时，还有许多污染物随农田灌溉用水输入土壤。利用未作任何处理的，或虽经处理而未达标排放的城市生活污水和工矿企业废水直接灌溉农田，是土壤有毒物质的重要来源。

2）土壤历来就是作为废物（生活垃圾、工矿业废渣、污泥、污水等）的堆放、处置与处理场所，从而使大量有机和无机污染物进入土壤，这是造成土壤环境污染的重要途径和污染来源。

3）由于土壤环境是个开放系统，土壤与其他环境要素之间不断地进行着物质与能量的交换，因大气、水体或生物体中污染物质的迁移转化而进入土壤，使土壤环境随之遭受二次污染，这也是土壤环境污染的重要来源。如工矿企业所排放的气体污染物，先污染了大气，但可在重力作用下，或随雨、雪降落于土壤中。以上这几类污染是由人类活动的结果而产生的，统称人为污染源。根据人为污染物的来源不同又可大致分为工业污染源、农业污染源和生物污染源。

工业污染源就是指工矿企业排放的废水、废气、废渣。一般直接由工业“三废”引起的土壤环境污染仅限于工业区周围数十公里范围内，属点源污染。工业“三废”引起的大面积土壤污染往往是间接的，并经长期作用使污染物在土壤环境中积累而造成的。如将废渣、污泥等作为肥料施入农田，或由于大气、水体污染所引起的土壤环境二次污染等。

农业污染源主要是指由于农业生产本身需要而施入土壤的化学农药、化肥、有机肥，以及残留于土壤中的农用地膜等。

生物污染源是指含有致病的各种病原微生物和寄生虫的生活污水、医院污水、垃圾以及被病原菌污染的河水等，这是造成土壤环境生物污染的主要污染源。

7.1.4 土壤污染的发生类型及其影响因素

1. 土壤污染的发生类型

根据土壤主要污染物的来源和土壤污染的途径，可把土壤污染的发生类型归纳为下列几种。

（1）水质污染型　污染源主要是工业废水、城市生活污水和受污染的地面水体。据报道，在日本曾由受污染的地面水体所造成的土壤污染占土壤环境污染总面积的80%，而且绝大多数是由污灌所造成的。

利用经过预处理的城市生活污水或某些工业废水进行农田灌溉，如果使用得当，一般可有增产效果，因为这些污水中含有许多植物生长所需要的营养元素。同时节省了灌溉用水，并且使污水得到了土壤环境的净化，减少了治理污水的费用等。但因为城市生活污水和工矿企业废水中还含有许多有毒、有害的物质，成分相当复杂。若这些污水、废水直接输入农田，可造成土壤环境的严重污染。

由水体污染所造成的土壤环境污染的分布特点是：由于污染物质大多以污水灌溉形式从地表进入土体，所以污染物一般集中于土壤表层。但是，随着污灌时间的延续，某些污染物质可随水自上部向土体下部迁移，以致达到地下水层。这是土壤环境污染的最主要发生类型。它的特点是沿已被污染的河流或干渠呈树枝状或呈片状分布。

（2）大气污染型　土壤环境污染物质来自被污染的大气。由大气的污染而引起的土壤环境污染，主要表现在以下几个方面。

1）工业或民用煤的燃烧所排放出的废气中含有大量的酸性气体，如SO_2、NO_2等，汽车尾气中的含铅化合物、NO_x等，经降雨、降尘而输入土壤。

2）工业废气中的粒状浮游物质（包括飘尘），如含铅、镉、锌、铁、锰等的微粒，经降尘而落入土壤。

3）炼铝厂、磷肥厂、砖瓦窑厂、氟化物生产厂等排放的含氟废气，一方面可直接影响周围农作物，另一方面可造成土壤的氟污染。

4）原子能工业、核武器的大气层试验产生的放射性物质，随降雨、降尘进入土壤，对土壤环境产生放射性污染。

由大气污染所造成的土壤环境污染的特点是：以大气污染源为中心呈椭圆状或条带状分

布，长轴沿主风向伸长。其污染面积和扩散距离取决于污染物质的性质、排放量及排放形式。如西欧和中欧工业区采用高烟囱排放，SO_2 等酸性物质可扩散到北欧斯堪的那维亚半岛，使该地区土壤酸化。而汽车尾气是低空排放，只对公路两旁的土壤产生污染危害。大气污染型土壤的污染物质主要集中于土壤表层（0~5cm），耕作土壤则集中于耕层（0~20cm）。

（3）固体废弃物污染型 固体废物是指被丢弃的固体状物质和泥状物质，包括工矿业废渣、污泥和城市垃圾等。在土壤表面堆放或处理、处置固体废物、废渣，不仅占用大量耕地，而且可通过大气扩散或降水淋滤，使周围地区的土壤受到污染，所以称为固体废弃物污染型。其污染特征属点源性质，主要是造成土壤环境的重金属污染，以及油类、病原菌和某些有毒有害有机物的污染。

（4）农业污染型 这是指由于农业生产的需要而不断地施用化肥、农药、城市垃圾堆肥、厩肥、污泥等所引起的土壤环境污染。其中主要污染物质是化学农药和污泥中的重金属。化肥既是植物生长发育必需营养元素的给源，又是日益增长的环境污染因子。农业污染型的土壤污染轻重与污染物质的种类、主要成分，以及施药、施肥制度等有关，污染物质主要集中于表层或耕层，其分布比较广泛，属面源污染。

（5）综合污染型 必须指出，土壤环境污染的发生往往是多源性质的。对于同一区域受污染的土壤，其污染源可能同时来自受污染的地面水体和大气，或同时遭受固体废弃物，以及农药、化肥的污染。因此，土壤环境的污染往往是综合污染型的。但对于一个地区或区域的土壤来说，可能是以某一种污染类型或某两种污染类型为主。

2. 影响土壤污染的因素

1）土壤环境污染的发生与发展取决于人类的生产活动所排放的“三废”和人类的生活活动所排放的废弃物总量。随着世界人口的增长、工业的发展，人们向自然界索取的物质越来越多，同时排放出的废弃物，特别是工业废水、废气、废渣日益增多。我国当前正处于经济迅速发展时期，尤其是乡镇企业发展更快，但是相对来说，生产技术水平不高，能源、资源利用率较低，污染治理技术落后与投入不足，对土壤环境污染的影响更为突出。据报道，2004年，我国烟尘排放量为1445万t，污水排放量为368亿t，工业和生活垃圾排放量为23亿t。这样大量的废物排放于环境中，又可通过多种途径输入土壤环境，成了影响土壤环境污染的主要因素。

2）土壤环境污染的发生与发展还与当地的灌溉、施肥制度、施用农药方式，以及施用城市污泥、垃圾等是否按规定的标准和方法进行有关。不恰当的灌溉与施药、施肥制度，不正确的施用农药、污泥、垃圾等是造成土壤环境污染的又一重要因素。

3）由于不同污染物在土壤环境中的迁移、转化、降解、残留的规律不同，因此，它们对土壤环境造成的威胁与危害程度也就不同。所以土壤环境污染的发生与发展，还取决于污染物的种类和性质。在诸多的土壤环境污染物质中，直接或潜在威胁最大的是重金属和某些化学农药。

4）土壤环境污染的发生与发展，还受到土壤的类型和性质以及土壤生物和栽培作物种类等因素的影响。不同的土壤类型，由于组成、结构、性质的差异，对同一污染物的缓冲与净化能力就不同；不同的土壤生物种群和栽培作物，对污染物的降解、吸收、残留、积累等均有差异。因此，即使污染物的输入量相同，其土壤环境污染的发生与发展速度也有差异。

综上所述，为了预测和防止土壤环境的污染，必须综合分析多种因素的影响，有针对性地采取相应措施加以防治。

7.1.5 土壤污染的危害

1. 土壤污染危害的特点

（1）隐蔽性和潜伏性　土壤环境污染是污染物在土壤环境中的长期积累过程，往往要通过对土壤样品进行分析化验和对农作物（如粮食、蔬菜和水果等）的残留物检测，以及对摄食的人体或动物的健康检查才能揭示出来，需要一个相当长的过程。如日本的镉中毒造成的“骨痛病”经过了一二十年之后才被人们所认识。因此，土壤环境污染具有隐蔽性和潜伏性，不像大气和水体污染那样易为人们所察觉。

（2）积累性和地域性　污染物在大气和水体中，一般随着气流和水流进行长距离迁移。但污染物在土壤环境中并不像在大气和水体中那样容易稀释和扩散，因此容易在土壤环境中不断积累而达到很高的含量，从而使土壤环境污染具有很强的地域性特点。

（3）不可逆性和长期性　污染物进入土壤环境后，自身在土壤环境中迁移、转化，同时与复杂的土壤环境组成物质发生一系列吸附、置换、化学和生物学作用，其中许多作用是不可逆过程，如某些重金属最终形成难溶化合物沉积在土壤中。许多有机化学污染物质需要一个较长的降解时间，如“六六六”和DDT在我国已禁用了20多年，但至今仍然能从土壤环境中检出，就是由于其中的有机氯非常难于降解。所以，土壤环境污染具有不可逆性和长期性。

（4）治理难且周期长　土壤环境一旦被污染，仅仅依靠切断污染源的方法往往很难自我修复，必须采用各种有效的治理技术才能消除现实污染。但是从目前的治理方法来看，仍然存在治理成本较高和周期较长的矛盾。因此，需要有更大的投入来探索、研究、发展更为先进、更为有效和更为经济的污染土壤治理和修复的技术和方法。

2. 土壤污染的主要危害

（1）土壤污染导致严重的经济损失　对于各种土壤环境污染造成的经济损失，目前尚缺乏系统的调查资料。如我国天津蓟运河畔的农田曾因引灌三氯乙醛污染的河水而导致数千公顷小麦受害。仅以土壤重金属污染为例，全国每年因重金属污染而减产粮食1000多万吨，另外被重金属污染的粮食每年也多达1200万t，有的地区重金属超标600倍，农药残留超标200～300倍，直接影响了出口创汇，合计经济损失至少200亿元。

（2）土壤污染导致农产品产量和品质下降　土壤环境污染直接危害农作物的产量和质量。农作物基本都生长在土壤上，如果土壤被污染了，污染物就通过植物的吸收作用进入植物体内，并可长期累积富集，当含量达到一定数量时，就会影响作物的产量和品质。

最新研究表明，太湖地区水稻和蔬菜等农产品和饲料重金属污染严重，杭州复合污染区稻米Cd、Pb等毒害重金属超标率分别达92%和28%，最高的Cd含量超标15倍，出现严重的“镉米”现象；江西省某县多达44%的耕地遭到重金属污染，并形成670hm^2的“镉米”区。东莞和顺德等地蔬菜重金属超标率达31%，水稻超标率高达83%，最高超标91倍。据调查，一些名特优农副产品中，有机磷检出率100%，“六六六”检出率95%，超标2.4%。全国16个省的检查结果，蔬菜、水果中农药总检出率为20%～60%，总超标率为20%～45%。

长江三角洲地区土壤污染除了常见的农药等污染外，最严重的是持久性有机污染物，局部地域的农田土壤含多达16种多环芳烃、100多种多氯联苯类等物质，其结果令人吃惊和担忧。

土壤环境污染除影响食物的卫生品质外，也明显地影响到农作物的其他品质。有些地区污灌已经使得蔬菜的味道变差，易烂，甚至出现难闻的异味。农产品的储藏品质和加工品质也不能满足深加工的要求。

土壤环境污染造成农业损失主要可分成三类：第一种类型，土壤环境污染物危害农作物的正常生长和发育，导致产量下降，但不影响品质。第二种类型，农作物吸收土壤环境中的污染物质而使收获部分品质下降，但不影响产量。第三种类型，不仅导致农作物产量下降，同时也使收获部分品质下降。这三种类型中，第三种较为多见。一般说来，植物的根部吸收累积量最大，茎部次之，果实及种子内最少，但是经过长时间的累积富集，其绝对含量还是很大的。加之人类不仅食用农产品果实和种子，还食用某些农产品（蔬菜）的根和茎，所以其危害就可想而知了。

（3）土壤污染对人体健康的危害　土壤环境污染对生物体的危害主要是指土壤中收容的有机废弃物或含毒废弃物过多，影响或超过了土壤的自净能力，从而在卫生学上和流行病学上产生了有害影响。作为人类主要食物来源的粮食、蔬菜和畜牧产品都直接或间接来自土壤，污染物在土壤环境中的富集必然引起食物污染，最终危害人体的健康。土壤污染对人体健康的影响很复杂，大多是间接的长期慢性影响。

1）重金属污染的影响。由于重金属在土壤环境中不易分解，土壤环境中积累的有害重金属的量和种类就会越来越多，并通过食物链进入人体，对人体健康造成危害，如铬、锰、镍等重金属能在人体的不同部位引起癌症。砷中毒是我国常见的一种重金属中毒恶性事件。天然水中含微量的砷，水中砷含量高，除地质因素外，主要是工业废水和农药所致。砷主要作用于人的皮肤和肺部，能抑制人体酶的活性，干扰人体代谢过程，使中枢神经系统发生紊乱，导致毛细血管扩张、硬皮病、皮肤癌和肺癌，砷还会诱发胎儿畸形。

2）农药化学品物质污染的影响：农药化学品物质首先会引起急性中毒，如不恰当施用有机磷农药，使蔬菜和水果的农药残留量超标，引起食用者急性中毒；其次引起慢性中毒，如施用含有机汞的农药后，农作物含有残毒，从而会引起食用者慢性中毒；再次会影响人体内分泌和免疫功能，使人体抵抗力下降。

3）土壤病原体污染的影响。土壤病原体包括肠道致病菌、肠道寄生虫（蠕虫卵）、钩端螺旋体、炭疽杆菌、破伤风杆菌、肉毒杆菌、真菌和病毒等。被病原体污染的土壤能传播伤寒、副伤寒、痢疾、病毒性肝炎等传染病，它们主要来自人畜粪便、垃圾、生活污水和医院污水等。用未经无害化处理的人畜粪便、垃圾做肥料，或直接用生活污水灌溉农田，都会使土壤受到病原体的污染。这些病原体能在土壤中生存较长时间，如痢疾杆菌能在土壤中生存22～142d，结核杆菌能生存一年左右，蛔虫卵能生存315～420d，沙门氏菌能生存35～70d。在这种土壤中种植的蔬菜瓜果受到污染，人生吃这些受到污染的蔬菜瓜果后会被细菌和病毒感染而引起疾病。

结核病人的痰液含有大量结核杆菌，如果随地吐痰，会污染土壤，水分蒸发后，结核杆菌在干燥而细小的土壤颗粒上还能生存很长时间。这些带菌的土壤颗粒随风进入空气，人通过呼吸，就会感染结核病。

有些人畜共患的传染病或与动物有关的疾病，也可通过土壤传染给人。如患钩端螺旋体病的牛、羊、猪、马等，可通过粪尿中的病原体污染土壤。这些钩端螺旋体在中性或弱碱性的土壤中能存活几个星期，并可通过黏膜、伤口或被浸软的皮肤侵入人体，使人致病。炭疽杆菌芽孢在土壤中能存活几年甚至几十年；破伤风杆菌、梭状芽孢杆菌、肉毒杆菌等病原体，也能形成芽孢，长期在土壤中生存。破伤风杆菌、梭状芽孢杆菌来自被感染的动物的粪便，特别是马粪。人们受外伤后，伤口被泥土污染，特别是深的穿刺伤口，很容易感染破伤风或气性坏疽病。此外，被有机废弃物污染的土壤，是蚊蝇孳生和鼠类繁殖的场所，而蚊蝇和鼠类又是许多传染病的媒介。因此，被有机废弃物污染的土壤，在流行病学上被视为特别危险的物质。

4）放射性物质污染的影响。放射性废弃物主要来自核爆炸的大气散落物以及工业、科研和医疗机构产生的液体或固体放射性废弃物。它们释放出来的放射性物质进入土壤，能在土壤中积累，形成潜在的威胁。由核裂变产生的两个重要的长半衰期放射性元素是^{90}Sr（半衰期为28年）和^{137}Cs（半衰期为30年）。空气中的放射性的^{90}Sr可被雨水带入土壤中。因此，土壤中^{90}Sr的含量常与当地降雨量成正比。此外，^{90}Sr还吸附于土壤的表层，经雨水冲刷也将随泥土流入水体。^{137}Cs在土壤中吸附得较为牢固。有些植物能积累^{137}Cs，因此，高含量的放射性^{137}Cs能随这些植物进入人体。

土壤被放射性物质污染后，通过放射性衰变，能产生α、β、γ射线。这些射线对机体既可造成外照射损伤，又可通过饮食或呼吸进入人体，造成内照射损伤，使受害者头昏、疲乏无力、脱发、白细胞减少或增多、发生癌变等。

（4）土壤污染危害生态环境

1）土壤环境污染对水质的影响。土壤环境受到污染后，土壤中可溶性污染物容易在水力作用下，被淋洗进入地下水体中，引起地下水污染，我国北方地区地下水污染较严重。另外，污染物含量较高的污染表土，可随地表径流迁移，造成地表水的污染。农业面源污染是最为重要且分布最为广泛的面源污染，三峡大坝库区1990年的统计资料表明，90%的悬浮物（可吸附有毒有害物质）来自农田径流，N、P大部分来源于农田径流，N、P是造成水体富营养化的主要原因。

2）土壤环境污染对大气质量的影响。土壤环境受到污染后，污染物质含量较高的污染表土容易在风力的作用下进入到大气环境中，将污染土壤吹扬到远离污染源的地方，扩大了污染面，可见土壤污染又成为大气污染的来源。如2005年天津市的大气扬尘中，有一多半来源于土壤。土壤扬尘中的污染物质通过呼吸作用进入人体。这一过程对人体健康的影响有些类似于食用受污染的食物。另外，被有机废弃物污染的土壤还容易腐烂分解，散发出恶臭，污染空气。

3）土壤环境污染会使土壤生态系统的组成、结构和功能发生变化，破坏土壤生态平衡。

7.2 污染土壤修复标准

近年来，污染土壤修复技术的研究一直是环境领域的热点，但是污染土壤修复标准的制定却远远落后于其修复技术的研究，这就很难说清楚污染土壤修复到什么程度可以认为是清洁的，因此尽快开展污染土壤修复标准的研究十分必要。

7.2.1 污染土壤修复基准和标准的概念

为了弄清污染土壤修复基准和标准的概念，有必要了解环境基准（Criterion）和环境质量标准（Standard）的概念。

环境基准是由污染物同生态系统特定对象之间的剂量-反应关系确定的，它是指环境中污染物对特定对象（以人为核心，包括动物、植物以及微生物等其他生物）不产生不良或有害影响的最大剂量（无作用剂量）或含量，不考虑社会、经济、技术等人为因素，不具有法律效力。按保护的对象，环境基准可分为保护人体健康的环境卫生基准和保护生态系统的环境生态基准。环境基准是制定环境标准的基础。

环境质量标准是以环境基准为依据，并考虑社会、经济、技术等因素，经过综合分析制定的，并由国家管理机关颁布，一般具有法律强制性和社会可接受性。

了解了环境基准和环境质量标准的概念，就很容易理解污染土壤修复基准和污染土壤修复标准的概念。

污染土壤修复基准是指通过土壤修复或利用各种清洁技术手段，使土壤环境中污染物的含量降低到对人体健康和生态系统不构成威胁的可接受水平。

土壤修复标准是指被技术和法规所确定、确立的土壤清洁水平，通过土壤修复或利用各种清洁技术手段，使土壤环境中污染物的含量降到对人体健康和生态系统不构成威胁的技术和法规可接受的水平。

污染土壤修复基准研究是污染土壤修复标准制定的基础，因而也是污染土壤修复效果检验和评价的基础性工作。

7.2.2 污染土壤修复基准的研究方法

研究土壤环境基准所用的方法主要有两种，即土壤环境地球化学研究法和土壤生态效应研究法（包括土壤环境流行病学研究法）。研究污染土壤修复基准时，也主要采用这两种方法。

1. 土壤环境地球化学研究法

土壤环境地球化学是应用地球化学的基本原理研究土壤及其环境中物质迁移运动、分散富集规律及其成土因素关系的科学，以揭示土壤发生演变的规律，它是土壤学的一个分支学科，是地球化学与土壤学交叉的科学，并与农林牧业生产和发展、环境保护甚至与人类健康等都密切相关。

运用土壤环境地球化学法来制定污染土壤修复基准，主要是根据土壤中元素的地球化学含量来确定土壤环境基准，通过修复后的土壤质量与该基准进行比较，来确定土壤修复的程度和修复效果。如以各地土壤中某元素的自然背景值平均 $x \pm 2\sigma$（σ 为标准差）表示土壤的环境基准。当修复后的土壤与之比较，小于此值时是修复好的土壤，大于此值时是修复不好的土壤。

2. 土壤生态效应研究法

土壤生态效应研究法是根据土壤中污染物对生态系统不同组分的影响来确定污染土壤的修复基准。其基本思想是通过确定污染土壤对其生命组分能够造成不可逆影响的阈值，来确定污染土壤修复到什么程度是“清洁”的。

通常土壤环境流行病学研究法也包括在土壤生态效应研究法当中，主要是以对人体健康的考虑作为核心。在确定污染土壤修复基准时，土壤生态效应研究法的主要依据是：

1）污染土壤对人直接接触的生理毒害作用，其中包括皮肤摄取、直接接触等。

2）污染土壤对人间接接触的生理毒害作用，其中包括污染土壤对地下饮用水的污染，土壤中的污染物通过飘尘吸入体内的影响，以及通过食物链在人体中的积累等。

3）以对作物减产10%时的土壤污染物含量作为最高允许含量（或称临界值），对有些有机污染物，还应考虑它们在土壤中的变化（如氧化或降解等）后产物的毒性。

4）在土壤—植物—人（或动物）系统中，以作物可食部位不致超过食品（或饲料）标准时该土壤污染物含量作为最高允许含量，这对有毒重金属，如汞和镉，以及农药等尤为重要。

5）以对土壤中有益微生物明显减少或活性降低时该污染物的含量，作为极限值。

6）不致使地面水、地下水产生次生污染时土壤中该污染物的含量，这对已形成 NO_3^- 和易淋溶的农药污染物尤为重要。

7）污染土壤不致对在田间操作人员造成毒害。

一般应综合考虑上述因素，选择污染物的最低值作为限制因素，定出土壤中该污染物的最高允许量。不过，由于科研基础资料积累不足和环境因素复杂性等原因，通常以上述因素的1）、2）、3）和4）为主。

7.2.3 污染土壤修复标准的制定

污染土壤修复标准是在污染土壤修复基准的基础上，考虑到社会、技术、土壤的背景值、对地下水保护及法规调控等因素综合制定的法律规范。

1. 社会因素

目前，我国对污染土壤的评价主要采用的是GB 15618—1995《土壤环境质量标准》。该标准根据土壤的应用功能和保护目标，把土壤环境质量标准分为3级。该3级标准的适用范围是农田、菜地、茶园、果园、牧场、林地、自然保护区等地的土壤，并没有考虑到城镇土地的使用，也没有考虑到人类可直接接触的居住场所、商业和工业用地土壤的特殊性等社会因素。就目前的土壤修复的技术方法来看，植物修复的周期比较长，在实际的修复工程中目前还难起到主导作用，而在实际土壤修复工程中常用的化学修复、物理修复的成本还比较高。所以不论是在发达国家还是在我国，在选择目标修复土壤时都会考虑经济利益代价。要么优先考虑修复城市内土地价值高的土地，要么考虑修复虽然土地的价值不高但污染非常严重、对人身体健康造成很大威胁的土地。所以，我国的土壤修复标准的分类方式不应局限在《土壤环境质量标准》的分类方法中，应充分考虑到城市土地修复后再用的问题，尤其是在我国的一些老工业基地，由于国有企业的倒闭、外迁，城市遗留了大量的污染土地。对这些污染土地的修复和土地再利用急需一个适合我国特点的土壤修复标准。

国外的土壤修复标准的分类方法分为三类：

1）直接确定土壤修复标准，不对各种土壤修复后再用类型进行细分，满足标准即为清洁土壤，不满足标准即为污染土壤，如日本的土壤环境质量标准、美国俄勒冈州的土壤清洁标准等。

2）按土壤类型或土壤修复后再用的目的进行细分，分为农业用地、居住（公园）用地、非居住用地（工业用地、商业用地、体育用地和广场用地等），以及以保护地下水为目的，如美国新泽西州的土壤修复标准、美国马里兰州的土壤修复标准和加拿大土壤质量基准等。

3）介于前两类之间，把土壤标准分为两种，目标值（最优值）和调解值（行动值），如美国的纽约州土壤清洁目标、荷兰标准土壤污染物的目标与调解值等。

在第二类的基础上进行适当的简化，作为我国的土壤修复标准的制定方法是符合我国的实际情况的。也就是说，我国的土壤修复标准应根据修复后再用的目的分为四类：农业用地（包括蔬菜种植和养殖用地）、居住用地（包括花卉种植）、非居住用地、保护地下水。四类标准的制定同样出于我国污染土壤修复的特点，在我国被污染的土地中农业用地所占的比重最大，如全国最大的重金属污灌区——张士污灌区，全国最大的炼油废水污灌区——沈抚污灌区等。这些被污染的农业用地面积大，且远离城市中心，土壤经过修复后的最佳目标就是恢复其农业用地的功能，而在城市土壤修复后土地的利用类型一般都为住宅、工业园区、商业区和写字楼等。

2. 清洁技术因素

清洁技术因素主要包括两个方面：一是污染土壤修复技术所能达到的清洁技术水平；二是现有分析技术发展所能确认的污染最低限量目标，即仪器可检出水平。

（1）修复技术水平　一个国家即使经济实力很强，如果采用的污染土壤修复技术不达到指定的修复目标，那么这种污染土壤修复标准就难以进行实际操作，在现实中不可行。这就是说，污染土壤修复标准的建立，首先应该建立在污染土壤清洁技术发展的现有水平基础上，需要根据技术水平的发展适时地进行适当的目标调整与目标提高。当然，如果通过技术改进，发现现有的修复标准很容易达到，那么说明技术问题不是污染土壤修复标准制定的一个瓶颈，污染土壤的修复标准更需要考虑其他因素。

当前，污染土壤修复技术的现有水平尽管得到了较大发展，但仍远远不能满足生态系统和人体健康对污染土壤修复所提出的严格要求和面临的现实任务，是污染土壤修复标准制定的主要瓶颈之一。可见，发展、研制和改进污染土壤的修复技术，对污染土壤修复标准的确立意义非常重大。

（2）仪器可检出水平　制定的污染土壤修复标准是否可行，首先要从分析技术上加以保证。这就是说，如果规定的土壤中典型污染物及其含量水平没有什么实验仪器能够检出的话，那么任何进一步的工作就无从谈起。因此，为了解决这一根本性的问题，实现对土壤环境中污染物的准确识别和对低污染水平的测定，就需要发展相应的分析技术、研制标准的分析方法。

美国的土壤修复标准分析检测极限一般都采用美国国家环保局合同实验室程序（EPA Contract Laboratory Program，CLP）中约定的可检测极限。该检测极限并不代表美国最先进的检测手段，而是美国大多数州的环保机构的分析实验室都能够达到的较高分析检测水平。美国国家环保局合同实验室程序对于污染土壤修复标准中的每种污染物都有具体的检测极限值。美国新泽西州土壤修复标准规定，土壤中的有机物应选取健康风险分析得出的标准与实验室的实际检测极限值乘10得出的数值进行比较；对于土壤中的金属应选取健康风险分析得出的标准与美国国家环保局CLP中约定的可检测极限值进行比较。当健康风险分析的含量小于实际检测水平时，则以实际检测水平为标准。并且规定只有经过美国国家环保局合同实验室程序测定的污染物数据才有效。美国纽约州也通过纽约州环保局颁布的《合同要求检出极限》（Contract Required Quantitation Limit，CRQL）对土壤清洁标准的方法检测极限进行了具体的规定。加拿大用来在土壤修复的行动中限制土壤中污染物含量的加拿大土壤质量基准（Canadian Soil Quality Guidelines，CSQG）中规定，土样必须由加拿大环境分析实验室协会认证的有能力进行特殊测试的实验室进行分析，只有这样其分析结果才有效。

对于污染土壤修复标准中有害物质的含量，有些国家直接采用土壤中有害物质的含量作为标准值，而有些国家采用污染土壤浸出液中污染物含量作为标准。如美国的大多数州都直接采用土壤中污染物含量作为土壤修复标准，其单位为 mg/kg。

日本环境厅则在制定土壤环境标准时，特别设立了浸出液（将土壤和 10 倍量的水混合，将污染物浸出）标准，规定了 24 种污染物的浸出液含量。

我国在建立土壤修复标准时，应充分考虑我国试验设备条件、不同部门、不同实验室和不同地区的差异，制定分析检测极限标准应建立在多数实验室能够从分析技术和手段上加以实施的基础上。同时，也可以考虑效仿加拿大，建立可检测实验室认证制度。

3. 土壤的背景值因素

土壤背景值通常是指没有受到人类影响的土壤元素的存在水平，但是当前真正没有受到人类影响的土壤几乎是不存在的，因为污染物质会通过各种迁移方式对周围土壤造成影响，所以土壤的背景值也是相对的背景值。

我国土壤背景值研究是在“七五”（1986—1990）期间进行的，距今已近 30 年，是否仍用“七五”的研究成果，是值得商榷的。

另外，我国地域辽阔，气候类型复杂多样，因而各地土壤性质差异也较大。据“七五”全国土壤背景值国家科技攻关成果，土壤中镉等 8 种元素的全国土壤环境背景值在我国 4000 多个样点（表层土壤）中，元素含量分布范围极广，最高值为最低值的 2.3×10^2 ~ 6.3×10^4 倍不等。在实验应用时，显然会出现有许多地区土壤背景值高于国家标准值，即使土壤在没有任何污染的情况下也会超出国家标准值；而有些地方的土壤可能已有污染物累积但仍低于国家标准值。所以，我国的土壤修复标准的制定，应该充分考虑各地土壤背景值的差别，不要只制定一个标准，应尽量把污染土壤修复标准适用的范围缩小，对于特殊情况应给予充分考虑。

4. 对地下水保护的因素

当土壤中的污染物不能被及时地清除时，污染物就可能对地下水造成污染。美国新泽西州对地下水的影响标准是根据污染物能够影响该处地下水潜在可能性确定的。在制定这项标准时，根据的是污染物的无机盐在该地点化学、物理地质参数的条件下对地下水的影响。同时强调对于金属污染物来说，当 pH 值变化时，标准值要作相应变化。对于半挥发物来说，当土壤有机碳含量提高时，标准值也要相应变化。纽约州运用土水分配理论（the Water Soil Partitioning Theory）来制定保护地下水和饮用水的土壤清洁目标。这个理论是建立在土壤中的有机物质能够吸收土壤中有机污染物，并且认为污染土壤与地下水是直接相关联的。通过这一理论来预测土壤淋滤液的最大含量是多少时，才不会对地下水和饮用水造成污染。土水分配理论不适用于重金属，因为重金属不能被土壤中的有机物质很好的吸附。

为了防止污染土壤可能对地下水的污染，丹麦国家环保局也针对污染土壤下层的地下水制定了质量标准。该标准中的一些参数、背景值等是根据丹麦国家环保局的《水井管理导则》和《土壤和饮用水毒理质量标准》确定的。同时，该标准是通过地下水被消费者利用进行评价后获得的。

我国虽然建立了 GB/T 14848—1993《地下水质量标准》，但并没有建立与污染地下水影响有关的土壤残留污染的可接受水平。经过修复后的土壤污染物含量在什么水平下可以避免其对地下水的污染，是制定以保护地下水为目的的土壤修复标准的关键。这主要包括两部分内容：第一，是预测有多少土壤中的污染物会从土壤中淋滤出来。当前有许多测试方法和理论模型被用于预测土壤中污染物的可淋溶性，但是使用的大多数是以保护水质量为目的的标准和污染物限制值模型，它们都是通过水-土平衡理论推算出来的。水-土平衡理论的理论基础是土壤中的有机碳物质能够吸附土壤中的污染物，对于不能被土壤吸附的污染物的可淋溶性了解得还不够清楚。第二，是这些淋溶出来的污染物有多少会贡献给地下水。因为并不是所有从土壤中淋溶出来的污染物会全部直接进入到地下水中，一些从土壤中淋溶出来的污染物在到达地下水之前会被其他土壤组分吸附或者通过自然衰减或其他机理使其含量降低，这些机理包括：挥发，吸附和解吸，过滤和扩散，转化和降解，当污染物接触到含水层后污染物含量的改变等。

5. 法规调控因素

从 1972 年到现在，我国一直对环境给予极大的关注和重视。在建立的各种法规体系中，以环境立法进展最快，先后建立了《地表水环境质量标准》、《地下水质量标准》、《农业灌溉水质量标准》、《生活饮用水卫生标准》、《渔业水质标准》和《土壤环境质量标准》等环境标准，这些标准中关于污染物的具体限量值，可以作为我国污染土壤修复标准制定时的参考。

其中，1996 年 3 月起实施的 GB 15618—1995《土壤环境质量标准》，根据土壤的应用功能和保护目标把土壤环境质量标准分为三级，分别规定了土壤中污染物的最高允许含量指标值及相应的监测方法。

在我国土壤环境修复标准尚未建立起来之前，《土壤环境质量标准》在一定程度上可以间接作为我国农田、蔬菜地、茶园、果园、牧场、林地和自然保护区等污染土壤的修复标准；或者说，土壤环境中污染物的最高允许含量指标值可以作为我国污染土壤修复的参照标准。

但《土壤环境质量标准》还存在以下几点不足：

1）标准中有机污染物种类过少。标准只涉及镉、汞、砷、铜、铅、铬、锌、镍 8 种金属，对“六六六”、DDT 两种现在很少使用的农药做出了最大允许含量的限制。而我国土壤污染物主要分为四大类：一是镉、铅、汞、砷、铜、锌等有害重金属，它们多来自于矿产品开采冶炼和废弃物以及燃烧等；二是农药、兽药、抗生素等污染物；三是多氯联苯类、多环烃类等持久性有害有机污染物，它们主要通过废旧电器拆卸、有机垃圾燃烧的大气沉降等进入土壤中；四是大量施用化肥引起硝酸盐等过量积累。标准中并没有对这些土壤中常见的挥发性、半挥发性、无挥发性有机污染物作出含量上的限定。当前，有机污染已成为我国目前土壤中的重要污染物质，但我国土壤环境标准仅列有“六六六”和 DDT 两项，这显然是不够的。

2）重金属形态选用单一。由于土壤的复杂性，重金属在土壤中的存在形态多样化，并且土壤污染主要由有效态部分造成，因而，在评定土壤中污染物的影响时，应主要考虑有效态的数量。我国经过“六五”、“七五”科技攻关研究，积累了大量的土壤重金属背景总量的资料，尽管对土壤重金属有效态也进行了研究，但大多数是针对局部地区土壤进行的，缺乏全国土类的有效态数据。因此，《土壤环境质量标准》的制定均采用总量为指标。这种定值方式，对于大多数有效态含量较高的土壤重金属具有一定的代表性，但对一些有效态含量较低的土壤重金属，采用总量则会产生较大差异，不能反映土壤受到的实际影响。

3）标准中铅的临界含量定值偏高。国内外就铅对人体健康的危害都非常重视，普遍认为儿童和胎儿对铅最敏感，受害最严重。对于儿童，铅进入人体是以土—手—口直接摄入为主，所以，近几年美、澳、英等国在研究铅在土壤中的允许含量时，不是采用通常的以食物铅的卫生标准作为依据，而是以铅对儿童的毒害、剂量效应关系及血铅水平和土铅关系作为基础。近几年的研究发现，血铅质量浓度在 15μg/100mL 以上，Ep（一种不良的生物效应）即可积累。因此，有些研究者提出“正常”的血铅质量浓度不应大于 15μg/100mL。另据报道，土壤中 100 ~ 150mg/kg 的铅已对血铅水平产生影响，澳大利亚的研究也表明，土铅大于 100mg/kg 时，儿童血铅质量浓度大于 15μg/100mL。由此可以看出，当土壤中铅含量大于 100mg/kg 时已对儿童健康产生影响，而我国在制定土壤环境标准时，铅含量定为 250 ~ 350mg/kg，这显然是不合理的，其值过高，难以保障儿童的健康发展。

4）有些标准值并没有得到相应的土壤-植物系统检验，还需要进一步研究确认或校正。

5）只考虑单因子土壤污染，而没有涉及复合污染效应。

当然，污染土壤修复标准与土壤质量标准两者并非一码事，它们之间存在着许多实质性的差异，前者目标是使土壤环境中的污染物降低到不足以导致较大的或人们不可接受的生态损害和健康危害两方面，而后者的目标是保护土壤资源，避免土壤污染的发生。

7.2.4 一些发达国家污染土壤修复基准与标准

一些发达国家，由于土壤类型差异很大，环境因素和生态条件复杂多变，所以污染土壤修复标准和土壤环境质量标准的制定方法和对污染物的限定值也有很大的不同。在加拿大和美国，甚至不同省、不同州的土壤标准都不尽相同。

1. 美国的污染土壤修复基准与标准

20 世纪后半叶，美国经济发生了深刻的变革，经济重心和工作机会经历了由城市到郊区、由北向南、由东向西的转移。许多工厂在搬迁后留下了大量遗址，这些遗址在不同程度上被工业废弃物所污染，成为在环境上受到损害的地块。这些地块被称为“棕色地块”（Brown Field Site）。为了解决“棕色地块”的污染问题，美国在 1980 年通过了《综合环境反应、赔偿和责任法》（Comprehensive Environmental Response, Compensation and Liability Act, CERCLA），并以此为依据在 1986 年出版了第 4 本环境基准文献。由于美国地域广阔，且采用联邦制的政权组织形式，美国的各个州还在联邦基准的基础上制定了适合本州土壤的清洁标准。受美国联邦法律的约束，各州制定的土壤修复标准值都高于国家的相应标准值。此仅以有代表性的加利福尼亚州的土壤修复标准来说明美国土壤修复基准的制定情况。

美国加利福尼亚州的土壤污染物的控制标准（表 7-2）由两部分组成；总量阈值限制含量（Total Threshold Limit Concentration, TTLC）和可溶性阈值限制含量（Soluble Threshold Limit Concentration, STLC）。总量阈值限制含量中的污染物名单源自加利福尼亚州法规（California Code of Regulation, CCR）中的第 22 章第 11 节中列出的“可识别有害废物名单”。可溶性阈值限制含量中的污染物名单也源自 CCR，是指用 CCR 规定的废物提取方法，对危险性废物进行提取，当提取值超过可溶性阈值限制含量中规定的值时，则认为该废物的含量对人类的身体健康构成了威胁。在加利福尼亚州的土壤污染物的控制标准中不论是 TTLC，还是 STLC，都是按元素计算得出的。

表 7-2 美国加利福尼亚州的土壤污染物的控制标准

污染物	总量阈值限制含量（湿重）TTLC/(mg/kg)	可溶性阈值限制含量 STLC/(mg/L)
艾氏剂	1.4	0.14
氯丹	2.5	0.25
p，p-DDD	1.0	0.1
p，p-DDE	1.0	0.1
p，p-DDT	1.0	0.1
2，4-二氯苯氧基乙酸	100	10
狄氏剂	8.0	0.8
二恶英	0.01	0.001
异狄氏剂	0.2	0.02
七氯	4.7	0.47
十氯铜	21	2.1
有机铅化合物	13	—
林丹	4.0	0.4
甲氧氯	100	10
灭蚁灵	21	2.1
PCB（总量）	50	5.0
五氯苯酚	17	1.7
毒杀芬	5	0.5
三氯乙烯	2040	204
2，4，5-三氯苯氧基丙酸	10	1.0
锑	500	15
砷	500	5.0
石棉	1.0	—
钡	10 000①	100
铍	75	0.75
镉	100	1.0
三价铬	2500	5
六价铬	500	5
钴	8000	80
铜	2500	25
氟化物盐	18000	180
铅	1000	5.0
汞	20	0.2
钼	3500	350

（续）

污染物	总量阈值限制含量（湿重）TTLC/(mg/kg)	可溶性阈值限制含量 STLC/(mg/L)
镍	2000	20
硒	100	1.0
银	500	5
铊	700	7.0
钒	2400	24
锌	5000	250

① 钡的硫酸盐除外。

2. 加拿大污染土壤清洁标准

1997 年 3 月，加拿大环境委员会（The Canadian Council of Ministers of the Environment, CCME）推出了加拿大土壤质量基准（Canadian Soil Quality Guidelines, CSQG），用来在土壤修复的行动中限制土壤中污染物的含量（表 7-3）。在加拿大土壤质量基准中，按修复地块的使用类型分为 4 个水平等级：工业用地、商业用地、居住与公园用地、农业用地。在该基准中，还规定土样必须由通过加拿大环境分析实验室协会认证的有能力进行特殊测试的实验室进行分析，只有这样，其分析结果才有效。

加拿大环境委员会制定的土壤质量基准，并不是普遍适用的标准。对于一些特殊地点比如非典型特征的地点（高自然背景值）、污染物复合混杂的地点（污染物之间有协同或拮抗作用）、不寻常的暴露途径的地点（在该地点有特殊的人群和敏感者）是不适用的。对此，加拿大环境委员会制定了两个基本的方法来处理特殊地点的修复标准。第一个方法：直接应用已经存在的加拿大土壤修复标准或有限度的针对特殊地点对土壤修复标准进行修改；第二个方法：针对特殊地点的污染物进行风险评价之后，依据评价结果确定修复标准。

表 7-3　加拿大土壤质量基准　（单位：mg/kg）

污染物	农业用地	居住与公园用地	商业用地	工业用地
无机砷	12	12	12	12
苯	0.05	0.5	5	5
苯并［a］芘	0.1	0.7	0.7	0.7
镉	1.4	10	27	27
总铬	64	64	87	87
六价铬	0.4	0.4	1	1
总铜	63	63	100	100
氰化物（自由）	0.9	0.9	8	8
乙苯	0.1	1.2	20	20
乙烯基乙二醇	97	97	410	410
铅	70	140	260	400
无机汞	6.6	6.6	24	30
萘	0.1	0.6	22	22
五氯苯酚	7.6	7.6	7.6	7.6
苯酚	3.8	3.8	3.8	3.8
全氯乙烯	0.1	0.2	0.5	0.6
甲苯	0.1	0.8	0.8	0.8
三氯乙烯	0.1	3	31	31
总钒	130	130	130	130
二甲苯	0.1	1	17	20
锌	200	200	380	380

3. 澳大利亚土壤标准

澳大利亚环境保护部（Department of Environmental Protection，DEP）颁布的土壤评价水平基准（表7-4）分为两部分：生态调查水平（Ecological Investigation Level，EIL）和健康调查水平（Health Investigation Level，HIL）。当土壤中污染物的含量超过生态调查水平或健康调查水平时，则认为土壤受到了污染。

表7-4 澳大利亚土壤评价水平基准

参数	生态调查水平/(mg/kg)	健康调查水平/(mg/kg)			
		A	B	C	D
总石油烃					
$C_6 \sim C_9$	100	—	—	—	—
$C_{10} \sim C_{14}$	500	—	—	—	—
$C_{15} \sim C_{28}$	10 000	—	—	—	—
$>C_{16} \sim C_{35}$（芳香族）	—	90	360	180	450
$>C_{16} \sim C_{35}$（脂肪族）	—	5600	22400	11200	28000
$>C_{35}$（脂肪族）	—	56000	224000	112000	280000
单环芳香烃					
苯	1	1	—	—	1.5
甲苯	3	520	—	—	520
乙苯	5	230	—	—	230
二甲苯	5	210	—	—	210
金属/非金属					
锑	20	30	—	—	820
砷	20	100	400	200	500
钡	400	5370	—	—	10000
铍	—	20	80	40	100
镉	3	20	80	40	100
三价铬	—	12%	48%	24%	60%
六价铬	—	100	400	200	500
总铬	50	210	—	—	—
钴	50	100	400	200	500
铜	60	1000	4000	2000	5000
铅	300	300	1200	600	1500
锰	500	1500	6000	3000	7500
甲基汞	—	10	40	20	50
汞	1	15	60	30	75
钼	40	390	—	—	10220
镍	60	600	2400	600	3000
锡	50	46900	—	—	100000
锌	200	7000	28000	14000	35000

（续）

参数	生态调查水平/(mg/kg)	健康调查水平/(mg/kg)			
		A	B	C	D
苯酚					
苯酚	—	8500	34000	17000	42500
总苯酚	1	—	—	—	10
杀虫剂					
个别的有机氯杀虫剂如：艾氏剂	0.5	—	—	—	—
总有机氯杀虫剂	1	—	—	—	—
个别非氯杀虫剂	1	—	—	—	—
总非氯杀虫剂	2	—	—	—	—
狄氏剂	0.2	—	—	—	—
艾氏剂+狄氏剂	—	10	40	20	50
氯丹	0.5	50	200	100	250
DDT+DDD+DDE	1	200	800	400	1000
七氯	0.5	10	40	20	50
多苯联苯					
总多氯联苯	1	10	40	20	50
多环芳烃					
总多环芳烃	20	20	80	40	100
蒽	10	21900	—	—	100000
苯并［a］芘	1	1	4	2	5
荧蒽	10	2290	—	—	30100
萘	5	60	—	—	190
菲	10	—	—	—	100
芘	10	2310	—	—	54220
其他					
硼	—	3000	12000	6000	15000
氰化物（联合物）	50	500	2000	1000	2500
氰化物（自由体）	10	250	1000	500	1250
硫酸盐	200	—	—	—	—

注：表中A是指具有花园或可接触土壤的标准住宅（日常摄入的蔬菜水果中，家庭种植的蔬菜和水果含量小于10%，并且没有家禽），包括儿童活动中心、幼儿园、学前班和小学；B是指很少有与土壤直接接触机会的住宅，包括地面被完全或永久性覆盖的公寓；C是指公园，休闲广场，包括初级中学；D是指商业或工业用地，包括商店、办公楼。

生态调查水平的污染物含量基准，一部分来源于“澳大利亚与新西兰污染土地评价与管理导则”（Australian and New Zealand Guidelines for the Assessment and Management of Contaminated Sites，ANZECC/NHMRC，1992）。“澳大利亚与新西兰污染土地评价与管理导则”中的污染物含量基准是根据污染物能够影响植物生长、繁殖等性状的毒理学阈值确定的。如果生态调查水平中的污染物在“澳大利亚与新西兰污染土地评价与管理导则”中不能找到，其基准则参照荷兰的“A-B-C”土壤与地下水基准值中的B值。另外澳大利亚环境部在制定生态调查水平基准时，充分地考虑到了铬、铜、铅、钡、硫、磷、钒对地下水和地表水的影响。

健康调查水平的污染物基准来源于“国家环境保护（污染土地评价）方法”［National Environment Protection (Assessment of Site Contamination) Measure，NEPM，1999］中以健康为基准的土壤调查水平。该水平是依据每日允许摄入量（Tolerable Daily Intake，TDI）制定的。所谓每日允许摄入量是指在假设一般的人群和一般的暴露条件下，终生不会造成可察觉危害的每日暴露于人的剂量。

4. 日本的土壤保护及其标准

日本对土壤污染的调查结果表明，造成污染的原因主要有化学工业、电镀业等。土壤中的主要污染物有Pb、Cr^{+6}、Hg等重金属及三氯乙烯和四氯乙烯等。在调查的177件土壤污染事故中，有75件除土壤受到污染外，周围环境也受到了不同程度的影响，还有63件导致地下水受到污染，主要污染物是三氯乙烯和四氯乙烯。

1991年8月日本环境厅通过中央环境审议会答辩，修订了Cd等10项标准，又从1994年2月开始增加了三氯乙烯等9个有机氯化合物、西玛津等4项农药和除草剂，加上苯和Se，共增加了15个项目的土壤环境限制标准，Pb和As的标准也有了改变。在制定土壤环境标准时，特别设立了浸出液（将土壤和10倍量的水混合，将污染物浸出）标准。除Cu以外，规定了浸出液中24种污染物的含量。Cu、Cd和As规定了和该国《农用地土壤污染防治法》同样的标准值。修订后的土壤环境标准见表7-5。但此土壤环境标准不适用于原材料堆置场、废物填埋场等特殊用途场所的土壤评价和污染物限制标准。

表7-5 日本土壤环境标准

项目	环境标准
Cd	浸出液0.01mg/L以下，农用地生产的米1mg/kg以下
总氰	浸出液不得检出
有机磷	浸出液不得检出
Pb	浸出液0.01mg/L以下
As	浸出液0.01mg/L以下，农用地土壤15mg/kg以下
Cr^{+6}	浸出液0.05mg/L以下
总汞	浸出液0.0005mg/L以下
烷基汞	浸出液不得检出
多氯联苯（PCB）	浸出液不得检出
Cu	农用地土壤125mg/kg
二氯甲烷	浸出液0.02mg/L以下
四氯甲烷	浸出液0.002mg/L以下
1，2-二氯乙烷	浸出液0.004mg/L以下
1，1-二氯乙烷	浸出液0.02mg/L以下
顺式-1，2-氯乙烯	浸出液0.04mg/L以下
1，1，1-三氯乙烷	浸出液1mg/L以下
1，1，2-三氯乙烷	浸出液0.006mg/L以下
三氯乙烯	浸出液0.03mg/L以下

（续）

项　目	环境标准
四氯乙烯	浸出液 0.01mg/L 以下
1，3-二氯丙烯	浸出液 0.002mg/L 以下
秋兰姆	浸出液 0.006mg/L 以下
西玛津	浸出液 0.003mg/L 以下
杀草丹	浸出液 0.02mg/L 以下
苯	浸出液 0.01mg/L 以下
Se	浸出液 0.01mg/L 以下

7.3 污染土壤修复技术

污染土壤修复的目的在于降低土壤中污染物的含量，固定土壤污染物，将土壤污染物转化成毒性较低或无毒的物质，阻断土壤污染物在生态系统中的转移途径，从而减小土壤污染物对环境、人体或其他生物体的危害。欧美等发达国家已经对污染土壤的修复技术做了大量的研究，建立了适合于遭受各种常见有机和无机污染物污染的土壤修复方法，并已不同程度地应用于污染土壤修复的实践中。我国在污染土壤修复技术方面的研究是从 20 世纪 70 年代开始的，当时以农业修复措施的研究为主。随着时间的推移，其他修复技术的研究（如化学修复技术和物理修复技术等）也逐渐展开。到了 20 世纪末，污染土壤的生物修复技术（包括植物修复技术和微生物修复技术）研究在我国也迅速开展起来。总体而言，虽然我国在土壤修复技术研究方面取得了可喜的进展，但在修复技术研究的广泛性和深度方面与发达国家还有一定的差距，特别在工程修复方面的差距还比较大。

污染土壤修复技术根据其位置变化与否可分为原位修复技术（In-situ Technologies）和异位修复技术（Ex-situ Technologies）。原位修复技术指对未挖掘的土壤进行治理的过程，对土壤没有什么扰动。这是目前欧洲采用最广泛的技术。异位修复技术指对挖掘后的土壤进行处理的过程。污染土壤修复技术根据其修复原理可分为物理修复技术、化学修复技术、微生物修复技术和植物修复技术四大类。其中微生物修复技术具有成本低、处理效果好、环境影响小、无二次污染等优点，被认为最有发展前景。

7.3.1 物理修复技术

在美、英等发达国家，污染土壤的物理修复作为一大类污染土壤修复技术，近年来得到了前所未有的重视，与此同时也得到了全方位的发展。我国污染土壤物理修复技术的研究是在 20 世纪 70 年开始的。物理修复技术主要包括土壤蒸气提取技术、固化/稳定化技术、玻璃化技术、热处理技术、电动力学修复技术、稀释和覆土等。

1. 土壤蒸气提取技术

土壤蒸气提取技术（Soil Vapor Extraction，SVE）最早于 1984 年由美国 Terravac 公司研究成功并获取专利权。它是指通过降低土壤孔隙的蒸气压，把土壤中的污染物转化为蒸气形式而加以去除的技术。该技术适用于不饱和土壤中高挥发性有机组分（VOCs）污染的土壤，如汽油、苯和四氯乙烯等污染的土壤。

（1）原位土壤蒸气提取技术

1）技术内涵。利用真空通过布置在不饱和土壤层中的提取井向土壤中导入气流，气流经过土壤时，挥发性和半挥发性的有机物随空气进入真空井，气流经过之后，土壤得到了修复（图7-1）。通常，垂直提取井的深度为1.5m，已有的成功例子最深可达91m。根据受污染地区的实际地形、钻井条件或者其他现场具体因素的不同，还可利用水平提取井进行修复。

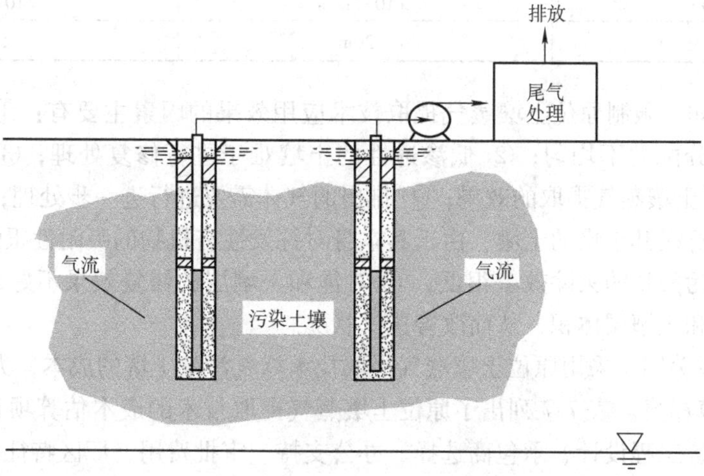

图7-1 污染土壤的原位蒸气提取过程

原位土壤蒸气提取技术主要用于挥发性有机卤代物的处理修复，通常应用的污染物是那些亨利系数大于0.01或者蒸气压大于66.66Pa的挥发性有机化合物。有时，也应用于去除土壤中的油类、重金属及有机物、多环芳烃（PAHs）等污染物。不过，由于原位土壤蒸气提取涉及向土壤中引入连续空气流，这样还促进了土壤环境中一些低挥发性化合物的生物耗氧降解过程。

根据修复工作目标要求，原位修复土壤体积、污染物含量及分布情况、现场的特点（包括渗透性、各向异质性）、工艺设施的提取能力等条件的不同，原位土壤蒸气提取技术运行和维护所需时间有6~12个月不等。

2）应用条件。土壤理化性质对原位土壤蒸气提取技术的应用效果有很大的影响，主要影响因子有土壤重度、孔隙度、土壤湿度、温度、土壤质地、有机质含量、空气传导率以及地下水深度等。经验表明，采取原位土壤蒸气提取技术的土壤应具有质地均一、渗透能力强、孔隙度大、湿度小、地下水位较深的特点。表7-6列出了原位土壤蒸气提取技术的应用条件，包括污染物的存在形态、水溶解度和蒸气压，以及各种土壤有利条件和不利条件。

表7-6 原位土壤蒸气提取技术的应用条件

项目	有利条件	不利条件
	污染物	
存在形态	气态或蒸气态	被土壤强烈吸附或呈固态
水溶解度	<100mg/L	>100mg/L
蒸气压	$>1.33\times10^4$Pa	$<1.33\times10^3$Pa

（续）

项目	有利条件	不利条件
土壤		
温度	>20℃	< 10℃
湿度	<10%	>10%
组成	均一	不均一
空气传导率	$>10^{-4}$m/s	$<10^{-6}$m/s
地下水位	>20m	<1m

由表7-6可知，限制原位土壤蒸气提取技术应用效果的因素主要有：① 下层土壤的异质性会引起气流分配的不均匀；② 低渗透性的土壤难于进行修复处理；③ 地下水位太高（1～2m）会降低土壤蒸气提取的效果；④ 排出的气体需要进行进一步处理；⑤ 黏土、腐殖质含量较高或本身极其干燥的土壤，由于其本身对挥发性有机物的吸附性很强，采用原位土壤蒸气提取时，污染物的去除效率很低；⑥ 对饱和土壤层的修复效果不好，但降低地下水位，可增加不饱和土壤层体积，从而改善这一状况。

3）成本。在美国，采用原位土壤蒸气提取技术修复污染土壤的成本，大致为26～78美元/m^3，价格不算昂贵。表7-7列出了原位土壤蒸气提取技术的成本估算项目。其他一些成本，如项目管理、工程设计、承包商选择、办公支持、审批费用、厂区特征确定、可行性研究测试、运行合同和不可预见费用等，不在此列。

表7-7 原位土壤蒸气提取技术的成本估算项目

固定成本	可变成本	其他管理工作
提取井及鼓风机装置安装 监控点位安装 尾气处理装置安装	运行维护人工费 能源动力费 现场监察 现场卫生、安全保障 工艺控制采样分析	尾气处理

（2）异位土壤蒸气提取技术　异位土壤蒸气提取是指利用真空通过布置在堆积着的污染土壤中开有狭缝的管道网络向土壤中引入气流，促使挥发性和半挥发性的污染物挥发进入土壤中的清洁空气流，进而被提取脱离土壤（图7-2），这项技术还包括尾气处理系统。

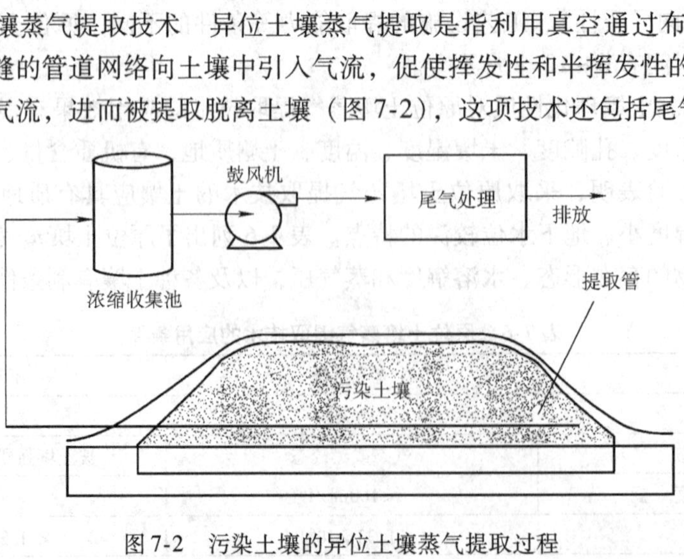

图7-2　污染土壤的异位土壤蒸气提取过程

异位土壤蒸气提取技术主要用于处理挥发性有机卤代物和非有机卤代物污染土壤的修复。异位土壤蒸气提取是对挖掘出来的土壤进行批处理的过程，所以运行和维护所需时间依赖于处理速度和处理量。处理的速度与单批处理的时间和单批处理量有关。通常每批污染土壤的处理需要4~6个月，处理量与所用的设备有关，临时处理设备通常的单批处理量大约为380m^3。根据修复工作目标要求、污染物含量及有机物挥发性大小、土壤性质（包括颗粒尺寸、分布和孔隙状况），永久处理设备的处理能力通常要大一些。

2. 固化/稳定化技术

固化/稳定化技术（Solidification/Stabilization）是指通过物理的或化学的作用以固定土壤污染的一组技术。固化技术（Solidification）指向土壤添加粘结剂而引起石块状固体形成的过程。将低渗透性物质包在污染土壤外面，以减少污染物暴露于淋溶作用的表面，限制污染物迁移的技术称为包囊作用（Encapsulation），也属于固化技术范畴。在细颗粒废物表面的包囊作用称为微包囊作用（Microencapsulation），而大块废物表面的包囊作用称为大包囊作用（Macroencapsulation）。稳定化技术（Stabilization）指通过化学物质与污染物之间的化学反应使污染物转化成为不溶态的过程。稳定化技术不一定会改善土壤的物理性质。在实践上，商业的固化技术包括了某种程度的稳定化作用，而稳定化技术也包括了某种程度的固化作用，两者有时候是不容易区分的。

固化/稳定化技术采用的粘结剂主要是水泥、石灰等，也包括一些有专利的添加剂。水泥可以和其他粘结剂［如飞灰、溶解的硅酸盐、亲有机的粘粒（Organophilic Clay）、活性炭等］共同使用。有的学者又基于粘结剂的不同，将固化/稳定化技术分为水泥和混合水泥（Pozzolan）固化/稳定化技术、石灰固化/稳定化技术和玻璃化固化/稳定化技术三类。

固化/稳定化技术可以用于处理大量的无机污染物，也适用于部分有机污染物。固化/稳定化技术的优点是：可以同时处理被多种污染物污染的土壤，设备简单，费用较低。但它也用一些缺点。固化/稳定化技术最主要的问题在于它不破坏、不减少土壤中的污染物，而仅仅是限制污染物对环境的有效性。随着时间的推移，被固定的污染物有可能重新释放出来，对环境造成危害，因此它的长期有效性受到质疑。

（1）原位固化/稳定化技术　原位固化/稳定化技术就是用钻孔装置和注射装置，将修复物质注入土壤，而后用大型搅拌装置进行混合（图7-3）。处理后的土壤留在原地，其上可以用清洁土覆盖。

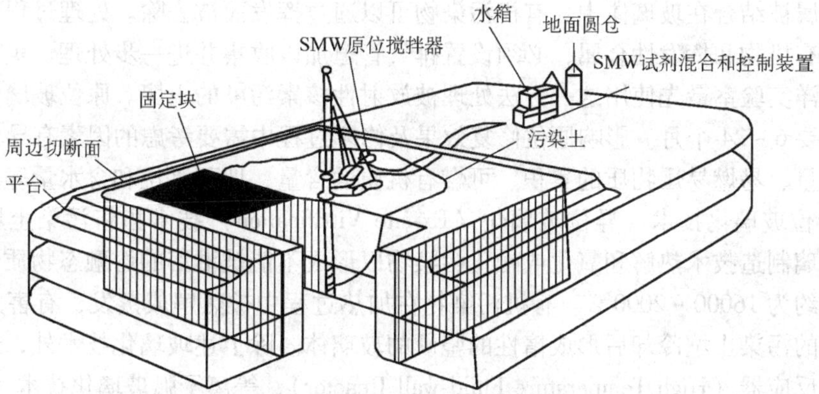

图7-3　原位固化/稳定化过程示意图

（2）异位固化/稳定化技术　异位固化/稳定化技术指将污染土壤挖掘出来与粘结剂混合，使污染物固化的过程（图7-4）。处理后的土壤可以回填或运往别处进行填埋处理。许多物质都可以作为异位固化/稳定化技术的粘结剂，如水泥、火山灰、沥青和各种多聚物等。其中水泥及相关的硅酸盐产品是最常用的粘结剂。水泥异位固化/稳定化技术曾被用于处理加拿大安大略一个沿湖的PCBs污染的土壤。该地表层土壤PCBs含量达到50~700mg/kg。处理时使用了两类粘结物质，10%的波特兰水泥（Portland Cement）与90%的土壤混合，12%的窑烧水泥灰加3%的波特兰水泥与85%的土壤混合。粘结剂和土壤在中心混合器中被混合，然后转移到弃置场。该弃置场距地下水位2m，计算表明，堆放处理后的土壤以后地下水中PCBs的可能含量低于设计目标值，处理成本是92英镑/m^3。

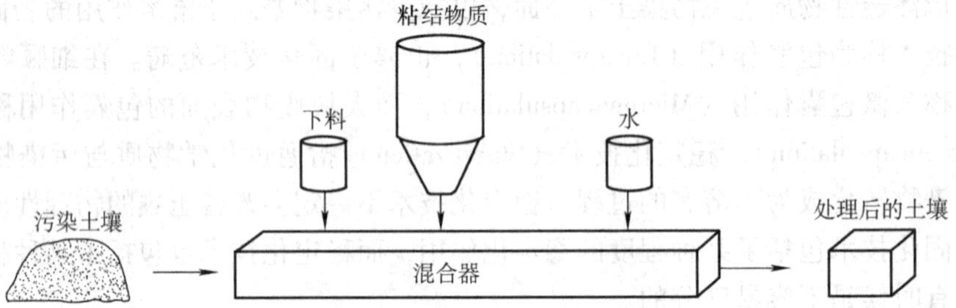

图7-4　异位固化/稳定化过程示意图

3. 玻璃化技术

玻璃化技术（Vitrification）是指使高温熔融的污染土壤形成玻璃体或固结成团的技术。从广义上说，玻璃化技术属于固化技术范畴。玻璃化技术既适合于原位处理，也适合于异位处理。土壤熔融后，污染物被固结于稳定的玻璃体中，不再对其他环境产生污染，但土壤也完全丧失生产力。玻璃化作用对砷、铅、硒和氯化物的固定效率比其他无机污染物低。玻璃化技术处理费用较高，欧美国家每吨土壤的处理费用约为300~500美元，一般用于污染特别严重的土壤。

（1）原位玻璃化技术　原位玻璃化技术（In-situ Vitrification）指将电流经电极直接通入污染土壤，使土壤产生1600~2000℃的高温而熔融。现场电极大多为正方形排列，间距约为0.5m，插入土壤深度为0.3~1.5m，玻璃化深度约6m（图7-5）。经过原位玻璃化处理后，无机金属被结合在玻璃体中，有机污染物可以通过挥发而被去除。处理过程产生的水蒸气、挥发性有机物和挥发性金属，必须设置排气管道加以收集并进一步处理。美国的Battelle西北太平洋实验室最先使用这一方法处理被放射性核素污染的土壤。原位玻璃化技术修复污染土壤需要6~24个月。影响原位修复效果及修复过程中需要考虑的因素有导体的埋设方式、砾石含量、易燃易爆物质的累积、可燃有机质的含量、地下水位和含水量等。

（2）异位玻璃化技术　异位玻璃化（Ex-site Vitrification）技术指将污染土壤挖出，采用传统的玻璃制造技术热解和氧化或融化污染物以形成不能被淋溶的熔融态物质（图7-6）。加热温度大约为16000~2000℃。有机污染物在加热过程中被热解或蒸发，有害无机离子被固定。熔化的污染土壤冷却后形成惰性的坚硬的玻璃体。除上述玻璃化技术外，还可以使用高温液体墙反应器（High Temperature Fluid-wall Reactor）、等离子弧玻璃化技术（Plasma-arc Vitrification）和气旋炉技术（Cyclone Furnace）等使污染土壤玻璃化。

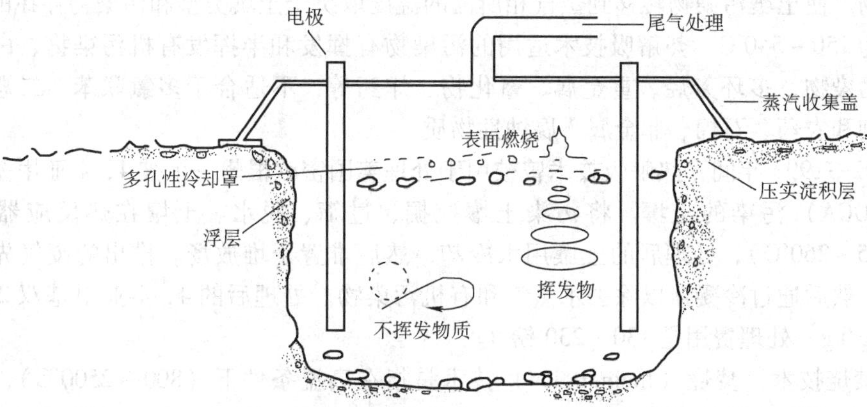

图 7-5 原位玻璃化过程示意图

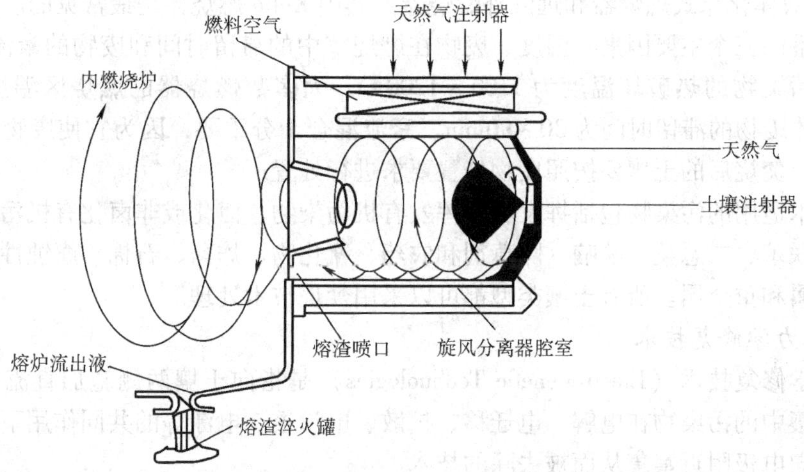

图 7-6 异位玻璃化过程示意图

4. 热处理技术

热处理技术（Thermal Treatment）就是利用高温所产生的一些物理或化学作用，如挥发、燃烧、热解，将土壤中的有毒物质去除或破坏的过程。热处理技术最常用于处理有机污染的土壤，也适用于部分重金属污染的土壤。挥发性金属（如汞）尽管不能被破坏，但可能通过热处理技术而被去除。最早的热处理技术是一种异位处理技术，但原位的热处理技术也在发展之中。

热处理技术使用的热源有多种：加热的空气、明火、可以直接或间接与土壤接触的热传导液体。在美国，处理有机污染物的热处理系统非常普遍，有些是固定的，有些是可移动的。美国对移动式热处理工厂的地点有一些要求：要有 1～$2hm^2$ 的土地安置处理厂和相关设备，存放待处理的土壤和处理残余物以及其他支持设施（如分析实验室），交通方便，水电和必要的燃油有保证。

（1）热解吸技术　热解吸技术（Thermal Desorption）包括两个过程：污染物通过挥发作用从土壤转移到蒸气中；以浓缩污染物或高温破坏污染物的方式处理第一阶段产生的废气

中的污染物。使土壤污染物转移到蒸气相所需的温度取决于土壤类型和污染物存在的物理状态，通常为150~540℃。热解吸技术适用的污染物有挥发和半挥发有机污染物、卤化或非卤化有机污染物、多环芳烃、重金属、氰化物、炸药等，不适合于多氯联苯、二恶英、呋喃、除草剂和农药、石棉、非金属、腐蚀性物质。

在1992—1993年间，热解吸技术曾被用于处理美国密歇根州一个被4，4-亚甲基双2-氯苯胺（MBOCA）污染的土壤。将污染土壤挖掘、过筛、脱水。土壤在热反应器中处理90min（245~260℃），处理后的土壤用水冷却，然后堆置于堆放场。排出的废气先通过纤维筛过滤，然后通过冷凝器以除去水蒸气和有机污染物。处理后的4，4-亚甲基双2-氯苯胺低于1.6mg/kg。处理费用是130~230镑/t。

（2）焚烧技术　焚烧（Incineration）技术是指在高温条件下（800~2500℃），通过热氧化作用以破坏污染物的异位热处理技术。典型的焚烧系统包括预处理、单阶段或二阶段的烧烧室、固体和气体的后处理系统。可以处理土壤的焚烧器有：直接点火和间接点火的Kelin燃烧器、液体化床式燃烧器和远红外燃烧器。其中Kelin燃烧器是最常见的。焚烧的效率取决于燃烧室的三个主要因素：温度、废物在燃烧室中的滞留时间和废物的紊流混合程度。大多数有机污染物的热破坏温度为1100~1200℃。大多数燃烧器的燃烧区温度为1200~3000℃。固体废物的滞留时间为30~90min。紊流混合十分重要，因为它使废物、燃料和燃气充分混合。焚烧后的土壤要按照废物处置要求进行处置。

焚烧技术适用的污染物包括挥发和半挥发有机污染物、卤化或非卤化有机污染物、多环芳烃、多氯联苯、二恶英、呋喃、除草剂和农药、氰化物、炸药、石棉、腐蚀性物质等，不适合于非金属和重金属。所有土壤类型都可以采用焚烧技术处理。

5. *电动力学修复技术*

电动力学修复技术（Electrokenetic Technologies）是指向土壤两侧施加直流电压形成电场梯度，土壤中的污染物在电解、电迁移、扩散、电渗透、电泳等的共同作用下，使土壤溶液中的离子向电极附近富集从而被去除的技术。

所谓电迁移，就是指离子和离子型络合物在外加直流电场的作用下向相反电极的移动。

电渗透是土壤中的孔隙水在电场中从一极向另一极的定向移动，非离子态污染物会随着电渗透流移动而被去除。

离子的电迁移作用和电渗透作用如图7-7所示。

电泳是指带电粒子或胶体在电场的作用下发生迁移的过程，牢固吸附在可移动粒子上的污染物可用该方式去除。

在电动力学过程中最重要的发生在电极的电子迁移作用是水的电解作用

$$H_2O = 2H^+ + 1/2O_2(g) + 2e^- \qquad \text{阴极反应}$$

$$2H_2O + 2e^- = 2OH^- + H_2(g) \qquad \text{阳极反应}$$

电解产生的H^+在电迁移和扩散的作用下向阳极移动，降低了阳极附近的pH值。与此同时，电解产生的OH^-向阴极移动，提高了阴极附近的pH值。

富集于电极附近的污染物可以通过沉淀/共沉淀、泵出、电镀或采用离子交换树脂等方法去除。

电极是电动力学修复中最重要的设备。适合于实验室研究的电极材料包括石墨、铂、金和银。但在田间试验中，可以使用一些由较便宜的材料制成的电极，如钛电极、不锈钢电极

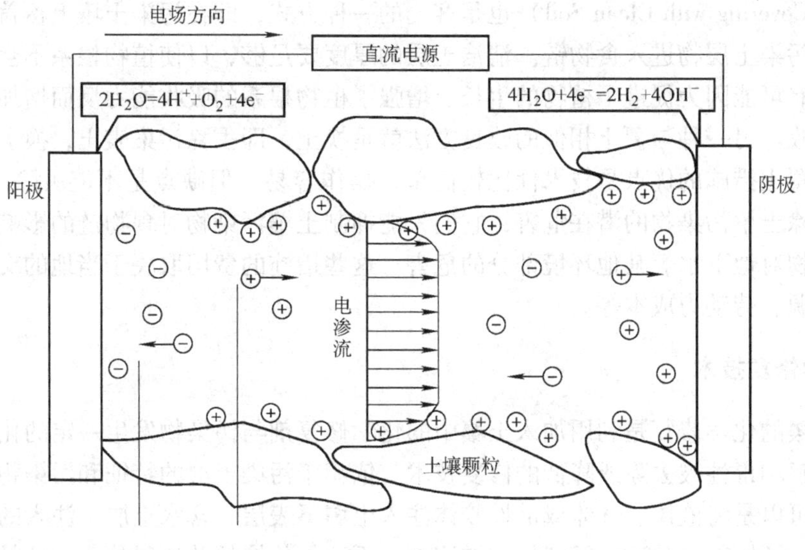

图 7-7 离子的电迁移作用和电渗透作用示意图

或塑料电极。可以直接将电极插入湿润的土体中，也可以将电极插入一个电解质溶液中，由电解质溶液直接与污染土壤或其他膜相接触。美国国家环保署（1998）推荐使用单阴极/多阳极体系，即在一个阴极的四周安放多个阳极，以提高修复效率。较高的电流强度和较大的电压梯度会促进污染物的迁移速度，一般采用的电流密度是 10 ~ 100mA/cm^2，电压梯度是 0.5V/cm。

电动力学技术可以处理的污染物包括重金属、放射性核素、有毒阴离子（硝酸盐、硫酸盐）、氰化物、石油烃（柴油、汽油、煤油、润滑油）、炸药、有机/离子混合污染物、卤代烃、非卤化污染物、多环芳烃。但最适合电动力学技术处理的污染物是金属污染物。

由于对于砂质污染土壤而言，已经有几种有效的修复技术，所以电动力学修复技术主要是针对低渗透性的黏性土壤。适合于电动力学修复技术的土壤应具有如下特征：水力传导率较低、污染物水溶性较高、水中的离子化物质含量相对较低。黏性土在正常条件下，离子的迁移很弱，但在电场的作用下得到增强。电动力学技术对低透性土壤（如高岭土等）中的砷、镉、铬、钴、汞、镍、锰、钼、锌、铅的去除效率可以达到85% ~95%。但并非对所有黏性土的去除效率都很高。对阳离子交换量高、缓冲容量高的黏性土而言，去除效率就会下降。要在这些土壤上达到较好的效率，必须使用较高的电流密度、较长的修复时间、较大的能耗和较高的费用。

欧美国家电动力学技术处理土壤的费用大约为 50 ~ 120 美元/m^3。影响原位电动力学修复过程的费用的主要因素是土壤性质、污染深度、电极和处理区设置的费用、处理时间、劳力和电费。

6. 稀释和覆土

将污染物含量低的清洁土壤混合于污染土壤以降低污染土壤污染物的含量，称为稀释（Dilution）作用。稀释作用可以降低土壤中污染物含量，因而可能降低作物对土壤污染物的吸收，减小土壤污染物通过农作物进入食物链的风险。在田间，可以通过将深层土壤犁翻上来与表层土壤混合，也可以通过客土清洁土壤而实现稀释。

覆土（Covering with Clean Soil）也是客土的一种方式，即在污染土壤上覆盖一层清洁土壤，以避免污染土层物进入食物链。清洁土层的厚度要足够，以使植物根系不会延伸到污染土层，否则有可能因为促进了植物的生长、增强了植物根系的吸收能力反而增加植物对土壤污染物的吸收。另一种与覆土相似的改良方法就是换土，即去除污染表土，换上清洁土壤。

稀释和覆土措施的优点是技术性比较简单，操作容易。但缺点是不能去除土壤污染物，没有彻底排除土壤污染物的潜在危害；它们只能抑制土壤污染物对食物链的影响，并不能减少土壤污染物对地下水等其他环境部分的危害。这些措施的费用取决于当地的交通状况、清洁土壤的来源、劳动力成本等。

7.3.2 化学修复技术

污染土壤的化学修复是利用加入土壤中的化学修复剂与污染物发生一定的化学反应，使污染物被降解和毒性被去除或降低的修复技术。依赖于污染土壤的特征和污染物的不同，化学修复手段可以是将液体、气体或活性胶体注入土壤下表层、含水土层。注入的化学物质可以是氧化剂、还原剂/沉淀剂或解吸剂/增溶剂。不论是传统的井注射技术，还是现代的各种创新技术，如土壤深度混合和液压破裂技术，都是为了将化学物质渗透到土壤表层以下。通常情况下，根据污染物类型和土壤特征，当生物修复法在速度和广度上不能满足污染土壤修复的需要时才选择化学修复方法。相对于其他污染土壤修复技术来讲，化学修复技术发展较早，也相对成熟。目前，化学修复技术主要涵盖以下几方面的技术类型：化学淋洗技术、溶剂浸提技术、原位化学氧化修复技术及土壤改良修复技术等。

1. 化学淋洗技术

化学淋洗技术（Soil Leaching and Flushing/Washing）是指借助能促进土壤环境中污染物溶解或迁移作用的溶剂，通过水力压头推动清洗液，将其注入被污染土层中，然后再把包含有污染物的液体从土层中抽提出来，进行分离和污水处理的技术。

由于化学淋洗过程的主要手段在于向污染土壤注射溶剂或“化学助剂”，因此，提高污染土壤中污染物的溶解性和它在液相中的可迁移性是实施该技术的关键。这种溶剂或“化学助剂”应该是具有增溶、乳化效果，或能改变污染物化学性质的物质。化学淋洗技术适用范围较广，可用来处理有机、无机污染物。目前，化学淋洗技术主要围绕着用表面活性剂处理有机污染物，用螯合剂或酸处理重金属来修复被污染的土壤。化学淋洗技术既可以在原位进行修复，也可进行异位修复。

(1) 原位化学淋洗技术　原位化学淋洗修复技术是指在污染现场直接向土壤施加淋洗剂，使其向下渗透，穿过污染土壤通过解吸、螯合、溶解或络合等物理、化学作用，最终使污染物形成可迁移态化合物。含有污染物的溶液可以用梯度井或其他方式收集、储藏，再做进一步处理，以再次用于处理被污染的土壤。

图7-8所示是原位化学淋洗技术流程图。淋洗液或土壤活化液通过喷灌或滴流设备喷淋到土壤表层，再由淋出液向下将污染物从土壤基质中洗出，并将包含溶解态污染物的淋出液输送到收集系统中，收集系统通常是一个缓冲带或截断式排水沟，将淋出液排放到泵控抽提井附近，再由泵抽入至污水处理厂进行处理。

原位化学淋洗技术处理污染土壤有很多优点，如长效性、易操作性、高渗透性、费用合理性（依赖于所利用的冲洗剂），并且适合治理的污染物范围很广。运用原位化学处理技

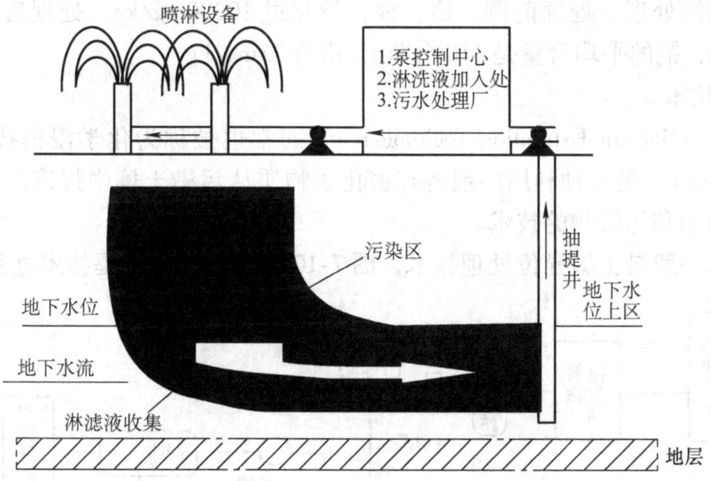

图7-8　原位化学淋洗技术流程图

术修复被有机物和重金属污染的土壤是最为实用的。

原位化学淋洗技术的缺点是在去除土壤污染物的同时，也去除了部分土壤养分离子，还可能破坏土壤的结构，影响土壤微生物的活性，从而影响土壤整体的质量。如果操作不慎，还可能对地下水造成二次污染。

1987—1988年间，在荷兰曾采用该技术对镉污染土壤进行了处理。他们用0.001mol/L的HCl溶液对6000m^2的土地上大约3000m^3的砂质土壤进行了处理。经过处理，土壤中镉从原来的20mg/kg以上降低到1mg/kg以下。处理费用大约为50英镑/m^3。

（2）异位化学淋洗技术　与原位化学淋洗技术不同的是，异位化学淋洗技术要把污染土壤挖掘出来，用水或其他化学试剂来清洗、去除污染物，再处理含有污染物的废水或废液，洁净的土壤可以回填或运到其他地点（图7-9）。通常情况下，根据处理土壤的物理状况，先将其进行颗粒分级，再基于二次利用的用途和最终处理需求，分开清洗达到不同的清洁程度。

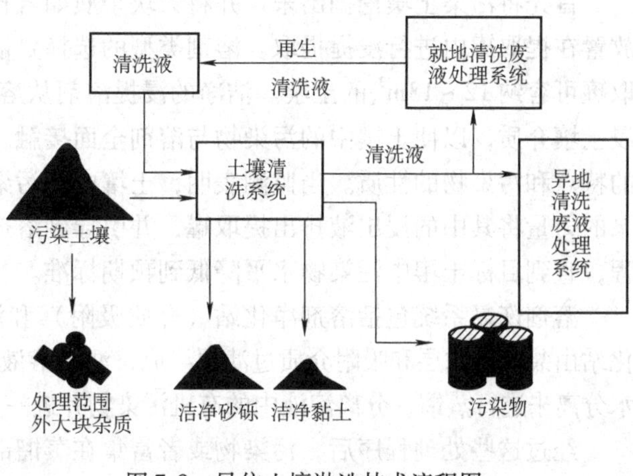

图7-9　异位土壤淋洗技术流程图

在有些异位土壤淋洗修复工程中，并非所有分离的土壤都要清洗。如果大部分污染物被吸附于某一土壤粒级，并且这一粒级只占全部土壤体积的一小部分，那么直接处理这部分土壤是最经济的选择。异位土壤淋洗通常产生污染物的富集液或富集污泥，因此还需要一些最终处理手段。

土壤清洗工作在某种容器中进行，这样技术人员可以控制操作流程和进行结果分析。在多数情况下，污染物集中在土壤混合体中细粒级部分，它只占处理体积中很小的百分比。

已经有不少成功的修复例子。如美国的新泽西州曾对19000t重金属严重污染的土壤和污泥进行了异位清洗处理。处理前铜、铬、镍含量超过10000mg/kg，处理后土壤中镍的平均含量是25mg/kg，铜的平均含量是110mg/kg，铬是73mg/kg。

2. 溶剂浸提技术

溶剂浸提技术（Solvent Extraction Technology），通常也被称为化学浸提技术（Chemical Extraction Technology），是一种利用溶剂将有害化学物质从污染土壤中提取出来进入有机溶剂中，而后分离溶剂和污染物的技术。

溶剂浸提技术一般是土壤异位处理技术，图7-10所示是溶剂浸提技术过程示意图。

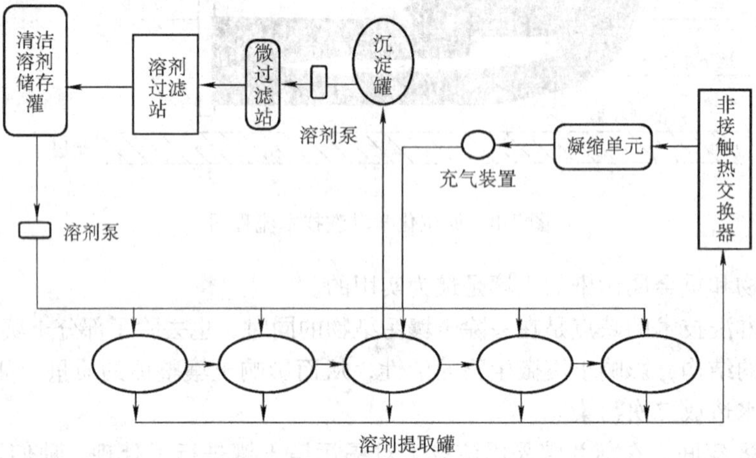

图7-10　溶剂浸提技术过程示意图

首先将污染土壤挖掘出来，并将大块杂质如岩石、垃圾等分离出去。然后，将污染土壤放置在提取罐内进行浸提提取。溶剂类型的选择要依污染物的化学结构与土壤特性而定。提取罐可容纳12～13m^3的土壤。洁净的浸提溶剂从溶剂储存罐运送到提取罐内，溶剂必须漫浸土壤介质，以便土壤中的污染物与溶剂全面接触。其中在溶剂中浸泡的时间，取决于土壤的特点和污染物的性质。当监测表明，土壤中的污染物基本完全溶解于浸提的溶剂时，借助泵的力量将其中的浸出液排出提取罐，并引导到溶剂恢复系统中。按照这种方式重复提取过程，直到目标土壤中污染物水平降低到预期标准。

溶剂恢复系统包括溶剂净化站（介质吸附）和溶剂脱水装置（蒸馏）两部分。溶剂净化站由袋状过滤层和吸附介质过滤层组成，滤去溶液中的颗粒物质。溶剂脱水单元则结合油/水分离来进行蒸馏，分离溶液中的有机污染物并进一步浓缩，最大程度减少废弃物的体积。

经过这些处理程序后，污染物或者富集在蒸馏部分底部，或者在吸附介质中。这些污染物可进行进一步处理、处置。滞留在土壤中的剩余溶剂可通过空气加热装置将土壤加热，使其由液态变成气态而从土壤中逸出，冷却后又变成液态，达到循环再利用的目的。

在美国加利福尼亚北部的一个岛上，曾采用此法对PCBs含量高达17～640mg/kg的污染土壤进行了处理。该处理系统采用了批量溶剂提取过程（Batch Solvent Extraction Process），使用的溶剂是专利溶剂，以分离土壤的有机污染物。整个提取系统由五个提取罐、一个微过滤单元、一个溶剂纯化站、一个清洁溶剂存储罐和一个真空抽提系统组成。处理每吨土壤需要4L溶剂。处理后的土壤中PCBs的含量从170mg/kg降到大约2mg/kg。

3. 原位化学氧化修复技术

原位化学氧化修复技术（In-situ Chemical Oxidation）主要是通过掺进土壤中的化学氧化剂与污染物所产生的氧化反应，使污染物氧化成为无毒物质的一项污染土壤修复技术。化学氧化技术不需要将污染土壤全部挖掘出来，只是在污染区的不同深度钻井，然后通过井中的泵将氧化剂注入土壤中，使污染物与氧化剂充分接触、发生氧化反应而被分解为无害物。图7-11所示是原位化学氧化技术示意图，由氧化剂、注射井、抽提井等三要素组成。实践表明，如果不经过事先勘测，很难将化学氧化剂泵入恰好的污染地点。因此，在钻井之前，技术人员要先通过测试土壤和地下水，研究地下土层的特征，探出污染区实际所在地点与覆盖面积。

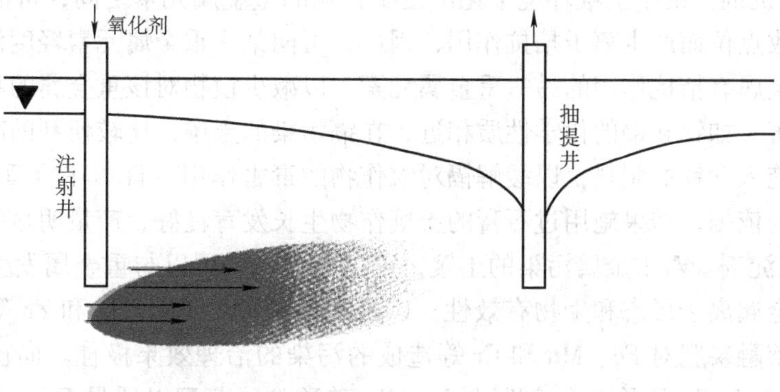

图7-11 原位化学氧化技术示意图

化学氧化修复技术的优点在于它可以原位治理污染。土壤的修复工作完成后，一般只在原污染区留下了水、二氧化碳等无害的化学反应产物。通常，化学氧化技术用来修复处理其他方法无效的污染土壤，如在污染区位于地下水深处的情况下。由于具有这些优势，在美国和英国等西方发达国家，已有许多地点尝试采用化学技术修复污染的土壤。

该技术主要用来修复被油类、有机溶剂、多环芳烃（如萘）、五氯苯酚、农药以及非水溶液氯化物（如三氯乙烯）等污染物污染的土壤，通常这些污染物在污染土壤中长期存在，很难被生物所降解。

最常用的氧化剂是 H_2O_2、K_2MnO_4 和 O_3，以液体形式泵入地下污染区。

4. 土壤改良修复技术

土壤改良修复技术主要是针对重金属污染土壤而言，部分措施也适用于有机污染的土壤修复。该法是原位处理方法，不需要搭建复杂的工程装备，因此，是经济有效的污染土壤修复途径之一。

（1）施用改良剂 施用改良剂的作用是降低重金属的活性，这一措施能有效降低重金属的水溶性、扩散性和生物有效性，从而降低它们进入植物体、微生物和水体的能力，减轻它们对生态环境的危害。

1）石灰性物质。经常施用的石灰性物质包括熟石灰、碳酸钙等，施用这些物质的目的主要是中和土壤酸性，提高土壤pH值，降低重金属污染物的含量。为保证石灰性物质与金属离子充分接触和反应，可以考虑将石灰磨细，提高其比表面积，然后放入土壤。施用石灰性物质可以改变污染土壤固相中的阳离子组成，使氢离子被钙离子取代，从而使土壤的阳离子交换量增加。另外由于钙还能改善土壤结构，增加土壤胶体凝聚性，因此，可以增强植物根表面对重金属离子的拮抗作用。不过把石灰性物质当成土壤改良剂来修复土壤并不是很普遍适用的技术，事实上这种方式还存在缺陷，如向土壤施入石灰性物质后可能导致某些植物营养元素的缺乏。

2）有机物质。用于治理土壤重金属污染的有机物质主要有未腐熟稻草、牧草、紫云英、泥炭、富淀粉物质、家畜粪肥以及腐殖酸等。向土壤中施用有机物质能够增强土壤对污染物的吸附能力，有机物质中的含氧功能团，如羧基、羰基等，能与重金属氧化物、金属氢氧化物及矿物的金属离子形成化学和生物学稳定性不同的金属-有机配合物，而使污染物分子失去活性，减轻土壤污染对植物和生态环境的危害。

3）离子拮抗剂。由于土壤环境中化学性质相似的重金属元素之间，可能会因为竞争植物根部同一吸收点位而产生离子拮抗作用，因此，可向某一重金属元素轻度污染的土壤中施入少量的与该金属有拮抗作用的另一重金属元素，以减少植物对该重金属的吸收，减轻重金属对植物的毒害。如锌和镉的化学性质相近，在镉污染的土壤，比较便利的改良措施之一是以按一定比例施入含锌的肥料，以缓解镉对农作物的毒害作用。日本在治理 Mo 的毒害时就是以拮抗原理为依据，结果施用过石膏的土壤作物生长发育良好，产量明显提高。

4）化学沉淀剂。对重金属污染的土壤，可以施加一些可以与重金属发生沉淀反应的物质，来改变重金属离子形态和生物有效性。碳酸盐治理 Pb、Cd、Hg 和 Zn 等造成的污染有很好的效果，熔融磷肥对 Fe、Mn 和 Cr 等造成的污染的治理效果极佳。向被砷污染的土壤中加入 $ZnSO_4$ 或 $MgCl_2$ 可形成难溶性的 Zn、Mg 砷酸盐，若配以适量 Fe，还可抑制土壤还原，使砷被 $Fe(OH)_3$ 吸附或与之发生共沉淀。在重金属污染严重的土壤中施入含硫物料，能使土壤中的 Cd、Hg 形成 CdS、HgS 沉淀。因此，可利用这些化学反应改良被 Pb、Fe、Mn、Cr 和 Zn 污染的土壤。

（2）调节土壤氧化还原电位　土壤中重金属的活性受土壤氧化还原状况的影响，因而可通过调节土壤氧化还原电位的方法来控制重金属迁移。由于水田的淹水状况与土壤氧化还原电位有很大关联，因此，通过调节土壤水分也可以调控土壤氧化还原电位，如可采用将汞或砷污染的水田改成旱地，铬污染的旱地改成水田等方法改变土壤氧化还原电位，从而减轻变价金属元素毒性。

7.3.3 植物修复技术

污染土壤植物修复技术（Phytoremediation）指利用植物及其根际微生物对土壤污染物的吸收、挥发、转化、降解、固定作用而去除土壤中污染物的修复技术。

1. 植物修复技术的类型

一般来说，植物对土壤中的无机污染物和有机污染物都有不同程度的吸收、挥发和降解等修复作用，有的植物甚至同时具有上述几种作用。但修复植物不同于普通植物的特殊之处在于其在某一方面表现出超强的修复功能，如超积累植物等。根据修复植物在某一方面的修复功能和特点可将污染土壤植物修复技术分为以下 5 种基本类型。

（1）植物提取修复　利用重金属超积累植物从污染土壤中超量吸收、积累一种或几种重金属元素，之后将植物整体（包括部分根）收获并集中处理，然后再继续种植超积累植物以使土壤中重金属含量降低到可接受的水平。植物提取修复是目前研究最多且最有发展前途的一种植物修复技术。

（2）植物挥发修复　利用植物将土壤中的一些挥发性污染物吸收到植物体内，然后将其转化为气态物质释放到大气中，从而对污染土壤起到治理作用。这方面的研究主要集中在易挥发性的重金属（如汞）等方面，对有机污染物质治理也具有较好的应用前景。

（3）植物稳定修复　通过耐性植物根系分泌物质来积累和沉淀根际圈污染物质，使其失去生物有效性，以减少污染物质的毒害作用。但更重要的是利用耐性植物在污染土壤上的生长来减少污染土壤的风蚀和水蚀，防止污染物质向下淋移而污染地下水或向四周扩散进一步污染周围环境。该技术偏重于重金属污染土壤的稳定修复，如废弃矿山的复垦工程，铅、锌尾矿库的植被重建等。

（4）植物降解修复　利用修复植物的转化和降解作用去除土壤中有机污染物质，其修复途径包括污染物质在植物体内转化和分解及在植物根分泌物酶的作用下引起的降解。植物降解一般对某些结构比较简单的有机污染物去除效率很高，但对结构复杂的污染物质则无能为力。

（5）根际圈生物降解修复　利用植物根际圈菌根真菌、专性或非专性细菌等微生物的降解作用来转化有机污染物，降低或彻底消除其生物毒性，从而达到有机污染土壤修复的目的。这种修复方式实际上是微生物与植物的联合作用过程，只不过微生物在降解过程中起主导作用。实践证明，根际圈生物降解有机污染物质的效率明显高于单一利用微生物降解有机污染物质的效率。

2. 植物修复技术的作用机理

污染土壤植物修复的作用机理包括植物提取作用、根际降解作用、植物降解作用、植物稳定化作用、植物挥发作用。

（1）植物提取作用　植物提取就是指通过植物根系吸收污染物并将污染物富集于植物体内，而后将植物体收获、集中处置的过程。适合于植物提取技术的污染物包括金属（Ag、Cd、Co、Cr、Cu、Hg、Mo、Ni、Pb、Zn、As、Se）、放射性核素（^{90}Sr、^{137}Cs、^{239}Pu、^{238}U、^{234}U）、非金属（B）。植物提取修复也可能适合于有机污染物，但尚未得到很好的检验。虽然各种植物都可能或多或少地吸收土壤中的重金属，但作为植物提取修复用的植物必须对土壤中的一种或几种重金属具有特别强的吸收能力，即所谓超累积植物（Hyperaccumulator）。

植物提取土壤重金属的效率取决于植物本身的富集能力、植物可收获部分的生物量以及土壤条件（如土壤质地、土壤酸度、土壤肥力）、金属种类及形态等。超累积植物通常生长缓慢，生物量低，根系浅。因此尽管植物体内金属含量可以很高，但从土壤吸收走的金属总量却未必高，这影响了植物提取修复的效率。1991—1993年间，英国洛桑试验站的McGrath等人在重金属污染土壤上进行了植物提取修复的田间试验，其结果表明，在含锌444mg/kg的土壤上种植遏蓝菜属的天蓝遏蓝菜，可以从土壤中吸收锌30.1kg/hm^2，吸收镉0.143kg/hm^2。假定每季节植物都能吸收等量的金属，要将该土壤的锌降低到背景值（40mg/kg），需要种植天蓝遏蓝菜18次。但在同一块土地上，每季植物吸收的金属量不可能是相同的，而应该是递减的，因为随着土壤金属总量的降低，其有效性也降低。因此为了达到预期的净化目标，实际需要种植的次数必定更多。所以寻找超累积植物品种资源，通过常规育种和转基因育种筛选优良的超累积植物，就成为植物提取修复的关键环节。优良的超累积植物不仅体内重金属含量要高，生物量也要高，抗逆、抗病虫害能力要强。通过转基因技术培育新的超累积植物也许是今后植物提取修复技术的重要突破点。

（2）根际降解作用　根际降解就是指土壤中的有机污染物通过根际微生物的活动而被降解的过程。根际降解作用是一个植物辅助并促进降解的过程，是一种就地的生物降解作用。植物根际是由植物根系和土壤微生物之间相互作用而形成的独特的、距离根仅几毫米到几厘米的圈带。根际中聚集了大量的细菌、真菌等微生物和土壤动物，在数量上远远高于非根际土壤。根际土壤中微生物的生命活动也明显强于非根际土壤。根际中既有好氧环境，也有厌氧环境。植物在其生长过程中会产生根系分泌物，这些分泌物可以增加根际微生物的数量并促进微生物的活性，从而促进有机污染物的降解。根系分泌物的降解会导致根际有机污染物的共同代谢。植物根系会通过增加土壤通气性和调节土壤水分条件而影响土壤条件，从而创造更有利于微生物降解作用的环境。

根际降解作用机理，主要包括如下几个过程：

1）好氧代谢。大多数植物生长在水分不饱和的好氧条件下。在好氧条件下，有机污染物会作为电子受体而被持续矿化分解。

2）厌氧代谢。部分植物生长在厌氧条件下（如水稻），即使生长在好氧条件下的植物，其根际也可能在部分时间内因积水而处于厌氧环境（如灌溉和降雨的时候）；即使在非积水时期，根际的局部区域也可能由于微域条件而处于厌氧条件。厌氧微生物对环境中难降解的有机物（如 PCBs、DDT 等）有较强的降解能力。一些有机污染物（如苯）可以在厌氧条件下完全被矿化。

3）腐殖质化作用。有毒有机污染物可以通过腐殖质化作用转变为惰性物质而固定下来，达到脱毒的目的。研究结果证实，根际微生物加强了根际中 PAHs 与富里酸和胡敏酸之间的联系，降低了 PAHs 的生物有效性。腐殖质化被认为是总石油烃（TPH）最主要的降解机理。

根际降解研究首先在农业土壤中的农药生物降解中进行。

Sandman 的研究表明，许多植物根际区的农药降解速度快，降解率与根际区微生物数量的增加呈正相关，而且多种微生物联合的群落比单一种群对化合物的降解有更广泛的适应范围。但并非所有植物对化学物质都有降解能力，它们之间的关系有很强的选择性，主要原因是不同植物分泌不同的物质，而不同微生物对根系分泌物有所选择。另外，植物对化学物质的适应或敏感程度也不相同。如使用2，4-D 除草剂后，降解2，4-D 这种除草剂的细菌群落数量在甘蔗根际有所增加，但在非洲三叶草根际不增加。2，4-D 对除去双子叶杂草有效而不伤害甘蔗，所以甘蔗可作为2，4-D 的修复植物。

根际降解可以考虑作为其他修复措施之后的修饰手段或在最后处理步骤进行。

（3）植物降解作用　植物降解作用（又称植物转化作用）指被吸收的污染物通过植物体内代谢过程而降解的过程，或污染物在植物产生的化合物（如酶）的作用下在植物体外降解的过程。其主要机理是植物吸收和代谢。

要使植物降解发生在植物体内，化合物首先要被吸收到植物体内。研究表明，70 多种有机化合物可以被 88 种植物吸收，已经有学者建立了可以被吸收的化合物和相应的植物种类的数据库。化合物的吸收取决于其憎水性、溶解性和极性。中等疏水的化合物最容易被吸收并在植物体内运转，溶解度很高的化合物不容易被根系吸收并在植物体内运转，疏水性很强的化合物可以与根表面结合，但难以在体内运转。植物对有机化合物的吸收还取决于植物的种类、污染物本身的特点以及许多土壤的物理和化学特征。很难对某一种化合物下一个确切的结论。

可在植物体内进行代谢的有机污染物有除草剂阿特拉津（atrazine），含氯溶剂 TCE、TNT，杀虫剂 DDT，杀真菌剂 HCB、PCP，增塑剂 DEHP 和 PCBs 等。植物体内有机污染物降解的主要机理包括羟基化作用、酶氧化降解过程等。

Jerald Schnoor 研究发现，白杨树能降解土壤中 10% ~20% 的阿特拉津，并且发现，白杨树通过根系将其吸收并将其转化、分解。

（4）植物稳定化作用　植物稳定化作用指通过根系的吸收和富集、根系表面的吸附或植物根圈的沉淀作用而产生的稳定化作用；或利用植物或植物根系保护污染物，使其不因风蚀、水蚀、淋溶以及土壤分散而迁移的稳定化作用。

植物稳定化作用通过根际微生物活动、根际化学反应和（或）土壤性质的改变及污染物的化学变化而起作用。根系分泌物或根系活动产生的 CO_2 会改变土壤 pH 值，植物固定作用可以改变金属的溶解度和移动性或影响金属与有机化合物的结合，受植物影响的土壤环境可以将金属从溶解状态变为不溶解状态。植物稳定化作用可以通过吸附、沉淀、络合或金属价态的变化而实现。结合于植物木质素之上的有机污染物可以通过植物木质化作用（Phytolignification）而被植物固定。在严重污染的土壤上种植抗性强的植物以减少土壤的侵蚀，防止污染物向下淋溶或往四周扩散。这种固定作用常被用于废弃矿山的植被重建和复垦。

植物稳定化作用的优点是：不需要移动土壤，费用低，对土壤的破坏小，植被恢复还可以促进生态系统的重建，不要求对有害物质或生物体进行处置。植物稳定化作用的缺点是：污染物依然留在原处，可能要长期保护植被和土壤以防止污染物的再释放和淋洗所产生的环境风险。

（5）植物挥发作用　植物挥发作用指污染物被植物吸收后，在植物体内代谢和运转，然后以污染物或改变了的污染物形态向大气释放的过程。在植物体内，植物挥发过程可能与植物提取和植物降解过程同时进行并互相关联。植物挥发作用对某些金属污染的土壤有潜在修复效果。目前研究最多的是汞和硒的植物挥发作用，砷也可能产生植物挥发作用，某些有机污染物（如一些含氯溶剂）也可能产生植物挥发作用。

在土壤中，Hg^{2+} 在厌氧细菌的作用下可以转化为毒性很强的甲基汞。一些细菌可以将甲基汞和离子态汞转化成毒性小得多的可挥发的元素汞 Hg，这是降低汞毒性的生物途径之一。研究表明，将细菌体内对汞的抗性基因导入拟南芥属植物之中，植物就可能将吸收的汞还原为元素 Hg，从而挥发。许多植物可从土壤中吸收硒并将其转化成可挥发状态。根际细菌不仅能促进植物对硒的吸收，还能提高硒的挥发率。现已经发现海藻可以将 $(CH_3)_2AsO_2^-$ 挥发出体外，但在高等植物中尚未见砷挥发的报道。

目前已经发现的可以产生植物挥发的植物有：杨树（含氯溶剂）、紫云英（TCE）、黑刺槐（TCE）、印度芥（硒）、芥属杂草（汞）。

植物挥发作用的优点是：污染物可以被转化为毒性较低的形态，如元素汞和二甲基硒；向大气释放的污染物或代谢物可能会遇到更有效的降解过程而进一步降解，如光降解作用。植物挥发作用的缺点是：污染物或有害代谢物可能累积在植物体内，随后可能被转移到其他器官中（如果实）；污染物或有害代谢物可能被释放到大气中。

这一方法的适用范围很小，并且有一定的二次污染风险，因此它的应用有一定限制。

3. 植物修复技术的优点和局限

污染土壤植物修复技术具有如下优点：

1）用植物提取、植物降解、根际降解、植物挥发等作用，可以将污染物从土壤中去除，永久解决土壤污染问题。

2）修复植物的稳定作用可以固土，防止污染土壤因风蚀或水土流失而产生的污染扩散问题。

3）修复植物的蒸腾作用可以防止污染物质对地下水的二次污染。

4）植物修复不仅对修复场地的破坏小，对环境的扰动小，而且还具有绿化环境的作用，可减少来自公众的关注和担心。

5）植物修复一般会提高土壤的肥力，而一般的物理和化学修复或多或少会损害土壤肥力，有的甚至使土壤永久丧失肥力。

6）重金属超富集植物所累积的重金属在技术成熟时可进行回收，从而也能创造一定的经济价值。

7）植物修复依靠修复植物的新陈代谢活动来治理污染土壤，技术操作比较简单。从技术应用过程来看，是可靠的、对环境相对安全的技术。

8）植物修复以太阳能为驱动力，能耗较低，成本低，可以在大面积污染土壤上使用。

尽管污染土壤植物修复技术有许多优点，但这项技术也存在着许多局限：

1）一种植物往往只是吸收一种或两种重金属元素，对土壤中其他含量较高的重金属则表现出某些中毒症状，从而限制了植物修复技术在多种重金属污染土壤治理方面的应用前景。

2）植物对土壤肥力、气候、水分、盐度、酸碱度、排水与灌溉系统等自然和人为条件有一定的要求。

3）多数植物具有光周期反应，在世界范围内引种修复植物可能比较困难。

4）用于清洁重金属污染土壤的超累积植物通常矮小、生物量低、生长缓慢、生长周期长，因而修复效率低，不易于机械化作业。

5）用于清洁重金属的植物器官往往会通过腐烂、落叶等途径使重金属污染物重返土壤。因此，必须在植物落叶前收割并处理植物器官。

6）缺乏行之有效的用于筛选修复植物的手段，同时对已筛选出来的修复植物的生活习性了解很少，这也部分限制了植物修复技术的应用。

7）植物修复的周期相对较长，因此，不利的气候或不良的土壤环境都会间接影响修复效果。

7.3.4 微生物修复技术

污染土壤的微生物修复指利用天然存在的或特别培养的微生物在可调控的环境条件下将土壤中有毒污染物转化为无毒物质的处理技术。

这项技术的创新之处在于它精心选择、合理设计操作的环境条件，促进或强化在天然条件下本来发生很慢或不能发生的降解或转化过程。微生物修复技术起源于有机污染物的治理，近年来也向无机污染物的治理扩展。

1. 微生物修复机理

通常在刚被有机物污染的土壤中的土著微生物并不能降解污染物，而是在一个相当长的暴露过程中培育自身的降解能力。污染点的细菌经过一段时间驯化后，才能产生降解代谢污染物的能力，这种现象称为适应性。微生物的适应性为有机物污染的修复提供了可能。适应性导致能够代谢污染物的细菌总数增加，或者个体细菌遗传性或生理特性发生改变。这一过程包括以下3种机制：特定酶的产生；基因突变产生新的代谢群体；能够降解有机物烃的微生物富集。

各种不同的有机污染物能否被降解取决于微生物能否产生相应的酶系，酶的合成直接受基因控制。有机物降解酶系的编码多在质粒上，携带某种特殊有机物基因的质粒称为降解质粒，而降解质粒的出现是适应难降解物质的一种反映。

微生物对有机物污染物的降解分为细胞内和细胞外两种方式。1979年，Yonezawa等研究认为微生物对有机化合物的降解作用是由其细胞内酶引起的，微生物降解的整个过程可以分为3个步骤，首先是化合物在微生物细胞膜表面的吸附，这是一个动态平衡；其次是吸附在细胞表面的化合物进入细胞膜内，在生物量一定时，化合物对细胞膜的穿透率决定了化合物穿透细胞膜的量；最后是化合物进入微生物细胞膜内与降解酶结合发生酶促反应，这是一个快速的过程。物质进入细胞，有多种途径，主要有扩散、促进扩散、主动运输、基团移位等4种方式。扩散和促进扩散都是由于浓度梯度引起的物质运输，而主动运输的关键则在于能量的提供和载体蛋白的作用。对主动运输的机理有多种解释，最主要的两种学说是化学渗透模型和氧化还原模型。前者是指生物通过能量消耗，使细胞内质子（H^+）排出细胞外，形成膜内外质子的浓度差，由这个电位差又使H^+由膜外侧进入膜内侧。这时H^+作为耦合离子与营养物耦合，又有载体蛋白（渗透酶）参与作用，就将细胞外低浓度的营养物质带入了细胞内。后者认为细胞膜中的载体蛋白既能呈氧化态，也能呈还原态。在膜外表面时呈氧化态，对被运输物质的亲和力大，而与被运输物质相结合。进入膜内表面，此时呈还原态，对被运输物质的亲和力弱，被运输的物质被释放。载体氧化态和还原态的转变是由基质的氧化，以及电子在传递链的传递而引起的。LeaBezalel等通过细胞质和微粒体中的酶活性测定发现，在第1阶段的分解代谢中起作用的酶有细胞色素P450单加氧酶和开环酶。另外，污染物也不必先进入细胞再代谢，但是这样的降解方式受环境影响较大，并且降解速度和效率也多弱于细胞内降解。而大量具有专一降解性的微生物多在细胞内完成对污染物的降解，这样的降解方式必然要求污染物先进入细胞内，因此污染物的跨膜运移就显得尤为重要。库克森研究发现，如果将甲苯或二甲苯导入只能降解苯的真菌内，两种物质都能够被降解，说明某些专一降解菌的质粒可以降解多种物质，但是由于细胞膜上载体蛋白的专一性而限制了菌种对其他物质的降解能力。

在好氧条件下，有机物进入降解微生物的细胞后，通过同化作用被降解，这是一个非常复杂的过程。简单地说，可用下式表示

$$\text{有机物类物质} + \text{生物} + O_2 + \text{营养源} \longrightarrow CO_2 + H_2O + \text{副产物} + \text{细胞体}$$

微生物对有机物中不同烃类化合物的代谢途径和机理不同。通常，在微生物作用下，直链烷烃首先被氧化成醇，然后在醇脱氢酶的作用下被氧化为相应的醛，醛则通过醛脱氢酶的作用氧化成脂肪酸。氧化途径有单末端氧化、双末端氧化和次末端氧化等，其可能途径如下：

$$R—CH_2—CH_3 + O_2 \longrightarrow R—CH_2—CH_2—OH \longrightarrow R—CH_2—CHO \longrightarrow R—CH_2—COOH$$

$$H_3C—(CH_2)_n—CH_3 + O_2 \longrightarrow OHC—(CH_2)_n—CHOOH \longrightarrow CHOO—(CH_2)_n—CHOOH$$

$HOH_2C—(CH_2)_n—COOH \longrightarrow OHC—(CH_2)_n—CHOOH \longrightarrow CHOO—(CH_2)_n—CHOOH$

$H_3C—(CH_2)_{11}—CH_3 \longrightarrow H_3C—(CH_2)_{10}—CH(OH)—CH_3 \longrightarrow H_3C—(CH_2)_{10}—COCH_3 \longrightarrow$

$H_3C—(CH_2)_9—CH_2—O—COCH_3 \longrightarrow H_3C—(CH_2)_9—CH_2OH + CH_3COOH$

脂环烃类的生物降解是环烷烃被氧化为一元醇，并在大多数研究的细菌中环烷烃醇和环烷酮通过内脂中间体的断裂而代谢，大多数利用环乙醇的微生物菌株，也能在一些脂环化合物中生长，包括环己酮、顺（反）-环己烷-1，2-二醇和2-羟基环己酮，环己烷分解代谢的可能途径如图7-12所示。

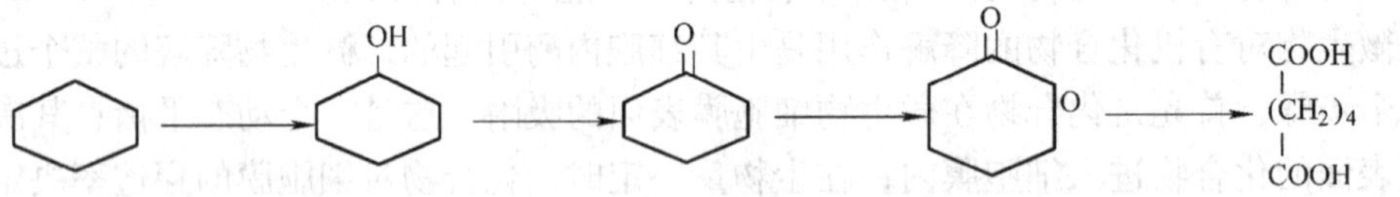

图7-12　环己烷分解代谢的可能途径

真菌和微生物都能氧化从苯到苯并蒽范围内的芳烃底物。起初细菌借助加双氧酶的催化作用把分子氧的两个氧原子结合到底物中，使芳烃氧化成具有顺式构型的二氢二酚类。顺式二氢二酚类进一步氧化裂解。与细菌相反，真菌则借助于单加氧酶和环水解酶的催化作用，把芳烃氧化成反式二氢二酚类化合物。微生物对芳香烃的降解途径如图7-13所示。

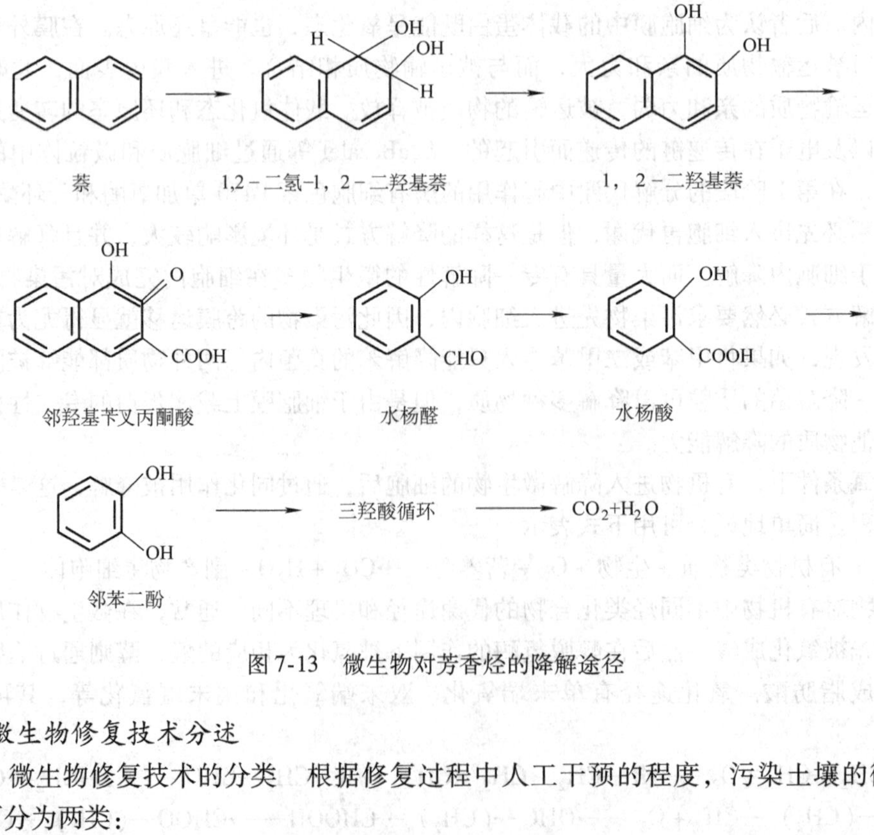

图7-13　微生物对芳香烃的降解途径

2. 微生物修复技术分述

（1）微生物修复技术的分类　根据修复过程中人工干预的程度，污染土壤的微生物修复技术可分为两类：

1）自然微生物修复技术。指完全在自然条件下进行的微生物修复过程，在修复过程中不进行任何工程辅助措施，也不对生态系统进行调控，靠土著微生物发挥作用。自然生物修复要求被修复土壤具有适合微生物活动的条件（如微生物必要的营养物、电子受体、一定的缓冲能力等），否则将影响修复速度和修复效果。

2）人工微生物修复技术。当在自然条件下，微生物降解速度很低或不能发生时，可以通过补充营养盐、电子受体、改善其他限制因子或微生物菌体等方式，促进微生物修复，即人工微生物修复。人工微生物修复技术依其修复位置情况，又可分为原位微生物修复技术和异位微生物修复技术两种类型。

原位微生物修复技术不人为挖掘、移动污染土壤，直接在原污染场地通过工程措施向污染土壤提供氧气、营养物或接种，以达到降解污染物的目的。原位微生物修复技术形式包括生物通气法（Bioventing）、生物注气法（Biosparging）、土地耕作法（Land Farming）等。

异位微生物修复技术人为挖掘污染土壤，并将污染土壤转移到其他地点或反应器内进行修复。异位微生物修复更容易控制，技术难度较低，但成本较高。异位微生物修复包括生物反应器型（Bioreactor）和处理床型（Treatment Bed）两种类型。处理床技术又包括异位土地耕作法（Land Farming）、生物堆制法（Biopiles）和翻动条垛法（Windrow Turning）等。反应器技术主要指泥浆相生物降解技术（Slurry Phase Biodegradation）等。

（2）微生物修复的主要技术介绍

1）泥浆相生物反应器（Slurry Phase Bioreactor）。溶解在水相中的有机污染物容易被微生物利用，而吸附在固体颗粒表面的有机污染物不容易被利用，因此将污染土壤制成浆状更有利于污染物的微生物降解。泥浆相处理在泥浆反应器中进行，泥浆反应器可以是专用的泥浆反应器，也可以是一般的经过防渗处理的池塘。挖出的土壤加水制成泥浆，然后与降解微生物和营养物质在反应器中混合。添加适当的表面活性剂或分散剂可以促进吸附的有机污染物的解离，从而促进降解速度。降解微生物可以是原来就存在于土壤的微生物，也可以是接种的微生物。要严格控制条件以利于泥浆中有机污染物的降解。处理后的泥浆被脱水，脱出的水要进一步处理以除去其中的污染物，然后可以被循环使用。

泥浆相处理过程的主要步骤概括如下：① 土壤的预处理，以除去其中的橡胶、石块、金属物品等，土壤颗粒一般应小于4mm以便制成泥浆；② 将原料与水混合，制成泥浆（含水量一般为20%~50%）；③ 在反应器中对泥浆进行机械搅拌，保证污染物和微生物的密切接触；④ 补充无机和有机养分和氧，并调节pH值，有些泥浆系统还使用氧化剂（如过氧化氢），使有机污染物更容易被降解；⑤ 在最初或在处理过程中多次添加微生物，以维持最佳微生物浓度；⑥ 处理结束后，将泥浆脱水，并进一步处理残余的液态废物。

与固相修复系统相比，泥浆反应器的主要优点在于：促进有机污染物的溶解、增加微生物与污染物的接触、加快微生物降解速度。例如，非在固相修复系统修复32d的效果只相当于泥浆反应器中8d的修复效果。泥浆相处理的缺点是能耗较大、过程较复杂，因而成本较高；处理过程彻底破坏土壤结构，对土壤肥力有显著影响。泥浆相处理技术适用于挥发和半挥发有机污染物、卤化或非卤化有机污染物、多环芳烃、二恶英、呋喃、除草剂和农药、炸药等。泥炭土不适合于该技术。

1992—1993年，美国的得克萨斯州曾采用了该技术处理了一处被多环芳烃、多氯联苯、苯和氯乙烯污染的土壤。共处理了大约30万t土壤和污泥，每吨土壤的处理费用大约是60

英镑。处理系统包括通气（泵）系统、液态氧供应系统、化学物质供应系统（供应氮、磷等营养物质和调节酸度的石灰水）、清淤及混合设备及生物反应器。经过11个月的处理以后，苯含量从608mg/kg降低到6mg/kg，氯乙烯含量从314mg/kg降到16mg/kg。

2）生物堆制法。生物堆制法又称静态堆制法（Static Piles），是一种基于处理床技术的异位生物处理过程，通过使土堆内的条件最优化而促进污染物的微生物降解。挖出的污染土壤被堆成一个长条形的静态堆（没有机械的翻动），添加必要的养分和水分于污染土堆中，必要时加入适量表面活性剂。水分、养分和空气在土堆中通过布设管网导入。管网可以安放在土堆底部、中部或上部。最大堆高可以达到4m，但随堆高的增加，通气和温度的控制会越加困难。处理床底部应铺设防渗垫层以防止处理过程中从床中流出的渗滤液往地下渗漏，可以将渗滤液回灌于预制床的土层上。如果会产生有害的挥发性气体，在土堆上还应该设有废气收集和处理设施。温度对微生物降解速率有影响，因此季节性的气候变化可能阻碍或提高微生物降解速率。将土堆封闭在温室状的结构中或对进入土堆的空气或水进行加热，可以控制堆温。通气土堆技术适用于挥发性和半挥发性的、非卤化的有机污染物和多环芳烃污染土壤的修复。通气土堆法的优点在于对土壤的结构和肥力有利，可以限制污染物的扩散，减少污染范围。其缺点是费用高，处理过程中的挥发性气体可能对环境产生不利影响。

加拿大魁北克省曾采用此法对有机物污染的土壤进行了示范性处理。污染点为黏性土，土壤中矿物油和油脂含量为14000mg/kg。约500m^3的污染土壤被转移到一个沥青台上，定期添加养分，由于土壤质地较黏，所以混入泥炭和木屑以改善其通透性和结构。经常加入水分以保持14%的含水量。冬天时用电加热器以保持温度（20℃左右）。处理费用大约为每立方土壤3英镑。34周的处理以后，72%以上的石油烃被降解，添加泥炭和木屑显著提高了降解率。

3）土地耕作法。土地耕作法又称土地施用（Land Application）法，包括原位和异位两种类型。原位土地耕作指通过耕翻污染土壤（但不挖掘和搬运土壤），补充氧和营养物质以提高土壤微生物的活性，促进污染物的生物降解。在耕翻土壤时，可以施入石灰、肥料等物质，质地太黏的土壤可以适当加入一些沙子以增加孔隙度，尽量为微生物降解提供一个良好的环境。土地耕作法氧的补充靠空气扩散。该方法简单易行，成本也不高，主要问题是污染物可能发生迁移。原位土地耕作法适合于污染深度不大的表层土壤的处理。

异位土地耕作法是将污染土壤挖掘搬运到另一个地点，将污染土壤均匀撒到土地表面，通过耕作方式使污染土壤与表层土壤混合，从而促进污染物生物降解的方法。必要时可以加入营养物质。异位土地耕作法需要根据土壤的通气状况反复进行耕翻作业。用于异位土地耕作的土地要求土质均匀、土面平整、有排水沟或其他控制渗漏和地表径流的方式。可以根据需要对土壤pH值、湿度、养分含量等进行调节，并要进行监测。异位土地耕作法适合污染深度较大的污染土壤的处理。

土地耕作法的优点是：设计和设施相对简单、处理时间较短（在合适的条件下，通常需要6~24个月）、费用不高（每吨污染土壤需要30~60美元）、对微生物降解速度小的有机组分有效。土地耕作法的缺点是：很难达到95%以上的降解率，很难将污染物浓度降解到0.1mL/L以下，当污染物含量过高时效果不佳（如石油烃含量超过50 000μL/L时），当重金属含量超过25000mg/kg时会抑制微生物生长，挥发性组分会直接挥发出来而不是被降解，需要较大的土地面积进行处理，处理过程产生的尘埃和蒸气可能会引发大气污染问题，如果淋溶比较强烈的话需要进行下垫处理。

德国莱茵河附近的一个炼油厂，曾采用此法进行了污染土壤修复。该污染点上石油烃污染深度达6m，地表2m内的石油烃含量为10000~30000mg/kg，污染土壤被挖掘出来，铺在一个高密度聚乙烯下垫面上，形成一个长45m、宽8m、厚0.6m的处理床。处理床上覆盖了聚乙烯以保持土堆的温度和湿度。34周以后，土壤中石油烃的含量从12980mg/kg降低至1273mg/kg（降低了90%以上）。

4）翻动条垛法。翻动条垛法是一种基于处理床技术的异位生物处理过程。将污染土壤与膨松剂混合以改善土壤结构和通气状况，堆成条垛。条垛可以堆在地面上，也可以堆在固定设施上。垛高1~2m。条垛地面要铺设防渗底垫以防止渗漏液对土壤的污染。通常往土垛中添加一些物质，如木片、树皮或堆肥，以改善垛内的排水和孔隙状况。可以设置排水管道以收集渗漏水并控制垛内土壤达到最佳含水量。用机械进行翻堆，翻堆可以促进均匀性，为微生物活动提供新鲜表面，促进排水，改善通气状况，从而促进了微生物降解。翻动条垛法可以用于挥发性、半挥发性、卤化和非卤化有机污染物，多环芳烃等污染土壤的处理。在美国的俄勒冈州曾采用此法处理了被炸药（包括TNT）污染的土壤。从1992年5月到11月，共处理了大约240m^{3}的污染土壤，土壤的质地从细砂土到壤质砂土。挖出的污染土壤先被过筛，然后与添加物混合。混合物中污染土壤占30%、牛粪占21%、紫云英占18%、锯屑占18%、马铃薯占10%、鸡粪占3%。每周翻堆3~7次，水分含量在30%~40%之间，pH值为5~9。40d以后，TNT含量从原来的1600mg/kg降低至4mg/kg。

5）生物通气法。生物通气法是一种利用微生物以降解吸附在不饱和土层的土壤上的有机污染物的原位修复技术。生物通气法通过将氧气流导入不饱和土层中，增强了土著细菌的活性，促进了土壤中有机污染物的自然降解。在生物通气过程中，氧气通过垂直的空气注入井而进入不饱和层。具体措施是向不饱和层打通气井，用真空泵使井内形成负压，让空气进入预定区域，促进空气的流通。与此同时，还可以通过渗透作用或通过水分通道向不饱和层补充营养物质。处理过程中最好在处理地面上加一层不透气覆盖物，以避免空气从地面进入，影响内部的气体流动（图7-14）。生物通气如发生在土壤内部的不饱和层中，可以通过人为降低地下水位的方法扩大处理范围。据报道，生物通气法最大的处理深度已达30m。

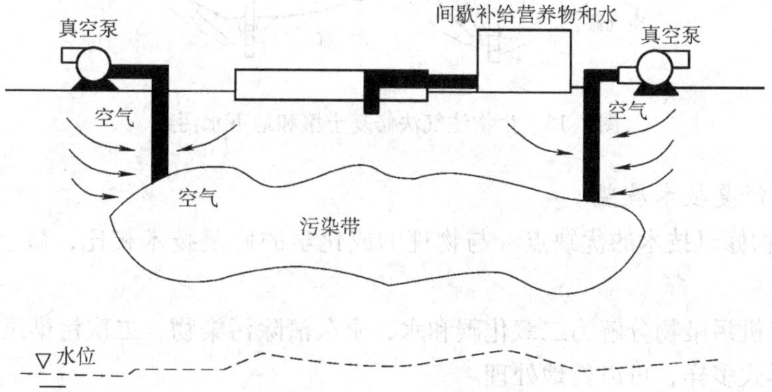

图7-14 生物通气法修复不饱和层污染土壤

生物通气系统通常用于那些蒸气挥发速度低于蒸气提取系统要求的污染物。生物通气法最适合于那些中等相对分子质量的石油污染物，如柴油和喷气燃料的微生物降解。相对分子质量小的化合物（如汽油等），趋向于迅速挥发并可以通过更快的蒸气提取法而去除。生物通气法不适合于相对分子质量更大的化合物，如润滑油，因为这种化合物的降解时间很长，生物通气不是一种有效的选择。

美国犹他州的一个空军基地曾采用生物通气法处理被喷气燃料污染的 $5000m^3$ 的土壤，石油烃含量高达 10000mg/kg。处理从 1988 年开始，到 1990 年结束。首先进行蒸气提取，而后进行生物通气。在实施生物通气修复时，设立了 4 个深约 16m、直径约 0.2m 的井，土壤的含水量控制在 9% ~12%，并添加必要的养分。在生物通气的部分地面上盖上了塑料覆盖物以防止废气的散发。处理后土壤石油烃的含量降低到 6mg/kg，总费用约 60 万美元。

6）生物注气法。生物注气法又称空气注气法（Air Sparging），是一种原位修复技术，指通过空气注气井将空气压入饱和层中，使挥发性污染物随气流进入不饱和层进行微生物降解，同时也促进了饱和层的微生物降解（图 7-15）。在生物注气过程中，气泡以水平或垂直方式穿过饱和层和不饱和层，形成了一个地下的剥离器，将溶解态的或吸附态的烃类化合物变成蒸气相而转移。空气注气井通常间歇运行，即在生物降解期大量供应氧气，而在停滞期通气量最小。当生物注气法与蒸气提取法联合使用时，气泡携带蒸气相污染物进入蒸气提取系统而被除去。生物注气法适合于被挥发性有机污染物和燃油污染土壤的处理。空气注气法更适合于处理被小分子有机物污染的土壤，对大分子有机物污染的土壤较不适宜。

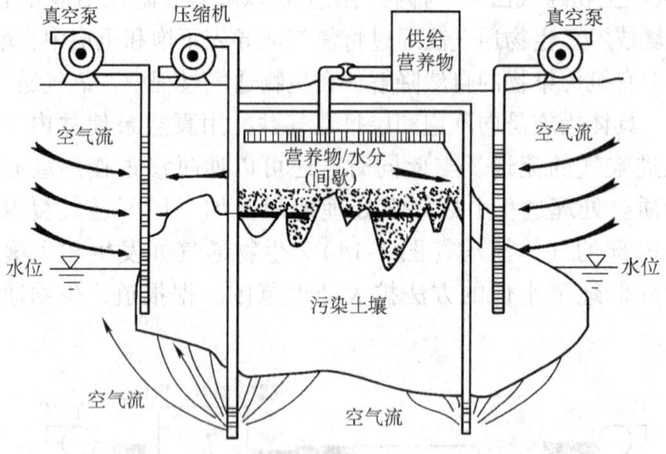

图 7-15　生物注气法修复土壤和地下水污染

3. 微生物修复技术展望

（1）微生物修复技术的优缺点　与物理的或化学的修复技术相比，微生物修复技术具有如下优点：

1）可使有机污染物分解为二氧化碳和水，永久清除污染物，二次污染风险小。

2）处理形式多样，可以就地处理。

3）原位微生物修复对土壤性质的破坏小，甚至不破坏或可以提高土壤肥力。

4）降解过程迅速，费用较低。据估计，生物修复技术所需的费用只是物理、化学修复技术的30%～50%。

5）微生物修复技术可与其他处理技术结合使用，处理复合污染。

和所有处理技术一样，微生物修复技术也有它的局限性和缺点。主要表现在以下几个方面：

1）只能对可以发生微生物降解的污染物进行修复，对不能发生微生物降解的污染物无能为力。污染物的不溶解性及其在土壤中与腐殖质和黏粒结合，使微生物修复很难进行。

2）有些污染物的微生物降解产物的毒性和移动性比母体化合物更强，因此可能导致新的环境风险。

3）其他污染物（如重金属）可能对微生物修复过程产生抑制作用。

4）微生物修复过程的技术含量较高，它的运作必须符合污染场地的特殊条件。因此，最初用在修复地点进行微生物可处理性研究和处理方案可行性评价的费用要高于常规技术（如空气吹脱）的相应费用。一些低渗透性土壤往往不适合微生物修复。

5）项目执行时的监测指标除了化学监测项目外还要进行微生物项目的监测。

（2）微生物修复技术尚需解决的问题

1）对投加的外源复合菌株与土著微生物之间的相容性以及复合菌株之间的协同或拮抗关系仍然缺乏研究。投加高效复合菌群常常能加速生物修复的进程，复合菌群作为一种多菌体共存的生物群体，在其生长过程中能分解有机物，同时依靠各种微生物之间相互共生增殖可以协同代谢作用降解有机污染物，并能激活具有净化功能的微生物，从而形成复杂而稳定的微生态系统，通过这些微生物的综合作用达到土壤净化的目的。目前应用较多的复合菌群有日本的EM，美国的Microbe-Lift以及中国台湾的HSB菌系。

2）缺乏对降解菌的大规模培养技术及施用技术的研究。

3）缺乏外源菌种进入环境的自然驯化选择过程的研究及降解菌对污染物降解的动力学研究。

4）微生物修复应与植物修复相结合。植物由于其强大的根系和植株对环境污染的修复有着巨大的作用。因此，把微生物修复与植物修复结合起来的综合生态修复对污染土壤的治理会有更大的功效。

（3）微生物修复技术展望　为进一步提高微生物修复的治理效果，获得污染土壤治理方面的新突破，人们希望通过具有极大潜力的遗传工程微生物系统获得对极毒和极难降解的有机污染物有高降解能力的工程微生物。其中野外应用载体的研究受到高度重视，一般是把编码降解酶的质粒或基因，整合到在污染地生长存活的土生微生物的DNA中，使具有很强野外存活能力的微生物获得较强的污染物降解能力，充分发挥微生物修复的作用。此外，对微生物修复的实验室模拟、生物降解潜力的指标、修复水平的评价、实验室的接种物质以及风险评价等方面的更深入研究，也会进一步促进微生物修复技术的发展和应用。

污染土壤微生物修复技术是一项经济、有效、二次污染风险小的新兴技术。随着环境生物技术的进一步发展，人们渴望获得对极毒和极难降解的有机物具有高降解能力的工程微生物，相信随着环境生物技术的进一步发展，一些高效、适应性更强的微生物、植物等会诞生，微生物修复技术将会发挥出更大的作用。

污染土壤微生物修复技术研究的开展，对于环境工程学也将是一个有力的推动，它将成为一种新兴的环保产业。在一些国家，污染土壤和地下水修复已占环保产业产值的15%以上，并保持强劲的增长势头。

我国是土地资源严重短缺的国家，土壤污染更是雪上加霜，加剧了土地资源的紧张。因此，应加大投入，继续深入开展污染土壤微生物修复工艺条件和工程参数的试验研究和修复技术的示范研究，尽快编写污染土壤微生物修复技术设计手册，加以推广应用，将科学研究成果尽快转化为生产力，使得该项技术尽快走向市场化，使更多的污染土壤通过微生物修复技术能够成为绿色食品生产基地等各种不同形式的土地利用方式。

7.3.5 污染土壤修复技术选择的原则

在选择污染土壤修复技术时，必须考虑修复目的、社会经济状况、修复技术的可行性等方面。就修复目的而言，有的修复是为了使污染土壤能够再安全地为农业利用；有的修复只是为了限制土壤污染物对其他环境组分（如水体和大气等）的污染。不同的修复目的可以选用的修复技术不同。就社会经济状况而言，有的修复工作可以在充足的修复经费支持下进行，此时可以选择的修复技术就比较多；有的修复工作只能在有限的修复经费支持下进行，这时可供选择的修复技术就很有限。土壤是一个高度复杂的体系，任何修复方案都必须根据当地的实际情况而制定，不可完全照搬其他国家、地区或其他土壤的修复方案。因此，在选择修复技术和制订修复方案时必须考虑如下原则：

（1）耕地资源保护原则　中国地少人多，耕地资源短缺，保护有限的耕地资源是头等大事。在进行修复技术的选择时，应尽可能地选用对土壤肥力负面影响小的技术，如植物修复技术、微生物修复技术、有机-中性化技术、电动力学技术、稀释、客土、冲洗技术等。有些技术处理后可使土壤完全丧失生产力，如玻璃化技术、热处理技术、固化技术等，只能在污染十分严重，迫不得已的情况下使用。

（2）可行性原则　修复技术的可行性主要体现在两个方面：一是经济方面的可行性，二是效应方面的可行性。所谓经济方面的可行性，即指成本不能太高，在我国农村现阶段能够承受、可以推广。一些发达国家可以实施的一些成本较高的技术，在我国现阶段恐怕难以实施。所谓效应方面的可行性，即指修复后能达到预期目标，见效快。一些需要很长周期的修复技术，必须在土地能够长期闲置的情况下才能实施。

（3）因地制宜原则　土壤污染物的去除或钝化是一个复杂的过程。要达到预期的目标，又要避免对土壤本身和周边环境的不利影响，对实施过程的准确性要求比较高。不能简单地照搬国外的或者国内不同条件下同类污染处理的方式。在确定修复方案之前，必须对污染土壤做详细的调查研究，明确污染物种类、污染程度、污染范围、土壤性质、地下水位、气候条件等，在此基础上制定初步方案。一般应对初步方案进行小区预备研究，根据预备研究的结果，调整修复方案，再实施面上修复。

复习与思考

1. 什么情况下会产生土壤污染？
2. 土壤污染的主要危害包括哪些方面？
3. 为什么说污染土壤修复基准是污染土壤修复标准制定的基础？
4. 污染土壤修复标准的制定主要考虑哪些因素？
5. 如何制定适合我国国情的污染土壤修复标准？

6. 污染土壤蒸气提取技术的技术内涵和应用条件是什么?
7. 电动力学修复技术的原理、适宜处理的土壤类型和污染物类型及其技术优缺点是什么?
8. 土壤淋洗技术流程、适用范围和技术关键是什么?
9. 土壤改良技术能否彻底根治污染的土壤?
10. 污染土壤植物修复技术的主要作用机理是什么?它们应用于哪类典型污染物的去除?
11. 污染土壤植物修复技术有哪些优缺点?
12. 污染土壤微生物修复技术的主要作用机理是什么?
13. 污染土壤微生物修复技术还需要解决哪些问题?这项技术的前景如何?

第 8 章 清洁生产

8.1 清洁生产的产生与发展

8.1.1 清洁生产的产生

清洁生产（cleaner production）是在环境和资源危机的背景下，国际社会在总结了各国工业污染控制经验的基础上提出的一个全新的污染预防的环境战略。它的产生过程，就是人类寻求一条实现经济、社会、环境、资源协调发展的可持续发展道路的过程。

18 世纪工业革命以来，随着社会生产力的迅速发展，人类在创造巨大物质财富的同时，也付出了巨大的资源和环境代价。到 20 世纪中期，世界人口的迅速增长和工业经济的迅猛发展，资源消耗速度加快，废弃物排放明显增加；再加上认识上的误区，致使环境问题日益严重，公害事件屡屡发生；以至于全球性的气候变暖、臭氧层被破坏及有毒化学品的泛滥和积累等已严重威胁到整个人类的生存环境以及社会经济发展的秩序；经济增长与资源环境之间的矛盾日渐凸显。

20 世纪 60 年代开始，工业对环境的危害已引起社会的关注，20 世纪 70 年代西方一些国家的企业开始采取应对措施，对策是将污染物转移到海洋或大气中，认为大自然能吸纳这些污染。但是，人们很快意识到，大自然在一定时间内对污染的吸收承受能力是有限的，因而，又根据环境的承载能力计算污染物的排放限值和标准，采用将污染物稀释后排放的对策。实践证明，这种方法也不可能有效减少环境污染。这时工业化国家开始通过各种方式和手段对生产过程末端的废弃物进行处理，这就是所谓的“末端治理”。末端治理的着眼点是污染物产生后的治理，客观上造成了生产过程与环境治理分离脱节；末端治理可以减少工业废弃物向环境的排放量，但很少能影响到核心工艺的变更；末端治理作为传统生产过程的延长，不仅需要投入大量的设备费用、维护开支和最终处理费用，而且本身还要消耗大量资源、能源，特别是很多情况下，这种处理方式还会使污染在空间和时间上发生转移而产生二次污染。所以很难从根本上消除污染。

面对环境污染日趋严重、资源日趋短缺的局面，工业化国家在对其污染治理过程进行反思的基础上，逐步认识到要从根本上解决工业污染问题，必须以“预防为主”，将污染物消除在生产过程之中，而不是仅仅局限于末端治理。20 世纪 70 年代中期以来，不少发达国家的政府和各大企业集团公司都纷纷研究开发和采用清洁工艺（少废无废）技术、环境无害技术，开辟污染预防的新途径。

1976 年，欧共体在巴黎举行的“无废工艺和无废生产国际研讨会”上，首次提出了清洁生产的概念，其核心是消除产生污染物的根源，达到污染物最小量化及资源和能源利用的最大化。这种旨在实现经济、社会和生态环境协调发展的新的环境保护策略，迅速得到了国际社会各界的积极倡导。

1989 年 5 月，在总结了各国清洁生产相关活动之后，联合国环境规划署工业与环境规划中心（UNEPIE/PAC）正式制定了《清洁生产计划》，提出了国际普遍认可的包括产品设计、工艺革新、原辅材料选择、过程管理和信息获得等一系列内容和方法的清洁生产总体框架。之后，世界各国也相继出台了各项有关法规、政策和法律制度。

1992 年，在联合国环境与发展大会上，呼吁各国调整生产和消费结构，广泛应用环境无害技术和清洁生产方式，节约资源和能源，减少废物排放，实施可持续发展战略。清洁生产正式写入《21 世纪议程》，并成为通过预防来实现工业可持续发展的专用术语。从此，在全球范围内掀起了清洁生产活动的高潮。经过几十年不断地创新、丰富与发展，清洁生产现已成为国际环境保护的主流思想，有力地推动了全世界的可持续发展进程。

8.1.2 清洁生产的发展

1. 国外清洁生产的发展

清洁生产是国际社会在总结工业污染治理经验教训的基础上，经过 30 多年的实践和发展逐渐趋于成熟，并为各国政府和企业所普遍认可的、实现可持续发展的一条基本途径。

1976 年，欧共体提出了“清洁生产”的概念，1979 年 4 月欧共体理事会正式宣布推行清洁生产政策，开始拨款支持建立清洁生产示范工程。20 世纪 80 年代美国化工行业提出的污染预防审计也逐步在全球推广，逐步发展为清洁生产审计。1984 年、1987 年又制定了促进开发“清洁生产”的两个法规，明确对清洁生产工艺示范工程在财政上给予支持。1984 年有 12 项、1987 年有 24 项得到财政资助。欧共体建立了信息情报交流网络，由该网络让其成员国得到有关环保技术及市场情报信息。

欧洲许多国家已把清洁生产作为一项基本国策。最初开展清洁生产工作的国家是瑞典（1987 年），随后，荷兰、丹麦、德国、奥地利等国也相继开展清洁生产工作，在生产工艺过程中减少废物的思想得到了广泛关注。一些国家开始要求企业进行废物登记和环境审计，工业污染管理开始出现从终端处理向废物减量的战略性转变。20 世纪 90 年代初，许多环境管理工具（如废物减量机遇分析、环境审计、风险评估和安全审计等）被开发出来，并得到各国政府的推荐和企业的采用。

美国国会 1990 年 10 月通过了“污染预防法”，把污染预防作为美国的国家政策，取代了长期采用的末端处理的污染控制政策，要求工业企业通过设备与技术改造、工艺流程改进、产品重新设计、原材料替代以及促进生产各环节的内部管理来减少污染物的排放，并在组织、技术、宏观政策和资金方面做了具体的安排。

发达国家的这一系列工业污染防治策略得到了联合国环境规划署的极大重视。1992 年在巴西里约热内卢召开的联合国环境与发展大会制定的《21 世纪议程》，将清洁生产作为实现可持续发展的重要内容，号召各国工业界提高能效，开发更先进的清洁技术，更新、替代对环境有害的产品和原材料，实现环境和资源的保护与合理利用。加拿大、荷兰、法国、美国、丹麦、日本、德国、韩国、泰国等国家纷纷出台有关清洁生产的法规和行动计划，世界范围内出现了大批清洁生产国家技术支持中心、非官方倡议以及手册、书籍和期刊等，实施了一大批清洁生产示范项目。

1992 年 10 月联合国环境规划署召开了巴黎清洁生产部长级会议和高级研讨会议，指出目前工业不但面临着环境的挑战，同时也正获得新的市场机遇。清洁生产是实现持续发展的关键因素，它既能避免排放废物带来的风险和处理、处置费用的增长，还会因提高资源利用率、降低产品成本而获得巨大的经济效益。会议还制定了在世界范围内推行清洁生产的计划与行动措施。

1994 年联合国工业发展组织和联合国环境署联合发起了“全球范围创建发展中国家清洁生产中心计划”。在各国政府的大力支持下，联合国工发组织和联合国环境署启动的国家清洁生产中心项目在约 30 个发展中国家建立了国家清洁生产中心，这些中心与十几个发达国家的清洁生产组织共同构成了一个巨大的国际清洁生产的网络，建立了全球、区域、国家、地区多层次的组织与联络。

联合国环境规划署自 1990 年起，每两年召开一次清洁生产国际高级研讨会，1998 年在汉城举行了第五届国际清洁生产高级研讨会，会上出台了《国际清洁生产宣言》。发表这个宣言的目的是加快将清洁生产采纳为全球工业可持续发展战略的进程。截至 2002 年 3 月底，包括我国已有 300 多个国家、地区或地方政府、公司以及工商业组织在《国际清洁生产宣言》上签名。联合国环境规划署的另一重要举措是促进清洁生产投资的机制与战略研究示范，促进各界向清洁生产投资。

联合国环境规划署在 2000 年的第六届清洁生产国际高级研讨会上对清洁生产发展状况作了这样的概括：“对于清洁生产，我们已经在很大程度上达成全球范围内的共识，但距离最终目标仍有很长的路，因此，必须做出更多的承诺。”

在 2002 年第七次清洁生产国际高级研讨会上，联合国环境规划署建议各国进一步加强政府的政策制定，使清洁生产成为主流，尤其是提高国家清洁生产中心在政策、技术、管理以及网络等方面的能力。此次会议上，联合国环境规划署与环境毒理学与化学学会（SETAC）共同发起了“生命周期行动”，旨在全球推广生命周期的思想。会议还提出，清洁生产和可持续消费密不可分，建议改变生产模式与改变消费模式并举，进一步把可持续生产和消费模式融入商业运作和日常生活，乃至国际多边环境协议的执行中。联合国环境规划署和工业发展组织的一系列活动，有力地推动了在全世界范围内的清洁生产浪潮。

2005 年 2 月 16 日作为联合国历史上首个具有法律约束力的温室气体减排协议，《京都议定书》生效。《京都议定书》在减排途径上提出三种灵活机制，即清洁发展机制、联合履约机制和排放贸易机制，对解决全球环境难题具有里程碑式的意义。2007 年 9 月，亚太经合组织（APEC）领导人会议首次将讨论气候变化和清洁发展作为主要议题。

近年来美国、澳大利亚、荷兰、丹麦等发达国家在清洁生产立法、组织机构建设、科学研究、信息交换、示范项目和推广等领域已取得明显成就。发达国家清洁生产政策有两个重要的倾向：其一是着眼点从清洁生产技术逐渐转向清洁产品的整个生命周期；其二是从多年前大型企业在获得财政支持和其他种类对工业的支持方面拥有优先权转变为更重视扶持中小企业进行清洁生产，包括提供财政补贴、项目支持、技术服务和信息等措施。

国际推进清洁生产活动，概括起来具有如下特点：

1）把推行清洁生产和推广国际标准组织 ISO 14000 的环境管理制度（EMS）有机地结合在一起。

2）通过自愿协议推动清洁生产，自愿协议是政府和工业部门之间通过谈判达成的契约，要求工业部门自己负责在规定的时间内达到契约规定的污染物削减目标。

3）政府通过优先采购，对清洁生产产生积极推动作用。

4）把中小型企业作为宣传和推广清洁生产的主要对象。

5）依赖经济政策推进清洁生产。

6）要求社会各部门广泛参与清洁生产。

7）在高等教育中增加清洁生产课程。

8）科技支持是发达国家推进清洁生产的重要支撑力量。

2. 中国清洁生产的发展

我国从 20 世纪 70 年代开始环境保护工作，当时主要是通过末端治理方式解决环境问题；随着国际社会对解决环境问题的反思，20 世纪 80 年代我国开始探索如何在生产过程中消除污染。

清洁生产引入中国十几年来，在企业示范、人员培训、机构建设和政策研究等方面取得了明显的进展，是国际上公认的清洁生产搞得最好的发展中国家。

1992 年，中国积极响应联合国环境与发展大会倡导的可持续发展的战略，将清洁生产正式列入《环境与发展十大对策》，要求新建、扩建、改建项目的技术起点要高，尽量采用能耗物耗低，污染物排放量少的清洁生产工艺。

1993 年召开的第二次全国工业污染防治工作会议，明确提出工业污染防治必须从单纯的末端治理向生产全过程控制转变，积极推行清洁生产，走可持续发展之路，从而确立了清洁生产成为中国工业污染防治的思想基础和重要地位。拉开了中国开展清洁生产的序幕。

1994 年，我国制定了《中国 21 世纪议程》，专门设立了“开展清洁生产和生产绿色产品”的领域。把建立资源节约型工业生产体系和推行清洁生产列入了可持续发展战略与重大行动计划中。从此，我国把清洁生产作为优先实施的重点领域，以生态规律指导经济生产活动，环境污染治理开始由末端治理向源头治理转变。

1994 年 12 月，原国家环保总局成立了国家清洁生产中心与行业和地方清洁生产中心。

1995 年修改并颁布了《中华人民共和国大气污染防治法（修定稿）》条款中规定“企业应当优先采用能源利用率高、污染物排放少的清洁生产工艺，减少污染物的产生”，并要求淘汰落后的工艺设备。

1996 年 8 月，国务院颁布《关于环境保护若干问题的决定》，明确规定所有大、中、小型新建、扩建、改建和技术改造项目要提高技术起点；采用能耗物耗小，污染物排放量少的清洁生产工艺。

1997 年 4 月，原国家环保总局制定并发布了《关于推行清洁生产的若干意见》，要求各级环境保护行政主管部门将清洁生产纳入日常的环境管理中，并逐步与各项环境管理制度有机结合起来。为指导企业开展清洁生产工作，原国家环保总局还同有关工业部门编制了《企业清洁生产审计手册》以及啤酒、造纸、有机化工、电镀、纺织等行业的清洁生产审计指南。

1997年召开了“促进中国环境无害化技术发展国际研讨会”。

1998年10月，原国家环保总局的官员代表我国政府在《国际清洁生产宣言》上郑重签字，我国成为《宣言》的第一批签字国之一，更表明了我国政府大力推动清洁生产的决心。

1998年11月，国务院令（第253号）《建设项目环境保护管理条例》明确规定：工业建设项目应当采用能耗物耗小、污染物排放量少的清洁生产工艺。中共中央十五届四中全会《关于国有企业改革若干问题的重大决定》明确指出：鼓励企业采用清洁生产工艺。

1999年，全国人大环境与资源保护委员会将《清洁生产法》的制定列入立法计划。

1999年5月，原国家经济贸易委员会发布了《关于实施清洁生产示范试点的通知》，选择北京、上海等10个试点城市和石化、冶金等5个试点行业开展清洁生产示范和试点。与此同时，陕西、辽宁、江苏、山西、沈阳等许多省市也制定和颁布了地方性的清洁生产政策和法规。

2000年国家经贸委公布关于《国家重点行业清洁生产技术导向目录》（第一批）的通知，并于2003年、2006年分别公布第二批、第三批的通知。

在联合国环境规划署、世界银行、亚洲银行的援助和许多外国专家的协助下，中国启动和实施了一系列推进清洁生产的项目，清洁生产从概念、理论到实践在中国广为传播。涉及的行业包括化学、轻工、建材、冶金、石化、电力、飞机制造、医药、采矿、电子、烟草、机械、纺织印染以及交通等。建立了20个行业或地方的清洁生产中心，近16000人次参加了不同类型的清洁生产培训班。有5000多家企业通过了ISO14000环境管理体系认证，1994—2003年，我国已颁布了包括纺织、汽车、建材、轻工等51个大类产品的环境标志标准，共有680多家企业的8600多种产品通过认证，获得环境标志，形成了600亿元产值的环境标志产品群体。

在立法方面，已将推行清洁生产纳入有关的法律以及有关的部门规划中。我国在先后颁布和修订的《中华人民共和国大气污染防治法》、《中华人民共和国水污染防治法》、《中华人民共和国固体废物污染环境防治法》和《淮河流域水污染防治暂行条例》等法律法规中，将实施清洁生产作为重要内容，明确提出通过实施清洁生产防治工业污染。2002年6月全国人大发布了《中华人民共和国清洁生产促进法》，该法已于2003年1月正式实施，说明了我国的清洁生产工作已走上法制化的轨道。

2003年4月18日，原国家环境保护总局以国家环境保护行业标准的形式，正式颁布了石油炼制业、炼焦行业、制革行业3个行业的清洁生产标准，并于同年6月1日起开始实施。

2003年12月，为贯彻落实《中华人民共和国清洁生产促进法》，国务院办公厅转发了原国家环境保护总局和国家发展与改革委员会及其他9个部门共同制定的《关于加快推行清洁生产的意见》。《关于加快推行清洁生产的意见》提出：推行清洁生产必须从国情出发，发挥市场在资源配置中的基础性作用，坚持以企业为主体，政府指导推动，强化政策引导和激励，逐步形成企业自觉实施清洁生产的机制。

国家对企业实施清洁生产的鼓励政策也在逐步落实之中，如有关节能、节水、综合利用等方面税收减免政策；支持清洁生产的研究、示范、培训和重点技术改造项目；对符合《排污费征收使用管理条例》规定的清洁生产项目，在排污费使用上优先给予安排；企业开展清洁生产审核和培训等活动的费用允许列入经营成本或相关费用科目；中小企业发展基金应安排适当数额支持中小企业实施清洁生产；建立地方性清洁生产激励机制；引导和鼓励企业开发清洁生产技术和产品；在制定和实施国家重点投资计划和地方投资计划时，把节能、节水、综合利用、提高资源利用率、预防工业污染等清洁生产项目列为重点领域。

国家发展和改革委员会和原国家环境保护总局还共同发布《国家重点行业清洁生产技术导向目录》，目前已经发布的目录涉及冶金、石化、化工、轻工、纺织、机械、有色金属、石油和建材等重点行业。我国的多年实践证明，清洁生产是实现经济与环境协调发展的有效手段，据统计，2004 年与 1998 年相比，全国万元产值二氧化硫、烟尘和粉尘排放量，水泥行业分别下降 49.8%、79.1% 和 68.8%；电力行业分别下降 5.7%、32.3% 和 19.0%。万元产值废水和 COD 排放量，钢铁行业分别下降 82.1% 和 78.3%，造纸行业分别下降 59.4% 和 83.8%，这在很大程度上是企业实施清洁生产的结果。

在发展农业清洁生产方面，国家积极提倡采用先进生产技术，促进生态平衡，提供无污染、无公害农产品，截至 2005 年 6 月底，全国共有 9043 个生产单位的 14088 个产品获得全国统一标志的无公害农产品认证，全国共有 3044 家企业的 7219 个产品获得绿色食品标志使用权，认证有机食品企业近千家。

应该看到，目前我国清洁生产在运行机制和具体实施过程中还存在一些问题。主要表现在三个方面：企业参加清洁生产审计的热情不高；清洁生产审计的成果持续性差；清洁生产在我国没有规模化发展。

2005 年 12 月 3 日，国务院下发了《关于落实科学发展观加强环境保护的决定》中明确提出“实行清洁生产并依法强制审核”的要求，把强制性清洁生产审核摆在了更加重要的位置。这对推动我国环境保护工作具有重要意义。2005 年 12 月，原国家环境保护总局印发《重点企业清洁生产审核程序的规定》。迄今为止，全国通过清洁生产审核的 5000 多家企业中，属于强制性清洁生产审核的就有 500 多家。但从实际进展情况来看，我们推动清洁生产审核的力度还不够大。应当把清洁生产审核作为引导、督促企业发展循环经济、实施清洁生产的切入点，作为实现经济与环境协调发展的有效手段来抓。

2006 年 7 月原国家环境保护总局继续批准并发布了 8 个行业清洁生产标准。这 8 个行业是：啤酒制造业、食用植物油工业（豆油和豆粕）、纺织业（棉印染）、甘蔗制糖业、电解铝业、氮肥制造业、钢铁行业和基本化学原料制造业（环氧乙烷/乙二醇）。清洁生产标准已经成为重点企业清洁生产审核、环境影响评价、环境友好企业评估、生态工业园区示范建设等环境管理工作的重要依据。

2007 年底，国家发展和改革委员会发布了包装、纯碱、电镀、电解、火电、轮胎、铅锌、陶瓷、涂料等行业清洁生产评价指标体系（试行）。

2008 年 7 月 1 日，国家环境保护部发布了《关于进一步加强重点企业清洁生产审核工作的通知》（环发〔2008〕60 号）以及重点企业清洁生产审核评估、验收实施指南（试行）。

2008 年 9 月 26 日，国家环境保护部发布了《国家先进污染防治技术示范名录》（2008 年度）和《国家鼓励发展的环境保护技术目录》（2008 年度）。

2009 年 9 月 26 日《国务院批转发展改革委等部门关于抑制部分行业产能过剩和重复建设引导产业健康发展若干意见的通知》（国发〔2009〕38 号）第三条第（二）款规定“对使用有毒、有害原料进行生产或者在生产中排放有毒、有害物质的企业限期完成清洁生产审核”。

截至 2009 年年底，原国家环保总局已经组织开展了 53 个行业的清洁生产标准的制定工作。

2010 年 4 月 22 日国家环境保护部发布了《关于深入推进重点企业清洁生产的通知》(环发〔2010〕54 号)，通知要求依法公布应实施清洁生产审核的重点企业名单，积极指导督促重点企业开展清洁生产审核，强化对重点企业清洁生产审核的评估验收，及时发布重点企业清洁生产公告。

2010 年 9 月 3 日、2010 年 12 月 8 日和 2011 年 7 月 19 日国家环境保护部分别公告了(第 1 批)、(第 2 批) 和 (第 3 批) 实施清洁生产审核并通过评估验收的重点企业名单，共计 6439 家。

总之，清洁生产在我国蕴藏着很大的市场潜力。随着市场竞争的加剧、经济发展质量的提高，我国企业开展清洁生产的积极性会越来越高，这也必将拉动需求市场的发展，预计在今后几年中，清洁生产将会在我国形成一个快速生长期，为进一步促进我国经济的良性增长和可持续发展作出积极的贡献。

8.2 清洁生产的概念和主要内容

8.2.1 清洁生产的概念

1989 年，联合国环境规划署（UNEP）与环境规划中心提出了清洁生产的定义，并在 1990 年英国坎特布里召开的第一次国际清洁生产高级研讨会上正式推出：“清洁生产是指对工艺和产品不断运用综合性的预防战略，以减少其对人体和环境的风险。”

1996 年 UNEP 对该定义作了进一步的完善：

“清洁生产是一种新的创造性的思想，该思想将整体预防的环境战略持续地应用于生产过程、产品和服务中，以增加生态效率和减少人类和环境的风险。

——对于生产过程，要求节约原材料和能源，淘汰有毒原材料，降低所有废弃物的数量和毒性；

——对于产品，要求减少从原材料提炼到产品最终处置的整个生命周期的不利影响；

——对于服务，要求将环境因素纳入设计和所提供的服务中。”

UNEP 的定义将清洁生产上升为一种战略，该战略的特点为持续性、预防性和整体性。

1994 年，《中国 21 世纪议程》对清洁生产作出的定义是：“清洁生产是指既可满足人们的需要，又可合理使用自然资源和能源，并保护环境的生产方法和措施，其实质是一种物料和能源消费最小的人类活动的规划和管理，将废物减量化、资源化和无害化，或消灭于生产过程之中。”由此可见，清洁生产的概念不仅含有技术上的可行性，还包括经济上的可盈利性，体现了经济效益、环境效益和社会效益的统一。

2003 年，《中华人民共和国清洁生产促进法》关于清洁生产的定义是：

“清洁生产是指不断采取改进设计、使用清洁的能源和原料、采用先进的工艺技术与设备、改善管理、综合利用等措施，从源头削减污染，提高资源利用效率，减少或者避免生产、服务和产品使用过程中污染物的产生和排放，以减轻或者消除对人类健康和环境的危害。”

以上诸定义虽然表述方式不同，但内涵是一致的。从清洁生产的定义可以看出，实施清洁生产体现了四个方面的原则：

1）减量化原则，即资源消耗最少、污染物产生和排放最小。

2）资源化原则，即“三废”最大限度地转化为产品。

3）再利用原则，即对生产和流通中产生的废弃物，作为再生资源充分回收利用。

4）无害化原则，尽最大可能减少有害原料的使用以及有害物质的产生和排放。

值得注意的是，清洁生产只是一个相对的概念，所谓清洁的工艺，清洁的产品，以至清洁的能源都是和现有的工艺、产品、能源比较而言的，因此，清洁生产是一个持续进步、创新的过程，而不是一个用某一特定标准衡量的目标。推行清洁生产，本身是一个不断完善的过程，随着社会经济发展和科学技术的进步，需要适时地提出新的目标，争取达到更高的水平。清洁生产不包括末端治理技术，如空气污染控制、废水处理、焚烧或者填埋。清洁生产的理念适用于第一、第二、第三产业的各类组织和企业。

8.2.2 清洁生产的主要内容

清洁生产主要包括三方面的内容：

（1）清洁的能源　清洁的能源是指新能源的开发以及各种节能技术的开发利用、可再生能源的利用、常规能源的清洁利用（如使用型煤、煤制气和水煤浆等洁净煤技术）。

（2）清洁的生产过程　尽量少用和不用有毒有害的原料；采用无毒、无害的中间产品；选用少废、无废工艺和高效设备；尽量减少或消除生产过程中的各种危险性因素，如高温、高压、低温、低压、易燃、易爆、强噪声、强振动等；采用可靠和简单的生产操作和控制方法；对物料进行内部循环利用；完善生产管理，不断提高科学管理水平。

（3）清洁的产品　产品设计应考虑节约原材料和能源，少用昂贵和稀缺的原料；利用二次资源做原料，产品在使用过程中以及使用后不含危害人体健康和破坏生态环境的因素；产品的包装合理；产品使用后易于回收、重复使用和再生；使用寿命和使用功能合理。

清洁生产内容包含两个“全过程”控制——产品的生命周期全过程控制和生产的全过程控制。产品的生命周期全过程控制即从原材料加工、提炼到产品产出、产品使用直到报废处置的各个环节采取必要的措施，实现产品整个生命周期资源和能源消耗的最小化。生产的全过程控制即从产品开发、规划、设计、建设、生产到运营管理的全过程，采取措施，提高效率，防止生态破坏和污染的发生。

清洁生产的内容既体现于宏观层次上的总体污染预防战略之中，又体现于微观层次上的企业预防污染措施之中。在宏观上，清洁生产的提出和实施使污染预防的思想直接体现在行业的发展规划、工业布局、产业结构调整、工艺技术以及管理模式的完善等方面。如我国许多行业、部门提出严格限制和禁止能源消耗高、资源浪费大，污染严重的产业和产品发展，对污染重、质量低、消耗高的企业实行关、停、并、转等，都体现了清洁生产战略对宏观调控的重要影响。在微观上，清洁生产通过具体的手段措施达到生产全过程污染预防。如应用生命周期评价、清洁生产审核、环境管理体系、产品环境标志、产品生态设计、环境会计等各种工具，这些工具都要求在实施时必须深入组织的生产、营销、财务和环保等各个环节。

针对企业而言，推行清洁生产主要是进行清洁生产审核，对企业正在进行或计划进行的工业生产进行预防污染分析和评估。这是一套系统的、科学的、操作性很强的程序。从原材料和能源、工艺技术、设备、过程控制、管理、员工、产品、废物这八条途径，通过全过程定量评估，运用投入—产出的经济学原理，找出不合理排污点位，确定削减排污方案，从而获得企业环境绩效的不断改进，企业经济效益的不断提高。

推行农业清洁生产，是指把污染预防的综合环境保护策略，持续应用于农业生产过程、产品设计和服务中，通过生产和使用对环境温和（Environmentally Benign）的绿色农用品（如绿色肥料、绿色农药、绿色地膜等），改善农业生产技术，提供无污染、无公害农产品，实现农业废弃物减量化、资源化、无害化，促进生态平衡，保证人类健康，实现持续发展的新型农业生产。

8.3 清洁生产的评价与审核

清洁生产的评价与审核是一种全新的污染防治战略。根据清洁生产原理，企业为达到清洁生产的目的，可提出多个清洁生产技术方案，在决策前，须对各个方案进行科学、客观的评价，筛选出既有明显经济效益，又有显著环境效益的可行性方案，这个过程称为清洁生产评价。清洁生产评价是通过对企业的生产从原材料的选取、生产过程到产品服务的全过程进行综合评价，判断出企业清洁生产总体水平以及主要环节的清洁生产水平，并针对清洁生产水平较低的环节提出相应的清洁生产对策和措施。清洁生产审核是对企业现在的和计划进行的工业生产实行预防污染的分析和评估。其目的有两个：一是判定企业中不符合清洁生产的地方和做法；二是提出方案解决这些问题，从而实现清洁生产。通过清洁生产审核，对企业生产全过程的重点（或优先）环节产生的污染进行定量检测，找出高物耗、高能耗、高污染的原因，然后有的放矢地提出对策、制订方案，减少和防止污染物的产生。

8.3.1 清洁生产的评价内容与评价体系

1. 清洁生产评价内容

从科学性、工程性、可操作性等多方面考虑，清洁生产评价内容大致包括以下方面。

（1）清洁原材料评价

1）评价原材料的毒性及有害性。

2）评价原材料在包装、储运、进料和处理过程中是否安全可靠，有无潜在的浪费、暴露、挥发、流失等污染风险问题。

3）对大众化原料，进一步分析原料纯度、成分与减污的关系。

4）对毒害性大、潜在污染严重的原材料提出更清洁的替代方案或清洁生产措施。

（2）清洁工艺评价

1）指明拟选生产工艺与国家产业发展有关政策的关系。

2）指明拟选生产工艺的特殊性，如是否简捷、连续、稳定、高效，设备是否易于配套，自动化管理程度高低等。

3）筛选可比工艺方案，通过对物耗、能耗、水耗、收率、产污比等指标的分析，评价拟定工艺的先进性和合理性。

4）通过评价，对工艺中尚存的问题提出改进意见，对主要评价单元（如车间、工段、工序）的生产过程进行剖析，采用化学方程式的流程图评价包括废物在内的物流状况和特征，找出清洁生产机会，以及进行闭路循环或回收利用技术措施的可行性，提出资源综合利用措施或途径及废物在生产过程中减量化的方案。

（3）设备配置评价

1）评价主要生产设备的来源、质量和匹配性能、密闭性能、自动化管理性能。

2）分析拟定配置方案的弹性和原料转化的关系。

3）从节能、节水、环保等角度，评价设备的空间布置合理性。

（4）清洁产品评价 通过对产品性能、形态和稳定性的分析，评价产品在包装、运输、储藏以及使用过程中是否安全可靠，评述产品在其生命周期中潜在的污染行为。

（5）二次污染和积累污染评价

1）分析废物在处理、处置过程中的形态变化和二次污染影响问题。

2）明确废物的最终转化形态和毒害性。

3）分析废物的最终处置方式对环境的积累污染影响。

（6）清洁生产管理评价

1）对生产操作规范化、设备维护、物料和水量计量办法进行评述。

2）对原料和产品泄漏、溢出、次品处理、设备检修等造成的无组织排放提出监控措施。

3）对建立企业岗位环保责任制和审核制度提出要求。

（7）推行清洁生产效益和效果评价

1）通过对比分析，说明清洁生产在节水、节能、降耗、减污、增效方面可能产生的效益和效果，特别分析清洁生产对预防污染、减轻末端治理压力的可能贡献。

2）通过类比分析，提出拟建工程清洁生产应达到的基本目标。

2. 清洁生产评价指标体系

我国的清洁生产指标体系是在原有的环境质量和污染削减指标体系基础上建立的，根据清洁生产的含义，它横向可分为技术经济、环境领域和管理领域指标；根据清洁生产过程控制的要求，它纵向可划分为源头控制、生产过程控制和产品控制指标。清洁生产评价指标体系应把握好三个环节的要求：第一，生产过程中要求节约能源和原材料，淘汰有毒有害的原材料，减少和降低所有废物的数量和毒性；第二，要求降低产品全生命周期（包括从原材料开采到寿命终结和处置）对环境的有害影响；第三，要求将预防战略结合到环境设计和所提供的服务中。因此，清洁生产分析和评价主要应从工艺路线选择、节能降耗、减少污染物产生和排放等方面进行评述，同时还要兼顾环境经济效益的评价。依据生命周期分析的原则，清洁生产评价指标具体可分为六大类：生产工艺与装备要求，资源、能源利用指标，产品指标，污染物产生指标，废物回收利用指标和环境管理要求。六类指标既有定性指标也有定量指标，资源、能源利用指标和污染物产生指标在清洁生产审核中是非常重要的两类指标，因此，必须有定量指标，其余四类指标属于定性指标或半定量指标。

（1）生产工艺与装备要求 选用清洁生产，淘汰落后有毒有害的原、辅材料和落后的设备，是推行清洁生产的前提。因此，在清洁生产评价中，首先要对工艺技术来源和技术特点进行分析，说明其在同类技术中所占的地位以及选用设备的先进性。对于一般性建设项目的环境影响评价工作，生产工艺与装备的选取直接影响到该项目投入生产后，资源、能源利用效率和废弃物产生，可从装置规模、工艺技术、设备等方面体现出来，分析其在节能、减污、降耗等方面达到的清洁生产水平。

（2）资源、能源利用指标 从清洁生产的角度看，资源、能源利用指标的高低也反映一个建设项目的生产过程在宏观上对生态系统的影响程度，因为在同等条件下，资源、能源消耗量越高，则对环境的影响也越大。清洁生产评价资源、能源利用指标包括物耗指标、能耗指标和新水用量指标三类。

1）新水用量指标

$$单位产品新水用量=\frac{年新水总用量}{产品产量} \tag{8-1}$$

$$单位产品循环用水量=\frac{年循环水量}{产品产量} \tag{8-2}$$

$$工业用水重复利用率=\frac{C}{Q+C}\times 100\% \tag{8-3}$$

式中，C 为重复利用水量；Q 为取用新水量。

$$间接冷却水循环率=\frac{C_{冷}}{Q_{冷}+C_{冷}}\times 100\% \tag{8-4}$$

式中，$C_{冷}$ 为间接冷却水循环量；$Q_{冷}$ 为间接冷却水系统取水量（补充新水量）。

$$工艺水回用率=\frac{C_X}{Q_X+C_X}\times 100\% \tag{8-5}$$

式中，C_X 为工艺水回用量；Q_X 为工艺水取水量。

$$万元产值取水量=\frac{Q}{P} \tag{8-6}$$

式中，P 为年产值。

2）单位产品的能耗，指生产单位产品消耗的电、煤、石油、天然气和蒸汽等能源的量。为方便比较，通常用单位产品综合能耗指标。

3）单位产品的物耗。生产单位产品消耗的主要原料和辅料的量，即原、辅材料消耗定额，也可以用产品收率、转化率等公益指标反映物耗水平。

4）原、辅材料的选取，是资源、能源利用指标的重要内容之一，它反映了在资源选取的过程中和构成其产品的材料报废后对环境和人类的影响。因而可以从毒性、生态影响、可再生性、能源强度以及可回收利用这五方面建立定性分析指标。

（3）产品指标　对产品的要求是清洁生产的一项重要内容，因为产品的清洁性、销售、使用过程以及报废后的处理、处置均会对环境产生影响，而有些影响是长期的，甚至是难以恢复的。此外，对产品的寿命优化问题也应加以考虑，因为这也影响到产品的利用效率。

1）产品的销售。产品从工厂运送到销售商和用户过程中对环境造成的影响程度。

2）产品的使用。产品在使用期内使用的消耗品及其他产品可能对环境造成的影响程度。

3）产品的寿命优化。寿命优化就是要使产品的技术寿命（指产品的功能保持良好的时间）、美学优化（指产品对用户具有吸引力的时间）和初设寿命处于优化状态。大多数情况下产品的寿命是越长越好，因为可以减少对生产该种产品的物料的需求，但有时并不尽然，如某一高能耗产品的寿命越长则总能耗越大，随着技术进步有可能产生同样功能的低能耗产品，而这种节能产品产生的环境效益有时会超过节省物料的环境效益，在这种情况下，产品的寿命越长对环境的危害就越大。

4）产品的报废。产品报废后对环境的影响程度。

（4）污染物产生指标　污染物产生指标和资源、能源利用指标一样，也是反映生产工艺和管理水平高低的指标。通常分废水、废气和固体废弃物产生指标三类。

1）废水产生指标，包括单位产品的废水产生量和单位产品废水中主要污染物产生量指标。

$$\left.\begin{aligned}&\text{单位产品废水排放量}=\frac{\text{年排入环境废水总量}}{\text{产品产量}}\\&\text{单位产品 COD 排放量}=\frac{\text{全年 COD 排放量}}{\text{产品产量}}\\&\text{污水回用率}=\frac{C_{\text{污}}}{C_{\text{污}}+C_{\text{直污}}}\times100\%\end{aligned}\right\}\quad(8\text{-}7)$$

式中，$C_{\text{污}}$ 为污水回用量；$C_{\text{直污}}$ 为直接排入环境的污水量。

2）废气产生指标，包括单位产品的废气产生量和单位产品废气产生量中主要污染物的含量指标。

$$\left.\begin{aligned}&\text{单位产品废气产量}=\frac{\text{全年废气产生总量}}{\text{产品产量}}\\&\text{单位产品 }SO_2\text{ 排放量}=\frac{\text{全年 }SO_2\text{ 排放量}}{\text{产品产量}}\end{aligned}\right\}\quad(8\text{-}8)$$

3）固体废弃物产生指标，包括单位产品的固体废弃物产生量指标和单位产品固体废弃物综合利用率指标。

（5）废物回收利用指标　废物回收利用是清洁生产的重要组成部分。在现阶段，生产过程不可能完全避免产生废水、废料、废渣、废气（废汽）和废热，然而这些“废物”只是相对的概念，在某一条件下是造成环境污染的废物，在另一条件下就可能转化为宝贵的资源。对于生产企业应尽可能地回收和利用废物，而且应该是高等级的利用，逐级降级使用，然后再考虑末端治理。

（6）环境管理要求　环境管理从以下几个方面提出要求：环境法律、法规标准，废物处理、处置，生产过程环境管理，相关方环境管理等。

1）环境法律、法规标准。要求生产企业符合国家和地方有关环境法律、法规，污染物排放达到国家和地方排放标准及总量控制要求。

2）废物处理、处置。要求对建设项目的一般废物进行妥善处理、处置；对危险废物进行无害化处理，这一要求与环境影响评价工作内容一致。

3）生产过程环境管理。对建设项目投产后可能在生产过程中产生废物的环节提出要求，如要求企业建立原材料质检制度和制定原材料消耗定额，对能耗、水耗及产品合格率有考核，各种人流、物料（包括人的活动区域、物品堆存区域）、危险品等有明显标识，对跑、冒、滴、漏现象能够控制等。

4）相关方环境管理。为了环境保护的目的，对建设项目施工期间和投产使用后，对于相关方（如原料供应方、生产协作方、相关服务方等）的行为提出环境要求。

指标体系的选取涉及企业的方方面面，影响因素比较多，各项指标值在整个指标体系中所占的比重一定程度上反映该指标在产品生产、销售、使用的全生命周期中对环境影响的重要性。所以，在对清洁生产进行评价时，要保证评价过程的客观性、科学性和可操作性。从清洁生产的战略思想和内涵看，指标体系的设定应把握好原材料、生产过程、产品及环境四个环节的要求。

清洁生产评价体系各大类指标中包含若干分指标，共由15个单项指标构成。具体见表8-1。

表 8-1 清洁生产评价指标体系

指标	序号	单项指标名称	单位	含义与计算
资源指标	1	物耗系数	$t/t(m^3)$	主要原辅料年用量之和(t)/*M*
	2	能耗系数	$kJ/t(m^3)$	能源年消耗量(kJ)/*M*
	3	清洁水耗系数	$t/t(m^3)$	清洁水年用量(t)/*M*
	4	物料损耗系数	$t/t(m^3)$	物料年损耗量(t)/*M*
	5	资源有毒有害系数	$t/t(m^3)$	有毒害原材料和能源年用量之和(t)/*M*
污染物产生指标	6	废水排放系数	$t/t(m^3)$	废水年排放量(t)/*M*
	7	废气排放系数	$t/t(m^3)$	废气年排放量(t)/*M*
	8	固体废物排放系数	$t/t(m^3)$	固体废弃物年排放量(t)/*M*
	9	产污增长系数		“三废”中污染物年产生总量/年产值增长率
环境经济效益	10	产污有毒系数	$t/t(m^3)$	年产生“三废”中有毒害污染物的量(t)/*M*
	11	环保投资偿还期	年	初始环保投资额(元)/(*B* − *C*)
	12	环保成本	元$/t(m^3)$	年环境代价(元)/*M*
	13	环境系数	元/元	年环境代价(元)/年产值(元)
产品清洁	14	清洁产品系数	t/t	产品有毒害成分的量(t)/产品总量[$t(m^3)$]
	15	产品使用年限	年	产品功能保持良好的时间
备注	*M* 为年生产规模(单位为 t 或 m^3);*B* 为环保投资年总效益;*C* 为年环保运转费用。表中各值均为正常操作条件下的取值			

8.3.2 清洁生产的评价方法与应用

1. 清洁生产评价方法

对环境影响评价项目进行清洁生产分析，必须针对清洁生产指标确定出既能反映主体情况，又简便易行的评价方法。考虑到清洁生产指标涉及面较广、完全量化难度大等特点，针对不同的评价指标，确定不同的评价等级，对于易量化的指标评价等级可分细一些，不易量化的指标评价等级则分粗一些，最后通过权重法将所有指标综合起来，从而判定建设项目的清洁生产程度。

(1) 评价等级 依据清洁生产理论和行业特点，将清洁生产评价分为定性评价和定量评价两大类。原材料指标和产品指标量化难度大，属于定性评价，可分为三个等级；资源指标、污染物产生指标和环境经济效益指标易于量化，属于定量评价，可分为五个等级。

1) 定性评价等级。“高”表示所使用的原材料和产品对环境的有害影响比较小；“中”表示所使用的原材料和产品对环境的有害影响中等；“低”表示所使用的原材料和产品对环境的有害影响比较大。

2) 定量评价等级。“清洁”指有关指标达到本行业国际先进水平；“较清洁”指有关指标达到本行业国内先进水平；“一般”指有关指标达到本行业国内平均水平；“较差”指有关指标达到本行业国内中下等水平；“很差”指有关指标达到本行业国内较差水平。

为了方便统计和计算，定性和定量评价的等级分值范围均定为 0 ~ 1。对定性评价三个等级，按照基本等量、就近取整的原则来划分各等级的分值范围，具体见表 8-2；对定量指标依据同样原则来划分各等级的分值范围，具体见表 8-3。

表 8-2 原材料指标和产品指标（定性指标）的等级评分标准

等级	分值范围	低	中	高
等级分值	[0, 1.00]	[0, 0.30]	[0.30, 0.70]	[0.70, 1.00]

表 8-3 资源指标、污染物产生指标和环境经济效益指标（定量指标）的等级评分标准

等级	分值范围	很差	较差	一般	较清洁	清洁
等级分值	[0, 1.00]	[0, 0.20]	[0.20, 0.40]	[0.40, 0.60]	[0.60, 0.80]	[0.80, 1.00]

（2）评价方法　目前，国内外的清洁生产指标体系日趋完善，但是在清洁生产评价方法上并不明确。在实践中主要采用生命周期分析（Life Cycle Analysis，LCA）来反映评价对象对环境的影响程度。国内常用的清洁生产评价方法见表 8-4。

表 8-4 国内常用清洁生产评价方法

评价方法	指标体系特征	数学模型	权重方法
轻工行业清洁生产评价方法	从产品生命周期全过程选取原材料、产品、资源和污染物产生四大类指标	百分制	专家打分法
综合指数评价方法	从清洁生产战略思想和内涵选取资源、污染物产生、环境经济效益和产品清洁四类指标	兼顾极值计权型综合指数；评估对象与类比对象指数比值求和	算数平均
工业企业清洁生产评价方法	根据生产工序选取设备、能耗、物质成分含量、原料利用率、水重复利用率、废物利用率、污染物排放合格率指标	综合指数：评估对象指数和与指标项目数之比	无
生产清洁度	包括消耗系数、排污系数、无毒无害系数、职工健康系数、污染物排放合格率	权重求和	专家打分
清洁生产潜力评价	包括工艺指标、技术经济指标、管理指标和环保指数四类指标	模糊评价法	层次分析法

目前，国内常选用的清洁生产分析方法主要有指标对比法和分值评定法。

1）指标对比法。用我国已颁布的清洁生产标准或选用国内外同类装置清洁生产指标，对比分析评价项目的清洁生产水平。

① 单项评价指数法：以类比项目相应的单项指标参照值作为评价标准计算得出，计算公式为

$$Q_i = \frac{d_i}{a_i} \tag{8-9}$$

式中　Q_i 为单项评价指数；d_i 为目标项目某单项指数对象值（设计值）；a_i 为类比项目某项目指标参照值。

② 类别评价指数：根据所属各单项指数的算术平均值计算而得，计算公式为

$$C_j = \frac{\sum Q_i}{n} \tag{8-10}$$

式中，$i=1, 2, 3, \cdots, n$；$j=1, 2, 3, \cdots, m$；C_j 为类别评价指数；n 为该类别指标下设的单项个数。

③ 综合评价指数：为了综合描述企业清洁生产的整体状况和水平，克服个别评价指标对评价结果准确性的掩盖，避免确定加权系数的主观影响，可采用一种兼顾极值或突出最大值型的计权型的综合评价指数。计算公式为

$$I_p = \sqrt{\frac{(Q_{i,M}^2 + C_{j,a}^2)}{2}} \tag{8-11}$$

式中，$C_{j,a}=\frac{\sum C_j}{m}$；$I_p$ 为清洁生产综合评价指数；$Q_{i,M}$为各项评价指数的最大值；$C_{j,a}$为类别评价指数的平均值；m 为评价指标体系下设的类别指标数。

2）分值评定法。分值评定法也称百分制评价方法。首先，对各项指标按照等级评分标准分别进行打分，若有分指标则按照分指标打分，然后分别乘以各自的权重，最后累加起来得到总的分数。通过总分值和各项分指标分值，可以判定建设项目整体所达到的清洁生产程度和需要改进的地方。

① 权重值的确定。清洁生产评价的等级分值范围为 0～1，权重值总和为 100。为了保证评价方法的准确性和适用性，在各项指标（包括分指标）的权重确定过程中，1998 年原国家环境保护总局在“环境影响评价制度中的清洁生产内容和要求”项目研究中，采用了专家调查打分法。专家范围包括清洁生产方法学专家、清洁生产行业专家、环境影响评价专家、清洁生产和环境影响评价政府官员。清洁生产水平总分按式（8-12）计算，调查统计结果见表 8-5。

表 8-5 清洁生产指标权重值专家调查结果

评价指标		权重值	合计
原材料指标	毒性	7	25
	生态影响	6	
	可再生性	4	
	能源强度	4	
	可回收利用性	4	
产品指标	销售	3	17
	使用	4	
	寿命优化	5	
	报废	5	
资源指标	能耗	11	29
	水耗	10	
	其他物耗	8	
污染产生指标	—	29	29
总权重值	—	100	100

清洁生产水平总分计算公式

$$E=\sum A_i W_i \tag{8-12}$$

式中，E 为评价对象清洁生产水平总分；A_i 为评价对象第 i 种指标的清洁生产等级得分；W_i 为评价对象第 i 种指标的权重，指标体系权重值总和为 100，各指标权重值代表各指标在整个指标体系中所占的比重，一定程度上反映该指标在产品生产、销售、使用的全生命周期中对环境影响的重要性，权重值采用专家打分法。

② 总体评价要求。清洁生产是一个相对的概念，因此清洁生产指标的评价结果也是相对的。从上述清洁生产的评价等级和标准的分析可以看出，如果一个建设项目综合评分结果大于 80 分，从平均的意义上说，该项目在原材料的选取上对环境的影响、产品对环境的影响、生产过程中资源的消耗程度以及污染物的产生量均处于同行业国际先进水平，因而从现

有的技术条件看，该项目属于“清洁生产”；同理，若综合评分为70~80分，可以认为该项目为“传统先进”项目，即总体在国内处于先进水平，某些指标处于国际先进水平；若综合评分为55~70分，可以认为该项目为“一般”项目，即总体在国内处于中等水平；若综合评分为40~55分，可以认为该项目为“落后”项目；若综合评分小于40分，可以认为该项目为“淘汰”项目。总体评价结果的分值要求见表8-6。

表8-6 清洁生产指标总体评价分值

项目	指标分数
清洁生产	>80
传统先进	70~80
一般	55~70
落后	40~55
淘汰	<40

2. 造纸、啤酒行业典型工艺清洁生产指标

清洁生产指标反映行业典型工艺的生产，以生命周期分析的原理，提出如下四类指标：资源利用指标、特征工艺指标、污染物产生指标（末端处理前）和环境管理指标。清洁生产指标共分为三级：一级代表国际清洁生产先进水平、二级代表国际清洁生产先进水平、三级代表国内清洁生产基本水平。

（1）造纸行业清洁生产指标

1）造纸行业典型工艺流程。造纸行业的典型制浆工艺主要有漂白碱法麦草制浆生产工艺、本色硫酸盐木浆生产工艺和漂白硫酸盐木浆生产工艺。工艺流程如图8-1~图8-3所示。

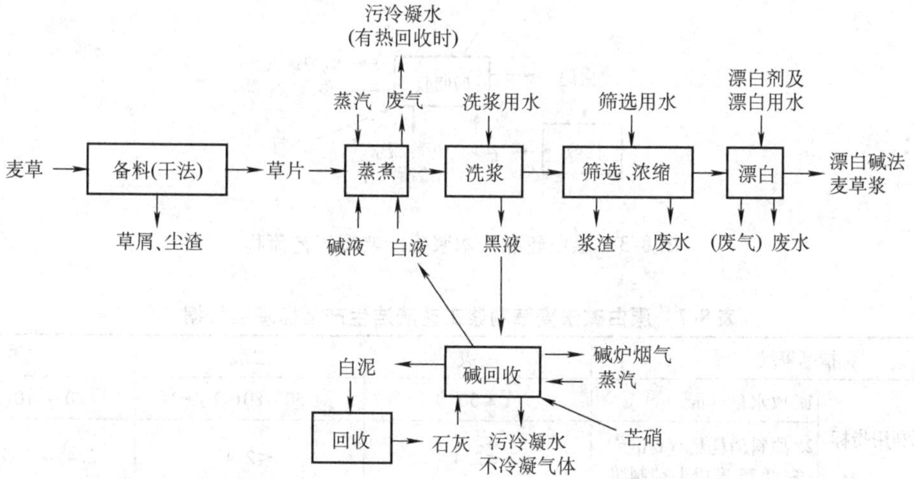

图8-1 漂白碱法麦草制浆生产典型工艺流程

2）造纸行业典型工艺清洁生产指标。漂白碱法麦草制浆工艺清洁生产指标基准数据、本色硫酸盐木浆生产工艺清洁生产指标基准数据和漂白硫酸盐木浆生产工艺清洁生产指标基准数据分别见表8-7~表8-9。

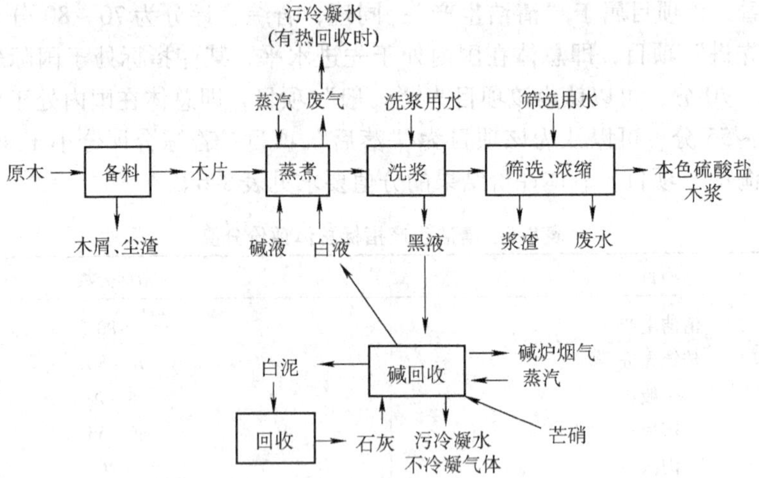

图 8-2　本色硫酸盐木浆生产典型工艺流程

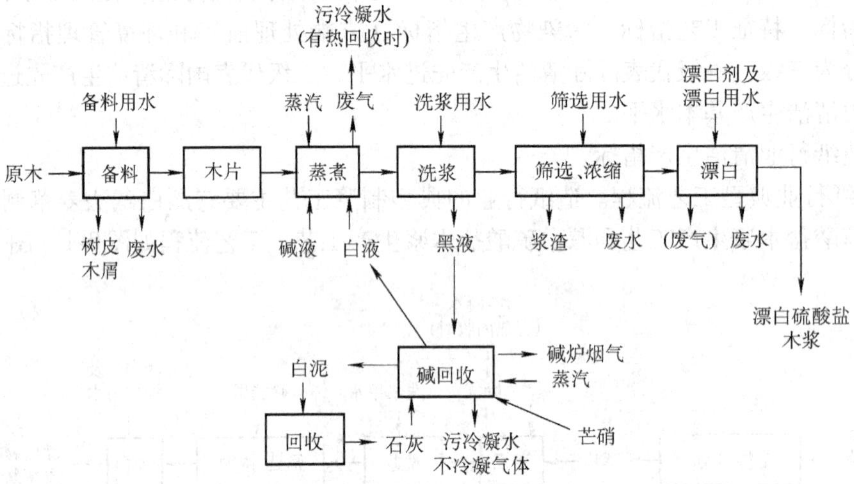

图 8-3　漂白硫酸盐木浆生产典型工艺流程

表 8-7　漂白碱法麦草制浆工艺清洁生产指标基准数据

指标等级		一级	二级	三级
一、资源利用指标	1. 取水量/(m^3/tp①)	≤50	50～80(含)	80～110(含)
	2. 原料消耗量/(t/tp②)(白度 75 度以上精制浆)	≤2.4	≤2.4	2.4 ～ 2.5(含)
二、特征工艺指标	碱回收率(%)	≥85	75(含)～85	70(含)～75
三、污染物产生指标(末端处理前)	1. 废水产生量/(m^3/tp)	≤50	50～70(含)	70～100(含)
	2. COD_{Cr}/(kg/tp)	≤160	160～200(含)	200～250(含)
	3. BOD_5/(kg/tp)	≤45	45～60(含)	60～75(含)
	4. SS/(kg/tp)	≤50	50～80(含)	80～120(含)

（续）

指标等级		一级	二级	三级
四、环境管理要求	1. 清洁生产审核	根据原国家环境保护总局编制的制浆造纸行业的企业清洁生产审核指南要求进行了审核		
	2. 环境管理制度	按照ISO14001建立并运行环境管理体系，环境管理手册、程序文件及作业文件齐备	环境管理制度健全，原始记录及统计数据齐全有效	环境管理制度、原始记录及统计数据基本齐全

① tp均指吨绝干浆。
② t/tp为吨绝干稻草/吨绝干浆。

表8-8 本色硫酸盐木浆生产工艺清洁生产指标基准数据

指标等级		一级	二级	三级
一、资源利用指标	1. 取水量/(m^3/Adt)	≤10	10~45(含)	45~70(含)
	2. 纤维原料来源	符合国家有关森林管理的规定		
二、特征工艺指标	碱回收率(%)（白泥回收）	≥98（全部回收）	95(含)~98（全部回收）	90(含)~95（全部回收）
三、污染物产生指标（末端处理前）	1. 废水产生量/(m^3/Adt)	≤10	10~40(含)	40~60(含)
	2. COD_{Cr}/(kg/Adt)	≤20	20~50(含)	50~100(含)
	3. BOD_5/(kg/Adt)	≤7	7~18(含)	18~35(含)
	4. SS/(kg/Adt)	≤15	15-30(含)	30~60(含)
四、环境管理要求	1. 清洁生产审核	根据原国家环境保护总局编制的制浆造纸行业的企业清洁生产审核指南要求进行了审核		
	2. 环境管理制度	按照ISO14001建立并运行环境管理体系，环境管理手册、程序文件及作业文件齐备	环境管理制度健全，原始记录及统计数据齐全有效	环境管理制度、原始记录及统计数据基本齐全

注：Adt指风干浆，下同。

表8-9 漂白硫酸盐木浆生产工艺清洁生产指标基准数据

指标等级		一级	二级	三级
一、资源利用指标	1. 取水量/(m^3/Adt)	≤115	15~60(含)	60~90(含)
	2. 纤维原料来源	符合国家有关森林管理的规定		
二、特征工艺指标	碱回收率(%)（白泥回收）	≥98（全部回收）	95(含)~98（全部回收）	90(含)~95(全部回收)
三、污染物产生指标（末端处理前）	1. 废水产生量/(m^3/Adt)	≤15	15~50(含)	50~80(含)
	2. COD_{Cr}/(kg/Adt)	≤15	15~80(含)	80~150(含)
	3. BOD_5/(kg/Adt)	≤5	5~28(含)	28~50(含)
	4. SS/(kg/Adt)	≤15	15~35(含)	35~70(含)
	5. AOX/(kg/Adt)	0	≤1.0	1.0~2.0(含)
四、环境管理要求	1. 清洁生产审核	根据原国家环境保护总局编制的制浆造纸行业的企业清洁生产审核指南要求进行了审核		
	2. 环境管理制度	按照ISO14001建立并运行环境管理体系，环境管理手册、程序文件及作业文件齐备	环境管理制度健全，原始记录及统计数据齐全有效	环境管理制度、原始记录及统计数据基本齐全

对于制浆造纸行业来说，污染物主要是水污染。因此主要制定了 COD、BOD、SS、AOX 和废水量等几项水污染物指标。

（2）啤酒行业清洁生产指标　啤酒行业清洁生产评价指标——HJ/T 183—2006《清洁生产标准　啤酒制造业》是原国家环境保护总局2006 年7 月3 日发布的，2006 年10 月1 日实施。

1）啤酒行业典型工艺流程。啤酒行业典型工艺流程如图 8-4 所示。

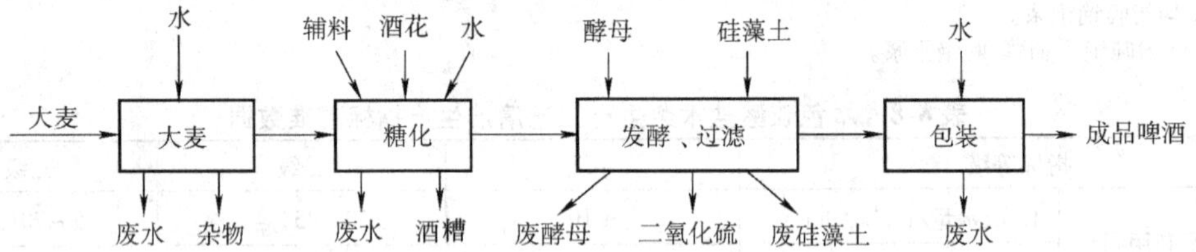

图 8-4　啤酒行业典型工艺流程

2）啤酒行业典型工艺清洁生产指标。啤酒行业清洁生产指标中资源消耗指标的选取基本参照了啤酒行业常用的统计指标。啤酒行业的污染特点是废水量大、有机质含量高，所排放的废水严重威胁着受纳水体；酒糟和废酵母是啤酒酿造过程中排出的废渣，富含有机质。总损失率是衡量一个企业工艺技术和管理水平的指标，同时也直接影响到废水的污染程度。啤酒行业清洁生产指标见表 8-10。

表 8-10　啤酒行业典型工艺清洁生产指标（部分）

指标评价等级		一级	二级	三级
		国际先进	国内先进	国内一般
资源消耗指标	1. 取水量/(m^3/kL)	≤6.0	≤8.0	≤9.5
	2. 标准浓度啤酒耗粮/(kg/kL)	≤158	≤161	≤165
	3. 耗电量/(kw · h/kL)	≤85	≤100	≤115
	4. 耗标煤量/(kg/kL)	≤80	≤110	≤130
污染物产生指标	1. 废水产生量/(m^3/ kL)	≤4.5	≤6.5	≤8.0
	2. COD_{Cr}/(kg/ kL)	9.5	11.5	14.0
	3. 酒损/(%)	≤4.7	≤6.50	≤7.5
	4. 酒糟回收利用率	100% 回收加工利用	100% 回收利用	100% 回收利用
	5. 废酵母回收利用率	100% 回收加工利用	100% 回收利用	100% 回收利用

注：本表数据来源于 HJ/T 183—2006。

8.3.3　清洁生产审核

最有效的清洁生产措施是源头削减。而削减污染的基础是掌握污染的起因和起源，有的放矢地实施污染预防和削减方案，达到清洁生产的目的。在筹划、实施清洁生产之前，应对整个生产过程进行清洁生产审核，即科学地核查与评估，找出问题，以便改进。

1. 清洁生产审核的定义

根据国家发展和改革委员会、原国家环境保护总局2004 年8 月16 日发布的《清洁生产审核暂行办法》，清洁生产审核（Cleaner Production Audit）的定义为："按照一定程序，对生产和服务过程进行调查和诊断，找出能耗高、物耗高、污染重的原因，提出减少有毒有害物料的使用、产生，降低能耗、物耗以及废物产生的方案，进而选定技术、经济及环境可行的清洁生产方案的过程。"

清洁生产审核是对组织现在的和计划进行的生产和服务实行预防污染的过程诊断和评估程序，是实现清洁生产的具体途径。通过清洁生产方案的实施能够实现"节能、降耗、减污、增效"的目标。

2. 清洁生产审核的工作程序

清洁生产审核的主要任务和总体思路是判明废物的产生部位（Where）、分析产生废物的原因（Why）、提出解决方案（How）。在实际运行中，可从8个方面（原、辅材料和能源，工艺技术，设备，过程控制，管理，员工，产品，废物）展开工作。

由此，清洁生产审核可分解为以下7个阶段进行操作：策划和组织、预审核、审核、方案产生和筛选、可行性分析、方案实施、持续清洁生产。

这套清洁生产审核程序是从企业的角度出发的，企业通过清洁生产审核不仅削减了污染物排放量，而且提高了企业的生产效率，减少了原材料消耗，降低了生产成本，提高了企业的经济效益。

（1）策划和组织　策划和组织是企业进行清洁生产审核的第一阶段。通过宣传教育使企业的领导和职工对清洁生产有初步的、比较正确的认识。这一阶段的工作重点是取得企业高层领导的支持和参与、组建清洁生产审核小组、制订审核工作计划和宣传清洁生产思想。

1）领导的参与。清洁生产审核的关键是领导的支持及承诺。为了争取领导的支持及承诺，可以从法规要求、组织的目标或社会对组织的期望、高投入和高成本的末端控制、经济效益、消费者对组织的绿色产品的需求等几个方面做工作。

2）组建审核小组和制订工作计划。有权威的企业清洁生产审核小组是实施清洁生产审核的组织保证。首先，推选组长。组长由企业主要领导人、厂长、经理直接兼任，或者由其任命一位具有丰富的生产、管理经验，掌握污染防治技术，了解审核工作程序的人员担任，必须授予其必要的权限，为他（她）能够在企业内顺利开展工作创造条件。其次，选择审核小组成员。一般情况下，全日制成员由3~5人组成。小组成员应具备企业清洁生产审核知识，熟悉企业生产、工艺、环境保护、管理等情况。审核小组成立后，制订出一个比较详细的工作计划，这样才能使审核工作有条不紊地进行。

3）宣传。运用电视、广播、厂内刊物、黑板报、各种会议等手段进行清洁生产的宣传教育。宣传的内容包括清洁生产的作用、如何开展清洁生产审核、克服障碍、各类清洁生产方案成效等。

（2）预审核　预审核（Pre-Assessment）的目的是在对企业生产的基本情况进行全面调查的基础上，通过定性和定量分析，确定清洁生产审核重点和企业清洁生产目标。这一阶段的工作重点是评价企业产污排污状况，确定审核重点，并针对审核重点设置清洁生产目标。这一阶段的工作具体可以分为以下六个步骤，如图8-5所示。

1）现状调研和考察。在确定清洁生产审核的对象和目标前，应对企业的情况进行全面调查，为下一步现状考察做准备。现状调研的内容包括企业概况、企业的生产状况、企业的环境保护状况、企业的管理状况。现场考察有时收集的资料数据不能反映企业当前的运行情

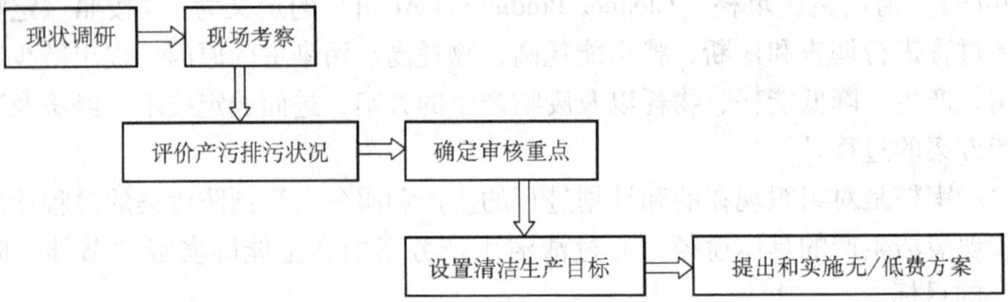

图 8-5　预审核工作步骤

况，因此需要进一步进行现场考察，为确定审核对象提供准确可靠的依据。同时，通过现场考察，发现明显的无/低费清洁生产方案。

进行现场考察应在正常的生产条件下进行。重点考察的内容包括能耗、水耗、物耗大的部位，污染物产生排放多、毒性大、处理处置难的部位，操作困难、易引起生产波动的部位，物料的进出口处，设备陈旧、技术落后的部位，事故多发处，设备维护情况，实际的生产管理状况以及岗位责任制的执行情况。

2）确定审核重点。通过对现场考察与现状调研的分析，可以确定本轮的审核重点。备选审核重点着眼于备选审核重点是否具有清洁生产潜力，特别是污染物产生排放超标严重的环节，物耗、能耗和水耗大的生产单元，生产效率低下，严重影响正常生产的环节等。在分析、综合各审核重点的情况后，要对这些备选审核重点进行科学排序，从中确定本轮审核重点。一般一次选择一个审核重点。常用的确定审核重点的方法是简单比较法及权重总和记分排序法。

3）设置清洁生产目标。设置清洁生产目标时，应考虑与企业经营目标和方针相一致。清洁生产目标要定量化，具有灵活性、可操作性和激励作用。

4）提出和实施无/低费方案。企业存在一类只需少量投资或不投资、技术性不强，但很容易在短期内得到解决的问题，解决这类问题的方案称为无/低费方案。通常可从下列几个方面找到无/低费方案线索：原料和能源、生产工艺和设备维护、产品、生产管理、废物的处理与循环利用。

（3）审核　该阶段的工作重点是实测输入输出物流，建立物料平衡，分析废物产生的原因，提出解决问题的思路。具体工作可以分为以下五个步骤，如图 8-6 所示。

1）准备审核重点资料。根据调研和现场考察所得的资料，可以绘制出审核重点的污染点工艺框图和工艺单元功能表，以清晰地表明整个工艺流程中，各原、辅材料，水和水蒸气的加入点，各废弃物的排放点。

2）实测和编制物料平衡。测算物料和能量平衡是清洁生产审核工作的核心。实地测量和估算审核重点的物料和能量的输入输出以及污染物排放，建立物料和能量平衡，可准确判断审核重点的废物流，确定废物的数量、成分和去向，从而寻找审核重点的清洁生产机会。

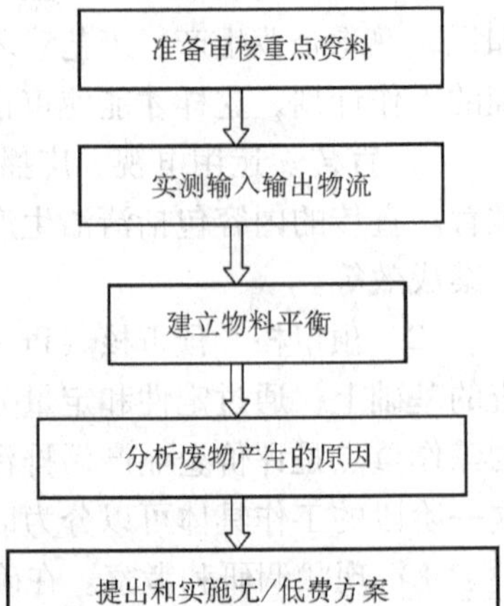

图 8-6　审核工作步骤

3）分析废物产生原因。分析废物产生原因可从影响生产过程的8个方面（原、辅料和能源，技术工艺，设备，过程控制，产品，废物，管理和员工）进行分析。

（4）实施方案的产生和筛选　通过方案的产生、筛选、研制，为下一阶段的可行性分析提供足够的清洁生产方案。这一阶段的工作步骤如图8-7所示。

1）产生方案。清洁生产方案按其费用的多寡分为无费用、低费用、中费用和高费用方案四类。选择清洁生产方案时，要有针对性，根据物料平衡结果和废弃物产生原因的分析结果选择方案：与国内外同行业先进技术水平类比寻找清洁生产机会；组织行业专家进行技术咨询，选取技术突破点。

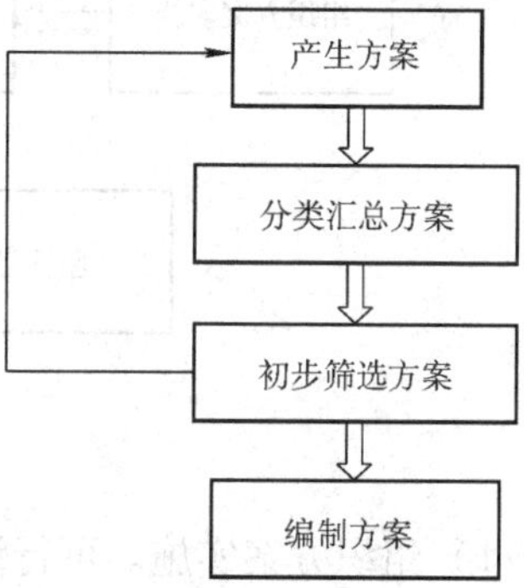

图8-7　实施方案的产生和筛选

2）汇总及筛选方案。对收集的清洁生产方案，应进行筛选，合并类似的方案，最后整合出优化拟采用的各类方案。

3）编制方案。清洁生产方案编制时，应遵循以下原则：系统性、综合性、闭合性、无害性、合理性。

在部分无/低费方案已实施的情况下，审核小组应编写清洁生产中期审核报告，总结前面四个阶段的工作，把审核工作以及已取得的成效向企业领导及全厂职工汇报。

（5）实施方案的可行性分析　对所筛选出来的中/高费清洁生产方案进行分析和评估，选择出最佳方案。分析和评估的原则是先进行技术评估，再进行环境评估，最后进行经济评估。只有通过了技术、环境评估的方案，方可进行经济评估。这一阶段的工作具体划分为以下五个步骤，如图8-8所示。

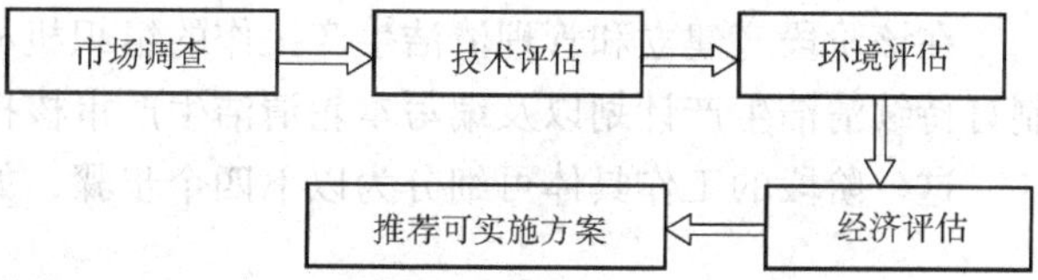

图8-8　实施方案的可行性分析步骤

1）市场调查。市场调查主要是调查同类产品的市场需求、价格等，并预测今后的发展趋势等。

2）技术评估。技术评估是对审核重点筛选出来的中/高费方案技术的先进性、适用性、可操作性和可实施性等进行分析。

3）环境评估。对技术评估可行的方案，方可进行环境评估。清洁生产方案应具有显著的环境效益，同时要强调在新方案实施后不会对环境产生新的破坏。

4）经济评估。对技术评估和环境评估均可行的方案，再进行经济评估。经济评估是从企业角度，按照国内现行市场价格，对清洁生产方案进行综合性的全面经济分析，将拟选方案的实施成本与可能取得的各种经济收益进行比较，计算出方案实施后在财务上的获利能力和清偿能力，并从中选出投资最少、经济效益最佳的方案，为投资决策提供科学依据。

（6）清洁生产方案的实施　在总结前几个阶段已实施的清洁生产方案成果的基础上，统筹规划推荐方案的实施。并在实施后，及时地进行跟踪评价，为调整、制定下一轮的清洁生产行动积累资料，同时，又可以使企业领导和职工及时了解清洁生产给企业带来的效益，使他们更积极主动地参与到清洁生产的活动中来。这一阶段的工作具体可以细分为四个步骤，如图 8-9 所示。

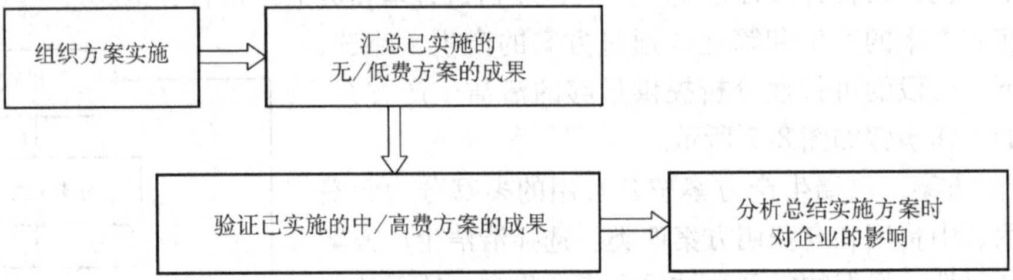

图 8-9　清洁生产方案的实施步骤

1）组织方案实施。可行性分析后推荐的方案，主要是中/高费方案，需要一定的资金、设备和技术、工艺保证。对于该类方案在组织实施时，可以从以下几个方面着手：资金筹措、征地、厂房设备选型、配套公共设施和设备安装、人员培训、试车和验收。

2）评价实施方案的效果。可通过调研、实测和计算对已实施的无/低费方案所取得的环境效益和经济效益进行评价。可通过技术、环境、经济和综合评价对已实施的中/高费方案所取得的成果进行汇总。总结已实施方案所取得的效果，分析实施方案对企业的影响，为继续推行清洁生产打好基础。

（7）持续清洁生产　因为清洁生产是一个相对的概念，相对于现阶段的生产情况，也许是清洁的，随着社会的发展和科技进步，现在的“清洁”可能会变成“不清洁”。因此，持续清洁生产应在企业内长期、持续地推行。

在该阶段应建立和管理清洁生产工作的组织机构、建立促进实施清洁生产的管理制度、制订持续清洁生产计划以及编写本轮清洁生产审核报告。

这一阶段的工作具体可细分为以下四个步骤，如图 8-10 所示。

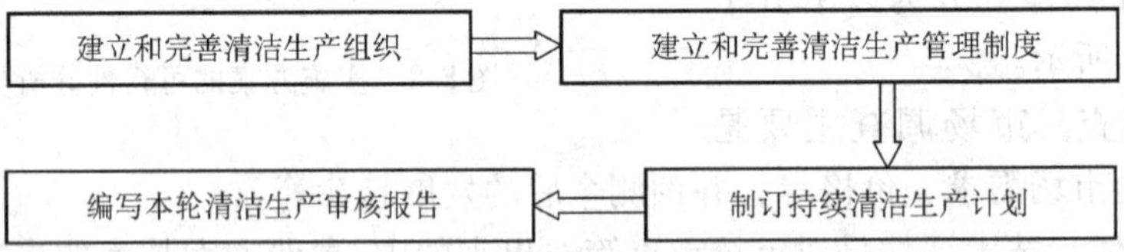

图 8-10　持续清洁生产工作步骤

1）建立和完善清洁生产制度。在总结前面工作的基础上，进一步完善清洁生产组织。在建立完善清洁生产组织的同时，还应建立完善的管理制度，巩固清洁生产成效。

2）制订持续清洁生产计划。一轮清洁生产不可能解决企业内存在的所有问题，企业应不断地开展清洁生产审核，不断地寻求新的清洁生产机会。通常两三年开展一轮审核，把上一轮没解决的问题，想办法解决。

（8）编写清洁生产审核报告　清洁生产审核报告是审核完成后的总结文件及主要验收材料。清洁生产审核报告应说明本轮清洁生产审核任务的由来和背景；说明清洁生产审核过程；总结归纳清洁生产已取得的成果和经验，特别是中/高费方案实施后，所取得的经济、环境效益；发现并找出影响正常生产效率、影响经济效益、带来环境问题的不利环节、组织机构操作规范及管理制度方面存在的问题等，及时修正这些不利因素，使其适应清洁生产的需要，将清洁生产持续地进行下去。

清洁生产审核报告主要内容：

第一章，前言。项目来源、背景；企业概况、建厂时间、历史发展变迁；主要产品、市场、产值利税；企业人员数目、人才结构、技术水平分布、文化水平分布。

第二章，审核准备。组织清洁生产审核领导小组，审核工作小组名单，审核工作计划、宣传教育内容和材料。

第三章，预审核。绘制组织总物流图；设备状况，主要生产设备技术水平和自动化控制水平（与国内外同行业比较）；组织管理模式和实际管理水平，组织机构图；环保概况，各车间“三废”产生、处理、处置、排放情况、污染控制设施运行情况、环保管理情况等；主要产品产量、原辅材料消耗、水电气消耗等；确定的本次审核重点、清洁生产目标（节能、节水、降耗或削减废弃物）。

第四章，审核。带污染点工艺流程框图、工艺单元表和单元功能说明、物料平衡做法，按工艺单元给出的物料平衡图、水平衡图、能量平衡图等，各平衡结果分析。

第五章，实施方案的产生和筛选。清洁生产方案产生方法、筛选方法，清洁生产方案分类表。

第六章，实施方案的确定。清洁生产中/高费用方案简介，技术、经济和环境可行性评估，确定采用的中/高费用方案实施计划。

第七章，方案实施效益分析。各类清洁生产方案实施后的实际与预期经济效益、环境效益对比和分析，清洁生产目标完成情况和原因分析，清洁生产对组织综合素质的影响分析等。

第八章，持续清洁生产计划。清洁生产技术研究与开发计划、员工清洁生产再培训计划、下轮清洁生产审核初步计划等。

第九章，总结与建议。

8.4 清洁生产的实施途径

8.4.1 清洁生产推行和实施的原则

1. 清洁生产推行的原则

清洁生产是一种新的环保战略，也是一种全新的思维方式，推行清洁生产是社会经济发展的必然趋势，必须对清洁生产有明确的认识。结合中国国情，参考国外实践，我国现阶段清洁生产的推动方式，要以行业中环境绩效、经济效益和技术水平高的企业为龙头，由他们对其他企业产生直接影响，带动其他企业开展清洁生产。推进清洁生产应遵从以下基本原则：

（1）调控性　政府的宏观调控和扶持是清洁生产成功推行的关键。政府在市场竞争中起着引导、培育、管理和调控的作用，通过政府宏观调控可以规范清洁生产市场行为，营造公平竞争的市场环境，从而使清洁生产在全国范围内有序推进。政府的宏观调控不仅通过产业政策和经济政策的引导来实现，而且要完善清洁生产法制建设，通过加强清洁生产立法和执法来全面推进我国清洁生产的实施。

（2）自愿性　推行清洁生产牵涉社会、经济和生活的各个方面，需要各行业、各企业和个人积极参与，只有通过大力宣传，使社会所有单元都了解清洁生产的优势并自愿参与其中，通过建立和完善市场机制下的清洁生产运作模式，依靠企业自身利益来驱动，清洁生产才能迅速全面推进。

（3）综合性　清洁生产是一种预防污染的环境战略，具有很强的包容性，需要不同的工具去贯彻和体现。在清洁生产的推进过程中，要以清洁生产思想为指导，将清洁生产审计、环境管理体系、环境标志等环境管理工具有机地结合起来，互相支持，取长补短，达到完整的统一。

（4）现实性　清洁生产的实施受到经济、技术、管理水平等多方面条件的影响，因此制定清洁生产推进措施应充分考虑中国当前的生态形势、资源状况、环保要求及经济技术水平等，有步骤、分阶段地推进。忽视现实条件、好高骛远、希望一蹴而就来推进清洁生产的做法最终必将失败，充分考虑清洁生产的实施要求和企业的现实条件，分步推进才是持续清洁生产的保证。

（5）前瞻性　作为先进的预防性环境保护战略，清洁生产服务体系的设计应体现前瞻性。清洁生产服务体系包括清洁生产的政策、法律、市场规则等，其制定和实施需要一定的程序，周期相对较长，修订不易，因而在制定时必需有发展的眼光，充分考虑和预测社会、经济、技术以及生态环境的发展趋势。

（6）动态性　随着科学技术的进步、经济条件的改善，清洁生产的推进有不同的内涵，因此清洁生产是持续改进的过程，是动态发展的，一轮清洁生产审核工作的结束，并不意味着企业清洁生产工作的停止，而应看做是持续清洁生产工作的开始。

（7）强制性　全面推行清洁生产是我国社会经济可持续发展的重要保障，是突破我国经济高速发展过程中的低效高耗、生态环境破坏严重等瓶颈问题，实现经济转型的重大战略决策，其推行过程中必然对某些局部利益和当前利益产生影响，受到抵制，因而需要在一定程度上采取强制措施，强制推行。

2. 企业清洁生产实施的原则

由于不同行业之间千差万别，同一行业不同企业的具体情况也不相同，因此企业在实施清洁生产的过程中侧重点各不相同。但一般来说，企业实施清洁生产应遵循以下五项原则：

（1）环境影响最小化原则　清洁生产是一项环境保护战略，因此其生产全过程和产品的整个生命周期均应趋向对环境的影响最小，这是实施清洁生产最根本的环境目标。

（2）资源消耗减量化原则　清洁生产要求以最少的资源生产出尽可能多且社会需求的优质产品，通过节能、降耗、减污来降低生产成本，提高经济效益，这有助于提高企业的竞争力，符合企业追求商业利润的要求，因此资源消费减量化原则又是持续清洁生产的内在动力。

（3）优先使用再生资源原则　人类社会经济活动离不开资源，不可再生资源的耗竭直接威胁人类社会的可持续发展。因此，企业在实施清洁生产过程中必须遵循优先使用再生资源的原则，以保证社会经济的持续发展，同时也是企业持续发展的保证。

（4）循环利用原则　物流闭合是无废生产与传统工业生产的根本区别。企业实施清洁生产要达到无废排放，其物料在一定程度上需要实现内部循环。如将工厂的供水、用水、净水统一起来，实现用水的闭合循环，达到无废水排放。循环利用原则的最终目标是有意识地在整个技术圈内组织和调节物质循环。

（5）原料和产品无害化原则　清洁生产所采用的原料和产品应不污染空气、水体和地表土壤，不危害操作人员和居民的健康，不损害景区、休憩区的美学价值。

8.4.2 清洁生产实施的主要方法与途径

清洁生产是一个系统工程，需要对生产全过程以及产品的整个生命周期采取污染预防和资源消耗减量的各种综合措施，不仅涉及生产技术问题，而且涉及管理问题。推进清洁生产就是在宏观层次上（包括清洁生产的计划、规划、组织、协调、评价、管理等环节）实现对生产的全过程调控，在微观层次上（包括能源和原材料的选择、运输、储存、工艺技术和设备的选用、改造、产品的加工、成型、包装、回收、处理、服务的提供，以及对废弃物进行必要的末端处理等环节）实现对物料转化的全过程控制，通过将综合预防的环境战略持续地应用于生产过程、产品和服务中，尽可能地提高能源和资源的利用效率，减少污染物的产生量和排放量，从而实现生产过程、产品流通过程和服务对环境影响的最小化，同时实现社会经济效益的最大化。

工农业生产过程千差万别，生产工艺繁简不一。因此，推进清洁生产应该从各行业的特点出发，在产品设计、原料选择、工艺流程、工艺参数、生产设备、操作规程等方面分析生产过程中减污增效的可能性，寻找清洁生产的机会和潜力，促进清洁生产的实施。近年来，国内外的实践表明，通过资源的综合利用、改进产品设计来革新产品体系、改革工艺和设备、强化生产过程的科学管理、促进物料再循环和综合利用等是实施清洁生产的有效途径。

1. 资源的综合利用

资源的综合性，首先表现为组分的综合性，即一种资源通常都含有多种组分；其次是用途的综合性，同一种资源可以有不同的利用方式，生产不同的产品，可找到不同的用途。资源的综合利用是推行清洁生产的首要方向，因为这是生产过程的“源头”。如果原料中的所有组分通过工业加工过程的转化都能变成产品，这就实现了清洁生产的主要目标，如图8-11所示。

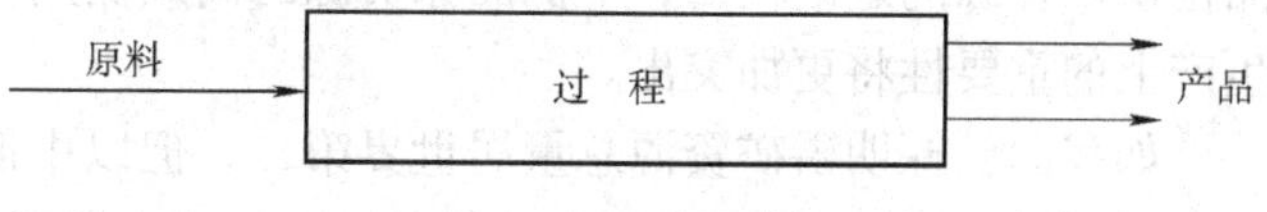

图8-11　原料的综合利用

这里所说的综合利用，有别于“三废的综合利用”，这里是指并未转化为废料的物料，通过综合利用就可以消除废料的产生。资源的综合利用也可以包括资源节约利用的含义，物尽其用意味着没有浪费。

资源综合利用，增加了产品的生产，同时减少了原料费用，减少了工业污染及其处置费用，降低了成本，提高了工业生产的经济效益，可见是全过程控制的关键部位。资源综合利用的前提是资源的综合勘探、综合评价和综合开发，如图8-12所示。

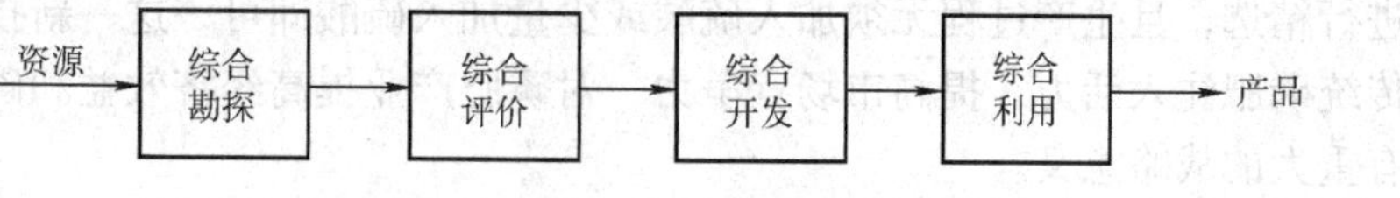

图8-12　资源综合利用的全过程

（1）资源的综合勘探　资源的综合勘探要求对资源进行全面、正确的鉴别，考虑其中所有的成分。随着科学技术的发展，对资源的认识范围正在扩大。如20世纪70年代初，前苏联学者密尔尼科夫院士提出了“综合开发地下资源”的概念。按照他的概念，地下资源包括如下内容：

1）矿床可分为单一矿体和综合矿体。前者是矿物化学组成相近的一个矿体或相近的一组矿体，后者是矿物的化学组成相差甚大的一组矿体，如矿体中有铁矿、铝土矿、白垩、沙子、黏土等。

2）矿山剥离废石。

3）选矿和冶金的废料，如选矿场的尾矿，冶金厂的炉渣、尾矿，选矿场、冶金厂的废水等。

4）地下淡水、矿坑水和热水，如某一铅矿山每年可供水1亿m^3，用于半沙漠地区的灌溉，经济效益不在矿石之下。

5）地热。

6）天然和人工的地下洞穴，可用来安置工业设备、放原料或受纳废料。

在勘探的时候应该顾及上述内容。

（2）资源的综合评价　资源的综合评价，以矿藏为例，不但要评价矿藏本身的特点，如矿区地点、储量、品味、矿物组成、矿物学和岩相学特点、成矿特点等，还要评价矿藏的开发方案、选矿方案、加工工艺、产品形式等，同时还要评价矿区所在地交通、动力、水源、环境、经济发展特点、相关资源状况等、综合评价的结果应储存在全国性的资源数据库内。

（3）资源的综合开发　资源的综合开发，首先是在宏观决策层次上，从生态经济大系统的整体优化出发，从实施可持续发展战略的要求出发，规划资源的合理配置和合理投向，在使资源发挥最大效益的前提下，组织资源的综合开发。其次在资源开采、收集、富集和储运的各个环节中要考虑资源的综合性，避免有价组分遭到损失。对于矿产资源来说，随着高品位矿产资源的逐渐耗竭，中低品味资源的高效利用技术的突破在缓解资源危机、促进清洁生产上的重要性将更加突出。

如我国已探明磷矿资源总量居世界第二，但以中低品位为主，P_2O_5平均含量不足17%，P_2O_5含量大于30%的富矿仅占总量的8%，国土资源部已把磷矿列为我国2010年后不能满足国民经济发展需要的20种矿产之一。在现有技术经济条件下，我国中低品位磷矿成为一种“鸡肋”资源，“食之无味，弃之可惜”。因此，开发中、低品位磷矿资源高效利用技术已成为一项紧迫的重大战略任务，在2006年6月召开的两院院士大会上，中国工程院课题组提出17项重大节约工程中，“磷资源节约及综合利用工程”为其中一项。华南农业大学新肥料资源研究中心经过10多年的研究，研发出系列“中低品位磷矿资源的高效利用技术”，并获得5项国内外发明专利，该技术突破了现有磷肥生产的资源局限，无需对中低品位的磷矿进行精选，且生产过程无须加入硫酸或少量加入硫酸即可，这一新技术可为国内处于低谷的传统磷肥注入活力，提高市场竞争力，对磷肥产业提高经济效益和磷矿资源的合理利用均具有重大的战略意义。

（4）资源的综合利用　资源的综合利用，首先要对原料的每个组分列出清单，明确目前有用和将来有用的组分，制订利用的方案。对于目前有用的组分要考察它们的利用效益；对于目前无用的组分，显然在生产过程中将转化为废料，应将其列入科技开发的计划，以期尽早找到合适的用途。在原料的利用过程中应对每一个组分都建立物料平衡，掌握它们在生产过程中的流向。

实现资源的综合利用，需要实行跨部门、跨行业的协作开发，一种可取的形式是建立原料开发区，组织以原料为中心的利用体系，按生态学原理，规划各种配套的工业，形成生产链，使在区域范围内实现原料的“吃光榨尽”。

2. 改进产品设计

改进产品设计的目的在于将环境因素纳入产品开发的全过程，使其在使用过程中效率高、污染少，在使用后易回收再利用，在废弃后对环境危害小。近年来，产品的“绿色设计”、“生态设计”等设计理念的贯彻实施，是清洁生产实施的重要手段。

目前，这种以“不影响产品的性能和寿命前提下尽可能体现环境目标”为核心的产品设计主要涉及以下几方面：

1）消费方式替代设计。如利用电子邮件替代普通信函、无纸办公等。

2）产品原材料环境友好型设计。它包括尽量避免使用或减少使用有毒有害化学物质、优先选择丰富易得的天然材料替代合成材料、优先选择可再生或次生原材料等。

3）延长产品生命周期设计。它包括加强产品的耐用性、适应性、可靠性等以利于长效使用以及易于维修和维护等。

4）易于拆卸的设计。其目的在于产品寿命完结时，部件可翻新和重新使用，或者可安全地把这些零件处理掉。

5）可回收性设计，即设计时应考虑这种产品的未来回收及再利用问题。它包括可回收材料及其标志、可回收工艺及方法、可回收经济性等，并与可拆卸设计息息相关。如一些发达国家已开始执行“汽车拆卸回收计划”，即在制造汽车零件时，就在零件上标出材料的代号，以便在回收废旧汽车时，进行分类和再生利用。

3. 革新产品体系

在当前科学技术迅猛发展的形势下，产品的更新换代速度越来越快，新产品不断问世。人们开始认识到，工业污染不但发生在生产产品的过程中，有时还发生在产品的使用过程中，有些产品使用后废弃、分散在环境中，也会造成始料未及的危害。如作为制冷设备中的冷冻剂以及喷雾剂、清洗剂的氟氯烃，生产工艺简单，性能优良，曾经成为广泛应用的产品，但自1985年发现其为破坏臭氧层的主要元凶后，现已被限制生产和限期使用，由氨、环丙烷等其他对环境安全的物质代替氟氯烃。

以甲基叔丁基醚（MTBE）替代四乙基铅作为汽油抗爆剂，不仅可以防止铅污染，而且还能有效提高汽油辛烷值，改善汽车性能，降低汽车尾气中CO含量，同时降低汽油生产成本。因此，自20世纪90年代初至今，MTBE的需求量、消费量一直处于高增长状态，目前世界汽油用MTBE年产能力超过2100万t。然而，MTBE是一种对水的亲和力极大而对土壤几乎没有亲和力、在非光照条件下难降解、具有松油气味的有机物，其从地下贮油箱（油库）渗漏并进入地下水源中能造成严重污染（水中MTBE含量达到2μg/L即有明显的松油气味，对人们的身体健康会产生严重影响，无法饮用）。美国地质调查局在1993年和1994年对美国8个城市地下水进行调查发现，MTBE是地下水中含量排第二位的有机化合物（第一位是三氯甲烷）。在美国加利福尼亚，地下贮油箱对地下水的污染是最严重的。1995年年末，圣莫尼卡城市管理局检测了该城饮用水井中的 MTBE，结果于 1996 年 6 月被迫关闭了一些水井，致使这座城市损失了 71% 的市内水源，约占其耗水量的 1/2，为了解决水荒，不得不从外部调水，一年就要花 3500 万美元。此外，在美国的湖泊和水库中也发现有 MTBE 的污染，它们来自于轮船的发动机和地表径流，甚至内华达州的高山上也受到它的污染。为此，美国加州以水污染为由禁止使用 MTBE，美国国家环境保护部门也有类似动作。以 MTBE 替代四乙基铅解决了汽车尾气铅污染等问题，但又出现了水体污染新问题，这种“按下葫芦浮起瓢”的情况不仅说明环境问题的复杂多变性和人类改善环境的斗争的长期性、艰巨性，同时说明“更新产品体系”对清洁生产的必要性和迫切性。

在农业生产中，主要的农业生产资料——肥料和农药产品体系同样在不断地更新。肥料产品由单纯的有机肥到化学肥料，极大地提高了农业生产力，特别是粮食产量，据联合国粮农组织估计，发展中国家粮食的增产中 55% 来自于化学肥料。然而，目前普通化学肥料利用率低、浪费巨大、污染严重的问题已成为阻碍农业清洁生产的重要因素之一。在我国，完全放弃化学肥料，回归单纯的有机肥料，是无法满足 13 亿人口的生活甚至生存需求的。因此，研制开发高效、无污染的“环境友好型肥料”，提高肥料的利用率，在保证增产的同时减少肥料损失造成的污染，是当今肥料科技创新的重要任务。近年来，在国家 863 项目支持下，以“控释肥料，生物肥料，有机无机复合肥料”等为代表的“环境友好型肥料”产品的研制开发为肥料产品的更新提供了有力的技术保障，是今后肥料的发展方向。同样，农药由剧毒、高残留的有机氯和有机磷农药到低毒、高效、低残留的氨基甲酸酯类农药的更新有力地促进了农业清洁生产，目前正朝着环境友好型的植物性杀虫剂的开发应用以及生物防治方向发展。

由此可见，污染的预防不但体现在生产全过程的控制之中，而且还要落实到产品的使用和最终报废处理过程中。对于污染严重的产品要进行更新换代，不断研究开发与环境相容的新产品。

4. 改革工艺和设备

工艺是从原材料到产品实现物质转化的基本软件。一个理想的工艺是：工艺流程简单，原材料消耗少，无（或少）废弃物排出，安全可靠，操作简便，易于自动化，能耗低，所用设备简单等。设备的选用是由工艺决定的，它是实现物料转化的基本硬件。改革工艺和设备是预防废物产生、提高生产效率和效益、实现清洁生产最有效的方法之一，但是工艺技术和设备的改革通常需要投入较多的人力和资金，因而实施时间较长。

工艺设备的改革主要采取如下四种方式。

（1）生产工艺改革　开发并采用低废或无废生产工艺和设备来替代落后的老工艺，提高生产效率和原料利用率，消除或减少废物，这是生产工艺改革的基本目标。如采用流化床催化加氢法代替铁粉还原法旧工艺生产苯胺，可消除铁泥渣的产生，废渣量由 2500kg/t 产品减少到 5kg/t 产品，并降低了原料和动力消耗，每吨苯胺产品蒸汽消耗可由 35t 降为 1t，电耗由 220kW · h 降为 130kW · h，苯胺收率达到 99%。

采用高效催化剂提高选择性和产品收率，也是提高产量、减少副产品生产和污染物排放量的有效途径。如北京某合成橡胶厂丁二烯生产的丁烯氧化脱氢装置原采用钼系催化剂，由于转化率和选择性低，污染严重，后改用铁系 B-02 催化剂，选择性由 70% 提高到 92%，丁二烯收率达 60%，且大大削减了污染物的排放，见表 8-11 和表 8-12。

表 8-11 丁烯氧化脱氢废水排放对比（以生产1t丁二烯计）

催化剂名称	废水量/(t/t)	COD/(kg/t)	—C=O/(kg/t)	—COOH/(kg/t)	pH值
铁系B-02催化剂	19.5	180	12.6	1.78	6.32
钼系催化剂	23	220	39.6	30.6	2~3

表 8-12 丁烯氧化脱氢废气排放对比（以生产1t丁二烯计）

催化剂名称	废气排放量/(m^3/h)	CO/(m^3/h)	CO_2/(m^3/h)	烃类/(m^3/h)	有机氧化物/(kg/h)
铁系B-02催化剂	1974	12.83	268.71	12.37	0.04
钼系催化剂	4500	319	669	54.5	139.7

在工艺技术改造中采用先进技术和大型装置，以期提高原材料利用率，发挥规模效益，在一定程度上可以帮助企业实现减污增效。

需要强调的是，废物的源削减应与工艺开发活动充分结合，从产品研发阶段起就应考虑到减少废物量，从而减少工艺改造中设备改进的投资。1991年，美国一家大型化工厂改进了其烯烃生产工艺，不仅消除了对甲醇的需求，而且每年削减苯和甲醇的排放量68.1t。该厂重新设计了生产装置，并且将裂解炉气干燥器的位置调整到预冷却器的前方。这一工艺改革措施消除了在预冷器中加入甲醇以防止水合物的形成，并且使未受甲醇污染的苯可返回到生产工艺中使用。该项目投资700万美元，但每年节省甲醇费用仅25万美元，按照这种投资偿还率，如果不考虑减少苯对员工和社区的污染危害则很难实施。但是，如果将这一方案结合到新装置设计中，则新增投资很少即可实行。

（2）改进工艺设备 可以通过改善设备和管线或重新设计生产设备来提高生产效率，减少废物量。如优选设备材料，提高可靠性、耐用性；提高设备的密闭性，以减少泄漏；采用节能的泵、风机、搅拌装置等。如北京某石油化工厂乙二醇生产中的环氧乙烷精制塔原设计采用直接蒸汽加热，废水中COD负荷很大；后来改用间接蒸汽加热，不但减少了废水量和COD负荷，而且还降低了产品的单位能耗，提高了产品的收率，每年减少污水处理费用20.8万元，节约物料消耗31.17万元，经济、环境效益十分显著。

波兰某钢铁厂生产的钢铁制品最后一道工序是进行表面处理和涂饰。原来采用压缩空气枪进行喷涂，其涂料利用率低、废料产生量大、污染严重。该厂对喷涂工序开展了废料审计工作，试图通过改革工艺和改进管理达到提高喷涂质量、减少涂料消耗以及降低污染物排放量的目的。审计结果表明，改变现状的关键在于替代目前使用的压缩空气喷枪。压缩空气喷枪和较为先进的高压喷枪、静电喷枪工作性能比较及高压喷枪和静电喷枪的经济指标测算见表8-13和表8-14。波兰这家企业通过采用比较先进的高压喷枪，明显地降低了涂料的消耗，提高了物料的利用率，减少了废料的排放和处理费用，降低了成本，改进了质量，改善了劳动条件和企业的形象，得到这些综合效益投资很小，而且这些投资在很短的时间内即可收回。

表 8-13 三种喷枪的工作性能比较

性能指标	压缩空气喷枪	高压喷枪	静电喷枪
喷涂效率(%)	30~50	65~70	85~90
涂料用量/m^3	8.0	6.8	5.6
溶剂用量/m^3	6.5	1.6	1.6
废料量/kg	2400	1400	500

表 8-14 高压喷枪和静电喷枪的经济指标测算

	高压喷枪	静电喷枪
投资/美元	4800	13000
节省费用/(美元/年)	38500	39400
投资回收期/月	1.5	4

（3）优化工艺控制过程　在不改变生产工艺或设备的条件下调整操作参数，优化操作条件常常是最容易且最便宜的减废方法。大多数工艺设备都是采用最佳工艺参数（如温度、压力和加料量）设计以取得最高的操作效率，因而在最佳工艺参数下操作，避免生产控制条件波动和非正常停车，可大大减少废物量。以乙烯生产为例，由于设备管理不好或者公用工程（水、电、蒸汽）可靠性差以及各种设备、仪表性能不佳等原因，会导致设备运转不稳定，甚至局部或全部停车。一旦停车，物料损失和污染均十分严重。30×10^4t/a 规模的乙烯设备每停车 1 次，火炬排放的物料约为 1000t（以原料计），直接经济损失约 40 万元；如按照产品价值计算间接经济损失，则可达 700 万元。从停车到恢复正常生产期间，各塔、泵等还会出现临时液体排放，增加废水中油、烃类的含量，有毒有害物质含量也会成倍增加。

（4）加强自动化控制　采用自动控制系统调节工作操作参数，维持最佳反应条件，加强工艺控制，可增加生产量、减少废物和副产品的产生。如安装计算机控制系统监测和自动复原工艺操作参数，实施模拟结合自动定点调节。在间歇操作中，使用自动化系统代替手工处置物料，通过减少操作失误，降低产生废物及泄漏的可能性。

我国经济发展中普遍存在技术含量低、技术装备和工艺水平不高、创新能力不强、高新技术产业化比重低、能耗高、能源消费结构不合理、国际竞争力不强等问题，这些问题已经成为制约我国经济可持续发展的主要因素，亟须利用高新技术进行改造和提升。通过改革工艺和设备，使生产过程实现少废化或无废化。

5. 生产过程的科学管理

有关资料表明，目前的工业污染约有 30% 以上是由于生产过程中管理不善造成的，只要加强生产过程的科学管理、改进操作，不需花费很大的成本，便可获得明显减少废弃物和污染的效果。因此，在企业管理中要建立一套健全的环境管理体系，使环境管理落实到企业中的各个层次，分解到生产过程的各个环节，贯穿于企业的全部经济活动中，与企业的计划管理、生产管理、财务管理、建设管理等专业管理紧密结合起来，使人为的资源浪费和污染排放减至最小。

主要管理方法如下：

1）调查研究和废弃物审计。摸清从原材料到产品的生产全过程的物料、能耗和废弃物产生的情况，通过调查，发现薄弱环节并改进。

2）坚持设备的维护保养制度，使设备始终保持最佳状况。

3）严格监督。对于生产过程中各种消耗指标和排污指标进行严格的监督，及时发现问题，堵塞漏洞，并把员工的切身利益与企业推行清洁生产的实际成果结合起来进行监督、管理。

6. 物料再循环和综合利用

工业生产中产生的“三废”污染物质从本质上讲，都是生产过程中流失的原材料、中间产物和副产物。因此，对“三废”污染物进行有效的处理和回收利用，既可以创造财富，又可以减少污染。开展“三废”综合利用是消除污染、保护环境的一项积极而有效的措施，也是企业挖潜、增效截污的一个重要方面。

在企业的生产过程中，应尽可能提高原料利用率和降低回收成本，实现原料闭路循环。在生产过程中，比较容易实现物料闭路循环的是生产用水的闭路循环。根据清洁生产的要求，工业用水组成原则上应是供水、用水和净水组成的一个紧密的体系。根据生产工艺要求，一水多用，按照不同的水质需求分别供水，净化后的水重复利用。我国已经开展了一些实用的综合利用技术，如小化肥厂冷却水技术可以大大节约水资源，减少水体热污染；电镀漂洗水无排或微排技术实行了漂洗水的闭路循环，因而不产生电镀废水和废渣；利用硝酸生产尾气制造亚硝酸钠；利用硫酸生产尾气制造亚硫酸钠等。

此外，一些工业企业产生的废物，有时难以在本厂有效利用，有必要组织企业间的横向联合，使废物进行复用，使工业废物在更大的范围内资源化。肥料厂可以利用食品厂的废物加工肥料，如味精废液 COD 很高，而其丰富的氨基酸和有机质可以加工成优良的有机肥料。目前，一些城市已建立了废物交换中心，为跨行业的废物利用协作创造了条件。

7. 必要的末端处理

在目前技术水平和经济发展水平条件下，实行完全彻底的无废生产是很困难的，废弃物的产生和排放有时还难以避免，因此需要对它们进行必要的处理和处置，使其对环境的危害降至最低。此处的末端处理与传统概念的末端处理相比区别如下：

1）末端处理是清洁生产不得已而采取的最终污染控制手段，而不应像以往那样处于实际上的优先考虑地位。

2）厂内的末端处理可作为送往厂外集中处理的预处理措施，因而其目标不再是达标排放，而只需要处理到集中处理设施可以接纳的程度。

3）末端处理重视废弃物资源化。

4）末端处理不排斥继续开展推行清洁生产的活动，以期逐步缩小末端处理的规模，乃至最终以全过程控制措施完全替代末端处理。

为实现有效的末端处理，必须开发一些技术先进、处理效果好、投资少、见效快、可回收有用物质、有利于组织物料再循环的实用环保技术。目前，我国已经开发了一批适合国情的实用环保技术，需要进一步推广。同时，有一些环保难题尚未得到很好的解决，需要环保部门、有关企业和工程技术人员继续共同努力。

8.4.3 清洁生产实施的政策法规保障

我国清洁生产的实践表明，现行条件下，由于企业内部存在一系列实施清洁生产的障碍约束，要使作为清洁生产主体的企业完全自发地采取自觉主动的清洁生产行动是极其困难的。单纯依靠培训和企业清洁生产示范推动清洁生产，其作用也不能保证清洁生产广泛、持久地实施。通过政府建立起适应清洁生产特点和需要的政策、法规，营造有利于调动企业实施清洁生产的外部环境，将是促进中国清洁生产发展的关键。自 1993 年我国开始推行清洁生产以来，在促进清洁生产的经济政策和产业政策的颁布实施以及相关法律法规建设方面取得了较快的发展，为推动我国清洁生产向纵深发展提供了一定的政策法规保障。

1. 促进清洁生产的经济政策

经济政策是根据价值规律，利用价格、税收、信贷、投资、微观刺激和宏观经济调节等经济杠杆，调整或影响有关当事人产生和消除污染行为的一类政策。在市场经济条件下，采用多种形式和内容的经济政策措施是推动企业清洁生产的有效工具。经济政策虽然不直接干预企业的清洁生产行为，但它可使企业的经济利益与其对清洁生产的决策行为或实施强度结合起来，以一种与清洁生产目标一致的方式，通过对企业成本或效益的调控作用有力地影响着企业的生产行为。

（1）税收鼓励政策 税收手段的目的在于通过调整比价和改变市场信号以影响特定的消费形式或生产方法，降低生产过程和消费过程中产生的污染物排放水平，并鼓励有益于环境的利用方式。由于产品的当前价格并没有包括产品的全部社会成本，没有将产品生产和使用对人体健康和环境的影响包括在产品价格中，通过税收手段，可以将产品生产和消费的单位成本与社会成本联系起来，为清洁生产的推行创造一个良好的市场环境。运用税收杠杆，采用税收鼓励或税收处罚等手段，促进经营者、引导消费者选择绿色消费。

我国为加大环境保护工作的力度，鼓励和引导企业实施清洁生产，制定了一系列有利于清洁生产的税收优惠政策，主要包括：

1）增值税优惠。企业购置清洁生产设备时，允许抵扣进项增值税额，以此来降低企业购买清洁生产设备的费用，刺激清洁生产设备的需求；对利用废物生产产品和从废物中回收原料的企业，税务机关按照国家有关规定，减征或者免征增值税。

2）所得税优惠。对企业投资采用清洁生产技术生产的产品或有利于环境的绿色产品的生产经营所得税及其他相关税收，给予减税甚至免税的优惠，允许用于清洁生产的设备加速折旧，以此来减轻企业税收负担，增加企业税后所得，激活企业对技术进步的积极性。

3）关税优惠。对出口的清洁产品，实施退税，提高我国环保产品价格竞争力，开拓海外市场；对进口的清洁生产技术、设备实行免税，加快企业引进清洁生产技术和设备的步伐，消化吸收国外先进的技术。如对城市污水和造纸废水部分处理设备实行进口商品暂定税率，享受关税优惠。

4）营业税优惠。对从事提供清洁生产信息、进行清洁生产技术咨询和中介服务机构采取一定的减税措施；促进多功能全方位的政策、市场、技术、信息服务体系的形成，为清洁生产提供必要的社会服务。

5）投资方向调节税优惠。在固定资产投资方向调节税中，对企业用于清洁生产的投资执行零税率，提高企业投资清洁生产的积极性。如建设污水处理厂、资源综合利用等项目，其固定资产投资方向调节税实行零税率。

6）建筑税优惠。建设污染治理项目，在可以申请优惠贷款的同时，该项目免交建筑税。

7）消费税优惠。对生产、销售达到低污染排放限值的小轿车、越野车和小客车减征一定比例的消费税。

（2）财政鼓励政策 财政政策是世界各国推行清洁生产的重要手段，通常采用优先采购、补贴或奖金、贷款或贷款加补贴的形式鼓励企业实施清洁生产计划项目。我国企业，特别是中小型企业，在推进清洁生产项目的过程中最大的障碍是资金问题。由于资金缺乏，致使许多企业即使找到实现减污降耗的先进技术和改造方案也无法付诸实施。因此，采取积极的财政政策，帮企业在一定程度上解决技改资金问题，对加速我国清洁生产的实施具有关键性的作用。目前，我国在财政方面对清洁生产主要采取以下鼓励政策：

1）各级政府优先采购或按国家规定比例采购节能、节水、废物再生利用等有利于环境与资源保护的产品。一方面通过对清洁产品的直接消费，为清洁生产注入资金；另一方面通过政府的示范、宣传，鼓励和引导公众购买、使用清洁产品，从而促进清洁生产的发展。

2）建立清洁生产表彰奖励制度，对在清洁生产工作中做出显著成绩的单位和个人，由政府给予表彰和奖励。

3）国务院和县级以上各级地方政府在本级财政中安排资金，对清洁生产研究、示范和培训以及实施国家清洁生产重点技术改造项目给予资金补助。

4）政府鼓励和支持国内外经济组织通过金融市场、政府拨款、环境保护补助资金、社会捐款等渠道依法筹集中小型企业清洁生产投资资金。开展清洁生产审核以及实施清洁生产的中小型企业可以向投资基金经营管理机构申请低息或无息贷款。

5）列入国家重点污染防治和生态保护的项目，国家给予资金支持；城市维护费可用于环境保护设施建设；国家征收的排污费优先用于污染防治。

2. 促进清洁生产的其他相关政策

（1）对中小型企业实施清洁生产的特别扶持政策

1）企业产业范围若符合《中小企业发展产业指导目录》的内容，可以向“中小企业发展专项资金”申请支持。

2）生产或开发项目若是“具有自主知识产权、高技术、高附加值，能大量吸纳就业，节能降耗，有利于环保和出口”的项目，可以向“国家技术创新基金”申请支持。

3）企业的产品若符合《当前国家鼓励发展的环保产业设备（产品）目录》的要求，根据具体情况，可以获得相关的鼓励和扶持政策支持，如抵免企业所得税、加快设备折旧、贴息支持或补助等。

4）对利用废水、废气、废渣等废弃物作为原料进行生产的中小型企业，可以申请减免有关税赋。

（2）对生产和使用环保设备的鼓励政策　原国家经贸委和国家税务总局联合先后发布公告，公布了第一批（2000 年）和第二批（2002 年）《当前国家鼓励发展的环保产业设备（产品）目录》，包括水污染治理设备、空气污染治理设备、固体废弃物处理设备、噪声控制设备、节能与可再生能源利用设备、资源综合利用与清洁生产设备、环保材料与药剂等八类。相关的鼓励和扶持政策包括：

1）企业技术改造项目凡使用目录中的国产设备，按照财政部、国家税务总局《关于印发（技术改造国产设备投资抵免企业所得税暂行办法）的通知》（财税字［1999］290 号）的规定，享受投资抵免企业所得税的优惠政策。

2）企业使用目录中的国产设备，经企业提出申请，报主管税务机关批准后，可实行加速折旧办法。

3）对专门生产目录内设备（产品）的企业（分厂、车间），在符合独立核算、能独立计算盈亏的条件下，其年净收入在 30 万元（含 30 万元）以下的，暂免征收企业所得税。

4）为引导环保产业发展方向，国家在技术创新和技术改造项目中，重点鼓励开发、研制、生产和使用列入目录的设备（产品）；对符合条件的国家重点项目，将给予贴息支持或适当补助。

5）使用财政性质资金进行的建设项目或政府采购，应优先选用符合要求的目录中的设备（产品）。

（3）对相关科学研究和技术开发的鼓励政策

1）遵照《中华人民共和国清洁生产促进法》，各级政府应在各个方面对清洁生产科学研究和技术开发提供支持，包括制定相应的财税政策、提供相关信息、组织科技攻关等。

2）国家和行业科技部门，应将阻碍清洁生产的重大技术问题列入国家或行业科研计划，组织跨行业、跨部门的研究力量进行联合攻关或直接从国外引进此类技术；国家有关部门应针对行业清洁生产技术规范、与清洁生产相关的科研成果及引进的清洁生产关键技术，组织有关专家进行评价、筛选，为清洁生产的企业减少技术风险。

3）国家应促进相应研究和开发的支持及服务系统的建设，加强、改进信息的搜集与交流、各类标准的制定与实施、科研设备的配置等。

4）国家应努力推动技术成果的转化，推进科技成果的产业化。

5）国家应通过有效的政策措施，鼓励企业消化吸收国外的先进技术和设备，提高清洁装备的国产化水平。

（4）对国际合作的鼓励政策　当前，我国在经验缺乏、资金也不十分充裕的条件下，通过国际合作，学习国外的先进经验，吸引外资和国外的先进技术，开展清洁生产，是一条行之有效的途径。为此，《中华人民共和国清洁生产促进法》第六条提出，国家鼓励开展有关清洁生产的国际合作。在具体的国际合作方面，合作类型包括各种多边及双边合作，合作方式可以多种多样，如合作开发、技术转让、培训、建立机构、资金支持、政策与法律支持等。

近年来，国家在鼓励清洁生产领域的国际合作方面做了很多工作，从中央政府到地方政府，都对这一领域的合作予以广泛的关注，促进了多边以及双边合作的广泛开展。如联合国环境规划署参与、世界银行贷款支持的“中国环境技术援助项目清洁生产子项目”（B－4项目）、世界银行赠款的 JGF 项目——“中国乡镇企业废物最小化管理体系的建立研究”、中加清洁生产合作项目以及亚洲银行资助的清洁生产项目等，都对推进我国清洁生产工作发挥了重要作用。

3. 我国现行环境和资源保护法规对清洁生产的保障

从形式意义上看，除了 1999 年 10 月通过的《太原市清洁生产条例》外，在 2002 年 6 月 29 日九届全国人大常委会通过《中华人民共和国清洁生产促进法》之前，我国并没有专门性的清洁生产立法。但从实质意义上看，我国有关环境、能源与科技发展等许多法律制度中已经或多或少地包含了引导清洁生产的内容。

《中国环境与发展十大对策》（1992 年）强调了清洁生产，要求建设项目技术起点要高，尽量采用能耗物耗小、污染物排放量少的清洁工艺。1993 年 10 月第二次全国工业污染防治工作会议的重要内容就是实现“三个转变”，推行清洁生产。《中国 21 世纪议程》（1994 年）将清洁生产列为重点项目之一。《中华人民共和国国民经济和社会发展“九五”计划和 2010 年远景目标纲要》中把推行清洁生产作为一项重要的环境保护措施。《国家环境保护“九五”计划和 2010 年远景目标》中明确提出，将“结合技术进步，积极推行清洁生产”作为工业污染防治的主要任务之一。

1987 年颁布实施并在 1995 年和 2000 年两次修订的《中华人民共和国大气污染防治法》（以下简称《大气污染防治法》）、2008 年修订并实施的《中华人民共和国水污染防治法》（以下简称《水污染防治法》）和2004 年修订，2005 年4 月1 日起实施的《中华人民共和国固体废物污染环境防治法》（以下简称《固体废物污染环境防治法》）等环境污染防治法律法规，均明确提出实施清洁生产的要求，规定发展清洁能源，鼓励和支持开展清洁生产，尽可能使污染物和废物减量化、资源化和无害化。如《大气污染防治法》第 9 条规定，国家对大气污染防治技术的研究推广予以鼓励，并鼓励和支持清洁能源的开发；第 19 条对严重污染大气环境的落后生产工艺和设备的淘汰进行了严格规定；第 25、26 和 34 条对清洁能源的使用和支持鼓励作了规定。又如《固体废物污染环境防治法》第 4 条规定："国家鼓励支持清洁生产，减少固体废物的产生量。国家鼓励、支持综合利用资源，对固体废物实行充分回收和合理利用，并采取有利于固体废物综合利用活动的经济、技术政策和措施。"此外，《固体废物污染环境防治法》第 3、17、26、27、30 条以及《水污染防治法》的第 11、22 和 23 条等都规定了有关清洁生产的内容。

《中华人民共和国节约能源法》（1997 年）力图推动节能技术和工艺设备的采用，提高能源利用率，促进国民经济向节能型转化，同时减少污染物，禁止新建耗能过高的工业项目，淘汰耗能过高的产品、设备。《国务院关于环境保护若干问题的决定》（1996 年）中明确规定，所有建设和技术改造项目，要提高技术起点，采用能耗物耗小，污染产生量少的清洁生产工艺。《建设项目环境保护管理条例》（1998 年）规定，工业建设项目应当采用能耗物耗小、污染物产生量少的清洁生产工艺。《关于推行清洁生产的若干意见》（1997 年）对结合现行环境管理制度的改革、推行清洁生产，提出了基本框架、思路和具体做法。

在推行清洁生产时，我国将其与工业产业结构、产品结构的调整相结合，要求在制定产业政策时，严格限制或禁止可能造成严重污染的产业、企业和产品，要求工业企业采用能耗物耗小、污染物产生量少的有利于环境的原料和先进工艺、技术和设备，采用节约用水、用能、用地的生产方式。1995 年以后，修改的《大气污染防治法》、《水污染防治法》和制定的《固体废物污染环境防治法》、《环境噪声污染防治法》（《中华人民共和国环境噪声污染防治法》）中，都明确规定了严格限制或禁止生产、销售、使用、进口严重污染环境的落后工艺和设备。《国务院关于环境保护若干问题的决定》（1996 年）和 1996 年9 月经国务院同意、国家环保局发布的《关于贯彻〈国务院关于环境保护若干问题的决定〉有关问题的通知》，作出对严重污染的"十五小"企业实行取缔、关闭或责令停产、转产的"关、停、禁、转、改"的规定。

4. 《中华人民共和国清洁生产促进法》及其基本内容

2002 年6 月29 日《中华人民共和国清洁生产促进法》经九届全国人民代表大会常务委员会通过，自 2003 年1 月1 日起施行。该法是目前世界上第一部以推进清洁生产为目的的法律，该法的实施具有重要的意义，它把经济、社会的可持续发展用法律的形式固定下来，明确规定了政府推行清洁生产的责任，对企业提出实施清洁生产的要求，并对企业实施清洁生产给予支持鼓励。本法共分六章四十二条，主要内容如下：

第一章，总则。本章明确了实施清洁生产的目的，主要是提高资源的利用率，减少和避免污染物的产生，保护和改善环境，保障人体健康，促进经济和社会可持续发展；界定了清洁生产的定义。

第二章，清洁生产推行。第二章提出了国家应制定有利于实施清洁生产的财政税收政策、产业政策、技术开发和推广政策，县级以上人民政府应合理规划本行政区的经济布局，调整产业结构，发展循环经济，促进企业在资源和废物综合利用等领域进行合作，实现资源的高效利用和循环使用。各级政府的有关行政主管部门，应组织并支持建立清洁生产信息系统和技术咨询服务体系，向社会提供有关清洁生产的方法、技术、工艺和设备。国家对浪费资源和严重污染环境的落后生产技术、工艺设备和产品实行限期淘汰制度，支持清洁生产的示范和推广工作。教育行政主管部门，应把清洁生产技术和管理课程纳入有关高等教育、职业教育和技术培训体系。培养清洁生产管理和技术人员，提高国家工作人员、企业经营管理者和公众的清洁生产意识，加强对清洁生产实施的监督。

第三章，清洁生产实施。首先，对新、改、扩建项目进行环境影响评价提出了要求，要求项目在原料使用、资源消耗、资源综合利用以及污染的产生与处置进行分析论证，优先采用资源利用率高以及污染物产生量少的清洁生产技术、工艺和设备；要求企业在进行技术改造过程中，采用无毒、无害或低毒、低害的原料，替代毒性大、危害严重的原料；采用资源利用率高、污染产生量少的工艺和设备，替代资源利用率低、污染物产生量多的工艺和设备；对生产过程中产生的废物、废水和余热进行综合利用或者循环使用；采用能够达到国家或者地方规定的污染物排放标准和污染物总量控制指标的污染防治技术。

本章对矿产资源的勘查、开采作出了明确规定，要求采用有利于合理利用资源、保护环境和防止污染的勘查、开采方法和工艺技术，提高资源利用水平。

企业应当对生产和服务过程中的资源消耗以及废物的产生情况进行监测，并根据需要对生产和服务实施清洁生产审核。企业根据自愿原则，通过环境管理体系认证，提高清洁生产水平。

第四章，鼓励措施。国家建立清洁生产表彰奖励制度，对在清洁生产中做出显著成绩的单位和个人，由政府给予表彰和奖励，对使用废物生产产品和从废物中回收原料的，税务机关按照国家有关规定，减征或者免征增值税。企业用于清洁生产审核和培训的费用可以列入企业的经营成本。

第五章，法律责任。对污染物排放超过国家或地方规定的排放标准或经地方人民政府核定的污染物排放总量指标的企业，使用有毒、有害原料进行生产或者在生产中排放有毒、有害物质的企业，应定期实施清洁生产审核。如不实施清洁生产审核或不如实报告审核结果的，地方政府环保行政主管部门应责令其限期改正，拒不改正的要处以十万元以下罚款。

第六章，附则。

复习与思考

1. 清洁生产产生的背景是什么？
2. 国内外清洁生产的发展状况有哪些共性？
3. 清洁生产的主要内容有哪些？
4. 什么是清洁生产评价？清洁生产评价内容具体应包括哪几方面？
5. 清洁生产评价是如何进行等级划分的？国内常用的清洁生产评价方法有哪些？
6. 什么是清洁生产审核？

7. 清洁生产审核的工作程序分为哪几个阶段？各个阶段的主要工作内容和工作重点有哪些？
8. 简述清洁生产推行和实施的原则。
9. 为什么说资源的综合利用是推行清洁生产的首要方向？
10. 如何通过“改进产品设计、革新产品体系”来促进清洁生产的实施？
11. 举例说明工艺和设备的改革是实现清洁生产最有效的方法之一。
12. 企业清洁生产意义上的科学管理包括哪些方面的内容？
13. 简述《中华人民共和国清洁生产促进法》的基本内容。

9

第9章 循环经济

9.1 循环经济的产生与发展

9.1.1 循环经济的产生

循环经济思想最早萌芽于环境保护运动思潮崛起的时代。

首先，从理论溯源上讲。经济学和生态学是当代的两个既密切关联又对立紧张的学科和领域。在世界范围内颇有影响的美国后现代思想家小约翰·B·科布认为，经济学家和生态学家之间的争论乃是一种现代主义者和后现代主义者之间的争论。经济学和生态学之间的关系是人类今天面临的最重要问题。争论的实质是有关环境与发展的关系问题，并为彻底解决全球性问题提供最佳方案。生态学家们的思想虽然仍受到传统势力的挑战，但是他们的判断更接近于客观事实，即经济发展最重要的目标必须具有可持续性，否则当达到增长的极限时，整个人类将被卷入一场由可怕的破坏而导致的灾难之中。不管这场争论如何，但“后现代的绿色经济思想 ”，“后现代的稳态经济思想”、“后现代的可持续发展经济理论” 等思想的出现，都是循环经济理念的萌芽，它的目的在于寻求一个“既是可持续的，又是可生活的社会”。

20世纪60年代，美国经济学家肯尼思·艾瓦特·鲍尔丁提出了“宇宙飞船经济理论”，这是循环经济理论的雏形。鲍尔丁是受当时发射的宇宙飞船的启发，而分析地球经济的发展的。他认为，宇宙飞船是一个孤立无援、与世隔绝的独立系统，靠不断消耗自身原存的资源存在，最终它将因资源耗尽而毁灭。唯一使之延长寿命的方法就是实现飞船内的资源循环，尽可能少地排出废物。同理，地球经济系统如同一艘宇宙飞船，尽管地球资源系统大得多，地球寿命也长得多，但是也只有实现对资源循环利用的循环经济，地球才能得以长存。显然，宇宙飞船经济理论具有很强的超前性，但当时并没有引起大家的足够重视。即使是到了人类社会开始大规模环境治理的20世纪70年代，循环经济的思想更多地还是先行者的一种超前性理念。当时，世界各国关心的仍然是污染物产生后如何治理以减少其危害，即所谓的末端治理。20世纪80年代，人们才开始注意到要采用资源化的方式处理废弃物，但是对于是否应该从生产和消费的源头上防止污染产生，还没有统一的认识。

20世纪90年代以后，特别是可持续发展理论形成后的近几年，源头预防和全过程控制代替末端治理开始成为各国环境与发展政策的真正主流。人们开始提出一系列体现循环经济思想的概念，如“零排放工厂”、“产品生命周期”、“为环境而设计”等。随着可持续发展理论日益完善，人们逐渐认识到，当代资源环境问题日益严重的根源在于工业化运动以来高开采、低利用、高排放为特征的线性经济模式，为此提出了人类社会的未来应建立一种以物质闭环流动为特征的经济，即循环经济，从而实现环境保护与经济发展的双赢，真正体现“代内公平”和“代际公平”这一可持续发展的公平性原则。“生态经济效益”、“工业生态学”等理论的提出与实践，标志着循环经济理论初步形成。

9.1.2 循环经济的发展历程

循环经济的发展经历了三个阶段：20 世纪 80 年代的微观企业试点阶段、20 世纪 90 年代的区域经济模式——生态工业园区阶段和 21 世纪初的循环型社会建设阶段。换言之，循环经济的发展趋势也正经历着由企业层面上的“小循环”到区域层面上“中循环”再到社会层面上的“大循环”的纵向过渡。

1. 单个企业的早期响应阶段

在企业层面上，可以称之为循环经济的“小循环”。根据生态效率的原则，推行清洁生产，减少产品和服务中物料和能源的使用量，实现污染物排放的最小化。20 世纪 80 年代末，当时世界 500 强的杜邦公司，开始了循环经济理念的应用试点。公司的研究人员把循环经济“3R”原则发展成为与化工生产相结合的“3R 制造法”，即资源投入减量化（Reduce）、资源利用循环化（Recycle）和废物资源化（Reuse），以少排放甚至“零排放”废物。他们通过放弃使用某些环境有害型的化学物质、减少某些化学物质的使用量，以及发明回收本公司副产品的新工艺等方式，到 1994 年已经使生产造成的塑料废物减少了 25%，空气污染物排放量减少了 70%。同时，他们在废塑料（如废弃的牛奶盒和一次性塑料容器）中回收化学物质，开发出了耐用的乙烯材料等新产品。

2. 新型区域经济模式——生态工业园的实践阶段

在区域层面上，可以称之为循环经济的“中循环”。20 世纪 80 年代末到 90 年代初，一种循环经济化的工业区域——生态工业园区应运而生了。它是按照工业生态学的原理，通过企业或行业间的物质集成、能量集成和信息集成，形成企业或行业间的工业代谢和共生关系而建立的。特别是丹麦卡伦堡生态工业园在循环经济的生态型生产中脱颖而出，它通过企业间的副产品交换，把火电厂、炼油厂、制药厂和石膏厂连接起来，形成生态循环链，不仅大大减少了废物的产生量和处理的费用，还减少了新原料的投入，形成了生产发展和环境保护的良性循环。

目前，生态工业园区（Ecological Industrial Parks，EIPs）已经成为循环经济的一个重要发展形态，作为许多国家工业园区改造的方向，也正在成为我国第三代工业园区的主要发展形态。

3. 循环型社会建设阶段

在社会层面上，可以称之为循环经济的“大循环”。它通过全社会的废旧物资的再生利用，实现消费过程中和消费过程后物质和能量的循环。在该阶段，许多国家通常以循环经济立法的方式加以推进，最终实现建立循环型社会。

9.1.3 发展循环经济的战略意义

1. 发展循环经济是实现可持续发展的必由之路

1992年联合国环境与发展委员会在巴西里约热内卢召开的“联合国环境与发展大会”，通过了《里约环境与发展宣言》和《21世纪议程》两个纲领性文件，标志着可持续发展的理念已得到全世界范围内的普遍认可。可持续发展战略强调的是环境与经济的协调，关注资源的永续利用和生态环境的保护，而循环经济则是从资源环境是支撑人类经济发展的物质基础出发，通过“资源→产品→废弃物→再生资源”的反馈式循环过程，使所有的物质和能量在这个永续的循环中得到持久合理的利用，实现用尽可能小的资源消耗和环境成本，获得尽可能大的经济效益和社会效益。因此，循环经济与可持续发展在根本上是一致的，发展循环经济是实现可持续发展的必由之路。

2. 发展循环经济是解决环境危机的根本途径

大量的事实证明，水、大气、固体废物的大量产生，与资源利用效率低密切相关，同粗放式的经济增长模式存在着内在联系。废物只不过是另一种形式的资源，用合理的方式循环利用资源，不仅可以避免废物的大量产生，减少污染，还能减少新鲜资源的开采量，提高资源的利用效率。据测算，我国能源利用率若能达世界先进水平，每年可减少 SO_2 排放400万t；固体废物综合利用率如能提高一个百分点，每年可减少1000万t废物的排放；粉煤灰综合利用率若能提高20个百分点，就可以减少排放近4000万t，这将使环境危机得到很大程度的缓解。

3. 推行循环经济模式是适应国际贸易发展的需要

世界许多国家的发展已经显示出，迫切需要通过能源、资源的有效利用和多次回收、再利用、再循环来设计、改造产品，并且改变相应的生产和消费模式。因此，国际贸易中也显示了未来的趋势是能够把社会发展从不断加剧的物耗型模式转向高效、循环利用资源的生产与消费模式的贸易导向。目前具有代表性的贸易-环境政策有：绿色标志、包装回收、再循环的环境法令和政策。也就是说，环境因素将成为国际贸易中的贸易壁垒。

发展循环经济是国际经济一体化和环境一体化趋势对于发展中国家的必然要求。正处于高速发展的工业化阶段的发展中国家，若不适应国际经济发展的要求将面临难以同他国竞争，贸易条件日益恶化的局面。因此，发展中国家应当积极适应国际经济、贸易发展中对产品生产和服务的生态化要求，抵御绿色贸易壁垒的消极影响，改变粗放的单向型线性特征的发展模式，提高经济增长的质量，从而提高国家在国际贸易中的竞争力。

4. 发展循环经济是全面实现小康社会的目标和建立和谐社会的必然选择

改革开放以来，我国在经济建设上虽取得了瞩目的成就，但我国的环境问题也越来越突出，比如1990—2001年，废水排放量从354亿t上升到428亿t，增长20.9%；工业废气排放量从85000亿 m^3 上升到160863亿 m^3，增长89.3%；工业固体废物产生量从5.8亿t上升到8.9亿t，增长53.4%。所以，发展循环经济，走新型的生态化发展道路刻不容缓。

全面建设小康社会，就必须实现“可持续发展能力不断增强，生态环境得到改善，资源利用效率显著提高，促进人与自然的和谐，推动整个社会走上生产发展、生活富裕、生态良好的文明发展道路”。因此，发展循环经济是全面实现小康社会的目标和建立和谐社会的必然选择。

9.2 循环经济的定义和内涵

9.2.1 循环经济的定义

目前，循环经济的理论研究正处于发展之中，还没有十分严格的关于循环经济的定义。一般而言，循环经济（Circular Economy 或 Recycle Economy）一词是对物质闭环流动型（Closing Material Cycle）经济的简称，是以物质、能量梯级和闭路循环使用为特征，在资源环境方面表现为资源高效利用，污染低排放，甚至污染“零排放”。

德国1996年出台的《循环经济和废物管理法》中，把循环经济定义为物质闭环流动型经济，明确企业生产者和产品交易者担负着维持循环经济发展的最主要责任。

我国还未形成一个关于循环经济的公认定义，但对含有“资源→产品→再生资源→再生产品”的物质反馈过程这一循环经济的实质，已被大家所接受。国家发展与改革委员会环境和资源综合利用司在研究中提出，循环经济应当是指通过资源的循环利用和节约，实现以最小的资源消耗、最小的污染获取最大的发展效益的经济增长模式；其原则是“减量化、再利用、资源化”；其核心是资源的循环利用和节约，最大限度地提高资源的利用效率；其结果是节约资源、提高效益、减少环境污染。

循环经济倡导的是一种建立在物质不断循环利用基础上的经济发展模式，它要求把经济活动按照自然生态系统的模式，组织成一个物质反复循环流动的过程，使得整个经济系统以及生产和消费的过程基本上不产生或者只产生很少的废物。

简言之，循环经济是按照生态规律利用自然资源和环境容量，实现经济活动的生态化转向，它是实施可持续发展战略的必然选择和重要保证。

9.2.2 循环经济的内涵

所谓循环经济，本质上是一种生态经济，它要求运用生态学规律来指导人类社会的经济活动。与传统经济相比，循环经济的不同之处在于：传统经济是一种“资源→产品→废物”单向流动的线性经济，其特征是高开采、低利用、高排放。在这种经济中，人们高强度地把地球上的物质和能源提取出来，然后又把污染物和废物毫无节制地排放到环境中去，对资源的利用是粗放的和一次性的，线性经济正是通过这种把部分资源持续不断地变成垃圾，以牺牲环境来换取经济的数量型增长的。与此不同，循环经济倡导的是一种与环境和谐的经济发展模式。它要求把经济活动组织成一个“资源→产品→再生资源→再生产品”的反馈式流程，其特征是低开采、高利用、低排放。所有物质和能源要能在这个不断进行的经济循环中得到合理和持久的利用，以把经济活动对自然环境的影响降低到尽可能小的程度。循环经济为工业化以来的传统经济转向可持续发展的经济提供了战略性的理论范式，从而从根本上消解长期以来环境与发展之间的尖锐冲突。循环经济和传统经济的比较见表9-1。

表9-1 循环经济和传统经济的比较

比较项目	传统经济	循环经济
运动方式	物质单向流动的开放性线性经济（资源→产品→废物）	循环型物质能量循环的环状经济（资源→产品→再生资源→再生产品）

（续）

比较项目	传统经济	循环经济
对资源的利用状况	粗放型经营，一次性利用；高开采、低利用	资源循环利用，科学经营管理；低开采，高利用
废物排放及对环境影响	废物高排放；成本外部化，对环境不友好	废物零排放或低排放；对环境友好
追求目标	经济利益（产品利润最大化）	经济利益、环境利益与社会持续发展利益
经济增长方式	数量型增长	内涵型发展
环境治理方式	末端治理	预防为主，全过程控制
支持理论	政治经济学、福利经济学等传统经济理论	生态系统理论、工业生态学理论等
评价指标	第一经济指标（GDP、GNP、人均消费等）	绿色核算体系（绿色 GDP 等）

循环经济力求在经济发展中，遵循生态学规律，将清洁生产、资源综合利用、生态设计和可持续消费等融为一体，实现废物减量化、资源化和无害化，达到经济系统和自然生态系统的物质和谐循环，维护自然生态平衡。简要来说，循环经济就是把清洁生产和废物的综合利用融为一体的经济，它本质上是一种生态经济，要求运用生态学规律来指导人类社会的经济活动。只有尊重生态学原理的经济才是可持续发展的经济。

循环经济的发展模式表现为“两低两高”，即低消耗、低污染、高利用率和高循环率，使物质资源得到充分、合理的利用，把经济活动对自然环境的影响降低到尽可能小的程度，是符合可持续发展原则的经济发展模式，其内涵要求做到以下几点。

（1）要符合生态效率　把经济效益、社会效益和环境效益统一起来，充分使物质循环利用，做到物尽其用，这是循环经济发展的战略目标之一。循环经济的前提和本质是清洁生产，这一论点的理论基础是生态效率。生态效率追求物质和能源利用效率的最大化和废物产量的最小化，正是体现了循环经济在对经济社会生活的本质要求。

（2）提高环境资源的配置效率　循环经济的根本目的就是保护日益稀缺的环境资源，提高环境资源的配置效率。它根据自然生态的有机循环原理，一方面通过将不同的工业企业、不同类别的产业之间形成类似于自然生态链的产业生态链，从而达到充分利用资源、减少废物产生、物质循环利用、消除环境破坏，达到提高经济发展规模和质量的目的。另一方面它通过两个或两个以上的生产体系或环节之间的系统耦合，使物质和能量多级利用、高效产出并持续利用。

（3）要求产业发展的集群化和生态化　大量企业的集群使集群内的经济要素和资源的配置效率得以提高，达到效益的极大化。由于产业的集群，容易在集群区域内形成有特殊的资源优势与产业优势和多类别的产业结构。这样才有可能形成核心的资源与核心的产业，成为生态工业产业链中的主导链，以此为基础，将其他类别的产业与之连接，组成生态工业网络系统。

但是，从内涵上讲，不能简单地把循环经济等同于再生利用，“再生利用”尚缺乏做到完全循环利用的技术，循环本质上是一种“递减式循环”，而且通常需要消耗能源，况且许多产品和材料是无法进行再生利用的。因此，真正的“循环经济”应该力求减少进入生产和消费过程中的物质量，从源头节约资源使用和减少污染物的排放，提高产品和服务的利用效率。

9.2.3 循环经济的科学基础

循环经济的发展离不开自然科学和社会科学学科基础的支撑，概括起来，主要与以下几门学科的发展密不可分。

1. 生态学

生态学是一门研究生物与生物、生物与其环境之间相互关系及其作用机理的科学。其中生态系统生态学是生态学研究的核心。所谓生态系统就是在一定的时空中共同栖居的所有生物（即生物群落）与其环境之间由于不断地进行物质和能量流动过程而形成的统一整体。生态系统主要有能量流动、物质循环和信息传递三大功能，体现了整体、协调、循环、再生等重要的生态学规律。循环经济学是研究人类仿照自然生态系统物质代谢、循环、共生等规律，并用以安排经济活动的；也就是将生态学规律应用于农业、工业等领域的循环经济实践中。

2. 经济学

从经济学诞生之日起，资源配置，特别是稀缺资源的配置就是其研究对象之一。在生态环境逐渐稀缺的条件下，经济学将研究的对象拓展到生态环境。随着经济学的发展以及对资源、环境问题的关注，逐步形成了资源经济学、环境经济学两门分支学科。

（1）资源经济学 资源经济学认为，经济的本质是人将自然资源转换为生存资料。资源有社会资源和自然资源之别。社会资源包括人力、知识、信息、科学、技术以及累积起来的资本及社会财富等，其最大特征是累积性和可变性。自然资源包括土地、森林、草原、降水、河流湖泊、能源、矿产等，其本质特征是有限性，且其中一些资源是不可再生的。与循环经济研究有关的资源经济学内容包括供求关系、价格和税收对供求关系的影响等。能否形成产业之间的"废物变原料"的联系，最终由资源经济学决定。

（2）环境经济学 环境经济学主要是研究环境系统与经济系统相互作用而形成的复合系统运动规律的科学。各国政府推进循环经济的发展，与普遍存在的外部经济性问题密切相关。环境经济学告诉我们，如果一种商品的生产或消费会带来一种无法反映在市场价格中的成本，就会产生一种"外部性效应"。外部性是指一些产品的生产与消费会给不直接参与这种活动的企业或个人带来有害或有益的影响。其中有益的影响称为"外部经济性"，否则就是"外部不经济性"。环境污染就是一种典型的外部不经济性活动。其外部不经济性表现在：居民生活质量下降、疾病发病率上升、农产品产量下降、品质下降、设备折旧加快、旅游收入减少、房地产价值下跌等。通过发展循环经济，在提高资源利用效率和减少污染物排放的同时，可以达到减少或消除外部不经济性、保护环境的目的。

3. 产业生态学

产业生态学，是在自然生态学基础上发展起来的一门学科。1997 年耶鲁大学和麻省理工学院合作，出版了全球第一本《产业生态学杂志》。该杂志主编 Reid Lifset 在发刊词中提出："产业生态学是一门迅速发展的系统科学分支，它从局部、地区和全球三个层次上系统地研究产品、工艺、产业部门和经济部门中的能流和物质流，其重点是研究产业界在降低产品生命周期中的环境压力的作用。"产业生态学试图仿照自然界的物质循环，通过企业间的系统耦合，使产业链显示生态链的性质，实现物质循环利用和能量的多级传递、高效产出和资源的永续利用。

4. 生态经济学

生态经济学是一门研究再生产过程中，经济系统与生态系统之间的物质循环、能量转化和价值增值规律及其应用的科学。生态环境已经从单纯自然意义上的人类生存要素转变为社会意义上的经济要素，有两层含义：第一，符合人类生活需要的良好生态环境已经短缺，拥有良好的环境已经成为人们追求幸福的目标之一；第二，自然生态环境对于废弃物的吸纳能力已经或接近饱和，局部地区甚至已经超载，继续利用它进行生产就必须再生产出新的环境容量，因而需要投入资金进行“建设（生态恢复和污染治理）”，良好的生态环境已成为劳动的“产品”。换句话说，良好的生态环境已经具有了两重特征，即从生活的角度看是目标，从生产的角度看已经变成生产要素和条件。

9.3 循环经济的技术特征及主要原则

9.3.1 循环经济的技术特征

循环经济的技术体系以提高资源利用效率为基础，以资源的再生、循环利用和无害处理为手段，以经济社会可持续发展为目标，推进生态环境的保护。

循环经济是我国新型工业化的高级形式，主要有四大技术经济特征：

1）提高资源利用效率，减少生产过程的资源和能源消耗。这既是提高经济效益的重要基础，同时也是减少污染排放的重要前提。

2）延长和拓宽生产技术链，即将污染物尽可能地在生产企业内进行利用，以减少生产过程中污染物的排放。

3）对生产和生活中用过的废旧产品进行全面回收，可以重复利用的废弃物通过技术处理成为二次资源无限次的循环利用。这将最大限度地减少初次资源的开采和利用，最大限度地节约利用不可再生的资源，最大限度地减少废弃物的排放。

4）对生产企业无法处理的废弃物进行集中回收和处理，扩大环保产业和资源再生产业，扩大就业，在全社会范围内实现循环经济。

9.3.2 循环经济的主要原则

循环经济的主要原则包括七大基础原则和三大操作原则。

1. 循环经济的基础原则

（1）大系统分析的原则　循环经济是比较全面地分析投入与产出的经济，它是在人口、资源、环境、经济、社会与科学技术的大系统中，研究符合客观规律、均衡经济、社会和生态效益的经济。人类的经济生产从自然界取得原料，并向自然界排出废物，而自然资源是有限的，生态系统的承载能力也是一定的，如果不把人口、经济、社会、资源与环境作为一个大系统来考虑，就会违反基本客观规律。

（2）生态成本总量控制的原则　如果把自然生态系统作为经济生产大系统的一部分来考虑，那么就应该考虑生产中生态系统的成本。生态成本是指当我们进行经济生产给生态系统带来破坏后，再人为修复所需要的代价。在向自然界索取资源时，必须考虑生态系统有多大的承载能力，人为修复被破坏的生态系统需要多大的代价，因此要有一个生态成本总量控制的概念。

(3) 尽可能利用可再生资源的原则 循环经济要求尽可能利用太阳能、水、风能等可再生资源替代不可再生资源，使生产循环与生态循环耦合，合理地依托在自然生态循环之上。如利用太阳能替代石油，利用地表水代替深层地下水，用生态复合肥代替化肥等。

(4) 尽可能利用高科技的原则 国外目前提倡生产的“非物质化”，即尽可能以知识投入来替代物质投入，就我国目前发展水平来看，即以“信息化带动工业化”。目前称为高技术的有信息技术、生物技术、新材料技术、新能源和可再生能源技术及管理科学技术等都是以大量减少物质和能量等自然资源的投入为基本特征的。

(5) 把生态系统建设作为基础设施建设的原则 传统经济只重视电力、热力、公路、铁路等基础设施建设，循环经济认为生态系统建设也是基础设施建设，如“退田还湖”“退耕还林”“退牧还草”等生态系统的建设。通过这些基础设施建设来提高生态系统对经济发展的承载能力。

(6) 建立绿色 GDP 统计与核算体系的原则 建立企业污染的负国民生产总值统计指标体系，即从工业增加值中减去测定的与污染总量相当的负工业增加值，并以循环经济的观点来核算。这样可以从根本上杜绝新的大污染源的产生，并有效制止污染的反弹。

(7) 建立绿色消费制度的原则 以税收和行政等手段，限制以不可再生资源为原料的一次性产品的生产与消费，促进一次性产品和包装容器的再利用，或者使用可降解的一次性用具。

2. 循环经济的三大操作原则

循环经济以“减量化（Reduce）、再利用（Reuse）、再循环（Recycle）”作为其操作准则，简称为“3R”原则。

(1) 减量化原则 减量化原则属于输入端方法，目的是减少进入生产和消费流程的物质量。换言之，人们必须学会预防废物的产生而不是产生后再去治理。在生产中，厂商可以通过减少每个产品的物质使用量、通过重新设计制造工艺来节约资源和减少污染物的排放。如对产品进行小型化设计和生产，既可以节约资源，又可以减少污染物的排放；再如用光缆代替传统电缆，可以大幅度减少电话传输线对铜的使用，既节约了铜资源，又减少了铜污染。在消费中，人们可以通过选购包装少的、可循环利用的物品，购买耐用的高质量物品，来减少垃圾的产生量。

(2) 再利用原则 再利用原则属于过程性方法，目的是延长产品服务的时间；也就是说人们应尽可能多次地以多种方式使用人们生产和所购买的物品。如在生产中，制造商可以使用标准尺寸进行设计，使电子产品的许多元件可以非常容易和便捷地更换，而不必更换整个产品。在生活中，人们在把一样物品扔掉之前，可以想一想家中、单位和其他人再利用它的可能性。通过再利用，人们可以防止物品过早地成为垃圾。

(3) 再循环原则 再循环原则即资源化原则，属于输出端方法，即把废弃物变成二次资源重新利用。资源化能够减少末端处理的废物量，减少末端处理（如垃圾填埋场和焚烧场）的压力，从而减少末端处理费用，既经济又环保。

需要指出的是，“3R”原则在循环经济中的作用、地位并不是并列的。循环经济不是简单地通过循环利用实现废弃物资源化，而是强调在优先减少资源能源消耗和减少废物产生的基础上综合运用“3R”原则。循环经济的根本目标是要求在经济流程中系统地避免和减少废物，而废物再生利用只是减少废物最终处理量的方式之一。德国在1996年颁布的《循环经济与废物管理法》中明确规定：避免产生—循环利用—最终处置。首先，要减少源头污染物的产生量，因此产业界在生产阶段和消费者在使用阶段就要尽量避免各种废物的排放；其次，是对于源头不能削减又可利用的废弃物和经过消费者使用的包装废物、旧货等要加以回收利用，使它们回到经济循环中去；只有当避免产生和回收利用都不能实现时，才允许将最终废物（称为处理性废物）进行环境无害化的处置。以固体废弃物为例，循环经济要求的分层次目标是，通过预防减少废弃物的产生；尽可能多次使用各种物品；完成使用功能后，尽可能使废弃物资源化，如堆肥、做成再生产品等；对于无法减少、再使用、再循环或者堆肥的废物进行无害化处置，如焚烧或其他处理；最后剩下的废物在合格的填埋场予以填埋。

"3R"原则的优先顺序是，减量化—再利用—再循环（资源化）。减量化原则优于再利用原则，再利用原则优于再循环原则，本质上再利用原则和再循环原则都是为减量化原则服务的。

9.4 循环经济的实施

9.4.1 实施循环经济的框架

循环经济具体体现在经济活动的三个重要层面上，分别通过运用"3R"原则实现三个层面的物质闭环流动。

1. 企业层面（小循环）

1992年世界工商企业可持续发展理事会（WBCSD）向联合国环境与发展大会提交的报告《变革中的历程》提出生态经济效益的新概念。它要求组织企业生产层面上物料和能源的循环，从而达到污染排放的最小量化。WBCSD提出，实施生态经济效益的企业应该做到：尽力减少产品和服务中的物料使用量；减少产品和服务中的能源使用量；减少有害、特别是有毒物质的排放；促使和加强物质的循环使用；最大限度地利用可再生资源；设计和制造耐用性高的产品；提高产品与服务的服务强度。

企业层面（小循环）是循环经济的微观层次，厂内物料循环主要有下列几种情况：

1）将工艺中流失的物料回收后仍作为原料返回原来的工序之中，如造纸厂"白水"中回收纤维再作纸浆。

2）将生产过程中生成的废物经适当处理后，作为原料或原料替代物返回原生产流程中。如铜电解精炼中的废电解液，经处理后提出其中的铜再返回到电解精炼流程中；许多工艺用水，经初步处理后可回到原工艺中。

3）将某一工序中生成的废料经适当处理后用于另一工序中。

2. 区域层面（中循环）

一个企业内部循环毕竟有局限性，因此，鼓励企业间物质循环，组成"共生企业"就成为必然趋势。1989年在通用汽车公司研究部任职的福罗什和加劳布劳斯提出了"工业生态系统"的思想，他们在《科学美国人》杂志上发表了题为《可持续发展工业发展战略》的文章，提出了生态工业园区的新概念，要求在企业与企业之间形成废物的输出输入关系，其实质是运用循环经济思想组织企业共生层次上的物质和能源的循环。20 世纪 80 年代末到 90 年代初一种循环经济的“新工厂”——生态工业园区就应运而生了，即按照工业生态学的原理，通过企业间的物质集成、能量集成和信息集成，形成企业间的工业代谢和共生关系。

1993 年起，生态工业园区建设逐渐在各国推开。为了推动这一工作美国总统可持续发展委员会（PCSD）专门组建了生态工业园区特别工作组，此外除了早期的丹麦卡伦堡，在加拿大的哈利法克、荷兰的鹿特丹、奥地利的格拉兹等地也出现了类似的计划。此外，奥地利、法国、英国、意大利、瑞典、荷兰、爱尔兰、日本、印度尼西亚、菲律宾、印度等国都在开展生态工业园区的建设。

我国从 1999 年开始基于循环经济理念的生态工业示范园区的建设。首先启动广西贵港国家生态工业（制糖）示范园区的规划建设，除广西贵港之外，还有南海国家生态工业园区；包头国家生态工业示范园区；石河子国家生态工业示范园区；长沙黄兴国家生态工业示范园区；鲁北国家生态工业示范园区以及辽宁省在鞍山、本溪、大连、抚顺、阜新、葫芦岛、沈阳等 8 市实施的循环经济试点。目前，我国海南、黑龙江、吉林、浙江、山东和福建等省已提出建设生态省的规划；辽宁提出了循环经济省的规划；天津、贵阳和南京等市已提出要建设循环经济生态型的城市。

我国最典型的一个案例就是广西贵港国家生态工业（制糖）示范园区。该园区以上市公司贵糖（集团）股份有限公司为核心，以蔗田系统、制糖系统、酒精系统、造纸系统、热电联产系统、环境综合处理系统为框架，通过盘活、优化、提升、扩张等步骤，建设生态工业（制糖）示范园区。

在区域层次上除建立生态工业园区式的工业生态系统（Industrial Ecology）外，还有生态农业园和生态园区（生活小区）等。

我国生态住宅园区也已启动试点，原建设部于 2001 年提出《绿色生态住宅小区建设要点与技术导则》，为创造接近自然生态的生活环境，对绿色生态住宅的绿化面积、植物品种和数量、绿化工程建设、废物的管理和处置系统等作了规定。上海市住宅发展局和上海市环境保护局联合研究并进一步细化这一导则，于 2003 年提出了《上海市生态住宅小区技术实施细则（2001～2005）》（试行），对住宅小区的环境规划设计、建筑节能、室内空气质量、小区水环境、材料与资源、生活垃圾管理与收集系统等六个方面提出具体要求和评分。

3. 社会层面（大循环）

目前，发达国家的循环经济已经从 20 世纪 80 年代的微观企业试点到 20 世纪 90 年代区域经济的新型工厂——生态工业园区，进入了第三阶段——21 世纪宏观经济立法阶段。更有人提出，21 世纪应该建立以再利用和再循环为基础，以再生资源为主导的世界经济。早在 1986 年德国就颁布了《废弃物限制及废弃物处理法》，1991 年，德国首次按照循环经济思路制定了《包装条例》，要求德国生产商和零售商对于用过的包装，首先要避免其产生，其次要对其回收利用，以大幅度减少包装废物填埋与焚烧的数量。1996 年德国公布更为系统的《循环经济和废物管理法》，把物质闭路循环的思想从包装问题推广到所有的生活废物。规定对废物首先是避免产生，然后是循环使用和最终处置。

2001 年 4 月，日本开始实行八项循环经济法律，即《推进建立循环型社会基本法》、《特定家用电器再商品化法》、《促进资源有效利用法》、《食品循环再生利用促进法》、《建筑工程资材再利用法》、《容器包装再利用法》、《绿色食品采购法》和《废弃物处理法》。目前，已形成以《循环型社会形成推进基本法》为核心和基础，以《废弃物处理法》和《资源有效利用促进法》及5部特定物品回收利用的法律为主体，并辅之以《绿色采购法》等3部法律构成了一个包括11部法律的比较完整的法律体系。《推进建立循环型社会基本法》作为母法，提出了建立循环型经济社会的根本原则："根据相关方面共同发挥作用的原则，通过促进物质的循环，减轻环境负荷，谋求实现经济的健康发展，构筑可持续发展的社会。"可以说，这是世界上第一部循环经济法。此外，美国、北欧、法国、英国、意大利、西班牙和荷兰等发达国家和地区，及新加坡、韩国等高收入的发展中国家都制定了多部单项的资源循环利用和发展循环经济的法律。

在社会层面上，主要是在全社会建立物资循环——针对消费后排放的循环经济，从社会整体循环的角度，发展旧物质调剂和资源回收产业（我国称为废旧物资业、日本称之为社会静脉产业），这样能在整个社会的范围内形成"自然资源—产品—再生资源"的循环经济环路。20世纪90年代起，以德国为代表，发达国家将生活垃圾处理的工作重点从无害化转向减量化和资源化，这实际上是在全社会范围内，在消费过程中和消费过程后的广阔层次上组织物质和能源的循环。其典型模式是德国的双轨制回收系统（DSD）。它针对消费后排放的废物，通过一个非政府组织，接受企业的委托，对其包装废物进行回收和分类，分别送到相应的资源再利用厂或直接返回到原制造厂进行循环利用。双轨制回收系统在德国十分成功地实现了包装废物在整个社会层次上的回收利用。

9.4.2 实施循环经济的支持体系

循环经济在本质上是一种生态经济，在发展过程中，既要遵循生态学规律，同时又要遵循经济学规律。违背生态规律的经济增长，必将失去环境资源的支撑；而偏离经济规律的经济活动，也同样难以持久。实施循环经济的支持体系包括技术支撑体系、法律保障体系、政策体系、组织机构、道德与社会文化体系（公众参与）等。

1. 技术支撑体系

实施循环经济需要有技术保障，循环经济的技术载体是环境无害化技术或环境友好技术。环境无害化技术的特征是合理利用资源和能源，实施清洁生产，减少污染排放，尽可能地回收废物和产品，并以环境可接受的方式处置残余的废物。环境无害化技术主要包括预防污染的少废或无废的工艺技术和产品技术，但同时也包括治理污染的末端技术。

（1）清洁生产技术　这是一种无废、少废生产的技术，通过清洁生产技术实现产品的绿色化和生产过程向零排放迈进。它是环境无害化技术体系的核心。当然，清洁生产技术不但要技术上的可行性，还需经济上的可盈利性，才有可能实施。

（2）废物利用技术　通过废物再利用技术实现废物的资源化处理，并实现产业化。目前，比较成熟的废物利用技术有废纸加工再生技术、废玻璃加工再生技术、废塑料转化为汽油和柴油技术、有机垃圾制成复合肥料技术、废电池等有害废物回收利用技术等。

（3）污染治理技术　污染治理技术即环境治理技术。生产及消费过程中产生的污染物质通过废物净化装置来实现有毒、有害废物的净化处理。其特点是不改变生产系统或工艺程序，只是在生产过程的末端（或者社会上收集后）通过净化废物实现污染控制。废物净化处理的环保产业正成为一个新兴的产业部门并迅速发展，主要包括：水污染控制技术；大气污染控制技术；固体废物处理、处置技术；噪声污染治理技术；土壤污染治理技术等。

2. 法律法规保障体系

推动循环经济发展要依靠法律法规作保障。我国虽然制定了一些鼓励开展资源综合利用的政策，但至今还没有这方面的法律，应尽快进行循环经济立法，明确把生态环境作为资源纳入政府的公共管理范畴。

目前，我国有许多环境法律、资源管理法律与循环经济有关，但这些法律法规的执行并没有完全到位，在不同的地方，执行情况也不一样。要通过严格执行环保法律法规，促进经济增长方式的转变，为发展循环经济，建设生态省、生态市创造良好的法治环境。发展循环经济是整个国家的需要，有必要加快制定必要的循环经济法规，使循环经济有法可依，有章可循。其中最重要的就是要在借鉴西方发达国家循环经济立法的基础上，循序渐进地构建我国的循环经济法律保障体系。

（1）整合现有的环境保护法律及其制度、使其逐步符合循环型社会的立法要求　我国现行的环境保护法律、法规，尽管其名义目标是保护环境。但严格地说，对建立循环型社会（循环经济）反而是有障碍的。大部分环境法律、法规是针对末端控制（EOP）并以指令性控制（CACs）为主，简单地告诉企业什么该做、什么不该做。这样，企业的环境目标只是实现污染物的达标排放，将污染物从一种类型改变为另一种类型。在这个过程中，往往产生更多其他类型的污染物。因此，应当对不能适应发展循环经济的制度进行修正，逐步扫清建立循环型社会进程中的障碍。

（2）建立规范循环利用行为的法律体系　循环利用是循环型社会经济发展的基本特征，将循环利用资源和恰当处置废弃物法定化是循环型社会法律的必然选择。根据我国具体国情建立规范循环经济的法制体系应当做到：

1）制定一部循环型社会基本法统领整个循环经济立法，其主要内容可包括：循环型社会的法律概念及其他相关术语；循环型社会的发展目标，其中包括宏观目标和微观目标、长期目标和短期目标等几个方面；促进循环型社会形成的基本原则；促进循环型社会建立方面的国家管理和监督，明确管理体制，并具体明确各有关管理机关的职责和权限；促进循环型社会建立的基本法律制度；对从事经济活动及其他活动的法人和自然人在促进循环型社会建立方面的基本要求；促进循环型社会建立方面的科学研究；违反循环型社会发展法的法律责任等。

2）根据我国各个行业的循环利用技术水平高低，逐步将建设工程的材料、包装物、家电、汽车等对环境可能产生较大危害的物质纳入循环经济法的调整范围，在这个过程中，政府应当发挥表率作用，立法应首先对政府的绿色采购行为进行规制；最后，根据各地的经济发展水平和技术能力，制定调整循环经济的地方性法律、法规，以点带面，促进循环经济的发展。

3）还可仿效发达国家的相关立法，在技术条件允许的情况下，要求生产者对其产品承担循环利用的义务，并用经济手段和政策导向鼓励、刺激生产者提高其制造产品的耐用性。但这些立法不可操之过急，只有在技术条件较为成熟的情况下，才能循序渐进地推行。

3. 政策引导体系

循环经济政策体系应包括三个方面：基本政策、核心政策和基础政策。

（1）基本政策　基本政策是循环经济发展的最根本和普遍适用的指导政策，其目的是确定循环经济在社会经济发展中的战略地位，提出循环经济发展的总体战略目标、步骤、主要制度和措施。

（2）核心政策　核心政策是直接推动循环经济重点领域的政策，即指生产和消费领域，包括四个重点产业体系——生态工业体系、生态农业体系、绿色服务业体系及废旧资源再利用和无害化处置产业。

（3）基础政策　基础政策是指更大程度为循环经济重点领域实践创造良好制度环境的政策。它包括经济结构调整政策、贸易政策和有利于资源环境保护的产权制度；财政、金融、税收和价格政策；国民经济核算制度、审计制度和干部考核制度等方面。

鉴于我国国情，三种政策层面不可能完全同步进行。基础政策的变革在目前情况下，阻力和难度大，需要漫长的时间。目前，可行的突破口是核心政策。

4. 完善的组织机构保障

（1）发挥政府优势、从上到下推动循环经济发展　西方国家在经济发达的条件下发展循环经济，而我国是在从粗放到集约的过程中发展循环经济。目前，企业发展循环经济主要是考虑经济效益或迫于环保、公众、国际市场的压力；不少地方发展循环经济主要是出于提升城市或地区形象，往往缺少实质性政策措施。因此，需要各级党政官员增强发展循环经济的紧迫感，充分发挥政府的主导作用。

（2）建立完善的废物分类、收集、利用和处置机构

1）政府负责组建。在我国，废物分类、收集、利用和处置机构（如垃圾填埋场、危险废物处置场等）多由政府负责组建。在一定历史时期（当经济欠发达、公众收入较低且环保意识有待提高时）具有其必要性，由于不是按市场经济法则运行，必然产生弊病。当然，对于危险废物处置由政府负责或由政府监督是必要的。

2）企业按经济规律回收、利用和处置废物。这类企业各国都有，当然以盈利为目的，通常以个体或小企业为主。对于许多废物可能再生利用成本高而无利可图，他们便不愿处置。如收集、分类、利用和处置生活垃圾、建筑垃圾、某些工业废物是无利润的，这种情况下需通过政府或其他组织通过收费来弥补其损失，也就是有偿处置。

3）回收中介机构。非盈利性的社会中介机构可以在政府公共组织和企业盈利性组织之外发挥独特作用。中介机构并不直接处置废物，而是组织机构。如德国 DSD 是一个专门组织回收包装废物的非盈利的社会中介机构。它由生产厂、包装物生产厂、商业部门和垃圾回收部门联合组成，政府对它规定废物回收利用指标并进行法律监控，而组织内部实施民主管理，在 1998 年运行过程中出现盈利，在 1999 年它将盈利部分返回或减少第二年收费，这是一个成功的组织。

中介机构也可以有其他形式，如日本大阪有一个废品回收情报网络，出版《大阪资源信息循环月刊》，组织旧货调剂交易会。中介组织使政府、企业、市民相互联系，通过沟通信息、调剂余缺、推动废物减量化运动发展。

5. 公众参与

社会公众参与环境保护和循环经济活动的程度，既标志该社会文明、成熟程度，也是环境保护、循环经济成功的必要保证。环境保护发展的初级阶段主要由政府通过法律、行政方法来控制环境污染；第二阶段是企业逐渐由被动转向主动，并通过市场经济将环境保护提高到新的阶段，但只有全社会民众全部发动起来，尽量减少废物排放，节约而合理使用资源，

反复利用资源，环境保护和循环经济才能真正达到完满的第三阶段。如一些国家居民主动参与各种环境保护政策、法规、措施的听证会，监督和保证法律、法规的实施，在休息日自动地将自己过剩的物品放在家门口，让其他人选用，其价格低廉且自由交易，这也是一种很好的循环利用资源的方法。

实施循环经济不仅需要政府的倡导，企业的自律和技术的支持，更需要提高广大社会公众的参与意识和参与能力。第一，要充分发挥舆论导向的作用，广泛运用各种宣传工具，加强对发展循环经济重要意义的宣传教育工作，尤其是加强对少年儿童的教育尤为重要，做到以教育影响孩子，以孩子影响家长。以家庭影响社会，不断提高社会公众零排放或低排放意识。第二，要积极引导社会公众绿色消费。鼓励社会公众购买和使用节能、节水、废物再生利用等有利于环境与资源保护的产品，培养他们的清洁生产、清洁消费和反复利用意识，尽量减少废弃物的发生，尽可能减少包装垃圾，对购买的“一次性”易耗品应加强反复使用和多次使用，不要随意丢弃。第三，要定期开展绿化环境、美化家园、净化市容的系列活动。定期发动市民开展公共垃圾收集活动。鼓励市民积极参与废旧资源回收和垃圾减量工作，开展经常性的环保志愿者行动。积极开展创建生态省、国家环保模范市、生态示范区、生态工业园区、绿色村镇和绿色社区的活动，使循环经济的理念更加深入人心，做到持久、纵深地发展。

复习与思考

1. 如何理解循环经济的概念?
2. 循环经济的技术特征和主要原则是什么?
3. 简述实施循环经济的框架。
4. 论述实施循环经济的支持体系。

第10章 环境法治

10

10.1 环境法的作用与地位

10.1.1 环境法的定义

环境法或称环境立法，是20世纪60年代以来才逐步产生和发展起来的一个新兴法律部门，其名称往往因“国”而异，如中国一般称为“环境保护法”，日本称为“公害法”，美国称为“环境法”等。其定义也并不统一，但可以将其概括为：为了协调人类与自然环境之间的关系，保护和改善环境资源并进而保护人体健康和保障经济社会的可持续发展，而由国家制定或认可并由国家强制力保证实施的调整人们在开发、利用、保护、改善环境资源的活动中所产生的各种社会关系的行为规范的总称。该定义主要包括以下几个方面的含义：

1）环境法的目的是通过防治环境污染和生态破坏，协调人类与自然环境之间的关系，保证人类按照自然客观规律特别是生态学规律开发、利用、保护、改善人类赖以生存和发展的环境资源，维护生态平衡，保护人体健康和保障经济社会的可持续发展。

2）环境法产生的根源是人与自然环境之间的矛盾，而不是是人与人之间的矛盾，其调整对象是人们在开发、利用、保护、改善环境资源，防治环境污染和生态破坏的生产、生活或其他活动中所产生的环境社会关系。环境法通过直接调整人与人之间的环境社会关系，促使人类活动符合生态学规律及其他自然客观规律，从而间接调整人与自然界之间的关系。

3）环境法是由国家制定或认可并由国家强制力保证实施的法律规范，是建立和维护环境法律秩序的主要依据。由国家制定或认可，具有国家强制力和概括性、规范性，是法律属性的基本特征。这一特征使得环境法同社团、企业等非国家机关制定的规章制度区别开来，也同虽由国家机关制定，但不具有国家强制力或不具有规范性、概括性的非法律文件区别开来。同时，环境法以明确、普遍的形式规定了国家机关、企事业单位、个人等法律主体在环境保护方面的权利、义务和法律责任，建立和保护人们之间环境法律关系的有条不紊状态，人们只有遵守和切实执行环境法，良好的环境法律秩序才能得到维护。

10.1.2 环境法的目的、功能与地位

环境法产生与发展的根本原因在于环境问题的严重化以及强化国家环境管理职能的需要，并因各个国家国情的不同而各具特色。但纵观各国环境法的目的、任务和功能，其法律规定又往往具有相似性，大都同时兼顾环境效益、经济效益和社会效益等多个目标，强调在保护和改善环境资源的基础上，保护人体健康和保障经济社会的可持续发展。如《中华人民共和国环境保护法》（1989 年）第一条规定："为保护和改善生活环境和生态环境，防治污染和其他公害，保障人体健康，促进社会主义现代化建设的发展，制定本法"，美国《国家环境政策法》（1969 年）规定其目的在于防止环境恶化，保护人体健康，使人口和资源使用平衡，提高人民生活水平和舒适度，提高再生资源的质量，使易枯竭资源达到最高程度的再利用等。此外，也有个别国家（如日本和匈牙利等），法律规定其环境法的唯一目的和任务是保护环境资源、保障人体健康，即放弃经济优先的思想，强调对人体健康和环境利益的绝对保护。

由于环境法的保护对象是整个人类环境和各种环境要素、自然资源，再加上环境法本身不仅要符合技术、经济、社会等方面的状况、要求，而且还必须遵循自然客观规律，特别是生态学规律。因此，环境法的实施过程，实质上就是以国家强制力为后盾，通过行政执法、司法、守法等多个环节来调整人与人之间的社会关系，使人们的活动特别是经济活动符合生态学等自然客观规律，从而协调人类与自然环境之间的关系，使人类活动对环境资源的影响不超出生态系统可以承受的范围，使经济社会的发展建立在适当的环境资源基础之上，实现可持续发展。也可以说，在现代国家行使其管理职能必须坚持"依法治国""依法行政"的基本原则之下，环境管理就是依据环境法的规定，对与环境资源的开发、利用、保护、改善等有关的事项进行监管和调控的活动。由此可见环境法在保护环境资源、实施可持续发展战略中的极端重要性。而联合国《21 世纪议程》对包括环境法在内的法律规范在实现可持续发展过程中的重要性和必要性也作出了精辟的概括，指出"在使环境与发展的政策转化为行动的过程中，国家的法律和规章是最重要的工具，它不仅通过'命令和控制'的手段予以执行，而且还是经济计划和市场工具的一个框架"。因此，各国"必须发展和执行综合的、有制裁力的和有效的法律和条例"，而这些法律和条例必须根据周密的社会、生态、经济和科学原则制定。《中国 21 世纪议程——中国 21 世纪人口、环境与发展白皮书》也进一步强调："与可持续发展有关的立法是可持续发展战略和政策定型化、法制化的途径，与可持续发展有关的立法实施是把可持续发展战略付诸实现的重要保障。在今后的可持续发展战略和重大行动中，有关法律和法规的实施占重要地位。"

10.2 环境法的基本原则

环境法的基本原则是以保护环境、实施可持续发展为目标，以环境保护法的基本理念为基础，以现代科学技术和知识为背景所形成的贯穿于环境立法和执法的基础性和根本性准则。环境法所确立的基本原则，是环境法本质的反映，是实行环境法制管理的指导方针，是环境立法、执法和守法都必须遵循的基本原则，是贯穿于环境法的灵魂。

环境法的基本原则的表现形式可以是直接明文规定于环境立法之中，也可以是间接表现

在一个或几个具体法律条文规定中。环境法的基本原则是在一定时期根据环境问题的特点以及对环境问题及其解决方法的认识的基础上形成的，各国环境法的基本原则因国情和法制的不同，在取舍和侧重上有所不同，但核心都是环境保护的理念。根据我国宪法规定的精神，结合我国环境法制建设的实践，我国环境法的基本原则，有以下几项。

1. 环境保护与经济建设、社会发展相协调的原则

《中华人民共和国环境保护法》第四条明确规定："国家制定的环境保护规划必须纳入国民经济和社会发展计划，国家采取有利于环境保护的经济、技术政策和措施，使环境保护同经济建设和社会发展相协调。"

2. 预防为主、防治结合的原则

预防为主、防治结合是贯穿于我国环境保护基本法和环境保护单行法的基本原则。预防为主是指在国家环境管理中通过计划、规划及其他各种环境管理手段，刺激或强制要求污染者采取必要的防范性措施，尽可能防止环境污染和损害的发生；防治结合是指在采取防范性措施的同时，还应当对那些难以避免的环境污染和破坏采取治理措施。

3. 开发者养护、污染者治理的原则

开发者养护、污染者治理是使造成环境污染和破坏的单位或个人承担责任的一项基本原则。根据这一原则，所有对环境和资源进行开发和利用的单位和个人应承担环境和资源的恢复、整治和养护的责任，所有排放废物、造成环境污染和破坏的单位或个人应承担污染源治理、环境整治的责任。

4. 协同合作原则

协同合作原则是指以可持续发展为目标，在国家内部各部门之间、在国际社会国家（地区）之间重新审视原有利益的冲突，实行广泛的技术、资金和情报交流与援助，联合处理环境问题。协同合作原则要求国际社会和国家内部各部门的协同合作。

5. 奖惩相结合的原则

奖惩相结合的原则，在我国环境保护法的若干条文中都有所体现，它是指在环境保护工作中，运用经济和法律手段对为环境保护作出显著贡献和成绩的单位和个人给予精神和物质方面的奖励；对违反环境法规，污染和破坏环境，危害人民身体健康的单位和个人分不同情况依法追究行政责任、民事责任或者刑事责任。

6. 公众参与原则

公众参与原则是指在环境保护领域里，公民有权通过一定的程序或途径参与一切与环境利益相关的决策活动，使得该项决策符合广大公民的切身利益。

7. 政府对环境质量负责的原则

环境保护是一项涉及政治、经济、技术、社会各个方面的复杂而又艰巨的任务，是我国的基本国策，关系到国家和人民的长远利益。一个地区环境质量如何，除了自然因素外，还与该地区的社会经济发展密切相关，涉及各个方面，如社会经济发展计划、城市规划、生产力布局、能源结构、产业结构和政策、人口政策等，这些工作涉及政府的许多部门。所以保护好环境是一个事关全局的综合性很强的问题，只有政府才有这样的职能解决它。《中华人民共和国环境保护法》明确规定："地方各级人民政府应当对本辖区的环境质量负责，采取措施改善环境质量。"政府对环境质量负责，就是要求政府采取各种有效措施，协调方方面面的关系，保护和改善本地区的环境质量，实现国家制定的环境目标。

10.3 环境法的体系与实施

10.3.1 环境法的体系

1. 环境法体系的概念

环境法体系是由一国现行的有关保护和改善环境与自然资源、防治污染和其他公害的各种规范性文件所组成的相互联系、相辅相成、协调一致的法律规范的统一体。它包括有关保护环境和自然资源、防治污染和其他公害的实体法律规范、程序法律规范和有关环境管理的法律规范，也包括环境标准、技术监测等方面的技术性的法律规范。

我国现阶段的环境立法孕育于1949年新中国成立至1973年全国第一次环境保护会议，经历了艰难的初步发展时期，虽然在我国各部门法中，环境法成为独立的法律部门和形成比较完善的法律体系起步较晚，但是从1979年《中华人民共和国环境保护法（试行）》的颁布实施，环境立法得以迅速发展。迄今为止，据不完全统计，我国已制定环境法律6部，资源保护法律9部，环境行政法规28件，环境规章70余件，地方环境法规和规章900余件，同时还制定了大量的环境标准，截至2011年年底，我国累计发布的环境保护标准累计1486项，现行1352项。因此，我国环境法规体系已初具规模并日趋完善。

2. 我国环境法体系的构成

我国的环境法体系是以宪法关于环境保护的法律规定为基础，以环境保护基本法为主干，由防治污染、保护资源和生态等一系列单行法规、相邻部门法中有关环境保护法律规范、环境标准、地方环境法规以及涉外环境保护的条约协定所构成。具体结构框架如图10-1所示。

（1）宪法中关于环境保护的法律规定　宪法是国家的根本大法。宪法关于保护环境资源的规定在整个环境法体系中具有最高法律地位和法律权威，是环境立法的基础和根本依据。包括我国在内的许多国家在宪法中都对环境保护作了原则性规定。如《中华人民共和国宪法》第九条规定：“矿藏、水流、森林、山岭、草原、荒地、滩涂等自然资源，都属于国家所有，即全民所有；由法律规定属于集体所有的森林和山岭、草原、荒地、滩涂除外。国家保障自然资源的合理利用，保护珍贵的动物和植物。禁止任何组织或者个人用任何手段侵占或者破坏自然资源。”第十条规定：“城市的土地属于国家所有。农村和城市郊区的土地，除由法律规定属于国家所有的以外，属于集体所有；宅基地和自留地、自留山，也属于集体所有。国家为了公共利益的需要，可以依照法律规定对土地实行征用。任何组织或者个人不得侵占、买卖、出租或者以其他形式非法转让土地；一切使用土地的组织和个人必须合理地利用土地。”第二十二条第二款规定：“国家保护名胜古迹、珍贵文物和其他重要历史文化遗产。”第二十六条规定：“国家保护和改善生活环境和生态环境，防治污染和其他公害。国家组织和鼓励植树造林，保护林木。”

（2）环境保护基本法　环境保护基本法是环境法体系中的主干，除宪法外占有核心地位。环境保护基本法是一种实体法与程序法结合的综合性法律。对环境保护的目的、任务、方针政策、基本原则、基本制度、组织机构、法律责任等作了主要规定。我国的《中华人民共和国环境保护法》、美国的《国家环境政策法》、日本的《环境基本法》等都是环境保

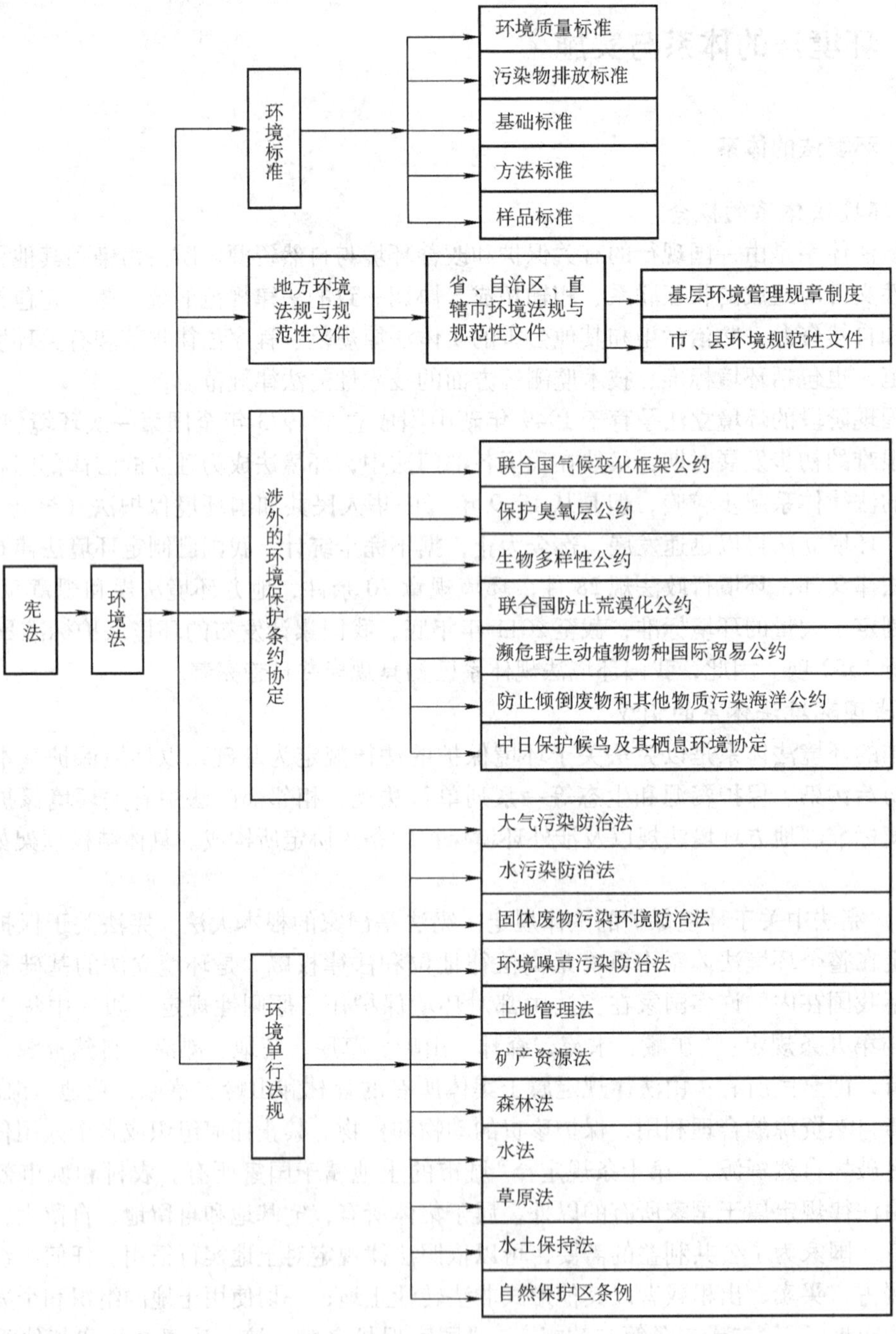

图 10-1 我国环境法体系示意图

护的综合性法律。这些法律通常对环境法的基本问题，如适用范围、组织机构、法律原则与制度等作出了原则规定。因此，它们居于基本法的地位，成为制定环境保护单行法的依据。

(3) 环境保护单行法规 环境保护单行法规是针对某一特定的环境要素或特定的环境

社会关系进行调整的专门性法律法规。如水污染防治法、大气污染防治法等。相对于基本法——母法来说，也可称它们为子法。这些专项的法律法规，通常以宪法和环境保护基本法为依据，是宪法和环境保护基本法的具体化。因此，环境保护单行法的有关规定一般都比较具体细致，是进行环境管理、处理环境纠纷的直接依据。在环境法体系中，环境保护单行法具有量多面广的特点，是环境法的主体部分，主要由以下几方面的立法构成。

1）土地利用规划法。包括国土整治、城市规划、村镇规划等法律法规。目前我国已经颁布的有关法律法规主要有《中华人民共和国城乡规划法》、《村庄和集镇规划建设管理条例》等。

2）环境污染和其他公害防治法。由于环境污染是环境问题中最突出、最尖锐的部分，所以污染防治是我国环境法体系的主要部分和实质内容所在，基本上属于环境法体系，如水、气、声、固废等污染防治法。目前，我国已经颁布的此类单行法律法规主要有《大气污染防治法》、《水污染防治法》及《水污染防治法实施细则》，《海洋环境保护法》(《中华人民共和国海洋环境保护法》) 及《海洋环境保护法实施细则》，《环境噪声污染防治法》、《固体废物环境污染防治法》、《放射性污染防治法》(《中华人民共和国放射性污染防治法》)、《淮河流域水污染防治暂行条例》等。

3）自然资源保护法。这类法规制定的目的是为了保护自然环境和自然资源免受破坏，以保护人类的生命保障系统，保存物种遗传的多样性，保证生物资源的永续利用。如土地资源保护法、矿产资源保护法、水资源保护法、森林资源保护法、草原资源保护法、渔业资源保护法等。目前，我国已经颁布的有关法律法规主要有《中华人民共和国土地管理法》及《中华人民共和国土地管理法实施细则》、《中华人民共和国矿产资源法》及《中华人民共和国矿产资源法实施细则》、《中华人民共和国水法》及《中华人民共和国水法实施细则》、《中华人民共和国森林法》及《中华人民共和国森林法实施细则》、《中华人民共和国草原法》、《中华人民共和国渔业法》及《中华人民共和国渔业法实施细则》、《中华人民共和国水产资源繁殖保护条例》、《基本农田保护法》、《土地复垦规定》、《取水许可和水资源费征收管理条例》、《森林防火条例》、《草原防火条例》等。

4）生态保护法。生态保护法包括野生动植物保护法、水土保持法、湿地保护法、荒漠化防治法、海洋带保护法、绿化法以及风景名胜、自然遗迹、人文遗迹等特殊景观保护法等。目前，我国已经颁布的有关法律法规主要有《中华人民共和国野生动物保护法》及《中华人民共和国野生动物保护法实施细则》、《中华人民共和国水土保持法》及《中华人民共和国水土保持法实施细则》、《中华人民共和国自然保护区条例》、《风景名胜区条例》、《中华人民共和国野生植物保护条例》、《城市绿化条例》等。

（4）其他部门法中关于环境保护的法律规范　由于环境保护的广泛性，专门环境立法尽管在数量上十分庞大，但仍然不能对涉及环境的社会关系全部加以调整。所以我国环境法体系中也包括了其他部门法如行政法、民法、刑法、经济法中有关环境保护的一些法律规范，它们也是环境法体系的重要组成部分。如《中华人民共和国治安管理处罚法》第五十八条规定：违反关于社会生活噪声污染防治的法律规定，制造噪声干扰他人正常生活的，处警告；警告后不改正的，处200元以上500元以下的罚款。第六十三条规定：刻画、涂污或者以其他方式故意损害国家保护的文物、名胜古迹的、处200元以下罚款或者警告；情节严重的，处5日以上10日以下拘留，并处200元以上500元以下的罚款。再如《中华人民共和国民法通则》第八十三条关于不动产相邻关系的规定；第一百二十三条关于高度危险作业侵权的规定，第一百二十四条关于环境污染侵权的规定；《中华人民共和国刑法》第六章第六节关于“破坏环境资源保护罪”的规定等；《对外合作开采石油资源条例》第二十四条关于作业者、承包者在实施石油作业中应当保护渔业资源和其他自然资源，防止对大气、海洋、河流、湖泊、陆地等环境的污染和损害的规定等。

（5）环境标准　环境标准是环境法体系的特殊组成部分。环境标准是国家为了维护环境质量，控制污染，从而保护人体健康、社会财富和生态平衡而制定的具有法律效力的各种技术指标和规范的总称。它不是通过法律条文规定人们的行为规则和法律后果，而是通过一些定量化的数据、指标、技术规范来表示行为规则的界限以调整人们的行为。

环境标准的制定像法规一样，要经国家立法机关的授权，由相关行政机关按照法定程序制定和颁布。

环境标准的实施与监督是环境标准化工作的重要内容。环境标准发布后，各有关部门都必须严格执行，任何单位不得擅自更改或降低标准；各级环境保护行政主管部门，要为实施环境标准创造条件，制定实施计划和措施，充分运用环境监测等手段，监督、检查环境标准的执行；对因违反标准造成不良后果或重大事故者，要依法追究其法律责任。

1）环境标准分类。根据《环境保护标准管理办法》（1999 年 4 月 1 日）的规定，我国的环境标准由五类两级组成。五类，是指环境质量标准、污染物排放标准、环境基础标准、环境方法标准以及其他标准，两级，是指环境标准按级别分为国家级和地方级。我国的国家标准有强制性标准和推荐性标准之分。《标准化法》第 7 条规定：“保障人体健康，人身、财产安全的标准、法律、行政法规规定强制执行的标准都是强制性标准。”因此，国家环境标准中的环境质量标准和污染物排放标准属于强制性标准。考虑到行为污染特性，环境保护主管部门委托行业制定相关的行业标准。强制性国家环境标准用“GB”表示，推荐性国家环境标准用“GB/T”表示，行业环境标准用“HJ/T”表示。

① 环境质量标准。以维护一定的环境质量，保护人群健康、社会财富和促进生态良性循环为目标，规定环境中各类有害物质（或因素）在一定时间和空间内的允许含量，叫做环境质量标准。环境质量标准反映了人群、动植物和生态系统对环境质量的综合要求，也标志着在一定时期国家为控制污染在技术上和经济上可能达到的水平。环境质量标准体现环境目标的要求，是评价环境是否受到污染和制定污染物排放标准的依据。

② 污染物排放标准。为了实现国家的环境目标和环境质量标准，对污染源排放到环境中的污染物所作的限量规定就是污染物排放标准。制定排放标准的直接目的是为了控制污染物的排放量，达到环境质量的要求。污染物排放标准为污染源规定的最高允许排污限额，是确认排污行为是否合法的法律根据，超过排放标准要承担相应的法律责任。

③ 环境基础标准。国家对环境保护工作中需要统一的技术术语、符号、代码、图形、指南、导则及信息编码等所作的规定，叫做环境基础标准。其目的是为制定和执行各类环境标准提供一个统一的准则，避免各标准相互矛盾，它是制定其他环境标准的基础。环境基础标准只有国家标准。

④ 环境方法标准。国家为监测环境质量和污染物排放，规范环境采样、分析测试、数据处理等技术所作的规定，叫做环境监测方法标准，简称环境方法标准。它是使各种环境监测和统计数据准确、可靠并具有可比性的保证。就法律意义而言，环境基础标准和环境方法

标准是辨别环境纠纷中争议双方所出示的证据是否合法的依据。只有当有争议各方所出示的证据是按照环境监测方法标准所规定的采样、分析、试验办法得出，并以环境基础标准所规定的符号、原则、公式计算出来的数据时，才具有可靠性和与环境质量标准、污染物排放标准的可比性，属于合法证据；反之，即为没有法律效力的证据。环境方法标准只有国家标准。

在环境法体系中，环境标准的重要性主要体现在，它为环境法的实施提供了数量化基础。

⑤ 其他标准。除上述四类之外的环境标准均归入其他标准，如环境标准样品标准和环境仪器设备标准。环境标准样品标准是指对于用来标定仪器、验证测量方法、进行量值传递或质量控制的材料或物质必须达到的要求所作的规定，简称环境样品标准。它是检验方法准确与否的主要手段。环境仪器设备标准是指为了保证污染治理设备的效率和环境监测数据的可靠性和可比性，对环保仪器、设备的技术要求所作的规定。

这五类环境标准相辅相成，共同起效，具有密不可分的关系。环境质量标准规定环境质量目标，是制定污染物排放标准的主要依据；污染物排放标准是实现环境质量标准的主要手段；环境基础标准是制定环境质量标准、污染物排放标准、环境方法标准的基础；环境方法标准是实现环境质量标准、污染物排放标准的重要手段；环境样品标准及环境仪器设备标准是实现上述标准的基本物质条件及技术保证。

2）环境标准的作用和意义。环境标准同环境保护法规相配合，在国家环境管理中起着重要作用。从环境标准的发展历史了来看，它是在和环境保护法规相结合的同时发展起来的。最初，是在工业密集、人口集中、污染严重的地区，在制定污染控制的单行法规中，规定主要污染物的排放标准。20 世纪 50 年代以后，发达国家的环境污染已经发展成为全国性公害，在加强环境保护立法的同时，开始制定全国性的环境标准，并且逐渐发展成为具有多层次、多形式、多用途的完整的环境标准体系，成为环境保护法体系中不可缺少的部分，具有重要作用和意义：

① 环境标准是判断环境质量和衡量环保工作优劣的准绳。

② 环境标准是制定环境规划与管理的技术基础及主要依据。环境标准既是环境保护和有关工作的目标，又是环境保护的手段。

③ 环境标准是环境保护法律法规制定与实施的重要依据。环境标准用具体的数值来体现环境质量和污染物排放应控制的界限。不论是环境问题的诉讼、排污费的收取、污染治理的目标等执法依据都是环境标准。

④ 环境标准是组织现代化生产、推动环境科学技术进步的动力。实施环境标准迫使企业对污染进行治理，更新设备，采用先进的无污染、少污染工艺，进而实现资源和能源的综合利用等。

3）我国环境标准体系。环境标准体系是指根据环境标准的性质、内容、功能，以及它们之间的内在联系，将其进行分类、分级，构成一个有机联系的统一整体。截止到2005 年4 月 10 日，我国已经制定各类环境标准486 项。其中，国家标准357 项，环境保护行业标准129 项；强制性标准 117 项，推荐性标准 369 项；环境质量标准 11 项，污染物排放标准 104 项，环境监测方法标准 315 项，环境基础标准 10 项，其他标准 46 项。另有地方环境标准1000 余项。我国现行环境标准体系见表 10-1。

表 10-1 我国现行环境标准体系

按性质分类 / 按控制因子分类	环境质量标准	污染物排放标准	环境基础标准	环境方法标准	其他	合计
水环境质量标准	5	20	4	138		167
大气环境标准	2	21	3	102	1	129
固体废物与化学品		31	1	15	3	50
声学环境标准	2	8	1	6	2	19
土壤环境标准	2		1	10		13
放射性与电磁辐射		24		44		68
生态环境					6	6
其它					34	34
合计	11	104	10	315	46	486

（6）地方环境法规　地方法规是各省、自治区、直辖市根据我国环境法律或法规，结合本地区实际情况而制定并经地方人民代表大会审议通过的法规。地方法规突出了环境管理的区域性特征，有利于因地制宜地加强环境管理，是我国环境保护法规体系的组成部分。国家已制定的法律法规，各地可以因地制宜地加以具体化。国家尚未制定的法律法规，各地可根据环境管理的实际需要，制定地方法规予以调整。

（7）涉外环境保护的条约协定　国际环境法不是国内法，不是我国环境法体系的组成部分。但是我国缔结参加的双边与多边的环境保护条约协定，是我国环境法体系的组成部分。如中日保护候鸟及其栖息环境协定，保护臭氧层公约，联合国气候变化框架公约，生物多样性公约，联合国防止荒漠化公约，濒危野生动植物物种国际贸易公约，防止倾倒废物和其他物质污染海洋公约，控制危险废物越境转移及其处置巴塞尔公约等。

我国积极开展环境外交，参与各项重大的国际环境事务，在国际环境与发展领域中发挥着越来越大的作用。1980 年以来，我国政府已签署并批准了 37 个国际环境保护公约，这些签署并批准的国际环境公约和协定，具有法律效力，负有相应的国际义务，不仅是我国环境法规体系的重要组成部分，而且也敦促我国进一步加快立法工作，以跟上国际标准，同国际环境保护的要求接轨。

10.3.2 环境法的实施

环境法的实施，就是在现实社会生活中具体运用、贯彻和落实环境法，使环境法主体之间抽象的权利、义务关系具体化的过程。通过环境法的实施，使义务人自觉地或者被迫地履行其法律义务，将人们开发、利用、保护和改善环境资源的活动调整限制在环境法所允许的范围内，从而协调人类与自然环境之间的关系，实现环境法的目的和任务。因此，环境法的实施，是整个环境法制的关键环节，具有决定性的实践意义。而环境法的实施，必须坚持以“事实为依据，以法律为准绳”“在法律适用上人人平等”的原则。

根据实施主体的不同，可以将环境法的实施分为公力实施和私力实施两大类别。

所谓公力实施，也称国家实施，是指国家机关依照法定权限和程序，凭借国家暴力进行的环境法的实施活动，包括行政机关通过依法行使行政权对环境资源进行的监督管理，司法机关通过行使司法权进行的实施活动，检察机关通过行使检察权进行的实施活动以及立法机关通过对行政机关、司法机关、检察机关等遵守环境法情况的监督所进行的实施活动。其中行政机关对环境法的实施活动发挥着最为重要、最为基础的作用，而许多国家的环境法也都明文规定设立专门的环境行政机关，由环境行政机关负责环境法的执行和实施。

所谓私力实施，也称公民实施，是指公民个人或公民组织依据法律规定所进行的环境法的实施活动，其主要形式包括依法参与环境行政决策，依法对违反环境法的国家机关、企事业单位或公民个人提起环境诉讼或实施检举、控告、与排污者签订污染防治协议，通过立法机关的民意代表对行政机关等遵守和实施环境法的活动实施监督以及针对环境犯罪、环境侵害行为实施正当防卫和其他自力救济等。

由于公众是环境公害的直接受害者，对环境状况最了解、最敏感，是完善和实施环境法制的根本动力来源，因此无论在理论上还是在实践中，国际社会与世界各国特别是美国等发达国家都十分重视社会公众在环境法实施过程中的重要作用，强调维护公众正当的环境权益，特别是知情权、参与权和获得救济权等程序意义上的环境权，使行政机关、司法机关等的公力实施与公民私力实施密切配合，以求收到良好的实施效果。如1992年《里约环境与环境发展宣言》原则10强调："环境问题最好是在有关市民的参与下，在有关级别上加以处理。在国家一级，每个人都应有权适当地获得公共当局所持有的关于环境的资料，包括在其社区内的危险物质和活动的资料，并有机会参与各项决策进程。各国应通过广泛提供资料来便于和鼓励公众的认识和参与，应让人人都能有效地使用司法和行政程序，包括补偿和补救程序"。

10.4 我国环境法的基本制度

我国环境法的基本制度，是我国环境法基本原则的规范化、制度化、具体化的体现，是为保证环境法基本原则的实施而制定的。这些制度可分为环境规划法律制度和环境管理法律制度两类。

10.4.1 环境规划法律制度

1. 环境保护计划制度

环境保护计划，是指由国家或地方人民政府及其行政管理部门依照一定法定程序编制的关于环境质量控制、污染物排放控制及污染治理、自然生态保护以及其他与环境保护有关的计划。环境保护计划是各级政府和各有关部门在计划期内要实现的环境目标和所要采取的防治措施的具体体现。

环境保护计划制度主要规定在《中华人民共和国环境保护法》第四、十二条及二十二至二十四条之中。其内容主要包括四类：污染物排放控制和污染治理计划、自然生态保护计划、城市环境质量控制计划以及其他有关环境保护的计划等。

对环境保护计划实行国家、省（自治区、直辖市）、市（地）、县四级管理制，由各级计划行政主管部门负责组织编制。各级环境保护主管部门负责编制环境保护计划建议和监督、检查计划的落实和具体执行。其他有关部门则主要是根据计划和环境保护部门的要求，组织实施环境保护计划。

2. 土地利用规划制度

人类社会和经济活动，总是带来土地利用方式的改变，不同的土地利用方式又带来不同的环境影响。因此，土地利用规划管理是环境贵规划管理的重要内容。

土地利用规划制度是国家根据各地区的自然条件、资源状况和经济发展需要，通过制定土地利用的全面规划，对城镇设置、工农业布局、交通设施等进行总体安排，以保证社会经济的可持续发展，防止环境污染和生态破坏。

1998 年颁布的《中华人民共和国土地管理法》专设一章——土地利用总体规划，要求各级政府依据国家经济和社会发展规划、国土整治和资源环境保护的要求、土地供给能力及各项建设对土地的需求，编制土地利用总体规划。我国已经颁布执行的法规有城市规划、县镇规划和村镇规划等。

10.4.2 八项环境管理法律制度

1. 环境影响评价制度

环境影响评价是指对规划和建设项目实施后可能造成的环境影响进行分析、预测和评估，提出预防或者减轻不良环境影响的对策和措施，进行跟踪监测的方法与制度。

1979 年《中华人民共和国环境保护法（试行)》中，规定实行环境影响评价报告书制度；1986 年颁布了《建设项目环境保护管理办法》；1998 年颁布了《建设项目环境保护管理条例》；针对评价制度实行多年的情况对评价范围、内容、程序、法律责任等作了修改、补充和更具体的规定，从而确立了完整的环境影响评价制度。

2003 年《中华人民共和国环境影响评价法》正式施行。该法以法律形式，将环境影响评价的范围从建设项目扩大到有关规划，确立了对有关规划进行环境影响评价的法律制度。

在环境影响评价制度实施过程中，原国家环境保护总局发布了一系列环境影响评价技术导则，包括：①《环境影响评价技术导则》总纲（HJ/T 2.1—1993)；②《环境影响评价技术导则》大气环境（HJ/T 2.2—1993)；③《环境影响评价技术导则》地面水环境（HJ/T 2.3—1993)、《环境影响评价技术导则》声环境（HJ/T 2.4—1993)；④《环境影响评价技术导则》非污染生态影响（HJ/T 19—1997)；⑤《开发区区域环境影响评价技术导则》(HJ/T 131—2003)；⑥《规划环境影响评价技术导则（试行)》(HJ/T 130—2003)。这些系列标准促使我国的环境影响评价制度更趋完善。

2. “三同时”制度

“三同时”制度是指新建、改建、扩建项目和技术改造项目以及区域性开发建设项目的污染治理设施必须与主体工程同时设计、同时施工、同时投产的制度。“三同时”制度是我国首创的，它是在总结我国环境管理实践经验的基础上，被我国法律所确认的一项重要的控制新污染源的法律制度。它与环境影响评价制度相辅相成，是防止新污染和破坏的两大“法宝”，是加强开发建设项目环境管理的重要措施，是防治我国环境质量恶化的有效的经济手段和法律手段。

1973 年的《关于保护和改善环境的若干规定》最早提出三同时制度。1979 年的《中华人民共和国环境保护法（试行)》和 1989 年的《中华人民共和国环境保护法》重申了三同时的规定。1986 年的《建设项目环境保护管理办法》、1998 年的《建设项目环境保护管理条例》对三同时制度又进一步作了具体规定。

3. 排污收费制度

排污收费制度是指一切向环境排放污染物的单位和个体生产经营者，应当依照国家的相关规定和标准，缴纳一定费用的制度。排污费可以计入生产成本，排污费专款专用，主要用于补助重点排污源的治理等。这项制度是“污染者付费”环境政策的具体体现。

我国实行排污收费制度的根本目的不是为了收费，而是防治污染、改善环境质量的一个经济手段和经济措施。排污收费制度只是利用价值规律，通过征收排污费，给排污单位施以外在的经济压力，促进其污染治理，节约和综合利用资源，减少或消除污染物的排放，实现保护和改善环境的目的。

1978 年 12 月，中央批转的原国务院环境保护领导小组《环境保护工作汇报要点》首次提出在我国实行排放污染物收费制度。1979 年的《中华人民共和国环境保护法（试行)》作了如下规定：“超过国家规定的标准排放污染物，要按照其排放数量和浓度收取排污费”。1982 年 12 月，国务院在总结 22 个省、市征收排污费试点经验的基础上，颁布了《征收排污费暂行办法》，对征收排污费的目的、范围、标准、加收和减收的条件、费用管理使用等作了具体规定。

《征收排污费暂行办法》颁布后，1984 年《水污染防治法》第十五条又作了如下规定：“企事业单位向水体排放污染物的，按照国家规定缴纳排污费；超过国家或者地方规定的污染物排放标准的，按照国家规定缴纳超标准排污费”，即凡向水体排放污染物超标或不超标都要收费。1996 年《水污染防治法》第十五条作了如下规定：“企业事业单位向水体排放污染物的，按照国家规定缴纳排污费；超过国家或者地方规定的污染物排放标准的，按照国家规定缴纳超标准排污费。排污费和超标准排污费必须用于污染的防治，不得挪作他用。”2008 年《水污染防治法》第 24 条作了如下规定：“直接向水体排放污染物的企业事业单位和个体工商户，应当按照排放水污染物的种类、数量和排污费征收标准缴纳排污费。排污费应当用于污染的防治，不得挪作他用。”

根据我国颁布的《标准化法》第七条、十四条、第二十条规定可知，我国现行的污染物排放标准属强制性标准，违反排放标准即违法，对不执行者将予以行政处罚。因此可以认为，以超标与否，作为判定是否违法的界限。2000 年 4 月，第二次修订后颁布的《大气污染防治法》第四十八条作出了“超标者处 10 万元以下罚款，并限期治理”的规定。

4. 排放污染物许可证制度

许可证制度是指：对环境有不良影响的各种规划、开发、建设项目、排污设施或经营活动，其建设者或经营者需要事先提出申请，经主管部门审查、批准、颁发许可证后才能从事该项活动。这项制度包括排污申报登记制度和排污许可证制度两个方面，以及排污申报，确定污染物总量控制目标和分配排污总量削减指标，核发排污许可证，监督检查执行情况四项内容。这是一项与我国污染物排放总量控制计划相匹配的环境管理制度。

（1）排污许可证制度的基本内容　排污许可证制度的基本内容分为以下两点：

1）排污申报登记制度。排污申报登记是指直接或间接向环境排放污染物、噪声或固体废物者，需按照法定程序就排放污染物的具体状况，向所在地环境保护行政主管部门进行申报、登记和注册的过程。排污申报登记的目的在于使环境保护部门了解和掌握企业的排污状况，同时将污染物的排放管理纳入环境行政管理的范围，以利于环境监测以及国家或地方对污染物排放状况的统计分析。

2）排污许可证制度。排污许可证是指凡是需要向环境排放各种污染物的单位或个人，都必须事先向环境保护主管部门办理排污申报登记手续，然后经过环境保护主管部门批准，获得“排放许可证”后方能从事排污行为的一系列环境行政过程的总称。排污许可证制度的实施，是排污申报登记的延伸或结果，获准污染物的排放许可也是排污单位履行排污申报登记制度之后所要达到的最终目的。排污申报登记是实行排污许可证制度的前提，排污许可证是对排污者排污的定量化。

（2）许可证的管理程序　许可证的管理程序大致可分为：

1）申请。申请人向主管机关提出书面申请，并附有为审查所必需的各种材料，如图标、说明或其他资料。

2）审查。一般是在新闻媒体上公布该项申请，在规定的时间内征求公众和各方面的意见，必要时需召开公众意见听证会。主管机关在听取各方面意见后，综合考虑该申请对环境的影响，对申请进行审查。

3）决定。作出颁发或拒发许可证的决定。同意颁发许可证时，主管机关可依法规定特定持证人应尽的义务和各种限制条件；拒发许可证应说明拒发的理由。

4）监督。主管机关要对持证人执行许可证的情况随时进行监督检查，包括索取有关资料、检查现场设备、监督排污情况、发出必要的行政命令等。在情况发生变化或持证人的活动影响公众利益时，可以修改许可证中原来规定的条件；

5）处理。如持证人违反许可证规定的义务或限制条件，而导致环境损害或其他后果，主管机关可以中止、吊销许可证，对于违法者还要依法追究其法律责任。

（3）制度的实施和发展　1982 年颁布的《征收排污费暂行办法》最早提出施行排污申报登记制度，其主要目的在于以此作为排污收费的依据。后来在 1989 年颁布的《中华人民共和国环境保护法》第二十七条中明确规定：“排放污染物的企业事业单位，必须依照国务院环境保护行政主管部门的规定申报登记。”《大气污染防治法》第十一条规定：“向大气排放污染物的单位，必须按照国务院环境保护部门的规定，向所在地的环境保护部门申报拥有的污染物排放设施、处理设施和正常作业条件下排放污染物的种类、数量、浓度，并提供防治大气污染方面的有关技术资料。”《水污染防治法》第十四条规定：“直接或者间接向水体排放污染物的企业事业单位，应当按照国务院环境保护部门的规定，向所在地的环境保护部门申报登记拥有的污染物排放设施、处理设施和在正常作业条件下排放污染物的种类、数量和浓度，并提供防治水污染方面的有关技术资料。”排污许可证制度，力求控制污染物总量，注重整个区域环境质量的改善。这项制度的实行，深化了环境管理工作，使对污染源的管理更加科学化、定量化。

5. 污染集中控制制度

污染集中控制制度是指：针对污染分散控制的问题，改变过去一家一户治理污染的做法，把有关污染源汇总在一起，经分析比较、进行合理组合，在经济效益、环境效益和社会效益优化的前提下，采取集中处理措施的污染控制方式。实践证明，推行集中控制，有利于使有限的环保投资获得最佳的总体效益。

为有效地推行污染集中控制制度，必须有一系列有效措施加以保证：

1）必须以规划为先导。污染集中控制与城市建设密切相关，如完善城市排水管网，建立城市污水处理厂，发展城市煤气化和集中供热，建设城市垃圾处理厂，发展城市绿化等。

因此，集中控制必须与城市建设同步规划，同步实施。

2）必须突出重点，划定不同的功能区划，分别整治。

3）必须与分散控制相结合，构建区域环境污染综合防治体系。

4）疏通多种渠道落实资金。要实现集中控制必须落实资金，应充分利用环保基金贷款、建设项目环保资金、银行贷款及地方财政补贴等多种渠道筹措资金。疏通多种资金渠道是推行污染集中控制的保证。

5）地方政府协调是关键。污染集中控制不仅涉及企业，也涉及地方政府各部门，充分依靠地方政府的协调，是污染集中控制方案得以落实的基础。

实践证明，污染集中控制在环境管理上具有重要的战略意义。实行污染集中控制有利于集中人力、物力、财力解决重点污染问题；有利于采用新技术，提高污染治理效果；有利于提高资源利用率，加速有害废物资源化；有利于节省防治污染的总投入；有利于改善和提高环境质量。这种制度实行的时间虽不长，但已显示出强大的生命力。

6. 污染限期治理制度

《中华人民共和国环境保护法》第二十九条规定："对造成环境严重污染的企业事业单位，限期治理……限期治理企事业单位必须如期完成治理任务"。所谓污染源限期治理制度，是指对超标排放的污染源，由国家和地方政府分别作出必须在一定期限内完成治理达标的决定。这是一项强制性的法律制度。

限期治理污染是以污染源调查、评价为基础，以环境保护规划为依据，突出重点，分期分批地对污染危害严重，群众反映强烈的污染物、污染源、污染区域采取的限定治理时间、治理内容及治理效果的强制性措施，是人民政府为了保护人民的利益对排污单位采取的法律手段。被限期的企事业单位必须依法完成限期治理任务。

在环境管理实践中执行限期治理污染制度，可以提高各级领导的环境保护意识，推动污染治理工作；可以迫使地方、部门、企业把污染治理列入议事日程，纳入计划，在人、财、物方面作出安排；可以促进企业积极筹集污染治理资金；可以集中有限的资金解决突出的环境污染问题，做到少投资，见效快，有较好的环境与社会效益；有助于环境保护规划目标的实现和加快环境综合整治的步伐。

继1978年国家规定的第一批限期治理项目完成后，1989年原国家环境保护委员会和原国家计划委员会下达了第二批污染限期治理项目140个，1996年国家又下达了第三批污染限期治理项目121个。随后各省都开展了污染源限期治理项目验收等工作。

确定限期治理项目要考虑如下条件：①根据城市总体规划和城市环境保护规划的要求对区域环境整治作出总体规划；②首先选择危害严重、群众反映强烈、位于敏感地区的污染源进行限期治理；③要选择治理资金落实和治理技术成熟的项目。

7. 环境保护目标责任制

环境保护目标责任制是一种具体落实地方各级人民政府和有污染的单位对环境质量负责的行政管理制度。这项制度规定了各级政府行政首长应对当地的环境质量负责，企业领导人应对本单位污染防治负责，并将他们在任期内环境保护的任务目标列为政绩进行考核。环境保护目标责任制被认为是八项环境管理的龙头制度。

第二次全国环境保护会议后，在我国各级政府中推行的环境保护目标责任制，通过将环保目标的逐级分解、量化和落实，突出了各级地方政府负责人的环境责任，解决了环境管理的保证条件和动力机制，促使环境管理系统内部活动有序，系统边界分明，环境责任落实，改变了环境管理孤军作战的被动局面。

1997 年 3 月 8 日中央政治局常委召开座谈会，听取了环境保护工作汇报，表明了党中央对环境问题的高度重视，开创了地方政府“一把手亲自抓”环境管理，环境保护主管部门负责编制和检查、落实环境规划，各相关部门积极配合强化环境管理的新局面。

这一制度把贯彻执行环境保护基本国策作为各级领导的行动规范，推动了我国环境保护工作全面、深入地发展。

8. 城市环境综合整治定量考核制度

城市环境综合整治定量考核制度简称“城考”，是因城市环境综合整治的需要而制定的。该制度以城市为单位，以城市政府为主要考核对象，对城市环境综合整治的情况，按环境质量、污染控制、环境建设和环境管理 4 大类指标进行考核并评分。这项制度是一项由城市政府统一领导负总责，有关部门各尽其职、分工负责，环境保护部门统一监督的管理制度。

城市环境综合整治的概念最早是在 1984 年《中共中央关于经济体制改革的决定》中提出来的。《中共中央关于经济体制改革的决定》中明确指出：“城市政府应该集中力量做好城市的规划、建设和管理，加强各种公用设施的建设，进行环境的综合整治。”为了贯彻这一精神，1985 年国务院召开了第一次“全国城市环境保护工作会议”，会议通过了《关于加强城市环境综合整治的决定》，确定了我国城市环境保护工作的发展方向——综合整治。

此后，国家在认真总结吉林省的做法和经验的基础上，于 1989 年初制定了较为完善的考核办法、程序和标准。经过几次调整考核指标，由最初的 19 项最后确定为 24 项，包括 7 项环境质量指标、6 项污染控制指标、6 项环境建设指标和 5 项环境管理指标。

自 1989 年开始在全国重点城市实施城考制度以来，截至 2005 年底，全国参与“城考”的城市已达 500 个，占全国城市总数的 76%。由原国家环境保护总局直接考核的有 113 个国家环境保护重点城市。自 2002 年起，原国家环境保护总局每年发布《中国城市环境管理和综合整治年度报告》，并向公众公布结果和排名。这已成为衡量城市环境保护和管理工作绩效的重要参考资料。

2003 年原国家环境保护总局发布了关于印发《生态县、生态市、生态省建设指标（试行）的通知》，在全国各地掀起了创建生态县、生态市和生态省的高潮，标志着我国城市综合整治进入了新的发展阶段。

10.5 环境法律责任

所谓环境法律责任，是指环境法主体因违反其法律义务而应当依法承担的、具有强制性的否定性法律后果，按其性质可以分为环境行政责任、环境民事责任和环境刑事责任三种。

10.5.1 环境行政责任

环境行政责任是环境法律责任中最轻的一种，是指违反环境保护法的行为人所应承担的行政方面的法律责任，这种法律责任又可分为行政处分和行政处罚两类。

1. 行政处分

行政处分是指国家机关、企业、事业单位依照行政隶属关系，根据有关法律法规，对在保护和改善环境，防治污染和其他公害中有违法、失职行为，但尚不够刑事惩罚的所属人员的一种制裁。

环境保护法规定的行政处分，主要是对破坏和污染环境，危害人体健康、公私财产的有关责任人员适用。如《中华人民共和国环境保护法》第三十八条规定："对违反本法规定，造成环境污染事故的企业事业单位，由环境保护行政主管部门或者其他依照法律规定行使环境监督管理权的部门根据所造成的危害后果处以罚款；情节较重的，对有关责任人员由其所在单位或者政府主管机关给予行政处分。"此外《水污染防治法》、《大气污染防治法》、《固体废物污染环境防治法》、《环境噪声污染防治法》等都作了类似规定。

行政处分由国家机关或单位依据上述法律或内部规章对其下属人员实施，包括警告、记过、记大过、降级、撤职、留用察看、开除七种。

2. 行政处罚

行政处罚是行政法律责任的一个主要类型，它是指国家特定的行政管理机关依照法律规定的程序，对犯有轻微的违法行为者所实施的一种处罚，是行政强制的具体表现。行政处罚的对象是一切违反环境法律法规，应承担行政责任的公民、法人或者其他组织。行政处罚的依据是国家的法律、行政法规、行政规章、地方性法规。行政处罚的形式由各项环境保护法律、法规或者规章，根据环境违法行为的性质和情节规定。就环境法来说主要是警告、罚款、没收财物、取消某种权利、责令支付整治费用和消除污染费用、责令赔偿损失、剥夺荣誉称号等。

10.5.2 环境民事责任

环境民事责任是指公民、法人因污染或破坏环境而侵害公共财产或他人人身权、财产权或合法环境权益所应当承担的民事方面的法律责任。

《中华人民共和国环境保护法》规定："造成环境污染危害的，有责任排除危害，并对直接受到损害的单位或者个人赔偿损失。"《水污染防治法》、《大气污染防治法》、《固体废物污染环境防治法》、《环境噪声污染防治法》等都作了类似规定。这些都是环境民事责任的法律依据。

在人们行为中只要有污染和破坏环境的行为，并造成了损害后果，损失的行为与损害后果之间存在着因果关系就要承担环境民事责任。

环境民事责任的种类主要有排除侵害、消除危险、恢复原状、返还原物、赔偿损失和收缴、没收非法所得及进行非法活动的器具、罚款等。

上述责任种类可以单独适用，也可以合并适用。其中因侵害人体健康或生命而造成财产损失的，根据《中华人民共和国民法通则》第一百一十九条的规定，其赔偿范围是："侵害公民身体造成受害的，应当赔偿医疗费、因误工减少的收入、残废者生活补助费等费用；造成死亡的，并应当支付丧葬费、死者生前抚养的人必要的生活费等费用。"对侵害财产造成损失的赔偿范围，应当包括直接受到财产损失者的直接经济损失和间接经济损失两部分。直接经济损失是指受害人因环境污染或破坏而导致现有财产的减少或丧失，如所养的鱼死亡、农作物减产等。间接经济损失是指受害人在正常情况下应当得到，但因环境污染或破坏而未能得到的那部分利润收入，如渔民因鱼塘受污染、鱼苗死亡而未能得到的成鱼的收入等。

追究责任人的环境民事责任时，可以采取以下办法：由当事人之间协商解决；由第三人、律师、环境行政机关或其他有关行政机关主持协调；由当事人向人民法院提起民事诉讼；也有的通过仲裁解决，特别是对涉外的环境污染纠纷。

10.5.3 环境刑事责任

环境刑事责任是指因故意或者过失违反环境法，造成严重的环境污染和环境破坏，使人民健康受到严重损害者应当承担的以刑罚为处罚形式的法律责任。

《中华人民共和国刑法》及《中华人民共和国环境保护法》所规定的主要环境处罚有两种形式。一种是直接引用刑法和刑法特别法规，另一种形式是采用立法类推的形式。《中华人民共和国环境保护法》、《水污染防治法》、《大气污染防治法》、《固体废物污染环境防治法》、《环境噪声污染防治法》等均有依法追究刑事责任、比照或依照《中华人民共和国刑法》某种规定追究刑事责任的条款。

2011 年 2 月 25 日全国人民代表大会常务委员会发布了《中华人民共和国刑法》修正案。

修订后的《中华人民共和国刑法》在分则第六章中增加了第六节，专门规定了破坏环境资源保护罪。这将更有利于制裁污染破坏环境和资源的犯罪，有利于遏制我国环境整体恶化的趋势，这可以说是我国惩治环境犯罪立法的一大突破。

修订后的《中华人民共和国刑法》除了上述专门的破坏环境资源保护罪的规定外，在危害公共安全罪、走私罪、渎职罪中还有一些涉及环境和资源犯罪的规定。主要有放火烧毁森林罪、投毒污染水源罪，可依《中华人民共和国刑法》第一百一十四条追究刑事责任；违反化学危险物品管理规定罪，可依《中华人民共和国刑法》第一百三十六条追究刑事责任；走私珍贵动物及其制品罪，走私珍贵植物及其制品罪，可依《中华人民共和国刑法》第一百五十一条追究刑事责任；非法将境外固体废物运输进境罪，可依《中华人民共和国刑法》第一百五十五条追究刑事责任；而林业主管部门工作人员超限额发放林木采伐许可证、滥发林木采伐许可证罪，环境保护监督管理人员失职导致重大环境污染事故罪，国家机关工作人员非法批准征用、占用土地罪，则分别依照《中华人民共和国刑法》第四百零七条、四百零八条、四百一十条追究刑事责任。

对于污染环境罪的制裁，最低为三年以上有期徒刑或者拘役，最高为十年以上有期徒刑。对于破坏资源罪的制裁，最低为三年以上有期徒刑、拘役、管制或者罚金，最高为十年以上有期徒刑。对于走私国家禁止进出口的珍贵动物及其制品、珍稀植物及其制品罪的制裁，最低为五年以上有期徒刑，最高为无期徒刑或者死刑。单位犯破坏环境资源保护罪，对单位判处罚金并对直接负责的主管人员和其他直接责任人员进行处刑。我国修订后的刑法对破坏环境资源罪在刑罚上增加了刑种和量刑的档次，提高了法定最高刑。

10.5.4 案例分析

1. 案情简介

甲地区的某生活用品厂成立于 1970 年，并于当年投入生产。从 1985 年起，当地的土地管理部门开始批准在该厂附近进行房地产开发，并陆续有住户入住。1995 年该生活用品厂因适应新经济形式的需要而添加了新的生产项目，但该新项目的生产操作产生了大量的黑色粉末和噪声，使得当地居民的居住环境非常差，整天都不敢开窗户。周围的居民认为生活用品厂的行为对他们造成了环境污染，损害了他们的合法权益，严重影响了他们的正常生活，故诉至法院要求其消除影响并进行经济赔偿。而庭审中该生活用品厂则认为，首先其排污并不违反相关行政法规的排污标准；其次他们建厂在先，房地产开发在后；再次本地区的政府部门并未对厂子周围的地区进行明确的功能划分，究竟该地区属于居住区还是工业区尚未可知，故不同意周围居民的诉讼请求。

2. 案情处理

此案在审理中主要存在以下三种意见：第一种意见认为，本案中生活用品厂并没有超过国家的排污标准进行排污，不违反国家保护环境防止污染的规定，所以生活用品厂不负赔偿责任。第二种意见认为，虽然根据我国防治环境污染的有关法律规定，生活用品厂应当承担赔偿责任，但因生活用品厂成立在先，住宅区建筑在后，而且该地区并没有划分居住区和工业区，所以应由当地居民自己承担相应的责任，生活用品厂不承担赔偿责任。第三种意见认为，生活用品厂应当承担赔偿责任，其提出的抗辩事由都是从行政法的角度来评价其自身行为的，并不能否认其实施侵权行为的事实，而且也没有不可抗力等其他免责事由，故不能在民法意义上构成其能够污染环境而不必进行民事赔偿的抗辩事由。

最后，在法院的主持下，双方在自愿的基础上达成了调解协议，由生活用品厂对每位原告分别进行一次性经济赔偿4万元至6.5万元不等。

复习与思考

1. 什么是环境法？环境法包括哪几方面的含义？
2. 试述我国环境法制定的原则。
3. 什么是环境法体系？我国环境法体系是怎样构成的？
4. 我国环境法的基本制度有哪些？
5. 什么是环境法律责任？环境法律责任主要有几种类型？

第11章 城市环境综合整治与生态城市建设

11

11.1 概述

11.1.1 城市化发展

城市是人类主要的聚居地，城市集人类物质文明和精神文明之大成，是经济、政治、科技和文化的中心。据记载，世界城市发展已有五千多年的历史。城市的产生是社会分工的产物。城市是由于手工业和商业的产生和发展而从一般的村落居民中分化出来的。城市形成后居民点也产生了分化，在人口的空间分布上呈现两种主要形态：人口集中的城市和人口分散的乡村。这两种主要形式伴随着人类文明进步的悠久历史一直延续到现在。

城市化是指居住在城镇地区的人口占总人口比例增长的过程。这一过程表现为城市数目增多，城市人口和用地规模扩大，城市人口在总人口中所占比例不断提高。城市人口的增加一方面是原有城市人口本身的自然增长，另一方面是农村人口的转化，包括农村人口向城市的迁移以及在原有乡村地区发展起城镇而使农村人口转变为城镇人口等方面。城市化是社会生产力发展的必然趋势，也是工业化和农业现代化的必然结果。人口城市化、经济全球化和信息网络化被认为是影响未来世界社会经济发展的三大趋势。

城市化的发展，不仅为人类创造了巨大的物质财富，同时，城市面貌也直接反映了社会进步的水平，是人民生活水准提高的象征。1780 年世界上城市人口只占总人口的 3%，到 2007 年，全球已有 33 亿人口生活在城市，超过了全球人口总数的 50%，创造了世界 70% 以上的产值。据法国国家人口研究所预测，到 2030 年世界城市人口比例将扩大到 60%，城市人口总数将达到 50 亿。世界正向“城市世界”方向发展，21 世纪将成为真正的城市化世纪。

我国城市化道路自新中国成立以来几经起伏，速度较慢。但改革开放以来，高速的经济发展促进了城市化进程的加快，城镇人口占总人口比例由 1978 年的 17.9% 上升为 2007 年的 44.9%。几亿城市人民生活率先跨越了温饱阶段，带动了全国十几亿人民生活总体上达到小康水平。

11.1.2 城市的功能

城市的主要特征体现在以下三方面：一定区域的政治、经济、文化中心，交通枢纽；主要是非农业人口居民；大量多种建筑物组成功能强大的综合体系。

城市功能又称城市职能，指在国家或地区内政治、经济和文化生活中所承担的任务和作用。城市的主要功能表现为政治功能、经济功能、文化功能和社会功能。政治功能如首都、省会城市；城市的经济功能是核心功能，金融，工业商贸，交通方面，包括生产、交换、分配、消费、运输等；城市的文化功能包括科学技术研究、信息情报、教育等；城市的社会功能是指城市是人们社会活动的集中场所，社会的各种实体、特别是政府部门、经济管理部门、社会团体首脑部门均设在城市，使城市的社会功能十分明显。

随着社会生产力不断发展，社会分工日益扩大，城市功能经历了由单一到多种、由低级到高级、由简单到复杂的发展过程。由于城市的发展历史与区域特点及发展重点的不同，城市的功能也不尽相同。如北京是中国的政治与文化中心，上海是经济中心，一部分城市是以某种特别原因（如钢铁业、汽车业）而兴起的专业化程度很高的城市（常称作“钢都”、“汽车城”等），多数城市都具有综合功能。

当前，发达国家的城市在形态上发生了重要变化。原先集中居住在城市的人们，由于不喜欢城市的喧哗逐渐离开城市，移居到周围乡村。实际上也可以说，正是环境问题使得富裕的人们去寻找乡下的乐园。于是又导致了新的环境问题——私人轿车猛增，交通环境恶化，大量耕地被占。

11.2 城市发展的环境问题

（1）大气污染 城市人口密集，工业和交通发达，每天消耗大量的化石燃料，产生烟尘和各种有害气体，导致城市内污染源过于集中，污染物排放量大而复杂，一次污染物之间相互作用有可能产生二次污染物，对人体造成更大的危害。

（2）水体污染 城市废水包括工业废水和生活污水。目前我国城市的水处理设施普遍不全，城市废水处理能力不强，特别是不少工厂企业将工业废水不经处理偷偷直接排放，造成水体严重污染，湖泊富营养化，海岸附近屡屡产生赤潮。

（3）噪声污染 城市噪声源主要由交通、工业与建筑施工、闹市区大喇叭音响产生。一些国家调查表明，城市环境中76%的噪声是由交通运输引起的，其中汽车占66%，飞机、火车占9.8%。工业噪声约占城市噪声的10%。建筑施工噪声虽然是临时的，间歇的，但产生的噪声可高达80~100dB（A），扰民现象不容忽视。

（4）固体废物污染 目前我国垃圾围城现象仍较严重，白色污染、电子垃圾问题突出。尤其是城市垃圾，由于垃圾收运设施不足、机械作业率低，还没有建成一套完整的城市垃圾处理、处置和回收利用系统（这应是城市基础设施的重要组成部分），全国有25%左右的垃圾不能及时清运，垃圾和粪便大多未经无害化处理而裸露堆放或简单填埋，有的直接投入江河湖海，造成严重污染。

（5）电磁污染 城市电磁波污染几乎24h连续不断，并且日益严重。电磁辐射设施有广播电视和通信雷达导航发射设备，交通、电力、工业、科研和医疗的电磁辐射设备。其中广播电视台、站是全国城市电磁环境中最大、最近的电磁辐射污染源。通信、雷达、导航发射设备也已成为我国一个大的电磁辐射环境污染源。

（6）热污染 城市热污染主要反映在城市热岛效应和对水体的热污染。城市热岛效应主要由以下几种因素综合形成：

1）城市建筑物和水泥地面热容量大，白天吸收太阳辐射能，晚上又传输给大气；

2）人口高度集中，工业集中，大量人为热量尤其是汽车、空调等释放的废热进入大气；

3）高层建筑造成地表风速小且通风不良；

4）人类活动释放的废气（如二氧化碳、甲烷等）进入大气，改变了城市上空的大气组成，使其吸收太阳辐射的能力及对地面长波辐射的吸收增强。

工业企业排放的高温废水是城市水体热污染的主要原因。这些温排水流入水体后，使水体的热负荷或温度增高，从而引起水体物理、化学和生物过程的变化，既影响了水环境生态平衡，又浪费了能源。

（7）光污染　城市中的光污染随着城市建设的现代化而越来越严重。现代高层建筑中使用的玻璃幕墙、釉面砖、磨光大理石，户外闪烁的各色霓虹灯、广告灯和娱乐场所的彩色光源，家庭中不合理使用的照明、电视、计算机等，均会对我们身体健康和周围环境造成不良影响。有关专家把城市光污染的主要载体玻璃墙视为“城市隐患”、“光明杀手”，绝非危言耸听。

（8）耕地被大量占用　城市的发展使大量的耕地丧失，主要用于城市建设、住房建设及交通建设。如上海郊区被占耕地达 7.33 万 hm^2，相当于上海、宝山、川沙三县耕地面积的总和。据初步预测，到2050 年，我国城市建设用地将比现在增加 0.23 亿 hm^2，其中需要占用耕地约 0.13 亿 hm^2。

（9）天然植被减少、城市绿地覆盖率低　城市绿地是城市生态系统的重要组成部分，但由于城市发展建设，自然环境被开发利用建设成工厂、住宅、道路、广场等，自然环境中的植被被不断地砍伐、清除，城市绿地的多种环境功能正在逐步丧失，已经成为城市尖锐的环境问题。同时，在进行城市开发时，有时为了取得更多的生产、生活用地，不惜牺牲绿化用地，不按规划要求的指标保留和建设绿化用地，造成许多城市硬质景观和软质景观面积的比例严重失调，导致城市尘土飞扬，噪声增加，环境自净能力下降。

（10）环境基础设施建设不足　如我国目前有50%的城市没有排水管网，现有排水管网设施1/3 老化；城市燃气和集中供热率低；有 1/4 城市垃圾粪便不能日产日清；城市污水处理率不足 70%。其次，由于城市污水处理设施的运行费用没有着落，有些城市向单位和居民收取的污水处理费较低，远不能维持污水处理厂的正常运行。

由此可见，我国城市环境形势仍然相当严峻。因此，在城市化加快发展的进程中，如何有效地保护环境、治理污染，已迫在眉睫。

11.3　城市环境综合整治

11.3.1　城市环保原则与城市环境综合整治

1. 城市环境保护的原则

城市环境状况既是城市外观形象的表现，又是城市内在质量的反映。环境管理水平代表着城市管理水平，环境质量是衡量城市现代化程度的重要标志。保护环境就是保护生产力，改善环境就是发展生产力。

总的来说，城市环境保护的原则有以下四个方面。第一，要以资源承载力和环境容量为基础，科学地规划城市发展，合理地调整城市产业结构和布局，使城市更加适宜居住，更有利于经济社会和人的全面发展。第二，要进一步加强环境基础设施建设，继续加大各级政府对城市环保的投入，同时积极推进污水、垃圾处理等市政设施的市场化运营。第三，要大力发展循环经济，加快推进清洁生产，加强资源的有效利用和综合利用，严格控制主要污染物排放量。第四，要积极推广以资源节约、物质循环利用和减少废物排放为核心的绿色消费理念，引导居民形成科学环保的生活习惯和消费行为。

具体落实到城市环境工程，也就是指控制城市污染、美化城市环境的基础工程设施。主要的城市环境工程有废水、污水下水管网系统的建设与改造工程，各种污水处理厂和各种废水处理工程，各种消烟除尘工程，工业废渣的综合回收利用工程，城市垃圾的资源化无害化处理工程，区域绿化工程，噪声防治工程，汽车尾气治理工程等。

城市环境工程的原则是最大限度地减少流入环境的污染物种类和数量，进行无害化处理，化害为利，变废为宝，综合利用，达到环境效益、经济效益、社会效益的统一。一般城市环境工程的规模大，投资大，涉及面广，建设周期长，见效时间长，需要进行多方案的技术经济比较，要综合考虑基建投资、运转成本、环境效益、社会影响等诸多方面，采取综合整治的措施。

2. 城市环境综合整治及其定量考核

（1）城市环境综合整治　城市环境综合整治，就是把城市环境作为一个整体，运用系统工程和城市生态学的理论和方法，采取多功能、多目标、多层次的措施，对城市环境进行规划、管理和控制，以保护和改善城市环境。

城市环境综合整治的主要工作内容有以下三个方面：首先确定综合整治目标，并把它分解为若干个分目标，建立起相应的指标体系；其次制定综合整治方案，将其合理分解为综合整治任务，具体落实到不同部门直至单位，建立起城市综合整治系统；最后改革环境管理体制，包括制定能使综合整治方案得到准确实施的保障体系（如资金运作计划、实用环保技术和法律的监督检查办法等）。

（2）城市环境综合整治定量考核　城市环境综合整治定量考核因城市环境综合整治的需要而制定。它是以城市为单位，以城市政府为主要考核对象，对城市环境综合整治的情况，按环境质量、污染控制、环境建设和环境管理 4 大类共 20 项指标的限值进行考核并评分。城市环境综合整治定量考核指标及标准见表 11-1。

其考核结果向公众公布，成为衡量城市环境保护和管理工作绩效的重要参考资料。

城市环境综合整治是一项具有社会性、系统性和长期性的环境工程。为了使环境治理能取得成果并保持持久的效果，必须重视以下几个方面：

1）城市各级政府要加强对城市环境综合整治工作的领导，要以科学发展观制定城市环境综合整治规划，要治本治源，充分考虑到可持续发展和向生态城市建设过渡的远期目标。要制订切实可行的实施计划，明确目标，落实措施，加大投入，实现城市环境状况的全面改善。

2）要避免边整治边污染，这需要全社会的重视，还需要制度保障。要全面持久地开展全民环境意识教育，特别是用危害本地本市的环境污染、生态破坏的具体情况开展教育，使每个市民都养成自觉保护环境的意识，提高市民整体素质。要逐步完善法规规范，制定有关政策和必要的法律，加强执法力度，保证城市能规范化、有序化运行。

表 11-1　城市环境综合整治定量考核指标及标准

序号		指标名称		单位	限值		考核范围
					上限	下限	
环境质量	1	可吸入颗粒物质量浓度年平均值		mg/m^3	0.15	0.04	认证点位
环境质量	2	二氧化硫质量浓度年平均值		mg/m^3	0.10	0.02	认证点位
环境质量	3	二氧化氮质量浓度年平均值		mg/m^3	0.08	0.04	认证点位
环境质量	4	集中式饮用水水源地水质达标率		%	100	80	城市市区
环境质量	5	城市水域功能区水质达标率		%	100	60	认证点位
环境质量	6	区域环境噪声平均值		dB（A）	62	56	认证点位
环境质量	7	交通干线噪声平均值		dB（A）	74	68	认证点位
污染控制	8	烟尘控制区覆盖率及清洁能源使用率		%	100/30	30/0	建成区
污染控制	9	汽车尾气达标率		%	80	50	城市市区
污染控制	10	工业固体废物处置利用率		%	90	50	城市地区
污染控制	11	危险废物集中处置率		%	100	20	城市市区
污染控制	12	工业企业排放达标率	工业废水排放达标率	%	100	60	城市地区
污染控制	12	工业企业排放达标率	工业烟尘排放达标率	%	100	60	城市地区
污染控制	12	工业企业排放达标率	工业二氧化硫排放达标率	%	100	60	城市地区
污染控制	12	工业企业排放达标率	工业粉尘排放达标率	%	100	60	城市地区
环境建设	13	城市生活污水集中处理及回用率		%	60，30	0	城市市区
环境建设	14	生活垃圾无害化处理率		%	80	10	城市市区
环境建设	15	建成区绿化覆盖率		%	40	10	建成区
环境建设	16	生态建设		暂不考核			城市地区
环境建设	17	自然保护区覆盖率		%	8	0	城市地区
环境管理	18	环境保护投资指数		%	2	0	城市地区
环境管理	19	污染防治设施及污染物排放自动监控率		暂不考核			城市地区
环境管理	20	环境保护机构建设		国家考核			城市地区

3）结合本市本地区具体情况，精心组织，细致规划，大量采用先进的科学技术，不断提高环境综合整治的技术水平和环境管理水平。

11.3.2　城市环境综合整治范例——全国“环保模范城市”沈阳

沈阳作为全国特大重工业城市，既代表了新中国工业发展的历程，也几乎经历了传统工业发展的所有环境教训。沈阳一度被列入“世界十大污染城市”的黑名单。一个自然条件并不占优势、以工业为经济命脉的城市，污染重镇的帽子一直戴在头上。今日，这个城市实现了从工业污染重镇到国家环保模范城市的历史性跨越，目前正在提出创建国家生态城市的规划。

1. 结构调整引发城市巨变

在产业结构上，对全市产业进行了大规模整合，淘汰落后企业，全面消除“三高”（高能耗、高物耗、高排放）企业，退出重污染行业，集中发展汽车及零部件、装备制造、电子信息三大新型支柱产业和医疗器械等八大优势产业，提升产业内涵。“创模”3年间（2001～2004年），全市累计关停、搬迁装备落后、污染严重、效益低的工业企业600余家，合并、重组和改造企业300多家，仅关停沈阳冶炼厂一家，每年就减少向大气排放二氧化硫8万t。城区内已全部退出有色冶炼、水泥、草浆造纸等重污染行业，城市经济结构有了脱胎换骨的变化。

在城市布局上，打破了传统的以工业生产为中心的城市布局，“大十字架”新格局初见端倪：装备制造业向城市西部迁移，汽车零部件产业向东部发展，高新技术产业在南部集中，现代农业和旅游风景区在北部定位，广阔的城市中心区域，全部置换成金融商贸和居住区。这五大功能区域通过南北轴线上的“中央商务走廊”和东西轴线上的“浑河生态银带”相互连接，构成城市未来发展的宏观架构。

2. 城市改造引发环境革命

“创模”3年间，全市共投入环境保护与建设资金153.32亿元，实施项目近千个，投资指数一直保持在2.6%以上，大规模的环境投入为治愈环境顽疾注入了一服强心剂。

在污水处理上，先后完成了浑河沿线四大污水处理厂建设和改造，全市集中污水处理厂由1个增至5个，污水处理厂最快建设速度仅用了四个半月，3年间日污水设计总处理能力由50万t增加到104万t，污水处理率由39.46%提高到71.63%。目前，全市三大排水系统都有了相应的污水处理厂，市区内除南部尚余一个集中排污口外，其余排污口已经全部关闭，污水处理体系已经形成。

先后建成了老虎冲和大辛两座标准的生活垃圾无害化处理场，城市生活垃圾设计日处理能力由1000t增加到3500t，处理率一步提高到100%，全面消除了垃圾围城现象。规范运行了全国最大、最先进的年处理能力两万吨的工业危险废物处置中心，形成了包括生活垃圾卫生填埋、危险废物安全填埋、有机废物焚烧、医疗废物安全处理在内的完整的固体废物处理和管理体系。

“创模”3年间，累计投入绿化及拆迁资金40.26亿元，植树1599万株，新增绿地面积达到54.18km^2，相当于努尔哈赤建城以来的历史总和，建成区绿化覆盖率达到了38.12%，3年提高了13个百分点，人均公共绿地面积由2001年的3.4m^2达到2004年的9.8m^2，基本搭起了森林城市的骨架。与此同时，又先后建立了13个自然保护区，自然保护区覆盖率达13.52%，3年之内保护类别由原有的单一的植物生态拓展到湿地、古文化、自然遗迹和人文遗迹的保护；在全省率先建立2300km^2的康法防风固沙生态功能保护区，实施了退耕还林还草，生态环境得到快速恢复。

2002年以来，累计拆除烟囱3237根，锅炉房1200座，供暖锅炉房减少了近一半；建设大型集中供热热源20多座，集中供热率达到80%，3年提高了30个百分点；取缔2t以下小锅炉1817台，市场及沿街商亭散煤炉2761个，每年推广型煤5万t；全市95%的入炉煤炭达到了低硫低灰，100多个大型供热锅炉房实现了环保标准化；对近百万平方米的扬尘部位进行了绿色覆盖；治理更新公交车2200多台，机动车尾气合格率三年提高了20.2个百分点。与此同时，先后建设了3道总长度500多公里的环城生态防护体系，堵死了39个科尔沁沙漠南缘风沙侵蚀口，有效减少了外来沙尘的侵袭；成倍增加的城区绿化、水系和道路拓宽，大大增加了污染物扩散通道，2003年，沈阳空气优良天数达到了298天；2004年，沈阳空气优良天数达到301天，再创历史新高。

2002年起对浑河城市段进行了连续3年的大规模综合整治与建设，当年就成功消除了季节性恶臭，水质达到了四类，沿河两岸建成了五里河、沈水湾10km绿色生态长廊，过去发黑发臭的浑河在3年间迅速变成了全市上下引以为自豪的亲水休闲乐园，成为了城市的一大亮点。

3年间，全市共建设拓宽26条标准化景观路，整修道路948条，建设13条“禁鸣示范路”，对所有主要街路实施常年亮化，道路完好率由两年前的70%上升到95%。改造棚户区9.3万户，使30万弱势人口迁入环境宜人的新居。建成了71个生态环保模范小区，40个“安静小区”，3个省级绿色社区。实施“百村镇环境综合整治”，100个城乡结合部村镇实现了村村通路、亮化、卫生、环保的总达标；建立了307.45万亩（1亩 = $10000/15m^2$）安全农产品生产保护区，菜篮子食品安全得到有效保障。

在全国47座环境保护重点城市环境管理和综合整治排名中，可吸入颗粒物含量明显降低，城市生活垃圾无害化处理率增幅，沈阳均位列第二。通过“创模”的巨大推动作用，沈阳的经济和社会事业进入快速发展时期。

11.4 生态城市建设

城市化进程的加快，一方面对社会经济、交通、生产以及文化的发展起到了重要的推动作用，另一方面由于城市人口的持续增长和高度集中、消费水平的不断增长，城市特有的代谢功能正在对自然界的生态平衡产生重大的影响和冲击，并对人类的居住环境和生活质量产生不利影响。

进入21世纪以后，全球城市建设与发展进入了一个新的阶段，人类在认真反思历史经验教训、重新审视人类社会发展进步的社会规律和自然规律的基础上，普遍认识到城市作为人类社会发展的重要载体，它的建设与发展必须遵循自然规律，保护与建设生态环境，实现人与自然和谐共处，生态型城市建设成为全球城市可持续发展的最佳选择。

我国党和政府非常重视生态环境保护、把生态环境保护与经济发展、社会进步并重为国家可持续发展的三大支柱。为了实现区域社会、经济与环境协调发展，2002年经党中央、国务院批准，原国家环境保护总局设立并启动了“生态省、生态市、生态区县”系列创建工作，2003年5月，原国家环境保护总局发布了国家“生态省、生态市、生态区县”创建标准，2007年12月结合贯彻“十七大”关于建设生态文明要求，对标准又重新进行了调整。国家“生态省、生态市、生态区县”创建工作由此在全国各地得以广泛开展起来。

11.4.1 城市生态系统

城市生态系统是城市空间范围内的居民与自然环境系统、人工建造的社会环境系统相互作用而形成的统一体。

1. 城市生态系统的特点

城市生态系统是在自然生态系统的基础上由人类创造而形成的自然-经济-社会复合生态系统，因而城市生态系统比自然生态系统要复杂得多。它的特点是：

（1）以人为主体的生态系统　人是城市生态系统的建造者，也是其中一员，人的生命活动是系统中能流、物流的一部分，参与城市生态系统的物质循环和能量流动并受自然规律的制约。人又是城市生态系统的主宰者，支配城市生态系统的发展方向和速度，起调节控制作用。在城市生态系统中，人口高度集中，其他生物的种类和数量都很少。

（2）人工生态系统 城市生态系统是在自然环境基础上通过人类的劳动和智慧创造出来的，一般具有明显的边界。人工控制对该系统的存在与发展起着决定性作用，但同时还要受到太阳辐射、气温、气候、水源状况等自然因素的控制，所以其演化既遵循自然发展规律，也遵循社会发展规律。其特征首先是存在人为地输入和输出大量的物质和能量，如原材料、燃料要输入，产品、废物要输出；其次是受控系统，人类按照其意愿对系统进行改变，如道路建设、工业建设、商业建设等均对城市生态系统进行了改造。

（3）不完全的高度开放的生态系统 城市生态系统中生产者不仅数量显著不足，而且其作用也发生了改变，城市中的植物不是用来向城市居民提供食物，其作用已变为美化景观、消除污染和净化空气等。因此，大量的物质和能量需要从其他生态系统（如农业生态系统、其他城市生态系统）人为地输入，同时其也向其他生态系统输出物质和能量。也就是说，城市生态系统的能量交换和物质循环是开放式的。

（4）具有一定负荷能力、能人工调控的生态系统 城市生态系统的负荷能力是有限的。在一定限度内具有较强的人工调节能力，对来自外界的冲击能够通过人工调节进行补偿和缓冲，从而维持系统的稳定性。系统容量越大，调节能力越强，系统越稳定。超负荷时生态平衡就要遭到破坏。

城市生态系统容量首先要考虑城市特定区域环境所能容纳的污染物最大负荷量，即城市自然环境对污染物的净化能力或为保持某种生态环境质量标准所允许的污染物排放总量，还要考虑环境资源对社会经济活动强度的承受能力，如城市的土地资源、水资源、能源等对人口和经济发展的承受能力。因此，城市生态系统容量是指在保证城市土地利用适宜、资源开发利用合理、生物受到保护、环境污染得到有效控制的前提下，城市所能容纳的适度人口和一定的经济发展规模。它是城市生态规划的基础和依据。

（5）多层次的复杂的生态系统 在城市生态系统中不仅包含自然生态系统的各组成要素，更重要的是增加了围绕人类而产生的社会经济系统各要素，因此城市生态系统是一个自然-经济-社会复合生态系统。社会、经济和自然系统由若干子系统构成，这些子系统又由众多要素组成。三个系统相互融和、相互交织、相互联系，共同形成按一定规律组合的相辅相成、相生相克的共生关系。

2. 城市生态系统的结构

一个完整的城市生态系统由自然生态系统、经济生态系统和社会生态系统三部分组成，每个系统还由众多子系统组成，如图11-1所示。

（1）自然生态系统 自然生态系统是城市的基本物质环境，由人与其生存的基本物质环境各要素，如气候、土壤、生物、食物、淡水、自然景观以及人工建造的设施如建筑、道路等构成。由于受人类活动的影响，城市自然生态系统有很多完全不同于原来自然环境的地方，它以生物与环境协同共生及环境对城市活动的支持、容纳、缓冲及净化为特征。

（2）经济生态系统 经济生态系统是城市的主要知识信息、物质生产和服务系统，涉及生产、分配、流通、消费各环节，由人与能源、原料、工业、农业、建筑、交通、资源、金融、科技、信息等组成。它以物质从分散向集中的高度集聚，信息从低序向高序的连续积

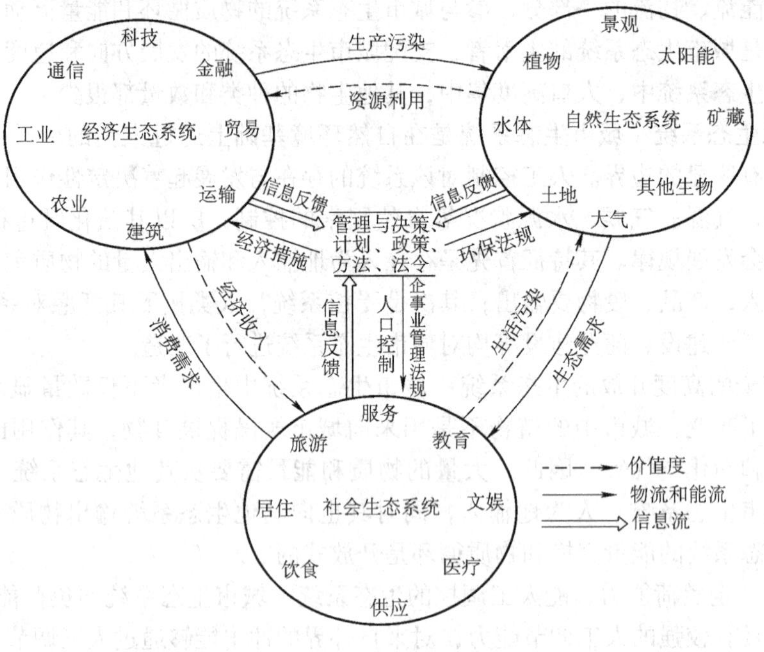

图 11-1 城市生态系统的结构

累为特征。研究城市经济生态系统主要是研究城市的物质、能量、金融、信息等流动与传递过程，并通过适当的引导与控制使之达到有序化、协调化和稳定发展。

（3）社会生态系统 社会生态系统是城市中人类及其自身活动所形成的非物质性生产的组合，由人的社会组织、政治活动、文化、教育、娱乐、服务等构成。城市社会生态系统以高密度的人口分布和高强度的生活消费为特征，以满足城市居民的就业、居住、交通、供应、娱乐、医疗、教育以及生活环境需要为目标，为经济系统提供劳力与智力。合理控制城市人口密度和提高人口素质，对于保证城市的经济稳定、建设生态城市具有重要意义。

在城市这个自然-经济-社会复合系统中，自然系统是基础，显示了自然对人类社会和经济生产的根本支撑作用，经济系统是社会与自然联系的中介，社会系统则对系统起导向作用，社会体制、经济发展状况等都直接或间接地对生态系统产生深远影响，所以要求政府的决策者们在经济生态原则的指导下拟定具体的生态目标，使系统的复合效益最高、风险最小、活力最强。

3. 城市生态系统的功能

组成城市生态系统的三个层次的系统内部都有自己的能量流、物质流和信息流，而它们之间以及与外界之间也存在着物质流、能量流和信息流。

（1）物质流 物质流又称物质循环，城市生态系统的物质流有以下六个方面：

1）人口流。人口流是一种特殊的物质流。人口流包括人口在时间上和空间上的变化，前者即人口的自然增长；后者是反映城市与外部之间人口流动中的过往人流和反映城市内部人口流动的交通人流。

2）劳力流。劳力流是特殊的人口流，包括劳力在时间上的变化（由于就业、退休等导致劳力数量的变动）和劳力在空间上的变化（即劳力在各职业部门的分配情况的变化）。

3）智力流。智力流是特殊的劳力流。智力在时间上的变化是智力的开发过程（入学、就读、毕业、升学），反映着城市智力结构的改变过程；智力在空间上的变化则反映智力（人才）在不同部门中的改变。

4）价值流。价值流是物质流的表现与计量形式的体现。城市在系统运转过程中伴随着价值的增值和金融货币的流动，并通过价值规律合理流通来调节城市的社会经济功能和生态功能的正常进行。

5）货物流。货物流是流动过程中最为复杂的物质流，它不是简单的输入和输出，其中还经过生产（形态和功能的转变）、消耗、累积及排放废弃物等过程。城市生态系统中各子系统均有其自身的货物流。

6）资源流。资源流是由自然力推动的物质流，虽然不稳定，但其数量极大，如空气流动、自然水体流动等。这种资源流的流动速率和强度直接影响城市的环境质量。

（2）能量流　城市生态系统中的能量流如图 11-2 所示，是以一次能源为起点。除煤、天然气等少数一次能源可直接利用，大多数均经过加工或转化为二次能源，如电力、蒸汽、汽油等；有用能源指使用者为达到使用目的将二次能源转化为特殊的使用形式，如电动机的机械能、灯的光能等；最终能源是指能量使用的最终目的，如钢铁炉把热能转变为钢材内部的分子能，一部分变为废热耗散掉。

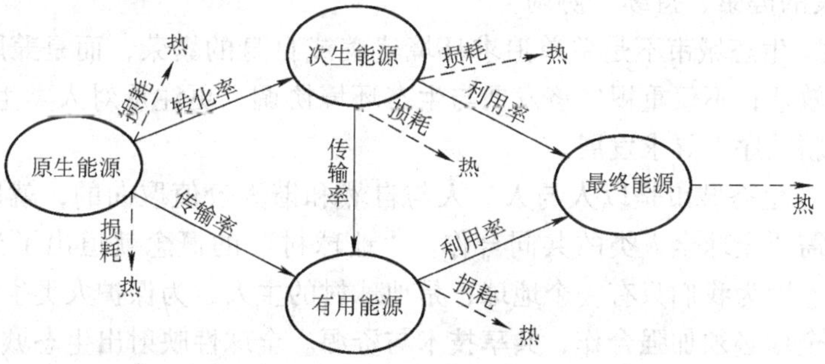

图 11-2　城市生态系统中的能量流的基本过程

与自然生态系统一样，城市生态系统中能量流也是单向性、不可逆的过程，能量流体现在物质流中，除部分热损耗由辐射传输外，其余能量均由物质携带。

（3）信息流　信息流是城市的重要功能之一，就是输入分散的、无序的信息，输出经过加工的、集中的、有序的信息。对于政治中心、文化中心、科学中心、商业中心城市，这一功能尤其重要。城市的输出物除了物质产品和废弃物外，精神产品也很重要，这就要靠信息流完成。

信息流也是附于物质流中的，报纸、广告、电台和收音机、电视台和电视机、书刊、信件、电话、照片、网络等，均是信息的载体。人的各种活动，如集会、交谈、讲课、表演等，也在交流信息。信息的流量反映了城市的发展水平和现代化程度。

11.4.2　生态城市的特征

生态城市这一崭新的城市概念和发展模式是在联合国教科文组织发起的“人与生物圈（MAB）计划”研究过程中提出的，之后，国际上生态城市研究蓬勃发展。所谓的生态城市，简单地说，就是指符合生态规律、结构合理、功能高效和生态关系协调的城市。

目前，世界各国普遍接受了生态城市的思想，并用其指导城市环境管理。大多数国际化大城市都将生态城市作为自己的发展目标。

生态城市是一种理想的城市模式，它旨在建设一种“人和自然和谐”的理想环境，也就是说，按生态学原理建立起一种自然、经济、社会协调发展，物质、能量、信息高效利用，生态良性循环的人类聚居地。因此它体现了一种广义的生态观，即自然-经济-社会复合生态观。生态城市具有鲜明的生态时代的特征。

（1）和谐性　生态城市的和谐性包含两重意义：第一是反映在人与自然的关系上，自然与人共生，人回归自然、贴近自然，自然融于城市；第二是反映在人与人的关系上，生态城市在营造满足人类自身进化需求的环境时，充满人情味，文化气息浓郁，拥有强有力的互帮互助的群体，富有生机与活力。这种和谐性是生态城市的核心内容。

（2）高效性　生态城市一改现代城市“高能耗”、“非循环”的运行机制，提高一切资源的利用效率，物尽其用、人尽其才、各施其能、各得其所，物资、能量得到多层次分级利用，废弃物循环再生，各行业、各部门之间的共生关系协调。

（3）持续性　生态城市是以可持续发展思想为指导，合理配置资源，公平地满足今世后代在发展和环境方面的需要，不因眼前的利益而用“掠夺”的手段促进城市暂时的“繁荣”，保证其发展的健康、持续、协调。

（4）整体性　生态城市不是单单追求环境优美或自身的繁荣，而是兼顾社会、经济和环境三者的整体效益；不仅重视经济发展与生态环境协调，更注重对人类生活质量的提高，是在整体协调的新秩序下寻求发展。

（5）全球性　生态城市是以人与人、人与自然和谐为价值取向的，就广义而言，要实现这一目标，就需要全球全人类的共同合作。“地球村”的概念就道出了当前世界不再孤立、分离的关系。因为我们只有一个地球，是地球村的主人，为保护人类生活的环境及其自身的生存发展，全球必须加强合作，共享技术与资源。全球性映射出生态城市是具有全人类意义的共同财富。

11.4.3 生态城市建设的内容和指标体系

1. 生态城市建设的内容

（1）生态安全　向所有居民提供洁净的空气、安全可靠的水、食物、住房和就业机会，以及市政服务设施和减灾防灾措施的保障。

（2）生态卫生　通过高效率低成本的生态工程手段，对粪便、污水和垃圾进行处理和再生利用。

（3）生态产业代谢　促进产业的生态转型，强化资源的再利用、产品的生命周期设计、可更新能源的开发、生态高效的运输，在保护资源和环境的同时，满足居民的生活需求。

（4）生态景观的整合　通过对人工环境、开放空间（如公园、广场）、街道桥梁等连接点和自然要素（水路和城市轮廓线）的整合，在节约能源、资源，减少交通事故和空气污染的前提下，为所有居民提供便利的城市交通。同时，防止水环境恶化，减少热岛效应及其对全球环境恶化的影响。

（5）生态意识培养　帮助人们认识其在与自然关系中所处的位置和应负的环境责任，

尊重地方文化，引导人们的消费行为，改变传统的消费方式，增强自我调节的能力，以维持城市生态系统的高质量运行。

2. 生态城市建设的指标体系

生态城市建设的内涵需要用指标体系来加以体现，生态城市建设指标体系不仅是生态城市内涵的具体化，而且是生态城市规划和建设成效的度量。

原国家环境保护总局通过3年推行生态城市建设的经验于2003年发布了《生态县、生态市、生态省建设指标体系（试行）》。又于2007年12月，发布了《生态县、生态市、生态省建设指标（修订稿）》。该指标体系分成3大块，即经济发展、环境保护和社会进步，这是由城市生态系统是一个经济–社会–环境复合系统的特性所决定的。生态市（含地级行政区）建设指标如下：

（1）基本条件

1）制订了《生态市建设规划》，并通过市人大审议、颁布实施。国家有关环境保护法律、法规、制度及地方颁布的各项环保规定、制度得到有效的贯彻执行。

2）全市县级（含县级）以上政府（包括各类经济开发区）有独立的环保机构。环境保护工作纳入县（含县级市）党委、政府领导班子实绩考核内容，并建立相应的考核机制。

3）完成上级政府下达的节能减排任务。三年内无较大环境事件，群众反映的各类环境问题得到有效解决。外来入侵物种对生态环境未造成明显影响。

4）生态环境质量评价指数在全省名列前茅。

5）全市80%的县（含县级市）达到国家生态县建设指标并获命名；中心城市通过国家环保模范城市考核并获命名。

（2）建设指标　生态市（含地级行政区）建设指标见表11-2。从这些指标的考核中，我们可以看出，生态城市的要求是很高的，它是城市建设的最高水平，是城市发展最终所追求的方向。

表11-2　生态市（含地级行政区）建设指标

	序号	名称		单位	指标	说明
经济发展	1	农民年人均纯收入	经济发达地区	元/人	≥8000	约束性指标
			经济欠发达地区		≥6000	
	2	第三产业占GDP比例		%	≥40	参考性指标
	3	单位GDP能耗		吨标煤/万元	≤0.9	约束性指标
	4	单位工业增加值新鲜水耗		m^3/万元	≤20	约束性指标
		农业灌溉水有效利用系数			≥0.55	
	5	应当实施强制性清洁生产企业通过验收的比例		%	100	约束性指标
生态环境保护	6	森林覆盖率	山区	%	≥70	约束性指标
			丘陵区		≥40	
			平原地区		≥15	
			高寒区或草原区林草覆盖率		≥85	
	7	受保护地区占国土面积比例		%	≥17	约束性指标

（续）

	序号	名称	单位	指标	说明
生态环境保护	8	空气环境质量	—	达到功能区标准	约束性指标
	9	水环境质量 近岸海域水环境质量	—	达到功能区标准，且城市无劣V类水体	约束性指标
	10	主要污染物排放强度：化学需氧量（COD）	千克/万元（GDP）	<4.0	约束性指标
		主要污染物排放强度：二氧化硫（SO_2）		<5.0 不超过国家总量控制指标	
	11	集中式饮用水源水质达标率	%	100	约束性指标
	12	城市污水集中处理率	%	≥85	约束性指标
		工业用水重复率		≥80	
	13	噪声环境质量	—	达到功能区标准	约束性指标
	14	城镇生活垃圾无害化处理率	%	≥90	约束性指标
		工业固体废物处置利用率		≥90 且无危险废物排放	
	15	城镇人均公共绿地面积	m^2/人	≥11	约束性指标
	16	环境保护投资占GDP的比重	%	≥3.5	约束性指标
社会进步	17	城市化水平	%	≥55	参考性指标
	18	采暖地区集中供热普及率	%	≥65	参考性指标
	19	公众对环境的满意率	%	>90	参考性指标

11.4.4 我国建设生态城市对策

1. 我国建设生态城市面临的主要问题

我国作为发展中国家，整体发展水平较低，而且区域差异很大，地区发展极不平衡。城乡矛盾、环境污染、思想观念、人口、消费等问题相当突出，建设生态城市任重道远。当前我国建设生态城市面临的主要问题有：

1）城乡生态环境状况不容乐观，呈现“局部改善，总体恶化”的态势。这与旧的工业体系和过去30年经济的快速增长是息息相关的，而且对污染控制主要采取末端治理措施，而不是全过程污染防治，公众的环境意识呈“依赖政府型”，往往出现环境治理远远赶不上环境污染速度的现象。

2）城乡之间差距加大，矛盾突出，农村、农业、农民（“三农”）的问题严重。我国60%以上的人口生活在农村，他们对自然条件保持着直接需求，使得我国生态环境十分脆弱；新时期下的“农民进城”，不仅没有合理配置人力资源，造成大量农田的闲置和荒废，而且还遏制了我国的城市化进程，增加了城市管理难度。

3）城乡社会价值观混乱，出现文化危机、精神危机。人们对物欲追求不断膨胀，痴迷于“快速致富”。这种功利主义价值观成为目前事实上的社会生活主流，使得物质凌驾于精神之上，眼前利益凌驾于长远利益之上，助长城乡发展过程中的急功近利和短期行为。

4）部分地区的领导决策层对“生态”、“可持续发展”认识不足，理解不深，在城市建设中大搞形式主义。如兴建大草坪大广场，尤其是砍掉大树改植大草坪，本想做好事，但建成后环境效益可能比改造前还低（景观草坪的生态效应明显低于乔木），且增加维护费用；又如城乡建设片面追求“高档”、“豪华”，不仅浪费国家建设资金，而且这种对高收入者和低收入者聚居区的不公正发展还会进一步激化社会阶层对立，是违反城市规划建设为大众服务宗旨的。

2. 我国建设生态城市的对策

当前我国已进入加速城乡一体化阶段，又恰逢西部大开发，我国城乡建设将继续保持高速发展态势。我们应以此为契机，转变观念，摒弃传统发展模式，树立新的生态发展观，从我国国情出发，在吸收发达国家城乡发展的经验和教训的基础上，走城乡生态化发展之路，在城乡发展模式上以生态城市为目标实现历史性的跨越。

走城乡生态化发展之路，建设生态城市是一个循序渐进的过程。在我国建设生态城市的道路上可采取以下对策：

1）缓解城乡冲突，促进城乡平等、协调发展。城市化并不是把农村都变成城市，而是把城与乡作为一个整体来考虑，把“数量型”城市化（以农业人口转入城市的数量衡量城市化发展水平）转变为“质量型”城市化（以农业人口、农村发展的文明程度衡量城市化发展水平）；农村发展遵循“三集中”原则，即农村人口向城镇集中、农村工业向乡镇工业园区集中、农村耕地向农场集中。由质量型城市化促进小城镇发展，从而带动农村经济和社会的发展。

2）软化经济结构、加快知识经济发展。党的“十五大”提出的“科教兴国，可持续发展”两大战略预示了我国将以知识经济取代工业经济的发展趋势。当前应大力调整城乡产业结构，发展质量效益型、资源节约型和技术先导型企业，发展少废、无废、节能、节水新工艺、新技术、新设备，实行废物最小量化政策，发展清洁能源技术，提高能源效率，树立健康的消费观念，逐步将消费的“线性过程”过渡到“循环消费”。

3）加大环保投资、完善环境立法。在实行污染物排放总量控制和排污许可证基础上，进一步完善企业生态环境补偿制度，使企业通过核算生态经济成本，实现企业外部不经济性内部化，并加强污染治理费用的投入，使污染的末端治理发展为全过程的污染预防。

4）加强公共教育、提高人口素质、控制人口增长。

5）加强文化建设、普及生态文化。文化是经济和技术进步的真正量度。文化观念不仅体现社会的价值取向、道德伦理，还决定着社会发展的方向和人生的意义。我国具有悠久的历史，我们既要继承传统文化的精髓，又要加强生态文化的宣传和普及，唤起人们的生态觉醒，提高全民思想道德水平，促进人的全面发展。

建设生态城市并不是对现有状况进行修修补补，而是一场生态革命。这场生态革命是全方位、全球性的，它不仅包含物质环境“生态化”，还包含社会文明“生态化”，这只有在人类追求人和自然和谐的基础上，建立起新的全球伙伴关系时才能真正实现。我国现在正处在转型期，这为建设生态城市提供了有利的契机。我们应积极应对，改变观念，走城市生态化之路，直接瞄准生态城市目标，在加强经济建设的同时，加强生态文化建设和精神文明建设。

复习与思考

1. 城市发展的环境问题有哪些？

2. 什么是城市环境综合整治？举例说明其定量考核指标及标准。
3. 什么是城市生态系统？阐述其结构和功能。
4. 什么是生态城市？它有哪些特征？
5. 试述生态城市建设的内容和指标体系。
6. 试述我国建设生态城市面临的主要问题和对策。

12

第12章 环境监测与环境评价

12.1 环境监测

12.1.1 环境监测概述

1. 环境监测及其发展

环境监测是指测定代表环境质量的各种标志数据，确定环境质量（或污染程度）及其发展变化趋势的过程。环境监测是环境监测机构按照有关的法律、法规和技术规定、程序的要求，运用科学的、先进的技术方法，对代表环境质量及其发展变化趋势的各种标志数据进行间断地或连续地监视、测试和解释的科学活动。

随着环境问题的不断出现，环境监测的内涵不断扩大。对环境质量进行判断，不仅要对某一污染物进行某一地点、某一时刻的分析测定，还必须对各种有关污染因素、环境因素在一定范围、时间、空间内进行测定，分析其综合测定数据，才能对环境质量作出确切评价。因此，环境监测包括对污染物分析测试的化学监测，对物理因子声、光、热、电磁辐射、振动及放射性等强度、能量和状态测试的物理监测，对生物由于环境质量变化所发出的各种反映和信息，如受害症状、生长发育、形态变化等测试的生物监测，对区域群落、种群的迁移变化进行观测的生态监测等。

环境监测的发展主要包括三个阶段：

（1）20世纪50年代　这个时期的主要环境问题是由于化学毒物所造成的环境污染事件，其监测工作主要是对环境样品进行化学分析以确定其组成和含量，因此该阶段被称为污染监测阶段或被动监测阶段。

（2）20世纪70年代　这一时期人们逐渐认识到影响环境质量的因素不仅是化学因素，还有物理因素，如噪声、电磁辐射、光、热和放射性等，而且用生物（动物、植物）的生态、群落、受害症状等的变化作为判断环境质量的指标更为确切可靠。因此，环境监测的手段除了化学的、还有物理的、生物的手段等。同时，从点污染的监测发展到面污染以及区域性的监测，这一阶段称之为主动监测或目的监测阶段。

（3）20世纪80年代初　监测手段和监测范围的扩大，虽然能够说明区域性的环境质量，但由于受采样手段、采样时间和频率、采样数量、分析速度、数据处理速度等限制，仍不能及时地监视环境质量变化，预测变化趋势，更不能根据监测结果发布采取应急措施的指令。因此连续自动监测技术进入了环境监测领域，这一阶段形成了以连续自动监测系统为骨干的环境监测技术，其监测数据用有线或无线传输的方式送到监测中心控制室，经计算机处理，可自动打印成指定的表格，画出污染态势、含量分布，可以在极短时间内观察到空气、水体污染物含量变化、预测预报未来环境质量。当污染物含量接近或超过环境标准时，可发布指令、通告并采取防护措施。该阶段也称为污染防治监测阶段或自动监测阶段。

随着环境保护科学技术的发展，对环境监测提出的要求越来越高。环境监测一方面向深度发展，通过采用更加先进的监测技术获得历史的、准确的、有代表性的、可比的、整体性的数据；另一方面向广度发展，涉及的范围日益扩大，采用的监测手段越来越多，监测范围可以从一个点发展到一个城市或一个地区，以至扩大到全国乃至全球。一些现代化的手段，如航测、卫星监测等，在环境监测中都得到了应用。

2. 环境监测的作用

环境是一个极其复杂的综合体系。人们只有获取大量的定量化的环境信息，了解污染物的产生过程和原因，掌握污染物的数量和变化规律，才能制定切实可行的污染防治规划和环境保护目标，完善以污染物控制为主要内容的各类控制标准、规章制度，使环境管理逐步实现从定性管理向定量管理、单项治理向综合整治、浓度控制向总量控制转变。而这些定量化的环境信息，只有通过环境监测才能得到。离开环境监测，环境保护将是盲目的，加强环境管理也将是一句空话。环境监测的作用主要包括以下几个方面：

1）通过环境监测，提供代表环境质量现状的数据，判断环境质量是否符合国家制定的环境质量标准，评价当前主要环境问题。

2）找出环境污染最严重的区域和区域上重要的污染因子，作为主要管理对象，评价该区域环境污染综合防治对策和措施的实际效果。

3）通过环境监测，评价环保设施的性能，为污染源管理提供基础数据。

4）通过环境监测，追踪污染物的污染路线和污染源，判断各类污染源所造成的环境影响，预测污染的发展趋势和当前环境问题的可能趋势。

5）通过环境监测，验证和建立环境污染模式，预测评价新污染源对环境的影响。

6）积累长期监测资料，为研究环境容量、实施总量控制提供基础数据。

7）通过积累大量的不同地区的环境监测数据，并结合当前和今后一段时期我国科学技术和经济发展水平，制定切实可行的环境保护法规和环境质量标准。

8）通过环境监测，不断揭示新的污染因子和环境问题，研究污染原因、污染物迁移和转化，为环境保护科学研究提供可靠的数据。

总而言之，环境监测的作用是及时、准确、全面地反映环境质量现状及发展趋势，为环境管理、环境规划、环境科学研究提供依据。

3. 环境监测的分类

环境监测按目的或任务可分为：

（1）监视性监测（常规监测或例行监测） 监视性监测指监测环境中已知污染因素的现状和变化趋势，确定环境质量，评价环境污染控制措施的效果，判断环境标准实施的情况和改善环境取得的进展。包括环境质量监测和污染源控制排放监测。

（2）事故性监测（特例监测或应急监测） 事故性监测指发生事故性污染时确定污染

程度、危及范围，以便采取有效措施降低和消除危害。这类监测期限短，随着事故完结而结束，常采用流动监测、空中监测或遥感等手段。

（3）研究性监测　对某一特定环境，研究确定污染因素从污染源到受体的迁移转化的趋势和规律。当监测结果表明存在环境问题时，还必须确定污染因素对人体、生物体和各种物质的危害程度。研究性监测周期长、监测范围广。

环境监测按监测对象可分为：对各种自然要素（地表水、地下水、空气）实施的环境质量监测，对与环境有影响的各种人为因素实施的污染源监测；按监测介质可分为：水质污染监测、大气污染监测、土壤污染监测、生物污染监测、固体废物污染监测、噪声和振动监测、电磁辐射监测、放射性监测、热污染监测和光污染监测等。

4. 环境监测的特点

环境监测就其对象、手段、时间和空间的多变性、污染组分的复杂性等，其特点可归纳为：

（1）环境监测的综合性　环境监测的综合性表现在以下几方面：监测手段包括化学、物理、物理化学、生物及生态等一切可以表征环境质量的方法；监测对象包括空气、水体（江、河、湖、海及地下水）、土壤、固体废物、生物等客体，只有对这些客体进行综合分析，才能确切描述环境质量状况；对监测数据进行统计处理、综合分析时，需涉及该地区的自然和社会各个方面情况，因此必须综合考虑才能正确阐明数据的内涵。

（2）环境监测的连续性　由于环境污染具有时空性等特点，因此，只有坚持长期监测，才能从大量的数据中揭示其变化规律，预测其变化趋势，数据越多，预测的准确度就越高。因此，监测网络、监测点位的选择一定要有科学性，而且一旦监测点位的代表性得到确认，必须长期坚持监测。

（3）环境监测的追踪性　环境监测包括监测项目的确定、监测计划的制订、采样、样品运送和保存、实验室分析测定、数据整理等过程，是一个复杂而又有联系的系统，任何一步的差错都将影响最终数据的质量。特别是区域性的大型监测，由于参加人数众多，实验室和仪器的不同，必将导致技术和管理水平不同。为使监测结果具有一定的准确性，并使数据具有可比性、代表性和完整性，需有一个量值追踪体系予以监督。为此，需要建立环境监测的质量保证体系。

（4）环境监测的服务性　环境监测必须为环境管理服务，这是由环境监测的目的决定的。环境监测为环境管理服务应该遵守及时性、准确性、公正性、科学性的基本原则。

5. 环境优先污染物和优先监测

有毒化学污染物的监测和控制，无疑是环境监测的重点。世界上已知的化学品有700万种之多，而进入环境的化学物质已达10万种。因此，无论从人力、物力、财力或从化学毒物的危害程度和出现频率的实际情况，某一实验室不可能对每一种化学品都进行监测、实行控制，而只能有重点、针对性地对部分污染物进行监测和控制。这就必须确定一个筛选原则，对众多有毒污染物进行分级排队，从中筛选出潜在危害性大，在环境中出现频率高的污染物作为监测和控制对象。这一筛选过程就是数学上的优先过程，经过优先选择的污染物称为环境优先污染物，简称为优先污染物（Priority Pollutants）。对优先污染物进行的监测称为优先监测。

优先污染物具有如下特点：难以降解、在环境中有一定残留水平、出现频率较高、具有生物积累性、“三致”物质（致癌、致畸、致突变）、毒性较大，以及现代已有检出方法的污染物等。

美国是最早开展优先监测的国家。早在20世纪70年代中期，就在“清洁水法”中明确规定了129种优先污染物，它一方面要求排放优先污染物的工厂采取最佳可利用技术控制点源污染排放；另一方面制定环境质量标准，对各水域实施优先监测。其后又提出了43种空气优先污染物的名单。欧洲经济共同体在1975年提出的“关于水质的排放标准”的技术报告中，列出了所谓“黑名单”和“灰名单”。日本政府环境厅公布了1974—1985年间对600种优先有毒化学品进行环境普查的结果，其中检出率高的有毒污染物为89种。“中国环境优先监测研究”也提出了“中国环境优先污染物黑名单”，包括14种化学类别共68种有毒化学物质，其中有机物占58种，见表12-1。

表12-1 中国环境优先污染物黑名单

化学类别	名　称
卤代（烷、烯）烃类	二氯甲烷、三氯甲烷、四氯化碳、1，2－二氯乙烷，1，1，1－二氯乙烷、1，1，2－三氯乙烷、1，1，2，2－四氯乙烷、三氯乙烯、四氯乙烯、三溴甲烷
苯系物	苯、甲苯、乙苯、邻－二甲苯、间－二甲苯、对－二甲苯
氯代苯类	氯苯、邻－二氯苯、对－二氯苯、六氯苯
多氯联苯类	多氯联苯
酚类	苯酚、间－甲酚、2，4－二氯酚、2，4，6－三氯酚、五氯酚、对－硝基酚
硝基苯类	硝基苯、对-硝基甲苯、2，4－二硝基甲苯、三硝基甲苯、对－硝基氯苯、2，4－二硝基氯苯
苯胺类	苯胺、二硝基苯胺、对－硝基苯胺、2，6－二氯硝基苯胺
多环芳烃	萘、荧蒽、苯并［b］荧蒽、苯并［k］荧蒽、苯并［a］芘、茚并［1，2，3-c、d］芘、苯并［ghi］芘
酞酸酯类	酞酸二甲酯、酞酸二丁酯、酞酸二辛酯
农药	六六六、滴滴涕、敌敌畏、乐果、对硫磷、甲基对硫磷、除草醚、敌百虫
丙烯腈	丙烯腈
亚硝胺类	N－亚硝基二丙胺、N－亚硝基二正丙胺
氰化物	氰化物
重金属及其化合物	砷及其化合物、铍及其化合物、镉及其化合物、铬及其化合物、铜及其化合物、铅及其化合物、汞及其化合物、镍及其化合物、铊及其化合物

12.1.2 环境监测的程序与方法

1. 环境监测的程序

环境监测的工作程序包括提出监测任务、制订监测计划、建立质量保证体系和采样分析、数据处理、编写监测报告等。

1）环境监测任务的提出。环境监测首先应由有关部门提出目的明确的环境监测任务，如环境行政主管部门提出的城市空气质量例行监测；流域的枯、丰、平水期水质监测；为配合环境监理、排污收费的污染源排放监测；环境事故出现后由政府有关部门、污染受害者提出申诉的污染事故应急监测；为环境科研、环境影响评价，由当事者提出的委托监测等。

2）制订监测计划。监测计划应包括监测内容、监测时间、监测布点、监测频率、监测机构的组成、监测人员的构成、经费的使用计划等。

3）监测前的准备。样品采集的准备包括现场调查、采样仪器和运输工具的准备等；实验室准备包括监测方法确定、仪器调试、试剂配制、方法预审、标准曲线绘制等。

4）建立监测质量保证体系，为了使监测结果客观准确，必须有相应的质量保证措施。

5）实地监测采样和实验室样品分析、按计划得到监测数据。

6）数据经处理后，归纳、总结、编写监测报告。

2. 环境监测的方法

在环境监测工作中，由于污染因素性质的不同所采用的分析方法也不同。单纯物理性质（如噪声）测定的工作比较少，绝大部分工作是对环境样品中污染物的成分分析及其状态与结构的化学分析。目前，多采用化学分析方法和仪器分析方法。另外，还有生物学方法用于综合性监测。

（1）化学分析法　化学分析方法是以化学反应为基础确定待测物质含量的方法。化学分析方法分类见表 12-2。

表 12-2　化学分析方法分类

- 化学分析方法
  - 质量法（测大气颗粒状物质，水中油和悬浮物等）
  - 滴定法
    - 酸碱滴定法（测水中的酸度、碱度等）
    - 氧化还原滴定法（测水中溶解氧、高锰酸盐指数等）
    - 络合滴定法（测水中钙、镁、总硬度、氰化物等）
    - 沉淀滴定法（测水中卤素化合物等）
  - 目视比色法（测水中氟化物等）

化学分析法的主要特点有：准确度高，其相对误差一般小于 0.2%；仪器设备简单，价格便宜；灵敏度低，适用于常量组分测定，不适用于微量组分测定。

（2）仪器分析法　仪器分析法是以物理和物理化学方法为基础的分析方法。其种类很多，主要有以下几种：

1）以测定光辐射的吸收或发射为基础。光学分析法分类见表 12-3。

表 12-3　光学分析法分类

- 光学分析法
  - 吸收光谱法
    - 分子吸收光谱法
      - 可见-紫外分光光度法（测空气中 SO_2、NO_x；水中氨氮、硝酸盐氮等）
      - 非分散性红外法（测空气中 CO；水中总有机碳、油等）
    - 原子吸收光谱
      - 火焰法（测空气、水中 Ag、Cd、Cu、Pb、Zn）
      - 石墨炉法（测水中 Cd、Cu、Pb 等）
    - 冷原子吸收法（测 Hg 等）
  - 化学发光法
    - 等离子发射光谱法（测水、气、土壤中多种金属元素）
    - 火焰原子发射法（测水中 K、Na 等）
    - 发射光谱法
    - 荧光分光光度法（测空气中苯并［a］芘等）
    - 原子荧光法（测水中 Se 等）
    - 冷原子荧光法（测水中 Hg 等）

2）以溶液的电化学效应为基础。电化学分析方法是利用物质的电化学性进行定量分析的方法。电化学分析方法分类见表12-4。

表12-4　电化学分析法分类

- 电化学分析法
  - 电位法（测气、水中氟化物，水中氰化物、氨氮等）
  - 电导法（测水中电导率、溶解氧，气中 SO_2 等）
  - 库仑法（测水中化学需氧量、气中 SO_2 等）
  - 极谱法
    - 高波极谱法（测水中硝基苯、Cd、Cu、Pb等）
    - 阳极溶出法（测水中Cu、Pb、Zn、Cd等）

3）以色谱分离检定为基础。色谱分析方法是根据被分析物质在固定相和移动相中的分配系数不同。而进行定量分析的方法。色谱分析法分类见表12-5。

表12-5　色谱分析法分类

- 色谱分析法
  - 气相色谱法（测气中丙酮、甲醇、苯系物等，水中卤代烃、烷基汞、吡啶等）
  - 液相色谱法
    - 高效液相色谱法（测气、水中多环芳烃、苯并［a］芘）
    - 离子色谱法（测水、气中氯化物、氟化物等多种阴离子）
    - 纸层析和薄层层析法（分离、测定气、水中多环芳烃，粮食中黄曲霉素、有机磷农药等）

此外，还有质谱法、中子活化分析法、同位素分析法、核磁共振法、流动注射分析法等。仪器分析的共同特点有：灵敏度高，适用于微量、痕量甚至超痕量组分的分析；选择性强，对试样预处理要求简单；响应速度快，容易实现连续自动测定；有些仪器可以联合使用，如色谱-质谱联用仪等，该方法可使每种仪器的优点都能得到更好地利用；仪器的价格比较高，有的十分昂贵，设备复杂，与化学分析法相比，仪器法的相对误差较大。

目前，仪器分析方法广泛用于对环境中污染物进行定性和定量的测定。如分光光度法常用于大部分金属、无机非金属的测定；气相色谱法常用于有机物的测定；对于污染物状态和结构的分析常采用紫外光谱、红外光谱、质谱和核磁共振等技术。

（3）生物学方法　这是利用植物和动物在污染环境中所产生的各种反映信息来判断环境质量的方法，是一种最直接的综合的方法。生物监测包括生物体内污染物含量的测定；观察生物在环境中受伤害症状、生物的生理生化反应、生物群落结构和种类变化等手段来判断环境质量。如利用某些对特定污染物敏感的植物或动物（指示生物）在环境中受伤害的症状，可以对空气和水的污染作出定性和定量的判断。

（4）监测技术的发展　目前监测技术的发展较快，许多新技术在监测过程中已得到应用。如GC-AAS（气相色谱-原子吸收光谱法）联用仪，使两项技术互促互补，扬长避短，在研究有机汞、有机铅、有机砷方面表现了优异性能。再如，利用遥感技术对整条河流的污染分布情况进行监测，是以往监测方法很难完成的。

对于区域甚至全球范围的监测和管理，其监测网络和点位的研究、监测分析方法的标准化、连续自动监测系统、数据传送和处理的计算机化的研究、应用也是发展很快的。

在发展大型、自动、连续监测系统的同时，研究小型便携式、简易快速的监测技术也十分重要。如在污染突发事故的现场，瞬时造成很大的伤害，但由于空气扩散和水体流动，污染物含量的变化十分迅速，这时大型仪器无法使用，而便携式和快速测定技术就显得十分重要，在野外也同样如此。

12.1.3 城市环境监测

1. 城市环境空气监测

许多国家环境空气监测以城市为主体，如我国环保系统目前已经有1800多个市、县级监测站开展城市环境空气质量的监测工作。

（1）城市环境空气监测的内容　城市大气污染物共分七类，见表12-6。监测时根据需要和可能进行选择。发达国家主要城市基本上对表12-6中最具代表性的污染物（除HF）都进行监测。根据GB 3095—1996《环境空气质量标准（修改单）》〔环发（2000）1号〕规定，现阶段大气污染监测的常规分析指标有SO_2、CO、NO_2、O_3、CO、PM_{10}、Pb、B[a]P、氟化物。

表12-6　城市大气监测的七类污染物

类别	所含污染物或污染项目	最具代表性的污染物
含硫化合物	SO_2、SO_3、SO_4^{2-}、H_2S及磺酸盐类等	SO_2
含氮化合物	NO_2、NO、NO_3^-、NH_3及铵盐类等	NO_2、NO
碳氧化合物	CO、CO_2	CO
碳氢化合物	总碳氢化合物、甲烷烃、非甲烷烃、多环芳烃类等	总碳氢化合物、非甲烷烃和B[a]P
氧化剂	光化学氧化剂（臭氧、醛类、过氧乙酰硝酸酯等）	O_3
卤素及其化合物	Cl_2、HCl、HF	HF
颗粒物	降尘、TSP、PM_{10}及其中的重金属成分	降尘、PM_{10}、Pb

（2）城市环境空气质量日报、周报与污染预报　较早开展空气污染预报研究的国家是美国，美国于1976年公布了全国统一的污染物标准指数（PSI），供各级空气污染防治机构采用，通过报纸、电视等公共媒体向公众发布空气污染状况和预报结果，并提醒人们在PSI达到一定值后应采取的相应措施，以保护人体健康。

近十多年来，许多国家和地区按照各自环境保护法规的要求和规定，相继开展了空气污染警报和污染预报工作，它已成为空气监测网络的主要任务之一。通过建立实时动态监测系统，可发布空气污染警报并进行污染预报、及时为污染物排放控制提供技术支撑。

空气污染指数（API）是间接表示空气污染程度的一种方法，其特点是综合、简便、直观，适用于描述城市短时间内空气质量状况及污染程度，因此在国内外大气环境质量综合评价中被普遍采用。

大气环境质量标准是制定API的出发点，我国现行的GB 3095—1996《环境空气质量标准（修改单）》分为三级，即一级标准、二级标准和三级标准，分别执行各自的含量限值。我国空气质量日报API分级含量限值见表12-7。

表12-7　我国空气质量日报API分级含量限值

污染指数	污染物含量/(Mg/m^3)				
API	SO_2（日均值）	NO_2（日均值）	PM_{10}（日均值）	CO（小时均值）	O_3（小时均值）
50	0.050	0.080	0.050	5	0.120
100	0.150	0.120	0.150	10	0.200
200	0.800	0.280	0.350	60	0.400
300	1.600	0.565	0.420	90	0.800

（续）

污染指数	污染物含量/(Mg/m^3)				
API	SO_2（日均值）	NO_2（日均值）	PM_{10}（日均值）	CO（小时均值）	O_3（小时均值）
400	2.100	0.750	0.500	120	1.000
500	2.620	0.940	0.600	150	1.200

从表 12-7 可看出，API 的范围为 0～500，其中 50、100、200 分别对应于我国空气质量标准中日均值一、二、三级标准的污染物含量限值，300、400、500 对应的各污染物含量限值是借鉴中国香港同级 API 对应的污染物含量值。

API 指数用线性内插法计算，公式如下

$$I_i = \frac{I_{i,j+1} - I_{i,j}}{\rho_{i,j+1} - \rho_{i,j}}(\rho_i - \rho_{i,j}) + I_{i,j} \tag{12-1}$$

式中，ρ_i、I_i 为第 i 种污染物的实测含量和待求的指数值；$\rho_{i,j}$、$I_{i,j}$ 为第 i 种污染物第 j 等级的标准含量和标准指数值；$\rho_{i,j+1}$、$I_{i,j+1}$ 为第 i 种污染物第 $j+1$ 等级的标准含量和标准指数值。

我国 API 分为五级，每一级对应的污染物含量值及其对人体健康影响是不同的（表 12-8）。

表 12-8　API、质量级别及对人体健康的影响

API	空气质量级别	空气质量状况	对健康的影响	对应空气质量的适用范围
0～50	Ⅰ	优	可正常活动	自然保护区、风景名胜区和其他需要特殊保护的区域
51～100	Ⅱ	良好	可正常活动	城镇规划中确定的居住区、交通商业居民混合区、文化区、一般工业区和农村地区
101～200	Ⅲ	轻度污染	长期接触，易感的人症状有轻度加剧，健康人群出现刺激症状	特定工业区
201～300	Ⅳ	中度污染	接触一定时间后，心脏病和肺病患者症状显著加剧，运动耐受力降低，健康人群普遍出现症状	
301～500	Ⅴ	重度污染	健康人群出现较强烈症状，运动耐受力降低，长期接触会提前出现某些疾病	
>500			病人和老年人可能提前死亡，健康人群出现不良症状，影响正常活动	

由监测结果分别计算出各项污染物的污染指数，取污染指数最大者作为本地区环境空气污染指数（API），作为评价该地区环境空气质量和主要污染物的依据。

从表 12-8 可以看出，当 API 超过 200 点时，就属于中度污染，长期接触可对健康人群构成威胁，500 点则是对人体健康产生明显危害的污染水平。

空气污染预报，按预报模式性能的不同，可分为潜势预报、统计模式和数值模式预报三类。按照污染预报的要素不同，可分为污染潜势预报和污染含量预报，统计模式和数值模式方法都属于含量预报。

潜势预报是大气污染气象条件的预报。它研究的是造成不同程度大气污染时，气象条件和天气的状况及其变化。采用的基本方法一般是从各次污染事件着手，归纳总结出现污染事件时，所特有的气象条件和天气状况。

数值模式是用数值计算方法直接求解物质守恒方程，或者求解在各种近似条件下简化形式的物质守恒方程以求得污染物含量在环境介质中与界面上交换特征及其分布规律。

统计模式首先需要多年同时间的气象与污染物含量分布资料，分析多年的天气变化规律，找出若干种天气类型，然后分析各种天气类型的典型参数，将这些参数与相对应的环境空气质量实测数据建立起各种定量或半定量关系，最后根据这些关系作定量或半定量的空气污染含量预报。

2. 城市水质环境监测

（1）水质监测的对象和内容　水质监测按监测对象可分为环境水体监测和水污染源监测两大类。环境水体包括地表水（江、河、湖泊、水库、海水）和地下水；水污染源包括生活污水、医院污水及各种工业废水。

水质监测项目依据水体功能和污染源的类型不同而异。监测项目的确定，很大程度上取决于监测目的和监测对象的污染现状和用途，一般选择环境标准中要求控制的危害大、影响范围广、并已建立可靠分析测定方法的项目，而且以有关法律为最终目标。

《环境监测技术规范　第一册　地表水与废水部分》中对地表水和废水等的监测项目进行了规定。如饮用水水源地的必测项目为水温、pH值、色度、浑浊度、总硬度、化学需氧量、生化需氧量、氨氮、亚硝酸盐氮、硝酸盐氮、挥发酚、氰化物、砷、汞、六价铬、铅、镉、氟化物、致病菌、细菌总数、大肠菌群等。生活污水监测项目为化学需氧量、生化需氧量、悬浮物、氨氮、总氮、总磷、阴离子洗涤剂、细菌总数、大肠菌群等。医院污水监测项目为pH值、色度、浑浊度、悬浮物、余氯、化学需氧量、生化需氧量、致病菌、细菌总数、大肠菌群等。塑料工业废水的监测项目为化学需氧量、生化需氧量、硫化物、氰化物、砷、汞、铅、石油类、有机氯、苯类、多环芳烃等。

（2）地表水水质监测站断面布点法　流经大中城市或工业区等污染较重的江河段，一般设置三类断面：

1）对照断面。反映进入本地区河流水质的初始情况，应布设在不受污染物影响的城市和工业排污区的上游。一个河段可只设一个对照断面。

2）控制断面。主要反映本地区排放废水对河流水质的影响，可布设在评价河段末端或河段内有控制意义的位置，如支流汇入处、废水排放口等的下方，可设一个至数个控制断面。

3）削减断面。布设在控制断面的下游，在污染物含量有显著下降处，可反映河流对污染物的稀释自净情况。

需要分别根据江河的水面宽度和水的深度设置江河断面上的垂线和采样点。我国的有关规定列于表12-9和表12-10中。

3. 城市环境噪声监测

常规性噪声监测包括各功能区噪声定期监测、道路交通噪声监测和区域环境噪声普查，是环境监测系统的主要任务。

表 12-9 江河监测断面的设置要求

水面宽/m	垂线数	说明
≤50	一条（中泓）	1. 断面上垂线的布设应避开岸边污染带。对必须监测的污染带，应在带内酌情增加垂线 2. 对无排污河段或有充分数据证明断面上水质均匀时，可只设一条中泓线 3. 布设于河口时，也需按本规定设置垂线
50~100	两条（左、右近岸有明显水流处）	
>100	三条（左、中、右）	

表 12-10 江河断面垂线上监测采样点的设置要求

水深/m	采样点数	说明
≤5	一点（水面下 0.5m 处）	1. 水深不足 1m 时，在 1/2 水深处 2. 河流封冻时，在冰下 0.5m 处 3. 若有充分数据证明垂线上水质均匀，可酌情减少采样点数 4. 布设于河口时，也需按本规定设置垂线
5~10	两点（水面下 0.5m，河底以上 0.5m）	
>10	三点（水面下 0.5m，1/2 水深处，河底以上 0.5m）	

（1）功能区噪声定期监测与评价　由于城市布局、城市结构、城市功能、地形地貌等因素的影响，城市各功能区的噪声级往往有很大的差别，不能用一个点或一个区域的测量结果去推断另一个点或一个区域的噪声水平。

另外，噪声是一个随时间变化的物理量，用某一时段的测量结果不能去推断另一时段的噪声级水平。因此要及时地、全面地、宏观地掌握各功能区的噪声水平，就必须在各环境功能区内的有代表性的测点上作定期的 24h 的连续监测。

功能区声环境质量评价可采用等效声级 L_{eq}、昼夜平均声级 L_{dn} 和统计噪声级等为评价量。以 L_{eq} 和 L_{dn} 评价区域噪声的总体能量水平，以统计噪声级评价区域噪声的平均峰值、平均中值和平均本底值。

采用昼夜平均声级 L_{dn} 作为评价量的原因是：即使声级相同，噪声在夜间对人的影响更大。因此将夜间噪声增加 10dB，然后用能量平均的方法计算 24hA 声级的平均值，用 L_{dn} 表示，单位为 dB(A)。

$$L_{dn} = 10\lg\left[\frac{16 \times 10^{0.1L_d} + 8 \times 10^{0.1(L_n+10)}}{24}\right] \tag{12-2}$$

式中，L_d 为白天的等效 A 声级[dB(A)]；L_n 为夜间的等效 A 声级[dB(A)]。

白天和夜间的时间，可依据地区和季节的不同而调整，由地方政府划定。

统计噪声级是指某点噪声级有较大波动时，用于描述该点噪声随时间变化状况的统计物理量。一般用 L_{10}、L_{50}、L_{90} 表示。其中 L_{10} 表示在取样时间内 10% 的时间超过的噪声级，相当于噪声平均峰值；L_{50} 表示在取样时间内 50% 的时间超过的噪声级，相当于噪声平均中值；L_{90} 表示在取样时间内 90% 的时间超过的噪声级，相当于噪声平均本底值。

（2）道路交通噪声监测与评价　由于城市市政的发展和机动车拥有量的不断增加，道路交通噪声的变化比较频繁。因此，为了了解道路交通噪声的强度，掌握其传播规律和影响范围，观察车流量的变化和声级变化规律，就必须对机动车辆在城市交通干线上运行时所产生的噪声进行监测。由于城市交通噪声强度高，影响范围广，它已成为城市中最主要的噪声源，城市中约有 40% ~60% 的区域受到道路交通噪声的影响。

道路交通噪声可采用等效声级 L_{eq}、统计噪声级 L_{10}、L_{50}、L_{90} 和交通噪声指数 TNI 以及超过某一声级的路段长度等指标进行评价。等效声级 L_{eq} 反映道路交通噪声的能量水平，L_{10} 反映道路交通噪声的平均峰值，L_{50} 反映道路交通噪声的平均中值，L_{90} 反映道路交通噪声的平均本底值，TNI 描述道路交通噪声的涨落程度，以超过某一声级的路段长度来评价道路交通噪声的污染程度和范围。

道路交通噪声指数 TNI 是一个综合指数，它定义为

$$TNI = 4(L_{10} - L_{90}) + L_{90} - 30 \tag{12-3}$$

TNI 强调了 L_{10} 和 L_{90} 的差值，即噪声的涨落对人的健康的影响。

（3）测点的选择原则

1）代表性测点的位置。根据所需测量的环境噪声要求来确定，一般分为建筑物内部及外部环境噪声测量两种。对于建筑物外部环境噪声测量，测点位置一般在受干扰的住宅和办公楼建筑物窗外 1m 处的噪声敏感处，传感器高度取离地 1. 2~1. 5m。为了得出入射声的近似声级，需从测得的数值中减去反射声 2. 5dB（在 2m 之内均应减去此值）。同时还需注意该测点应尽可能离开其他大型反射面 3. 5m 以上，使反射声影响减至最低限度。对于建筑物内部环境噪声的测量，测点应至少离墙面或其他大型反射面 1m，离窗 1. 5m，高度 1. 2 ~ 1. 5m，并应考虑到门窗的侧向传递以及机器设备或家具等对声音的遮挡和散射等的影响。

2）交通噪声干线测点位置。在道路交叉路口交通干线上离开路口 50m 以上外选择一个测点，此点在人行道上离道路边沿 0. 2m 处。当路长不足 100m 时，测点设在路段中点边缘。

12. 2 环境评价

12. 2. 1 环境质量评价概述

1. 环境质量的概念

目前，对环境质量一词不同的学者有着不同的理解和解释。有人认为：环境质量就是环境的优劣程度，是环境对人类的生存和繁衍以及社会发展的适宜程度。也有人认为：环境质量是环境系统客观存在的一种本质属性，是能够用定性和定量的方法加以描述的环境系统所处的状态。从后一定义中可以看出，环境质量的概念既有客观性也有主观性，关键是怎样使主观认识更加接近于客观存在。

环境质量包括环境的整体质量（或称综合质量，如城市的环境质量）和各环境要素的质量（如大气环境质量、水环境质量、土壤环境质量等）。

2. 环境质量评价的概念

环境质量评价是按照一定的标准和方法对环境质量的优劣程度给予定性或定量的说明和描述。

环境质量的优劣常采用一组常数（称之为环境质量参数）来表征，通常是采用这些参数的测定值并用一定的方法评定环境质量的优劣。例如，大气环境质量通常用二氧化硫（SO2）、可吸入颗粒物（PM10）、二氧化氮（NOx）、臭氧（O3 ）、铅（Pb）等参数的浓度测定值，并采用大气质量指数法（如 API 指数等）来评价大气环境质量的优劣；水环境质量通常采用 BOD5、CODcr、溶解氧（DO）、氨氮（NH3）、硝态氮（NO3 - -N）、总磷（TP）等参数的浓度测定值，并采用水质量指数法（如南京水域质量综合指数、有机污染综合评

价指数等）来评价水环境质量的优劣等。

通过环境质量评价可以判断环境质量的优劣程度，判定环境质量与人类生存发展之间的关系，从而为保护和改善环境质量提出具体可行的措施。

3. 环境质量评价的目的

环境质量评价的目的是为制定城市环境规划、进行环境综合整治、制定区域环境污染物排放标准、环境标准和环境法规、政策、搞好环境管理等提供依据。环境质量评价可以指明改善环境的方向和途径，并采取补救措施和办法，把不利的环境影响降到最低程度。因此，它是贯彻我国“预防为主、防治结合、综合治理”环境管理政策的具体体现。

4. 环境质量评价的类型

根据环境管理的需求，环境质量评价可分为多种不同的类型：

（1）根据环境要素划分　可分为大气环境质量评价、水环境质量评价（包括地表水环境质量评价和地下水环境质量评价）、声环境质量评价、土壤环境质量评价、生态环境质量评价等。这些评价皆为单要素环境评价；如果对其中的两个或多个要素同时进行评价，则称为多要素环境评价；如果对所有要素同时进行评价，则称为环境质量综合评价。

（2）根据所选择的评价参数划分　可分为卫生学评价、生态学评价、污染物评价（化学污染物和生物学污染物）、物理学评价（声学、电磁学、热力学等）、地质学评价、经济学评价、美学评价等。

（3）根据评价区域的不同划分　可分为城市环境质量评价、农村环境质量评价、区域环境质量评价（包括流域环境质量评价和行政区域环境质量评价等）、海洋环境质量评价、工矿区环境质量评价等。

（4）按照所评价的环境质量的时间属性划分　可分成回顾评价、现状评价和影响评价。

1）环境质量回顾评价。此种评价是对某一区域某一历史阶段的环境质量的历史变化的评价，评价的资料为历史数据。这种评价可以预测环境质量的发展变化过程。例如，使用含铅气油时，公路两侧表层土壤中铅的含量会随时间而逐步积累，利用历年监测数据，可以对土壤铅含量的发展变化作出评价。

2）环境质量现状评价。环境质量现状评价一般是根据近期的环境监测资料进行的。通过这种形式的评价，可以阐明区域环境质量的现状，从而为区域环境综合整治提供科学依据。

3）环境质量影响评价。这种评价是指对规划和建设项目实施后可能造成的环境质量影响进行分析、预测和评估，并提出减免不利影响的对策和措施。环境质量影响评价是目前开展的最多的环境评价。

5. 环境质量评价的发展

在地学领域内，对一定区域的自然环境和某些自然资源（如矿产、土地、水资源、气候、林地等）早就有评价的历史。从20世纪中期，随着环境科学的发展，环境质量概念的形成，环境质量评价工作逐渐开展，70年代蓬勃发展，80~90年代进入稳定时期，近年来又有新的发展。

20世纪中叶，世界各地出现了许多公害事件，环境污染和生态破坏直接影响了人类的生存和发展，促进了环境科学的发展，环境质量评价作为环境科学的一个分支学科也随之产生和发展美国是最早开展环境质量评价的国家，在水质质量评价方面，R. P. Iorton1965 年提出了质量指数（QI），随后，R. M. Brown 提出了水质质量指数（WQI），N. L. Nemerow 在其发表的专著《河流污染的科学分析》中提出了另一种指数，对纽约州的一些地面水的状况进行了指数计算和质量评价。在大气环境质量评价方面，1966 年 Green 提出了大气污染综合指数，以后陆续提出了橡树岭大气指数（1971 年）、污染物标准指数等，并用大气污染指数进行了环境质量预报。美国在 1969 年制定的《国家环境政策法》中规定，大型工程建设前必须编制环境影响报告书，各州也相继建立了各种形式的相关制度，从而成为世界上第一个把环境影响评价制度在国家法律中加以肯定的国家。

继美国建立环境影响评价制度后，先后有瑞典（1970 年）、新西兰（1973 年）、加拿大（1973 年）、澳大利亚（1974 年）、马来西亚（1974 年）、前西德（1976 年）、中国（1979 年）等国也建立了环境影响评价制度，与此同时，国际上也设立了许多有关环境影响评价的机构，召开了一系列有关环境影响评价的会议，开展了环境影响评价的研究与交流，进一步促进了各国环境影响评价的实践。1973 年联合国环境规划署与加拿大联合召开了第一次环境影响评价会议。1984 年联合国环境规划理事会第 13 届会议建议组织各国环境影响评价专家进行环境影响评价的研究。1992 年联合国环境与发展大会在里约热内卢召开，会议通过的《里约环境与发展宣言》和《21 世纪议程》中都写入了有关环境影响评价的内容。

经过 30 多年的发展，已有 100 多个国家建立了环境影响评价制度。环境影响评价的内涵不断丰富，从对自然环境的影响评价发展到对社会环境的影响评价；自然环境的影响评价从仅考虑环境污染的影响，到注重生态的影响及对环境的风险评价，同时将清洁生产和总量控制引入环境影响评价中，从建设项目的环境影响评价，到区域开发、规划、战略的环境影响评价；并关注积累性影响和对环境影响进行后评估；环境影响评价的方法和程序也在实践中逐渐完善。

我国的环境质量评价工作开始于 20 世纪 70 年代，大体上经历了四个阶段：初步尝试阶段、广泛探索阶段、全面发展阶段和环境影响评价制度阶段。

1973 年第一次全国环境保护会议后，高等院校和科研单位的一些专家、学者，在报刊和学术会上，宣传和倡导环境评价，并参与了环境质量评价及其方法的研究。

1973 年“北京西郊环境质量评价研究”协作组成立，开始进行环境质量评价的研究。随后，官厅水库、南京市、茂名市也开展了环境质量评价。1977 年中国科学院召开“区域环境学”讨论会，推动了大中城市环境质量的现状评价，如北京市东南郊、沈阳市、南京市、天津市、上海市吴淞区等都开展了环境质量现状评价，同时还开展了松花江、图们江、白洋淀、湘江及杭州西湖等重要水域的环境质量现状评价。1979 年召开的中国环境学会环境质量评价委员会学术座谈会上，总结了这一段时期环境质量评价的工作经验，编写了“环境质量评价参考提纲”，为各地进行环境质量现状评价提供了方法和依据。

1979 年，北京师范大学等单位率先在江西永平铜矿开展了国内第一个建设项目环境影响评价的工作。1979 年 9 月，《中华人民共和国环境保护法（试行）》公布，它规定“一切企业、事业单位的选址、设计、建设和生产，都必须注意防止对环境的污染和破坏。在进行新建、改建和扩建工程中，必须提出环境影响报告书，经环境保护主管部门和其他有关部门审批后才能进行设计。”1989 年原国务院环境保护委员会、原国家计划委员会、原国家经济委员会联合发布了《建设项目环境管理办法》，它指出“对环境有影响的一切基本建设项目和技术改造项目以及区域开发建设项目”都要进行环境影响评价。1989 年公布的《中华人民共和国环境保护法》第十三条再次规定，“建设项目的环境影响报告书，必须对建设项目产生的污染和对环境的影响作出评价，规定其防治措施，经项目主管部门预审并按照规定程序上报环境保护行政主管部门批准。环境影响报告书经批准后，计划部门方可准于进行项目设计。”1998 年实施的《建设项目环境保护管理条例》第六条更加明确地规定了“国家实行建设项目环境影响评价制度”，并规定对建设项目的环境影响评价实行分类管理。2003 年 9 月 1 日《中华人民共和国环境影响评价法》的实施，标志着我国的环境影响评价、评估工作全面走上了法制化的轨道。

为贯彻《中华人民共和国环境影响评价法》和《建设项目环境管理办法》，国家环境保护总局和相关行政主管部门自 1993 年起依法陆续组织制定和发布了一系列环境影响评价技术导则，规定了环境影响评价的基本原则、工作程序、工作等级及其划分依据、主要工作内容和环境影响评价文件的编制要求等技术性要素，作为从事环境影响评价工作的重要技术指南。如 HJ/T2. 1—93《环境影响评价技术导则——总纲》、HJ/T2. 2—93《环境影响评价技术导则——大气环境》、HJ/T2. 3—93《环境影响评价技术导则——地面水环境》、HJ/T2. 4—93《环境影响评价技术导则——声环境》、HJ/T19—1997《环境影响评价技术导则——非污染生态影响》、HJ/T192—2006《生态环境状况评价技术规范（试行)》、HJ/T130—2003《规划环境影响评价技术导则（试行)》、HJ/T131—2003《开发区区域环境影响评价技术导则》、SL 45—2006《江河流域规划环境影响评价规范》等。后来又对上述有关技术导则进行了修订，发布了 HJ/T2. 1—2011《环境影响评价技术导则——总纲》、HJ/T2. 2—2008《环境影响评价技术导则——大气环境》、HJ/T2. 4—2009《环境影响评价技术导则——声环境》、HJ/T19—2011《环境影响评价技术导则——生态环境》等。

目前，环境质量评价已经成为我国经济建设和环境保护工作中不可缺少的一个组成部分。我国已拥有了一支以专家和技术人员为主的环境质量评价队伍，在评价方法和理论方面做了许多研究，环境质量评价无论从广度还是深度方面都有了长足的进展。

12. 2. 2 环境质量现状评价

1. 大气环境质量现状评价

描述和反映大气环境质量现状既可以从化学角度，也可以从生物学、物理学和卫生学的角度，它们都从某一方面说明了大气环境质量的好坏。不过由于人是我们最终保护的对象，因此，以人群效应来检验大气环境质量好坏的卫生学评价更科学更合理。但是这种方法难以定量化，所以目前使用最多的是监测评价，即环境指数评价法。

（1）大气污染监测评价

1）大气环境质量现状评价的程序。大气环境质量现状评价工作可分为四个阶段：调查准备阶段、环境监测阶段、评价分析阶段和成果应用阶段。

① 调查准备阶段。根据评价任务的要求，结合评价区的具体条件，首先要确定评价范围。在大气污染源调查和气象条件分析的基础上，拟定该地区的主要大气污染源和污染物以及发生重污染的气象条件，制定大气环境监测计划，作好人员组织和器材准备。

② 污染监测阶段。有条件的地方应配合同步气象观测，以便为建立大气质量模式积累基础资料。大气污染监测应按年度分季节定区、定点、定时进行。为了分析评价大气污染的

生态效应，为大气污染分级提供依据，最好在大气污染监测时，同时进行大气污染生物学和环境卫生学监测，以便从不同角度来评价大气环境质量。

③ 评价分析阶段。评价就是运用大气环境质量指数对大气污染程度进行描述，分析大气环境质量的时空变化规律，并根据大气污染的生物监测和大气污染环境卫生学监测进行大气污染分级，指出造成本地区大气环境质量恶化的主要污染源、主要污染物以及重污染发生的条件，研究大气污染对人群和生态环境的影响。

④ 成果应用阶段。根据评价结果，提出改善大气环境质量以及防止大气环境进一步恶化的综合防治措施。

2）大气污染监测评价因子及标准的选择

① 评价因子的选择。选择大气环境质量评价因子的依据是：本地区大气污染源评价的结果、大气例行监测的结果，以及生态和人群健康的环境效应。凡是主要大气污染物、大气例行监测含量较高以及对生态及人群健康已经有所影响的污染物，均应作为污染监测的评价因子。目前，我国各地大气污染监测评价的评价因子包括4类：尘（TSP、PM_{10}、$PM_{2.5}$）、有害气体（SO_2、NO_x、CO等）、有害元素（氟、铅、汞、镉、砷等）和有机物（苯并［a］芘、总烃等）。评价因子的选择因评价区污染源构成和评价目的而异，一般根据评价区大气污染源的特点和评价目的从上述因子中选择几项，不宜过多。

② 评价标准的选择。大气环境质量评价标准的选择主要考虑评价地区的社会功能和对大气环境质量的要求，评价时可分别采用一级、二级或三级质量标准。对于标准中没有规定的污染物，可以参照国外相应的标准，也可以选择本地区的本底值、对照值、背景值作为评价的对比依据，但这往往受到地区的限制，使评价结果不能相互比较。

3）大气污染监测

① 布点。一般来说，监测布点要遵循下述原则：最好设置对照点；点的设置要考虑大气污染源的分布和地形、气象条件，在污染源密集区及其下风向要适当增加监测点，力争1～4km^2内有一个监测点，而在污染源稀少和评价区的边缘则可以少布一些点，4～10km^2内有一个监测点即可；布点必须保证能代表评价区域范围内的环境特征，要保持一定的数量和密度；要有大气监测布点图。监测布点的方法主要有网格法、放射状布点法、功能分区布点法和扇形布点法等，可根据人力、物力和监测条件的限制灵活运用。

② 采样、分析方法。可采用监测规范中规定的条文和分析方法。

③ 监测频率。一年四季，以1月、4月、7月、10月代表冬、春、夏、秋季。每个季节采样7天，一日数次，每次采样20～40min。以一日内几次的平均值代表日平均值，以7日的平均值代表季日平均值。

④ 同步气象观测。大气污染程度和气候条件密切相关，要准确分析、比较大气污染监测结果，必须要结合气象条件来说明。首先要充分利用本地区气象部门的常规气象资料，如果评价区地形复杂，气象场不均匀，则应考虑开展同步气象观测，以便找出大气污染的规律和重污染发生的气象条件。

4）评价。评价就是对监测数据进行统计、分析，并选用适当的大气质量指数模型计算大气质量指数。根据大气质量指数及其对应的环境生态效应进行污染分级，绘制大气质量分布图，从而探讨各项大气污染物和环境质量随时空的变化，指出造成本地区大气环境质量恶化的主要污染源和主要污染物，研究大气污染对人群和生态的影响。最后，要提出改善大气环境质量和防止大气环境进一步恶化的综合防治措施。

（2）大气环境质量现状评价的数学方法　目前，我国进行大气污染监测评价的方法多采用大气质量指数法。大气质量指数是评价大气质量的一种数量尺度，用它来表示大气质量可以综合多种污染物的影响，反映多种污染物同时存在情况下的大气质量。下面介绍几种常用的大气质量指数。

1）上海大气质量指数，按下式计算

$$I_{上} = \sqrt{XY} \tag{12-4}$$

其中

$$X = \max\left(\frac{C_i}{S_i}\right), Y = \frac{1}{K}\sum_{i=1}^{k}\frac{C_i}{S_i}$$

式中，C_i 为第 i 种污染物的实测含量；S_i 为第 i 种污染物的环境质量标准；K 为评价因子总数。

$I_{上}$ 的物理意义是最高 C_i/S_i 值与平均 C_i/S_i 值的几何平均值，它不但考虑了多种污染物的平均污染状况，而且考虑了某种污染物的最大污染水平。同时，该指数形式简单，不受评价参数变化的影响，是比较适用的大气质量指数。

该指数由上海第一医学院姚志麒提出，当时没有对指数进行污染分级，后来沈阳环境科学研究所参照美国 PSI 值对应的含量和人体健康的关系，对其进行了大气污染分级，见表 12-11。

表 12-11　大气质量指数的分级

分级	清洁	轻污染	中污染	重污染	极重污染
$I_{上}$	<0.6	0.6～1.0	1.0～1.9	1.9～2.8	>2.8
大气污染水平	清洁	大气质量标准	警戒水平	警报水平	紧急水平

2）分级评分法。分级评价法将大气质量划分为理想、良好、安全、污染和重污染五个级别，见表 12-12。其中第一、第二、第三相当于保护大多数人的健康和城市一般植物需要的水平，第四、第五相当于污染和重污染水平。

表 12-12 大气中污染物含量分级与评分　　（单位：mg/m^3）

参数	第一级（理想级）		第二级（良好级）		第三级（安全级）		第四级（污染级）		第五级（重污染级）	
	含量分级	平分	含量分级	平分	含量分级	平分	含量分级	平分	含量分级	平分
降尘①	≤8	25	≤12	20	≤20	15	≤40	10	>40	5
飘尘②	≤0.10		≤0.15		≤0.25		≤0.50		>0.50	
SO_2	≤0.05		≤0.15		≤0.25		≤0.50		>0.50	
NO_x	≤0.02		≤0.05		≤0.10		≤0.20		>0.20	
CO	≤2		≤4		≤6		≤12		>12	
总氧化剂③	≤0.05		≤0.1		≤0.20		≤0.40		>0.40	

① 是本法专用的含量分级，单位：$t/(km^2 \cdot 月)$。

② 应用于颗粒物时，按颗粒物监测值折半。

③ 最大的一次含量。

此评价方法选用降尘、颗粒物、二氧化硫为必评参数，一氧化碳、氮氧化物、总氧化剂为自选项，可任选其中污染物最重的一项参加评价。因此，此方法总共选择 4 个评价参数。

分级评分的计算方法采用百分制。评分越高，大气质量越好。评价时先由表 12-12 求得各评价参数的评分值 A_i，然后对各参数评分值 A_i 求和得到大气质量分数 M。M 值在 20 ~ 100 之间，然后根据表 12-13 确定大气环境质量等级。

表 12-13　分级评分法分级标准

M	100 ~ 95	94 ~ 75	74 ~ 55	54 ~ 35	34 以下
大气质量等级	第一级（理想级）	第二级（良好级）	第三级（安全级）	第四级（污染级）	第五级（重污染级）

3）美国橡树岭大气质量指数。这是由美国原子能委员会橡树岭国家实验室提出的，计算公式为

$$I_{橡} = \left[5.7\sum_{i=1}^{5}\frac{C_i}{S_i}\right]^{1.37} \tag{12-5}$$

式中，C_i 为第 i 种污染物 24h 平均含量；S_i 为第 i 种污染物的大气质量标准。

该方法共选择了 5 种污染物：SO_2、NO_x、CO、氧化剂、颗粒物等。当各种污染物的含量相当于未受污染的本底含量时，$I_{橡}=10$，当各种污染物的含量均达到相应的标准值时，$I_{橡}=100$。橡树岭实验室按大气质量指数的大小，将大气质量分为六级，见表 12-14。

表 12-14　$I_{橡}$ 与大气环境质量分级

质量分级	优良	好	尚可	差	坏	危险
$I_{沈}$	<20	20 ~ 39	40 ~ 59	60 ~ 79	80 ~ 100	>100

3）美国污染物标准指数（PSI）。PSI 选择了 SO_2、颗粒物、CO、臭氧、NO_x、SO_2 与颗粒物的乘积等 6 个参数（表 12-15）。PSI 与 6 个参数的关系是分段线性函数。已知各污染物含量后可用内插值法计算各污染物的分指数，然后选择各分指数中最大的作为 PSI。PSI 是在全面比较 6 个因子后，选择污染最重的分数指数报告大气环境质量的，突出了单因子的作用，使用方便，结果简明。PSI 值分级与人体健康状况对照明确，分级的原则和依据可供其他指数分级时参考。

表 12-15　PSI 污染物浓度分级

PSI	大气污染水平	污染物含量/(μg/m³)						大气质量分级	对健康的一般影响	要采取的措施
		颗粒物质(24h)	SO_2(24h)	CO(8h)	O_3(1h)	NO_2(1h)	SO_2 × 颗粒物			
500	显著危害水平	1000	2620	57.5	1200	3750	490000	危险性	病人和老年人提前死亡，健康人出现不良症状，影响正常活动	全体人群应停留在室内并关闭门窗。所有人均应尽量减少体力消耗，一般人群应避免户外活动

（续）

PSI	大气污染水平	污染物含量/(μg/m³)						大气质量分级	对健康的一般影响	要采取的措施
		颗粒物质（24h）	SO_2（24h）	CO（8h）	O_3（1h）	NO_2（1h）	SO_2×颗粒物			
400	紧急水平	875	2100	46.0	1000	3000	393000		健康人除明显强烈症状，降低运动耐受力外，提前出现某些疾病	老年人和心脏病、肺病患者应停留在室内，并减少体力活动
300	警报水平	625	1600	34.0	800	2260	26100	很不健康	心脏病和肺病患者症状显著加剧，运动耐受力降低，健康人群中普遍出现症状	心脏病和呼吸系统疾病患者应减少体力消耗和户外活动
200	警戒水平	375	800	17.0	400	1130	6500	不健康	易感的人症状有轻度加剧，健康人群出现刺激症状	心脏病和呼吸系统疾病患者应减少体力消耗和户外活动
100	大气环境质量标准	260	365	10.0	240	①	①	中等		
50	大气环境质量标准的50%	75②	80②	5.0	120			良好		

① 含量低于警戒水平时，不报此分指数。

② 美国 EPA 制定的一级标准中年均含量。

（3）大气污染生物学评价　植物长期生活在大气环境中，其生理功能与形态特征，常常受大气污染作用而改变，大气中某些污染物还可以被植物叶片吸收，在叶片中积累。所有这些变化都可以在一定程度上指示大气污染状况。由于植物长期生活在一个固定的地方，因此，它指示的大气污染状况具有长期和综合的特点。大气污染生物学评价就是从生物学的角度来评价大气质量的好坏，但大气污染监测评价是基础，生物学评价可以作为监测评价的补充和综合，不能完全代替监测评价。植物能够吸收大气污染物，并在体内积累。当污染物在值物体内积累到一定程度以后，植物可以产生可见症状，甚至死亡。根据植物对污染物的反应和植物体内污染物的累积值，可以鉴别大气污染物的性质和含量。

1）根据植物叶片症状进行评价。植物受污染物影响后会出现特征症状，这些症状可以作为环境污染状况的一种度量指标。不同有害物质造成的典型症状如下：

① 二氧化硫。阔叶植物的叶缘和叶脉间出现不规则的坏死小斑，颜色变成白色到淡黄色。在污染物含量低时一般表现为细胞受损害，但不发生组织坏死。当长期暴露在污染物含量低的环境中时，老叶有时表现出缺绿。乔本科植物在中肋两侧出现不规则的坏死，颜色变成淡棕色到白色。尖端易受影响，通常不表现缺绿症状。针叶树在针叶顶端发生棕色死尖，呈带状，通常相邻组织缺绿。

② 氟化物。阔叶植物叶间和叶缘发生坏死，偶尔在叶脉之间产生小斑。在坏死组织和

活组织之间边缘明显，常具有窄的暗棕色的带。有时在坏死组织边上具有窄而轻微缺绿的带。有的植物的坏死组织很容易脱落。有的植物（如柑桔）在坏死之前出现缺绿。乔本科植物出现坏死的棕色叶尖，坏死区后部是不规则的条纹，和阔叶植物一样，在坏死区和健康组织间有深色带。针叶树出现棕色到红棕色的坏死尖，每个叶片都可能坏死。

③ 氯气。大多为脉间点块状伤斑，与正常组织之间界限模糊，或有过渡带，严重时全叶失绿发白甚至脱落。

④ 氨气。大多为脉间点块状伤斑，伤斑呈褐色或黑褐色，与正常组织间界限明显，症状一般出现较早。

⑤ 过氧乙酰硝酸酯（PAN）。叶片背面变为银白色、棕色、古铜色或玻璃状，不呈点、块伤斑。有时在叶子的尖端、中部或基部出现坏死带。

⑥ 酸雾。叶上出现细密近圆形坏死斑。

以上所列症状只是代表性症状。不同植物症状会有所差别，而且，污染物含量不同时，症状也会有所不同。

2）根据受害植物的不同进行评价。有些植物对不同污染物的抗性和敏感性不同，因此，还可以根据受害植物的种类不同判断污染物的种类。表 12－16 列出了对主要污染物敏感的植物及其反应浓度。

表 12-16 对主要污染物敏感的植物及其反应含量

污染物	反应含量	敏感植物
SO_2	体积分数小于（0.25～0.3）$\times 10^{-6}$时不引起急性中毒；体积分数为（0.1～0.3）$\times 10^{-6}$，长期暴露可引起慢性中毒	紫花苜蓿、大麦、棉花、小麦、三叶草、甜菜、莴苣、大豆、向日葵等
O_3	体积分数为在（0.02～0.05）$\times 10^{-6}$时，敏感植物可产生急性或慢性中毒	烟草、番茄、矮牵牛、菠菜、土豆、燕麦、丁香、秋海棠、女贞、梓树等
PAN	体积分数为（0.01～0.05）$\times 10^{-6}$时，最敏感植物产生危害，也可引起早衰	矮牛草、早熟禾、长叶莴苣、斑豆、番茄、芥菜等
HF	体积分数在 0.1×10^{-9}时，最敏感植物即有反应，在叶中何种分数达到（50～200）$\times 10^{-6}$时，敏感植物出现坏死斑	唐菖蒲（浅色的比深色的敏感）、郁金香、金芥麦、玉米、玉簪、杏、葡萄、雪松等

3）用综合生态指标评价。可以根据植物种类和生长情况选择一些综合性的指标作为评价参数，然后仔细观察记录这些评价参数的特征，以此划分大气污染等级。表 12-17 是根据树木生长和叶片症状划分的大气污染等级。

表 12-17 大气污染的生物学分级

污染水平	主要表现
清洁	树木生长正常，叶片面积含铅量接近清洁对照区指标
轻污染	树木生长正常，但所选指标叶片面积含量明显高于清洁对照区
中污染	树木生长正常，但可见典型受害症状
重污染	树木受到明显伤害，秃尖，受害叶面积可达 50%

2. 地表水环境质量现状评价

地表水质量评价的方法主要包括环境指数法、生物学评价法。

(1) 环境指数法

1) 北京西郊水环境质量指数，按下式计算

$$P = \sum \frac{C_i}{S_i} \tag{12-6}$$

式中，C_i 为各种污染物实测含量（mg/L）；S_i 为各种污染物的地表水卫生标准（mg/L）。

根据北京西郊河流具体情况，用 P 值将地表水分为七个等级，见表 12-18。

表 12-18 北京西郊水质质量系数分级

级别	P 值	级别	P 值
清洁	<0.2	较重污染	5.0~10.0
微污染	0.2~0.5	严重污染	10.0~100
轻污染	0.5~1.0	极严重污染	>100
中度污染	1.0~5.0		

2) 南京水域质量综合指数。在南京城区环境质量综合评价中提出了水域质量综合指数

$$I_{水} = \frac{1}{n} \sum \frac{C_i}{S_i} W_i \tag{12-7}$$

式中，C_i 为第 i 类污染物的实测含量（mg/L）；W_i 为污染物的权重，$\sum W_j = 1$；S_i 为各种污染物的评价标准（mg/L）；n 为污染物种类数。

共选择了砷、酚、氰、铬、汞作评价参数，按 $I_{水}$ 值定出水域的水质分级标准，见表 12-19。

表 12-19 南京水域质量综合指标分级

$I_{水}$ 值	级别	分类依据
<0.2	清洁	多数项目未检出，个别项目检出，也在标准内
0.2~0.4	尚清洁	检出值均在标准内，个别值接近标准
0.4~0.7	轻度污	有一项检出值超过标准
0.7~1.0	中污染	有 1~2 项检出值超过标准
1.0~2.0	重污染	全部或相当部分监测项目检出值超过标准
>2.0	严重污染	相当部分项目检出值超过标准 1 倍到数倍

3) 有机污染综合评价指数。我国环境科学工作者鉴于上海地区黄浦江等河流的水质受到有机污染突出的问题，进行了一系列研究，综合出氨氮与溶解氧饱和百分率之间的相互关系，在此基础上提出了有机污染综合评价值 A，其定义为

$$A = \frac{BOD_i}{BOD_0} + \frac{COD_i}{COD_0} + \frac{NH_3-N_i}{NH_3-N_0} - \frac{DO_i}{DO_0} \tag{12-8}$$

式中，A 为综合污染评价指数；BOD_i、BOD_0 为 BOD 的实测值和评价标准；COD_i、COD_0 为 COD 的实测值和评价标准；NH_3-N_i、NH_3-N_0 为 NH_3-N 的实测值和评价标准；DO_i、DO_0 为溶解氧的实测值和评价标准。

可见，根据有机物污染的情况，评价因子只选了代表有机物污染的 4 项，其中溶解氧项前面的负号表示水质的影响与上三项污染相反（溶解氧不能理解为污染物质）。

式（12-8）也可改写为

$$A=\frac{\mathrm{BOC}_i}{\mathrm{BOD}_0}+\frac{\mathrm{COD}_i}{\mathrm{COD}_0}+\frac{\mathrm{NH_3-N}_i}{\mathrm{NH_3-N}_0}-\frac{\mathrm{DO}_{饱}-\mathrm{DO}_i}{\mathrm{DO}_{饱}-\mathrm{DO}_0} \tag{12-9}$$

式中，$\mathrm{DO}_{饱}$ 为实测水温条件下的饱和溶解氧含量。

在计算时，根据黄浦江的具体情况，各项标准规定如下：$\mathrm{BOD}_0=4\mathrm{mg/L}$，$\mathrm{COD}_0=6\mathrm{mg/L}$，$\mathrm{NH_3-N}_0=1\mathrm{mg/L}$，$\mathrm{DO}_0=4\mathrm{mg/L}$。由式（10-8）可以看出，当前三项分别大于 1，第四项小于 1 时，则 A 值必大于 2。因此，定义大于或等于 2 为开始受到有机污染的标志，并根据 A 值的大小，分别评定水质受到有机物质污染的程度，结合黄浦江的具体情况，水质质量评价分级见表 12-20。

表 12-20　黄浦江水质质量评价分级

A 值	污染程度分级	水质质量评价
<0	0	良好
0 ~ 1	1	较好
1 ~ 2	2	一般
2 ~ 3	3	开始污染
3 ~ 4	4	中等污染
>4	5	严重污染

4）罗斯（Ross）水质指数。罗斯在总结以前的水质指数的基础上，对英国克鲁多河干支流进行了水质评价的研究，提出了一种比较简明的水质指数。在较多监测项目中如 pH 值、悬浮固体、氨氮、BOD、碱度、硝酸盐、亚硝酸盐、总硬度、DO、氯、磷酸盐等中选择悬浮固体、BOD、DO 和氨氮为评价参数，并分别给予权重，见表 12-21。

表 12-21　各评价参数权重

参数	BOD	氨氮	悬浮固体	DO
权重系数	3	3	2	2

在计算水质指数时，不直接用各参数的测定值或相对污染值来统计，而是先把它们分成等级，然后按等级进行计算（见表 12-22），其计算式为

$$\mathrm{WQI}=\sum 分级值/\sum 权重值$$

表 12-22　水质指数各参数的评分尺度

悬浮固体		BOD		氨氮		DO		DO	
含量/(mg/L)	分级	含量/(mg/L)	分级	含量/(mg/L)	分级	含量/(mg/L)	分级	含量/(mg/L)	分级
0 ~ 10	20	0 ~ 2	30	0 ~ 0.2	30	90 ~ 105	10	>9	10
10 ~ 20	18	2 ~ 4	27	0.2 ~ 0.5	24	80 ~ 90	8	8 ~ 9	8
20 ~ 40	14	4 ~ 6	24	0.5 ~ 1.0	18	105 ~ 120	8	6 ~ 8	6

（续）

悬浮固体		BOD		氨氮		DO		DO	
含量/(mg/L)	分级	含量/(mg/L)	分级	含量/(mg/L)	分级	含量/(mg/L)	分级	含量/(mg/L)	分级
40 ~ 80	10	6 ~ 10	18	1.0 ~ 2.0	12	60 ~ 80		4 ~ 6	4
80 ~ 150	6	10 ~ 15	12	2.0 ~ 5.0	6	>120	6	1 ~ 4	2
150 ~ 300	2	15 ~ 25	6	5.0 ~ 10.0	3	40 ~ 60	4	0 ~ 1	0
>300	0	25 ~ 50	3	>10.0	0	10 ~ 40	2		
		<50	0			0 ~ 10	0		

WQI 值用整数表示，这样就将水质指数分成从 0 ~ 10 的 11 个等级，数值越大，水质越好，各级指数可进行如下水质分级：WQI = 10，天然纯净水；WQI = 8，轻度污染水；WQI = 6，污染水；WQI = 3，严重污染水；WQI = 0，水质类似腐败的原污水。

（2）*生物学评价法*　水生生物与它们生存的水环境是相互依存、相互影响的统一体。水体受到污染后，必然会对生存其中的水生生物产生影响，产生不同的反应和变化。水生生物对水环境污染后的反应和变化可以作为水环境评价的一种指标，这正是水环境质量生物学评价的基础和依据。

1）描述对比法。该类方法主要根据调查水体中水生生物的区系组成、种类、数量、生态状况、资源特性等的描述，并和该区域内同类型水体或同一水体的历史状况进行比较，据此作出水体的水质评价。这是定性的方法，没有标准，因此可比性差，而且要求评价人员具有丰富的污染生态学知识和经验。

2）指示生物法。该类方法主要根据对水体中有机污染物或某种特定污染物敏感的或有较高耐量的生物种类的存在或流失，来指示水体中有机物或某种特定污染物的含量与污染程度。选作指示种的生物最好是那些生命较长、比较固定生活于某处的生物。它们在较长时期内能反映所在环境的综合质量。一般静水中主要用底栖动物或浮游生物，在流水中主要用底栖生物或着生生物。大型无脊椎动物是应用较多的指示生物。为了较准确地评价水质，最好将指示生物鉴定到种，因为同一大类中不同种的生物对污染的敏感程度或耐受程度是不同的。

3）生物指数法。由污染引起的水质变化对生物群落的生态效应主要包括以下几个方面：某些对污染有指示价值的生物种类出现或消失，导致群落结构的种类组成变化；群落中生物种类数，在污染严重的条件下减少，在水质较好时增加，但过于清洁的条件下，因食物缺乏，种类数也会减少；组成群落的个别种群变化；种群中种类组成比例的变化；自养-异养程度上的变化；生产力的变化。

把水质变化引起的对生物群落的生态效应用数学方法表达出来，可得到群落结构的定量数值，这就是生物指数。根据反映的群落结构的内容不同，生物指数可有多种形式，应用时最好有几种不同生物指数进行综合评价。

① 贝克（Beck）指数。按照水体中底栖大型无脊椎动物对有机物污染的耐性分成两类：Ⅰ类是不耐有机物污染的种类；Ⅱ类是能耐中等程度污染但非完全缺氧条件的种类。将一个调查点内Ⅰ类和Ⅱ类动物种类数 n_{I} 和 n_{II}，按 $I = 2n_{\mathrm{I}} + n_{\mathrm{II}}$ 公式计算生物指数。此法要求调

查采集的各监测站的环境因素力求一致，如水深、流速、底泥、有无水草等。这种生物指数值，在净水中为10以上，中等污染时为1~10，重污染为0。

② 硅藻类生物指数。硅藻类生物指数是指用河流中硅藻的种类来计算的生物指数，其计算公式为

$$I=\frac{2A+B-2C}{A+B-C}\times 100 \tag{12-10}$$

式中，A 为不耐有机物污染的种类数；B 为对有机物污染无特殊反应的种类数；C 为有机物污染区内特有的种类数。

评价标准：I 值在0~50为多污带，I 值在50~150为中污带，I 值在150~200为轻污带。

4）种的多样性指数。某一群落中的种的多样性，是群落生态水平的独特的生物学特征。环境条件变化之后，会造成群落结构的明显变化。例如，环境污染之后，会导致被污染水体生物群落内总的生物种类数减少，而耐污染种类的个体数却显著增加。因此，种的多样性指数可以用来评价水环境质量的优劣。种的多样性指数很多，较常用的有以下两种：

拉立松（Gleason）多样性指数

$$d=\frac{S}{\ln N} \tag{12-11}$$

式中，S 为种类数；N 为个体数；d 为拉立松多样性指数，值越大表示水质越清洁。

森普松（Simpson）多样性指数

$$d = 1 - \sum\left(\frac{n_i}{N}\right)^2 \tag{12-12}$$

或

$$d = 1/\sum\left(\frac{n_i}{N}\right)^2 \tag{12-13}$$

式中，n_i 为第 i 种的个体数；N 为总个体数（或其他现存量参数）；d 为拉立松多样性指数，值越大表示水污染程度越轻。

3. 总环境质量综合评价

总体环境质量的综合评价是建立在单个环境要素质量评价的基础之上。

（1）北京西郊环境质量现状的综合评价　北京西郊环境质量现状的综合评价是在对大气、地面水、地下水和土壤环境质量进行评价的基础上进行的，即采用迭加法，求出环境质量综合指数PI综合

$$PI_{综合}=PI_{大气}+PI_{地面水}+PI_{地下水}+PI_{土壤} \tag{12-14}$$

再按 $PI_{综合}$ 大小将环境分为六级，见表12-23。

表12-23　北京西郊环境质量综合评价的六个级别

级别	环境质量状况	综合指数
1	清洁	0~0.1
2	尚清洁	0.1~1.0
3	轻污染	1.0~5.0
4	中污染	5.0~10.0

（续）

级别	环境质量状况	综合指数
5	重污染	10.0～50.0
6	极重污染	50.0～100.0

单个要素环境质量指数的计算方法为

$$P_i = \frac{C_i}{C_{is}} \tag{12-15}$$

$$\mathrm{PI}_{要素} = \sum_{i=1}^{n} P_i \tag{12-16}$$

式中，$\mathrm{PI}_{要素}$为各要素环境质量指数；P_i 为第 i 污染物的污染指数或质量指数；C_{is}为第 i 污染物的评价标准；C_i 为第 i 污染物的含量；n 为污染物的种类。

北京西郊地区各环境要素中的主要污染物为：大气（飘尘、二氧化硫）；地面水（酚、氰、铬、砷、汞）；地下水（酚、氰）；土壤（镉、铅、锌、苯并［a］芘）。

（2）南京市环境质量现状的综合评价　南京市环境质量现状综合评价没有列入土壤，而且特别突出大气污染的作用（大气污染的相对权重为60%，噪声占20%，地面水和地下水各占10%）。

其综合指数（PI 综合）的计算公式为

$$\mathrm{PI}_{综合} = 1/4(0.6 \times \mathrm{PI}_{大气} + 0.2 \times \mathrm{PI}_{噪声} + 0.1 \times \mathrm{PI}_{地面水} + 0.1 \times \mathrm{PI}_{地下水}) \tag{12-17}$$

其分级标准见表 12-24。

表 12-24　南京市环境质量综合评价的五个级别

级别	环境质量状况	综合指数
1	好	<0.4
2	尚好	0.4～0.5
3	稍差	0.5～0.75
4	差	0.75～1.0
5	最差	>1.0

12.2.3　环境影响评价

1．环境影响评价的概念

“环境影响评价”（Environmental Impact Assessment，EIA）就是对拟议中的人类活动（包括拟建的单个建设项目、区域开发建设项目及拟实施的国家政策、计划、规划等）可能对环境产生的影响（包括环境污染和生态破坏的影响等）进行预测、分析与评价，并提出避免或削减不利的环境影响的对策与措施。

2．环境影响评价的分类

根据人类活动的类型，可以将环境影响评价分为三类：

（1）单个建设项目的环境影响评价　这是我国目前开展得最多的一种环境影响评价，是环境影响评价体系的基础，其评价内容和评价结论针对性很强。对工程的选址、生产规模、产品方案、生产工艺、工程对环境的影响以及减少和防范这种影响的措施都有明确的分析、计算和说明，对工程的可行性有明确结论。

（2）区域开发的环境影响评价　与单个建设项目的环境影响评价相比，区域开发的环境影响评价更具有战略性。它强调把整个区域当做一个整体来考虑，评价的着眼点在于论证区域的选址、建设性质、开发规划、总体规模是否合理，同时也重视区域内的建设项目的布局、结构、性质、规模，根据周围的环境特点，对区域的排污量进行总量控制。为使区域的开发建设项目对周围环境的影响控制在最低水平，提出相应的减轻影响的具体措施。

（3）战略环境影响评价　这类环境影响评价主要指对政策、规划或计划及其替代方案可能产生的环境影响，进行规范的、系统的综合评价，并把评价结果应用于负有公共责任的决策中，使之符合可持续发展原则的活动或结果。它与前两种评价不同之处在于：评价的区域是全国性的或行业性的，识别的影响是潜在的、宏观的，评价的方法多为定性的或半定量的各种综合、判断和分析。总之，公共政策的环境影响评价是在最高层次上进行的环境影响评价，是为高层次的开发建设决策服务的，因此，它在环境保护工作中所起的作用也是巨大的、全局性的。

从对单个建设项目到区域开发，再到公共政策进行环境影响的评价，从时间上看，环境影响评价介入的时间越来越提前，从空间上来看，涉及的地域越来越广。这反映出人们对环境影响评价重要性的认识在逐步深化。

3. 我国环境影响评价制度的特点

环境影响评价和环境影响评价制度是两个不同的概念。环境影响评价是一种科学方法和技术手段，并通过理论研究和实践检验，不断地改进、拓展和完善，是一个科学上的概念，属于学术研究的范畴。环境影响评价制度则是一个法律上的概念，属于上层建筑的范畴，一旦国家（政府）把环境影响评价作为一种国家（政府）行为，并通过法律规定了进行环境影响评价的程序、分类、审批以及违反环境影响评价要负的法律责任时，就建立了环境影响评价制度。

我国环境影响评价制度有以下几个特点：

（1）以建设项目环境影响评价为主　我国进行的环境影响评价绝大多数都是建设项目的环境影响评价，近年来也开展了一些开发区的环境影响评价，战略环境影响评价开展很少。今后，后两种评价将逐步增多。

（2）具有法律强制性　我国环境影响评价制度是国家环境保护法明确规定的一项法律制度，以法律形式约束人们必须遵照执行，具有不可违背的强制性，所有对环境有影响的建设项目必须执行这一制度。

（3）已纳入基本建设的程序　建设项目的环境影响评价已经纳入基本建设的程序，为建设单位所熟知，目前环境影响评价和项目的可行性研究处于同一阶段，各种投资类型的项目都要求在可行性研究阶段或开工建设之前，完成环境影响评价的报批。

（4）实行分类管理　对造成不同程度环境影响的项目实行分类管理。对环境有重大影响的项目必须编写环境影响报告书，对环境影响较小的项目可以编写环境影响报告表，而对环境影响很小的项目可只填写环境影响登记表。

（5）实行评价资格审核认定制　为确保环境影响评价工作的质量，从1986年起，建立了评价单位的资格审查制度，强调评价机构必须具有法人资格，具有与评价内容相适应的固定的专业人员和测试手段，能够对评价结果负法律责任。评价资格经审核认定后，发给环境影响评价资格证书。

1998 年国务院颁发的《建设项目环境保护管理条例》第十三条明确规定："国家对从事建设项目环境影响评价工作的单位实行资格审查制度，从事建设项目环境影响评价工作的单位，必须取得国务院环境保护行政主管部门颁发的资格证书，按照证书规定的等级和范围从事建设项目环境影响评价工作，并对评价结果负责。"持证评价是我国环境影响评价制度的一个重要特点。

4. 环境影响评价的工作程序

我国环境影响评价的工作程序如图 12-2 所示，HJ/T 2.1—2011《环境影响评价技术导则—总纲》规定，环境影响评价工作大体分为三个阶段：第一阶段为准备阶段，主要工作为研究有关文件，进行初步的工程分析和环境现状调查，筛选重点评价项目，确定各单项环境影响评价的工作等级，编制评价大纲；第二阶段为正式工作阶段，其主要工作为详细的工程分析和环境现状调查，并进行环境影响预测和评价环境影响；第三阶段为报告书编制阶段，其主要工作为汇总、分析第一、第二阶段工作所得的各种资料、数据，给出结论，完成环境影响报告书的编制。

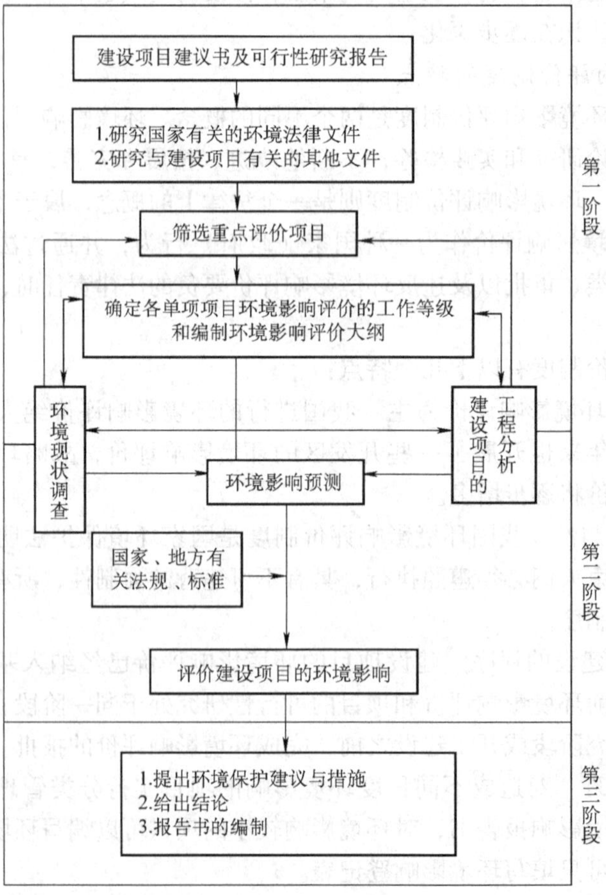

图 12-2　我国环境影响评价的工作程序

5. 我国环境影响评价的主要内容

环境影响评价报告书是我国环境影响评价的最终结果。其主要内容包括：

(1) 总则

1) 结合评价项目的特点阐述评价的目的。

2) 评价依据。包括国家有关的法律、法规、技术导则，评价大纲及其审查意见，建设项目可行性研究报告等。

3) 评价标准。包括所采用的环境质量标准和污染物排放标准。

4) 评价工作等级和评价范围。工作等级的划分一般分为三级，其中一级评价涉及的范围最大，评价的点位最多，评价内容也最多，工作量最大。二级评价次之，三级评价相对前两级的内容而言最少。评价工作等级是以下列因素为依据进行划分的：① 建设项目的工程特点、工程性质、工程规膜、能源及资源（包括水）的使用量及类型、污染物排放特点（排放量、排放方式、排放去向、主要污染物种类、性质、排放浓度）等；② 建设项目所在地区的环境特征、自然环境特点、环境质量现状及社会经济环境状况等；③ 国家和地方政府所颁发的有关法律法规（包括环境质量标准和污染物排放标准）。

5) 评价重点和保护环境的目标。

(2) 建设项目概况

1) 建设项目的名称、地点和建设性质。

2) 建设规模、占地面积及厂区平面布置。

3) 土地利用情况和发展规划。

4) 产品方案和主要工艺方法

5) 职工人数和生活区布局。

(3) 工程分析（包括施工期和运营期）

1) 主要原料、燃料及其来源、储运和物料平衡，水的用量与平衡。

2) 生产工艺过程（附工艺、污染流程图）。

3) 污染源的类型、排放的污染物种类、性质及排放方式、噪声、振动的特性等。工程分析的主要目的是找出排污节点和排放的主要污染因子。

(4) 污染负荷预测（包括施工期和运营期） 污染负荷预测即是对污染物排放源强的预测，常用的方法有类比法、物料衡算法、排放系数法等。

(5) 建设项目周围地区的环境现状调查

1) 地理位置。

2) 自然环境。包括气象、气候及水文情况；地质、地貌状况；土壤、植被及珍稀野生动、植物；大气、地面水、地下水、噪声及土壤环境质量状况等。

3) 社会环境。包括建设项目周围现有工矿企业和生活居住区的分布情况、农业及土地利用情况、工业与能源、交通运输情况；人口密度和人群健康状况等。

(6) 环境影响分析、预测与评价　分别进行施工期和运营期的环境影响分析、预测和评价，包括对大气环境、水环境、声环境、固废环境的影响分析、预测和评价及生态环境的影响分析、预测和评价。目前使用较多的预测方法有类比法、数学模式法和专业判断法。

数学模式法能给出定量的预测结果，但需一定的计算条件和输入必要的参数、数据。一般情况此方法比较简便，应首先考虑。选用数学模式时要注意模式的应用条件，如实际情况不能很好满足模式的应用条件而又拟采用时，要对模式进行修正并验证。类比调查法的预测结果属于半定量性质。如由于评价工作时间较短等原因，无法取得足够的参数、数据，不能采用数学模式进行预测时，可选用此方法。专业判断法则是定性地反映建设项目的环境影响。建设项目的某些环境影响很难定量估测如对生态和景观的环境影响，或由于评价时间过短等原因无法采用上述方法时，可选用此方法。

同时根据预测的结果采用一定的方法来评价建设项目环境影响的特征、影响的范围、影响的程度和性质。常采用的评价方法有指数法、矩阵法、核查表法等。

（7）污染防治对策与措施和生态保护对策与措施　分别提出施工期和运营期的污染防治对策与措施和生态保护对策与措施，包括对大气、水、声环境、固废污染的防治对策与措施和生物多样性保护、绿化和生态补偿等措施。并对环境保护措施的技术可行性进行分析和环保投资进行估算。

（8）清洁生产和总量控制　环境影响评价中的清洁生产分析应从节能、降低资源消耗、减少污染物排放等方面开展。通过清洁生产措施的采纳提高项目的清洁生产水平，达到从源头上和生产过程中削减或消除污染的目的。总量控制则要根据国家环保总局确定的13项污染物总量控制指标，结合项目的特点来确定。

（9）环保投资和经济损益分析　环境经济损益分析主要是衡量项目的环保投资所能收到的环境效益，一般采用费用—效益法进行分析。

（10）环境管理与环境监测的建议　包括建立环境管理机构、制定环境管理制度、明确环境管理职责等。

（11）公众参与　根据《中华人民共和国环境影响评价法》的要求，除国家规定需要保密的情形外，对环境可能造成重大影响、应当编制环境影响报告书的项目，建设单位应当在报批环境影响报告书前，举行论证会、听证会、或者采取其它形式，征求有关单位、专家和公众的意见。

（12）结论与建议

1）建设地址环境质量的现状。

2）环境影响的程度和范围。

3）项目选址、生产工艺、产品结构等是否合理。

4）污染防治措施和生态保护措施的技术可行性和经济合理性。

最终给出建设项目符合当地的发展规划要求（如土地利用规划和产业发展规划等），建设项目只要在施工期和运营期认真落实环境影响评价报告中提出的各项污染防治措施和生态保护措施，加强环境管理，确保污染防治工程和生态保护工程与主体工程同时设计、同时施工、同时投产使用，废气、废水、噪声、固废等对周围环境的影响可以降低到最低程度，从环境保护角度，该项目可在拟选地址进行建设的总结论。

复习与思考

1. 什么是环境监测？它有哪些作用？
2. 以城市环境监测为例，试述环境监测的程序。
3. 什么是环境影响评价？根据人类活动的类型，环境影响评价分为哪三类？
4. 我国环境影响评价制度有哪些特点？
5. 试述环境影响评价的工作程序和主要内容。

13

第13章 环境规划

13.1 概述

从20世纪70年代初，人们逐步认识到，要想解决一个地区的环境问题，首先应该从全局出发采取综合性的预防措施。环境规划就是在这种情况下逐步发展起来的，并逐步被纳入到国民经济和社会发展规划之中。

历史经验证明，人类"野蛮征服"自然的发展模式已被世人所唾弃，现在已进入必须与自然和谐相处的可持续发展时期。人类的经济和社会活动必须既遵循经济规律，又遵循生态规律，否则终将受到大自然的惩罚。环境规划就是人类为协调人与自然的关系，使人与自然达到和谐而采取的主要行动之一。

13.1.1 环境规划的含义

规划是人们以思考为依据，安排其行为的过程。规划与计划近义，经常被替换和混用。规划与计划通常兼有两层含义：一是描绘未来，规划是人们根据现在的认识对未来目标和发展状态的构想；二是行为决策，即实现未来目标或达到未来发展状态的行动顺序和步骤的决策。

对于环境规划，通常有以下几种理解：

按照《环境科学大词典》（1991年），环境规划是人类为使环境与经济社会协调发展而对自身活动和环境所做的时间和空间的合理安排。

有人认为，环境规划是指在一定的时期、一定的范围内为整治和保护环境，达到预定的环境目标所做的总的布置和规定。

也有人认为，环境规划是对不同地域和不同空间尺度的环境保护的未来行动进行规范化的系统筹划，是为实现预期环境目标所采用的一种综合性手段。

综上所述，环境规划是指为使环境与社会经济协调发展，把"社会-经济-环境"作为一个复合生态系统，依据社会经济规律、生态规律和地学原理，对其发展变化趋势进行研究而对人类自身活动和环境所做的时间和空间上的合理安排。

环境规划的内涵：

1）环境规划是在一定条件下的优化，它必须符合特定历史时期的技术、经济发展水平和能力。

2）环境规划的主要内容是合理安排人类自身活动与所处环境的协调发展，其中包括对人类经济社会活动提出符合环境保护需求的约束要求，也包括对环境保护和建设做出的安排和部署。

3）环境规划依据系统论原理、生态学原理、环境经济学理论和可持续发展等理论，充分体现这一学科的交叉性、边缘性等特点。

4）环境规划的研究对象是“社会-经济-环境”这一大的复合生态系统，它可能指整个国家，也可能指一个区域（城市、省区、流域）。

13.1.2 环境规划与相关规划的关系

当前，生态与环境问题已经渗透到国民经济与社会发展的各个领域。环境规划与国民经济和社会发展规划、城市规划等相互支持、互为参照、互为基础、关系紧密。

1. 与国民经济发展规划的关系

环境规划已被纳入国民经济和社会发展规划，成为国民经济发展规划重要的有机组成部分和重要内容。随着规划编制理念的不断更新，尤其是可持续发展战略的深入推进，发展规划越来越强调以人为本，强调经济、社会和环境协调发展。环境规划在国民经济发展规划中的地位越来越突出，作用越来越大。

环境规划是经济社会发展规划的基础，它为预防和解决经济社会发展带来的环境问题提供解决方案；经济社会发展规划必须充分考虑环境资源支撑条件、环境容量和环境保护的目标要求，充分利用环境资源促进经济社会发展。

2. 与城市总体规划的关系

城市总体规划是国民经济与社会发展在空间上进行布局和安排的一种手段，生态与环境问题是城市总体规划必须研究和解决的重要内容之一。通过区域生态与环境状态的分析评价，找出解决区域生态和环境问题的途径、方法与措施，以便为城市设计提供原则和依据，为城乡一体化提供良好外部环境条件，从而形成良好的区域生态环境，提供适宜发展、适宜居住的人居环境。

环境规划是城市总体规划的不可缺少的组成部分。环境规划与城市总体规划互为参照、互为基础，保护好生态环境是城市总体规划的目标之一，环境规划目标作为城市总体规划的目标，参与综合平衡并纳入其中。依据中华人民共和国建设部《城镇体系规划编制审批办法》中第十三条第八款规定：“确立保护区域生态环境、自然和人文景观以及历史文化遗产的原则和措施”。在国家规划设计标准中规定了城镇体系规划内容中应包括生态与环境保护的内容。

13.1.3 环境规划在我国的发展

1975 年联合国欧洲经济委员会在鹿特丹召开经济规划的生态对象讨论会，美国、前苏联、原德意志联邦共和国、英国、法国、意大利等 15 个国家参加，与会代表提出了制定环境经济规划问题，在制定经济发展规划中考虑生态因素。

我国在制定“六五”规划时明确提出，要社会、经济、科学技术相结合，人口、资源、环境相结合，计划中包括环境保护部分，计划的其他部分要充分考虑环境保护的要求。环境保护纳入了国民经济计划，成为经济、社会发展规划的有机组成部分。

1982年，国务院技术经济研究中心与山西省人民政府联合组织制定了“山西能源重化工基地综合经济规划”。在国内这是第一次在比较大的区域内，同步制定经济建设、城乡建设、环境建设的规划。1983年，第二次全国环境保护会议总结已有的实践经验，明确提出：“经济建设、城乡建设与环境建设同步规划、同步实施、同步发展”，实现“经济效益、社会效益与环境效益的统一”。

1992年联合国环境与发展大会之后，解决环境与发展问题，实行可持续发展战略，促进经济与环境协调发展，成为环境规划的主要目的和中心内容，这种规划实质上是宏观与微观相结合的“环境与发展规划”。

《中华人民共和国环境保护法》第四条规定：“国家制定的环境保护规划必须纳入国民经济和社会发展规划，国家采取有利于环境保护的经济、技术政策和措施，使环境保护工作同经济建设和社会发展相协调。”第十二条规定：“县级以上人民政府环境保护行政主管部门，应当会同有关部门对管辖区范围内的环境状况进行调查和评价，拟定环境保护规划，经计划部门综合平衡后，报同级人民政府批准实施”。将环境规划写入环境保护法中，为制定环境规划提供了法律依据。

13.2 环境规划的原则和类型

13.2.1 环境规划的原则

环境规划必须坚持以可持续发展战略为指导，围绕促进可持续发展这个根本目标。制定环境规划必须遵循以下基本原则。

1. 促进环境与经济社会协调发展的原则

保障环境与经济社会协调、持续发展是环境规划最重要的原则。环境是一个多因素的复杂系统，包括生命物质和非生命物质，并涉及社会、经济等许多方面的问题。环境系统与经济系统和社会系统相互作用、相互制约，构成一个不可分割的整体。

环境规划必须将经济、社会和自然系统作为一个整体来考虑，研究经济和社会的发展对环境的影响（正影响和负影响）、环境质量和生态平衡对经济和社会发展的反馈要求与制约，进行综合平衡，遵循经济规律和生态规律，做到经济建设、城乡建设、环境建设同步规划、同步实施、同步发展，使环境与经济、社会发展相协调。实现经济效益、社会效益和环境效益的统一。

2. 遵循经济规律和生态规律的原则

环境规划要正确处理环境与经济的关系，实现环境与经济协调发展，必须遵循经济规律和生态规律。在经济系统中，经济规模、增长速度、产业结构、能源结构、资源状况与配置、生产布局、技术水平、投资水平、供求关系等都有着各自及相互作用的规律。在环境系统中，污染物产生、排放、迁移转换，环境自净能力，污染物防治，生态平衡等也有自身的规律。在经济系统与环境系统之间的相互依赖、相互制约的关系中，也有着客观的规律性。要协调好环境与经济、社会发展，必须既要遵循经济规律，又要遵循生态规律，否则会造成环境恶化、危害人类健康、制约经济正常发展的恶果。

3. 环境承载力有限的原则

环境承载力是指在一定时期内，在维持相对稳定的前提下，环境资源所能容纳的人口规模和经济规模的大小。地球的面积和空间是有限的，它的资源是有限的，显然，环境对污染和生态破坏的承载能力也是有限的。人类的活动必须保持在地球承载力的极限之内。如果超过这个限度，就会使自然环境失去平衡稳定的能力，引起质量上的衰退，并造成严重后果。因此，人类对环境资源的开发利用，必须维持自然资源的再生功能和环境质量的恢复能力，不允许超过生物圈的承载容量或允许极限。在制定环境规划时，应该根据环境承载力有限的原则。对环境质量进行慎重的分析研究，对经济社会活动的强度、发展规模等作适当的调节和安排。

4. 因地制宜、分类指导的原则

环境和环境问题具有明显的区域性。不同地区在其地理条件、人口密度、经济发展水平、能量资源的储量、文化技术水平等方面也是千差万别。环境规划必须按区域环境的特征，科学制定环境功能区划，在进行环境评价的基础上，掌握自然系统的复杂关系，分清不同的机理，准确地预测其综合影响，因地制宜地采取相应的策略措施和设计方案。坚持环境保护实行分类指导，突出不同地区和不同时段的环境保护重点和领域。要把城市环境保护与城市建设紧密结合，实行城市与农村环境整治的有机结合，防治污染从城市向农村转移。按照因地制宜的原则，从实际出发，才能制定切合实际的环境保护目标，提出切实可行的措施和行动。

5. 强化环境管理的原则

环境规划要成为指导环境与经济社会协调发展的基本依据，必须适应我国建立社会主义市场经济体制的趋势，必须充分运用法律从经济和行政手段，充分体现环境管理的基本要求。在环境规划中，必须坚持以防为主、防治结合、全面规划、合理布局、突出重点、兼顾一般的环境管理的主要方针。做到新建项目不欠账，老污染源加快治理。坚持工业污染与基本建设和技术改造紧密结合，实行全过程控制，建立清洁文明的工业生产体系。积极推行经济手段的运用，坚持“污染者负担”和“谁开发谁保护，谁破坏谁恢复，谁受用谁补偿，谁受益谁付费”的原则。只有把强化环境管理的原则贯穿到环境规划的编制和实施之中，才能有效避免走“先污染、后治理”的旧式发展道路。

13.2.2 环境规划的类型

在国民经济和社会发展规划体系中，环境规划是一个多层次、多要素、多时段的专项规划，内容十分丰富。根据环境规划的特征，从不同的角度，环境规划可以有不同的分类。

1. 按规划的主体划分

按照规划的主体划分，环境规划包括区域环境规划和部门（行业）环境规划。

区域环境规划，按地域范围划分，可以分为全国环境规划、大区（如经济区）环境规划、省城环境规划、流域环境规划、城市环境规划、乡镇环境规划、厂区（如开发区）环境规划等。区域环境规划综合性、地域性很强，它既是制定上一级环境规划的基础，又是制定下一级区域环境规划和部门环境规划的依据和前提。

不同的国民经济行业，有不同的部门环境规划，主要包括工业部门环境规划（冶金、化工、石油、电力、造纸等）、农业部门环境规划、交通运输部门环境规划等。

2. 按规划的层次划分

按规划的层次划分，环境规划包括宏观环境规划、专项环境规划及环境规划决策实施方案。

以区域环境规划为例，有区域宏观环境规划、区域专项环境规划和区域环境规划实施方案，它们的内容既有区别也有联系。

（1）区域宏观环境规划　这是一种战略层次的环境规划，主要包括环境保护战略规划、污染物总量宏观控制规划、区域生态建设与生态保护规划等。

（2）区域专项环境规划　如大气污染综合防治规划，水环境污染综合防治规划。城市环境综合整治规划，乡镇（农村）环境综合整治规划，近岸海域环境保护规划等。

（3）区域环境规划实施方案　这是战略决策最低层次的规划，实施方案是决策和规划的落实和具体的时空安排。

3. 按规划的要素划分

按环境规划的要素划分，环境规划可分为两大类型：一是污染防治规划，二是生态保护规划。环境保护应坚持污染防治与生态保护并重，生态建设与生态保护并举。

（1）污染防治规划　污染防治规划，通常也称为污染控制规划，是我国当前环境规划的一个重点。根据范围和性质可分为区域（或地区）污染防治规划、部门污染防治规划、环境要素（或污染因素）污染防治规划。

1）区域（或地区）污染防治规划。主要包括城市污染综合防治规划、工矿区污染综合防治规划、江河流域污染综合防治规划、近岸海域污染综合防治规划等。

城市污染综合防治规划是最常见的一种区域污染防治规划。城市污染综合防治规划主要包括：按照区域环境要求和条件，实行功能分区，合理部署居民区、商业区、游览区、文教区、工业区、交通运输网络、城镇体系及布局等；大气污染防治规划，考虑产业结构和产业布局、能源结构等，提出大气主要污染物环境容量和优化分配方案，提出污染物削减方案和控制措施；水源保护和污水处理规划，规定饮用水源保护区及其保护措施，根据产业发展情况，规定污水排放标准，确定下水道与污水处理厂的建设规划；垃圾处理规划，规定垃圾的收集、处理和利用指标和方式，争取由堆积、填埋、焚烧处理垃圾走向垃圾的综合利用；绿化规划，规定绿化指标、划定绿地区等。

2）部门污染防治规划。不同部门经济活动特点不同，造成的环境污染与破坏也不相同，因此污染防治规划侧重点也不相同。如以煤为主要燃料的发电厂，主要造成扬尘、二氧化硫、氮氧化物等大气污染、热污染，以及粉煤灰的处理和利用等问题。化工、冶金等行业主要带来废水、重金属污染等。部门污染防治规划主要包括工业系统污染综合防治规划、农业污染综合防治规划、交通污染综合防治规划、商业污染综合防治规划等。工业或行业污染物的排放是环境污染的主要原因，也是控制环境污染的首要对象，因此，部门污染防治规划又称工业或行业污染防治规划。

部门污染防治规划，是在行业规划的基础上，以加强重点污染行业技术改造和治理点源为主的规划。该规划充分体现工业或行业特点，突出总量控制和治理项目的实施。规划的主要内容包括：布局规划，按照组织生产和保护环境两方面要求，划定工业或行业的发展区，并确定工业或行业的发展规模；根据区域内工业污染物现状和规划排放总量，按照功能目标要求，确定允许排放量或削减量；对新建、改建、扩建项目，根据区域总量控制要求，确立新增污染物排放量和去除量；对老污染源治理项目，制定淘汰落后工艺和产品的规划，提出治理对策，确定污染物削减量；制定工业污染排放标准和实现区域环境目标的其他主要措施。

3）环境要素污染防治规划。按环境要素，污染防治规划可以分为大气污染防治规划、水污染防治规划、固体废弃物污染防治规划等。

大气污染防治规划包括城市大气污染防治规划、区域大气污染防治规划、全球性大气污染防治规划等。针对区域内主要大气污染问题，根据大气环境质量的要求，运用系统工程的方法，以调整经济结构和布局为主、工程技术措施为辅而确定的大气污染综合防治对策。该类规划关键的内容是：明确具体的大气污染控制目标；优化大气污染综合防治措施。防治措施主要包括：减少污染物排放，改革能源结构，对燃料进行预处理，改进燃烧装置和燃烧技术，采用无污染或少污染的工艺，节约能源，加强企业管理，减少事故性排放，妥善处理废渣以减少地面扬尘等；治理污染物，回收利用废气中有用物质或使有害气体无害化，有计划、有选择地扩大绿地面积，发展植物净化；利用大气环境的自净能力，合理确定烟囱高度，充分利用大气在时间和空间上的稀释扩散自净能力等。

水环境污染防治规划主要包括饮用水源地污染防治规划、城市水环境污染防治规划等。水体的对象可以是江河、湖泊、海湾、地下水等，针对水体的环境特征和主要污染问题而制定的防治目标和措施。又称水污染防治规划。水污染防治规划的主要内容是：水环境功能区规划，按照不同的水质使用功能、水文条件、排污方式、水质自净特征，划分水质功能区，监控断面，建立水质管理信息系统等；水质目标和污染物总量控制规划，规定水质目标与污染物排放总量控制指标；治理污水规划，提出推荐的水体污染控制方案，确定提出分期实施的工程设施和投资概算等。

固体废弃物污染防治规划主要包括对工业固体废弃物污染综合防治规划（包括减排、综合利用及无害化处理），危险固体废弃物处理、处置规划，城市生活垃圾处理和利用规划等。

（2）生态保护规划　一般认为，生态保护规划是以生态学原理和城乡规划原理为指导，根据社会、经济、自然等条件，应用系统科学、环境科学等多学科的手段辨识、模拟和设计人工复合生态系统内的各种生态关系，确定资源开发利用与保护的生态适宜度，合理布局和安排农、林、牧、副、渔业和工矿交通事业，以及住宅、行政和文化设施等，探讨改善系统结构与功能的生态建设对策。生态规划充分运用生态学的整体性原则、循环再生原则、区域分异原则，融生态规划、生态设计、生态管理于一体。

1）生态环境建设规划。包括区域生态建设规划、城市生态建设规划、农村生态建设规划、海洋生态环境保护规划、生态特殊保护区建设规划、生态示范区建设规划。

2）自然保护规划。根据不同要求、不同保护对象可以分成不同的类型规划，常有自然资源开发与保护规划，自然保护区规划两类。自然资源开发与保护规划包括森林、草原等生物资源开发与保护规划，土地资源开发与保护规划，海洋资源开发与保护规划，矿产资源开发与保护规划，旅游资源开发与保护规划等。自然保护区规划是在充分调查的基础上，论证建立自然保护区的必要性、迫切性、可行性，确立保护区范围、拟建自然保护区等级、保护类型，提出保护、建设、管理对策意见。自然保护区一旦确立，便成为一个占有法定空间、具有特定自然保护任务、受法律保护的特殊环境实体。我国自然保护区分国家级自然保护区和地方级自然保护区，地方级又包括省、市、县三级。

4. 按时间跨度划分

按照时间尺度划分，环境规划通常分为长期环境规划、中期环境规划和短期环境规划。

长期环境规划是纲要性计划。一般时间跨度在10年以上，其主要内容是确定环境保护战略目标、主要环境问题的重要指标、重大政策、措施。

中期环境规划是环境保护的基本计划，一般时间跨度在5~10年，其主要内容是确定环境保护目标、主要指标、环境功能区划、主要的环境保护设施建设和修改项目及环境保护投资的估算和筹集渠道等。

短期环境规划一般时间跨度在5年以下，短期环境规划或年度环境保护计划是中期规划的实施计划，内容比中期规划更为具体、可操作，针对当前突出的环境问题制定的短期环境保护行动计划，有所侧重，但不一定面面俱到。不同时间尺度的环境规划之间有效衔接和配合，能够确保环境规划的时效性。

5. 按环境与经济的制约关系划分

环境与经济存在着相互依赖、相互制约的双向联系，但在特定的条件下，有时以经济发展为主，有时以保护环境为先。按环境与经济的制约关系划分，环境规划可以分为经济制约型规划、环境与经济协调发展型规划、环境制约型规划。

经济制约型规划是为了满足经济发展的需要，环境保护只服从于经济发展的要求。一般是在确定了社会发展目标、产业结构、生产布局、工艺进程的前提下，预测污染物的产生量，根据环境质量要求和环境容量大小，规划去除污染物的数量和方式，而经济制约型规划不考虑环境的反馈要求。

协调发展型规划是将环境与经济作为一个大系统来规划，既考虑经济对环境的影响，又要考虑环境对经济发展的制约，以实现经济与环境的协调发展。这类规划是协调发展理论的产物，是人们对无节制使用环境，从而遭到环境报复以后的经验总结，是环境规划发展的方向。

环境制约型规划是在某些特殊环境下环境保护成了环境与经济关系的主要矛盾方面，经济发展要服从环境质量的要求，如饮用水源保护区、重点风景游览区、历史遗迹等环境规划。

13.3 环境规划的工作程序和主要内容

13.3.1 环境规划的基本程序

环境规划是协调环境资源的利用与经济社会发展的科学决策过程。环境规划因对象、目标、任务、内容和范围等不同，编制环境规划的侧重点各不相同，但规划编制的基本程序大致相同，主要包括编制环境规划工作计划、现状调查和评价、环境预测分析、确定环境规划目标，制定环境规划方案、环境规划方案的申报和审批、环境规划方案的实施等步骤（图13-1）。

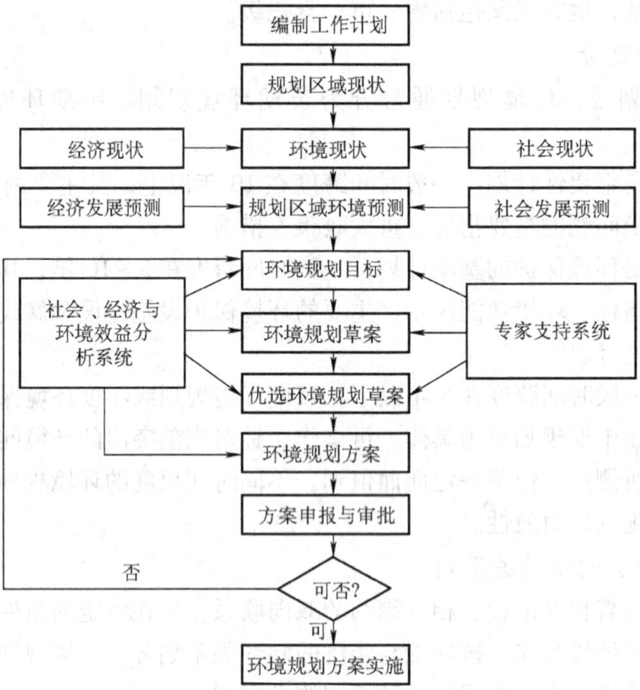

图 13-1 环境规划编制基本程序

13.3.2 环境规划的主要步骤和内容

1. 编制环境规划的工作计划

在开展规划工作前，有关人员要根据环境规划目的和要求，对整个规划工作进行组织和安排，提出规划编写提纲，明确任务，制订翔实的工作计划。

2. 环境、经济和社会现状调查和评价

环境、经济和社会现状调查与评价的内容主要包括：自然环境特征调查（如地质地貌、气象条件和水文资料、土壤类型、特征及土地利用情况、生物资源种类和生态习性，环境背景值等）；生态调查（主要有水土保持面积、自然保护区面积、土地沙化和盐渍化情况、森林覆盖率、绿地覆盖率等）；污染源调查（主要包括工业污染源、农业污染源、生活污染源、交通运输污染源、噪声污染源、放射性和电磁辐射污染源等。在分类调查时，要与另外的分类：即大气污染源、水污染源、土壤污染源、固体废弃物污染源、噪声污染源等结合起来汇总分析）；环境质量调查（主要调查区域大气、水、噪声及生态等环境质量，大多可以从环境保护部门历年的监测资料获得）；环境保护措施的效果调查（主要是对环境保护工程措施的削减效果及其综合效益进行分析评价）；环境管理现状调查（主要包括环境管理机构、环境保护工作人员业务素质、环境政策法规和标准的实施情况、环境监督的实施情况等）；社会环境特征调查（如人口数量、密度分布，产业结构和布局，产品种类和产量，经济密度，建筑密度，交通公共设施，产值，农田面积，作物品种和种植面积，灌溉设施，渔牧业等）；经济社会发展规划调查（如规划区内的短、中、长期发展目标，包括国民生产总值、国民收入、工农业生产布局以及人口发展规划、居民住宅建设规划、工农业产品产量、原材料品种及使用量、能源结构、水资源利用等)。

通过规划区域内环境、经济和社会现状调查与评价，明确区域内存在的主要环境问题，为环境预测分析提供方向和依据。

3. 环境预测分析

环境预测是根据所掌握的区域环境信息资料，结合国民经济和社会的发展状况，区域未来环境变化（包括环境污染和环境质量变化）的发展趋势作出对科学、系统地分析，预测未来可能出现的环境问题（包括其时间、分布范围及可能产生的危害)，并有针对性地提出防治措施及对策。它是环境决策的重要依据，没有科学的环境预测就不会有科学的环境决策，当然也就不会有科学的环境规划。环境预测通常需要建立各种环境预测模型。环境预测的主要内容如下。

（1）社会和经济发展预测　社会发展预测重点是人口预测，包括人口总数、人口密度以及分布等；经济发展预测包括能源消耗预测、国民生产总值预测、工业部门产值预测、产业结构和布局预测等内容。社会和经济发展预测是环境预测的基本依据。

（2）资源供需预测　自然资源是区域经济持续发展的基础。随着人口的增长和国民经济的迅速发展，我国许多重要自然资源开发强度都较大，特别是水、土地和生物资源等。在资源开发利用中，应该做好资源的合理开发和高效利用，同时分析资源开发和利用过程中的生态环境问题，关注其产生原因并预测其发展趋势。所以，在制定环境规划时必须对资源的供需平衡进行预测分析，主要有水资源、土地资源、生物资源（森林、草原、野生动植物等)、矿产资源的供需平衡分析等。

（3）污染源和主要污染物排污总量预测　污染源和主要污染物排污总量预测包括大气污染源和主要污染物排污总量预测、水污染源和主要污染物排污总量预测，固体废物产生源及排放量预测、噪声源和污染强度预测等。

（4）环境质量预测　根据污染源和主要污染物排污总量的预测结果，结合区域环境模型（如大气质量模型、水质模型等)，分别预测环境质量的变化情况，包括大气环境、水环境、土壤环境等环境质量的时间、空间变化。

（5）生态环境预测　生态环境预测包括城市生态环境预测、农业生态环境预测、森林环境预测、草原和沙漠生态环境预测、珍稀濒危物种和自然保护区现状及发展趋势的预测、古迹和风景区的变化趋势预测。

（6）环境污染和生态污染造成的经济损失预测　环境污染和生态破坏会给区域经济发展和人民生活带来损失。环境污染和生态污染造成的经济损失，就是根据环境经济学的理论和方法，调查和计量因环境污染和生态破坏而带来的直接和间接经济损失。

4. 确定环境规划目标

环境规划目标是在一定的条件下，决策者对环境质量所想要达到的状况或标准，是特定规划期限内需要达到的环境质量水平与环境结构状态。

环境规划目标一般分为总目标、单项目标、环境指标三个层次。总目标是指区域环境质量所要达到的要求或状态。单项目标是依据规划区环境要素和环境特征以及不同环境功能所确定的环境目标。环境指标是体现环境目标的指标体系，是目标的具体内容和环境要素特征和数量的表述。在实际规划工作中，根据规划区域对象、规划层次、目的要求、范围、内容而选择适当的指标。指标选取的基本原则是科学性原则、规范化原则、适应性原则、针对性原则、超前性原则和可操作性原则。指标类型主要包括环境质量指标、污染物总量控制指标、环境管理与环境建设指标、环境保护投资以及其他相关指标等。

需特别强调的是，环境规划目标必须科学、切实、可行。确定恰当的环境规划目标，即明确所要解决的问题及所达到的程度，是制定环境规划的关键。规划目标要与该区域的经济和社会发展目标进行综合平衡，针对当地的环境状况与经济实力、技术水平和管理能力，制定出切合实际的规划目标及相应的措施。目标太高，环境保护投资多，超过经济负担能力，环境规划目标会无法实现；目标太低，就不能满足人们对环境质量的要求，造成严重的环境问题。因此，在制定环境规划时，确定恰当的环境规划目标是十分重要的，环境规划目标是否切实可行是评价规划好坏的重要标志。

（1）确定环境规划目标的原则　确定环境规划目标需要遵循以下原则：①要考虑规划区域的环境特征、性质和功能要求；②所确定的环境规划目标要有利于环境质量的改善；③要体现人们生存和发展的基本要求；④要掌握好“度”，使环境规划目标和经济发展目标能够同步协调，能够同时实现经济、社会和环境效益的统一。

（2）环境功能区划与环境规划目标的确定　功能区是指对经济和社会发展起特定作用的地域或环境单元。环境功能区划是依据社会发展需要和不同区域在环境结构、环境状态和使用功能上的差异，对区域进行合理划分。进行环境功能分区是为了合理进行经济布局，并确定具体的环境规划目标，也便于进行环境管理与环境政策执行。环境功能区实际上是社会、经济与环境的综合性功能区。

环境功能区划可分为综合环境功能区划和分项（专项）环境功能区划两个层次，后者包括大气环境功能区划、水环境功能区划、声环境功能区划、近海海域环境功能区划等。

环境功能区划中应考虑以下原则：

1）环境功能与区域总体规划相匹配，保证区域或城市总体功能的发挥。

2）根据地理、气候、生态特点或环境单元的自然条件划分功能区，如自然保护区、风景旅游区、水源区或河流及其岸线、海域及其岸线等。

3）根据环境的开发利用潜力划分功能区，如新经济开发区、生态绿地等。

4）根据社会经济的现状、特点和未来发展趋势划分功能区，如工业区、居民区、科技开发区、教育文化区、开放经济区等。

5）根据行政辖区划分功能区，按一定层次的行政辖区划分功能，往往不仅反映环境的地理特点，而且也反映某些经济社会特点，有其合理性，也便于管理。

6）根据环境保护的重点和特点划分功能区，特别是一些敏感区域，可分为重点保护区、一般保护区、污染控制区和重点整治区等。

根据规划区内各区域环境功能不同分别采取不同对策确定并控制其环境质量。确定环境保护目标时，至少应包括环境总体目标（战略目标）、污染物总量控制目标和各环境功能区的环境质量目标三项内容。

在区域环境规划的综合环境功能区划中，常划分出以下几类区域。

1）特殊（重点）保护区，包括自然保护区、重要文物古迹保护区、风景名胜区、重要文教区、特殊保护水域或水源地、绿色食品基地等。

2）一般保护区，主要包括生活居住区、商业区等。

3）污染控制区，往往是现状的环境质量尚好，但需严格控制污染的工业区。

4）重点治理区，通常是受污染较严重或受特殊污染物污染的区域。

5）新建经济技术开发区，根据环境管理水平确定，一般应该从严要求。

6）生态农业区，应满足生态农业的相关要求。

5. 提出环境规划方案

环境规划方案是指实现环境目标应采取的措施以及相应的环境保护投资。在制定环境规划时，一般要作多个不同的规划方案，通过对各方案的定性、定量比较，综合分析各自的优缺点，得出经济上合理、技术上先进，满足环境目标要求的最佳方案。

方案比较和优化是环境规划过程中的重要步骤和内容，在整个规划的各个阶段都存在方案的反复比较。环境规划方案的确定应考虑如下方面：比较的项目不易太多，方案要有鲜明的特点，要抓住起关键作用的问题作比较，注意可比性；确定的方案要结合实际，针对不同方案的关键问题，提出不同规划方案的实施措施；综合分析各方案的优缺点，取长补短，最后确定最佳方案；对比各方案的环保投资和三个效益的统一，目标是效果好、投资少、不应片面追求先进技术或过分强调投资。

6. 环境规划方案的申报与审批

环境规划的申报与审批，是把规划方案变成实施方案的基本途径，也是环境管理中一项重要工作制度。环境规划方案必须按照一定的程序上报有关决策机关，等待审核批准。

7. 环境规划方案的实施

环境规划的实用价值主要取决于它的实施程度。环境规划的实施既与编制规划的质量有关，又取决于规划实施所采取的具体步骤、方法和组织。实施环境规划要比编制环境规划复杂和困难。环境规划按照法定程序审批下达后，在环境保护部门的监督管理下，各级政策有关部门，应根据规划提出的任务要求，强化规划执行。实施环境规划的具体要求和措施，归纳起来有如下几点。

（1）切实把环境规划纳入国民经济和社会发展计划中　保护环境是发展经济的前提和条件，发展经济是保护环境的基础和保证。要切实把环境规划的指标、环境技术政策、环境保护投入以及环境污染防治和生态环境建设项目纳入国民经济与社会发展规划，这是协调环境与社会经济关系不可缺少的手段。同时，以环境规划为依据，编制环境保护年度计划，把规划中所确定的环境保护任务、目标进行分解、落实使之成为可实施的年度计划。

（2）强化环境规划实施的政策与法律的保证　政策与法律是保证规划实施的重要方面，尤其是在一些经济政策中，逐步体现环境保护的思想和具体规定，将规划结合到经济发展建设中，是推进规划实施的重要保证。

（3）多方面筹集环境保护资金　把环境保护作为全社会的共同责任。一方面，政府要积极推动落实“污染者负担”原则，工厂、企业等排污者要积极承担污染治理的责任，同时政府要加大对公共环境建设的投入，鼓励社会资金投入环境保护基础设施建设。通过多方面筹集环境保护建设资金，确保环境保护的必要资金投入。

（4）实行环境保护的目标管理　环境规划是环境管理制度的先导和依据，而管理制度又是环境规划的实施措施与手段。要把环境规划目标与政府和企业领导人的责任制紧密结合起来。

（5）强化环境规划的组织实施、进行定期检查和总结　组织管理是对规划实施过程的全面监督、检查、考核、协调与调整，环境规划管理的手段主要是行政管理、协调管理和监督管理，建立与完善组织机构，建立目标责任制，实行目标管理，实行目标的定量考核，保证规划目标的实现。

13.4 环境规划的作用

环境规划就是要依据有限的环境承载力，规定人们的经济社会行为，提出保护和建设环境的方案，促进环境与经济社会协调发展。环境规划担负着从整体上、战略上和方案上来研究和解决环境问题的任务，对于可持续发展战略的顺利实施起着十分重要的作用。

实践证明，环境规划是改善环境质量、防止生态破坏的重要措施，它在社会经济发展和环境保护中的作用概括起来包括以下几点。

1. 环境规划是协调经济社会发展与环境保护的重要手段

环境问题和资源、经济、社会等问题紧密结合，事关人类发展。环境问题的解决，必须注重预防为主，否则损失巨大，后果严重。环境规划将环境与经济社会发展问题结合起来，起到有效预防的效果。环境规划是环境决策在时间、空间上的具体安排，是规划管理者对一定时期内环境保护目标和措施所作的具体规定，是一种带有指令性的环境保护方案。其目的是在发展经济的同时保护环境，使经济与社会协调发展。

2. 环境规划是实施环境保护战略的重要手段

环境保护战略只是提出了方向性、指导性的原则、方针、政策、目标、任务等方面的内容，而要把环境保护战略落到实处，则需要通过环境规划来实现，通过环境规划来具体贯彻环境保护的战略方针和政策，完成环境保护的任务。环境规划是要在一个区域范围内进行全面规划、合理布局以及采取有效措施，预防产生新的生态破坏，同时又有计划、有步骤、有重点地解决一些历史遗留的环境问题，并且改善区域环境质量和恢复自然生态的良性循环，体现了“预防为主”方针的落实。

3. 环境规划是实施有效管理的基本依据

环境规划提出了一个区域在一定时期内环境保护的总体设计和实施方案，它给各级环境保护部门提出了明确的方向和工作任务，因而它在环境管理活动中占有较为重要的地位和作用。环境规划制定的功能区划、质量目标、控制指标和各种措施以及工程项目，给人们提供了环境保护工作的方向和要求，可以指导环境建设和环境管理活动的开展，对有效实现环境科学管理起着决定性的作用。根据环境的纳污容量以及“谁污染谁承担削减责任”的基本原则，公平地规定各排污者的允许排污量和应削减量，为合理地、强制性地约束排污者的排污行为、消除污染提供科学依据。

复习与思考

1. 什么是环境规划？它的作用体现在哪些方面？
2. 制定环境规划时必须遵循哪些原则？
3. 为什么污染防治规划是我国当前环境规划的重点？
4. 编制环境规划的基本程序主要包括哪些步骤？

参考文献

[1] 鲍建国，周发武. 清洁生产实用教程［M］. 北京：中国环境科学出版社，2010.

[2] 蔡晓明，尚玉昌. 普通生态学：下册［M］. 北京：北京大学出版社，2000.

[3] 白雪华. 美国和欧盟的能源政策及其启示［J］. 国土资源，2004，11：53－55.

[4] 陈清泰. 中国的能源战略和政策［J］. 国际石油经济，2003，12：18－20.

[5] 陈宏金. 农业清洁生产与农产品质量建设［J］. 农村经济与科技，2004，15（2）：11－12.

[6] 陈强. 生态农业的特点及其发展模式［J］. 福建水土保持，1999，11（4）：15－18.

[7] 陈红喜. 环境经济学［M］. 北京：化学工业出版社，2006.

[8] 崔兆杰，张凯. 循环经济理论与方法［M］. 北京：科学出版社，2008.

[9] 崔铁宁. 循环经济概论［M］. 北京：中国环境科学出版社，2007.

[10] Chertow Marian R. The Eco-Industrial Park Model Reconsidered［J］. Journal of Industrial Ecology，1999，2（3）：8－10.

[11] 陈阜. 农业生态学教程［M］. 北京：气象出版社，1998.

[12] 曹英耀，曹曙，李志坚. 清洁生产理论与实务［M］. 广州：中山大学出版社，2009.

[13] 段世昕. 循环经济的发展取向探索［C］//中国环境科学学会2009年学术年会论文集，2009，128－132.

[14] 冯之浚. 循环经济与立法研究［J］. 中国流通经济，2007，9：7－10.

[15] 付煌辉. 生态工业园区建设实践及研究进展［C］//中国环境科学学会2009年学术年会论文集，2009，82－85.

[16] 郭怀成，尚金城，张天柱. 环境规划学［M］. 北京：高等教育出版社，2009.

[17] 郭斌，庄源益. 清洁生产工艺［M］. 北京：化学工业出版社，2003.

[18] 郭显锋，张新力，方平. 清洁生产审核指南［M］. 北京：中国环境科学出版社，2007.

[19] 高廷耀，顾国维，周琪. 水污染控制工程：下册［M］. 3版. 北京：高等教育出版社，2006.

[20] 国家计委，等. 中国21世纪议程［M］. 北京：中国环境科学出版社，1994.

[21] 国家环境保护总局科技标准司. 清洁生产审计培训教材［M］. 北京：中国环境科学出版社，2009.

[22] 关立山. 世界风力发电现状及展望［J］. 全球科技经济瞭望，2004，7：51－55.

[23] 何京玲. 循环经济的系统特征［J］. 科技创业月刊，2007，10：156－157.

[24] 海热提. 循环经济与生态工业［M］. 北京：中国环境科学出版社，2009.

[25] 郝吉明，马广大，王书肖. 大气污染控制工程［M］. 3版. 北京：高等教育出版社，2010.

[26] 洪宗辉，潘仲麟. 环境噪声控制工程［M］. 北京：高等教育出版社，2002.

[27] 金瑞林. 环境与资源保护法学［M］. 北京：高等教育出版社，2006.

[28] 江新英，季莹. 产品生态设计理论与实践的国际研究综述［J］. 生态经济，2006（2）：77－80.

[29] 贾爱娟，靳敏，张新龙. 国内外清洁生产评价指标综述［J］. 陕西环境，2003，10（3）：31－35.

[30] 陆钟武. 穿越"环境高山"——工业生态学研究［M］. 北京：科学出版社，2008.

[31] 鞠美庭，盛连喜. 产业生态学［M］. 北京：高等教育出版社，2008.

[32] 罗宏，孟伟，冉圣宏. 生态工业园区——理论与实证［M］. 北京：化学工业出版社，2004.

[33] 李素芹，苍大强，李宏. 工业生态学［M］. 北京：冶金工业出版社，2007.

[34] 李文华. 生态农业——中国可持续农业的理论与实践［M］. 北京：化学工业出版社，2003.

[35] 李新平. 中国生态农业的理论基础和研究动态［J］. 农业现代化研究，2000，21（6）：341－344.

[36] 李春燕. 论发展生态农业是农业经济可持续发展的主要途径［J］. 大众科技，2006，6：193－194.

[37] 李鸿飞. 可持续发展与中国 [M]. 成都：天地出版社，2000.
[38] 李耀中. 噪声控制技术 [M]. 北京：化学工业出版社，2001.
[39] 李志东，等. 中国能源环境研究文集 [M]. 北京：中国环境科学出版社，2000.
[40] 刘青松，张利民，姜伟立，吴海锁. 清洁生产与ISO14000 [M]. 北京：中国环境科学出版社，2003.
[41] 刘琨. 李永峰. 环境规划与管理 [M]. 哈尔滨：哈尔滨工业大学出版社，2011.
[42] 马大猷. 噪声与振动控制工程手册 [M]. 北京：机械工业出版社，2002.
[43] 马中. 环境与资源经济学概论 [M]. 北京：高等教育出版社，1999.
[44] 毛东兴，洪宗辉. 环境噪声控制工程 [M]. 2版. 北京：高等教育出版社，2010.
[45] 潘岳. 关于绿色GDP的几点思考 [J]. 理论前沿，2004，(10)：38-40.
[46] 彭晓春，谢武明. 清洁生产与循环经济 [M]. 北京：化学工业出版社，2009.
[47] 钱易，等. 环境保护与可持续发展 [M]. 2版. 北京：高等教育出版社，2010.
[48] 钱易. 清洁生产与循环经济——概念、方法和案例. 北京：清华大学出版社，2006.
[49] 乔琦，夏训峰，姚扬. 国外发展循环经济的经验及其启示 [J]. 统计与决策，2006，9：35-36.
[50] 曲向荣. 土壤环境学 [M]. 北京：清华大学出版社，2010.
[51] 曲向荣. 环境学概论 [M]. 北京：北京大学出版社，2009.
[52] 曲向荣. 循环经济 [M]. 北京：机械工业出版社，2012.
[53] 曲向荣. 污染土壤植物修复技术及尚待解决的问题 [J]. 环境保护，2008，6B：45-47.
[54] 曲向荣. 污染土壤修复标准制定的构想 [J]. 环境保护，2009，10B：47-49.
[55] 曲向荣. 土壤污染及其防治途径的研究 [C]. 中国环境科学学会学术年会集，2008，1084-1087.
[56] 曲向荣. 实现循环经济的重要途径-生态工业园区建设 [C]. 中国环境科学学会学术年会论文集，2004，110-114.
[57] 曲向荣. 沈阳市创建生态示范市水环境质量达标对策研究 [C]. 中国环境科学学会学术年会集，2009，216-219.
[58] 任勇，吴玉萍. 中国循环经济内涵及有关理论问题探讨 [J]. 中国人口、资源与环境，2005，15(4)：131-136.
[59] 盛连喜. 环境生态学导论 [M]. 2版. 北京：高等教育出版社，2009.
[60] 沈金生. 循环经济特征新探 [J]. 经济问题，2006，12：24-26.
[61] 沈洪满. 资源与环境经济学 [M]. 北京：中国环境科学出版社，2007.
[62] 沈镭. 资源的循环特征与循环经济政策 [J]. 资源科学，2005，27 (1)：32-38.
[63] 孙佑海. 用科学发展观指导中国循环经济立法 [J]. 环境经济，2007，3：45-51.
[64] 苏琴，吴连成. 环境工程概论 [M]. 北京：国防工业出版社，2004.
[65] 石晓亮，钱公望. 放射性污染的危害及防护性措施 [J]. 工业安全与环保，2004，30 (1)：6-9.
[66] 邵力刚，刘蓓. 城市光污染及其防治措施 [J]. 灯与照明，2006，30 (1)：13-15.
[67] 覃成林，管华. 环境经济学 [M]. 北京：科学出版社，2004.
[68] 唐炼. 世界能源供需现状与发展趋势 [J]，国际石油经济，2005，13 (1)：30-33.
[69] 田立泉，逯飞. 创建生态工业园区，缔造和谐发展的开发区 [C] //中国环境科学学会2009年学术年会论文集，2009：90-93.
[70] 唐建荣. 生态经济学 [M]. 北京：化学工业出版社，2005.
[71] 魏立安. 清洁生产审核与评价 [M]. 北京：中国环境科学出版社，2005.
[72] 吴忠标. 环境监测 [M]. 北京：化学工业出版社，2003.
[73] 王信. 借鉴国外经验，大力推进循环经济 [J]. 生态经济，2006，5：45-47.
[74] 王毅，陆雍森. 论生态产业链的柔性 [J]. 生态学杂志，2004，23 (6)：32.
[75] 王志华. 工业园发展的终结——生态工业园 [J]. 科学与管理，2004，1：34-37.

[76] 汪永超，张根保. 绿色产品概念及实施策略 [J]. 现代机械，1999 (1)：5 - 8.
[77] 王庆斌. 产品生态设计理念与方法 [J]. 郑州轻工业学院学报：社会科学版，2005 (6)：69 - 71.
[78] 王放. 中国城市化与可持续发展 [M]. 北京：科学出版社，2000.
[79] 王信领，等. 可持续发展概论 [M]. 济南：山东人民出版社，1999.
[80] 王和文. 论环境资源的商品性及改善环境质量的经济手段 [J]. 湖南商学院学报，2001，8 (6)：62 - 63.
[81] 王艳萍. 应实行绿色 GDP [J]. 环境经济，2004，17 (7)：25 - 27.
[82] 王新练，王彬. 家庭电磁辐射污染及防护 [J]. 内蒙古环境科学，2007，19 (4)：96 - 98.
[83] 王振杰，郭亚红. 电磁辐射危害及对策 [J]. 漯河职业技术学院学报，2009，8 (2)：39 - 40.
[84] 王新兰. 热污染的危害及管理建议 [J]. 环境保护科学，2006，32 (6)：69 - 71.
[85] 邢立文. 浅谈落实科学发展观持续推进企业循环经济及节能减排 [C] //中国环境科学学会 2009 年学术年会论文集，2009，46 - 48.
[86] 奚旦立，孙裕生，刘秀英. 环境监测 [M]. 3 版. 北京：高等教育出版社，2004.
[87] 徐新阳，等. 环境评价教程 [M]. 北京：化学工业出版社，2004.
[88] 杨京平，田光明. 生态设计与技术 [M]. 北京：化学工业出版社，2006.
[89] 杨再鹏. 清洁生产理论与实践 [M]. 北京：中国标准出版社，2008.
[90] 袁光耀，等. 可持续发展概论 [M]. 北京：中国环境科学出版社，2001.
[91] 元炯亮. 清洁生产基础 [M]. 北京：化学工业出版社，2009.
[92] 叶文虎，张勇. 环境管理学 [M]. 2 版. 北京：高等教育出版社，2006.
[93] 张凯. 循环经济理论研究与实践 [M]. 北京：中国环境科学出版社，2004.
[94] 张凯，崔兆杰. 清洁生产理论与方法 [M]. 北京：科学出版社，2005.
[95] 张新房. 风力发电技术的发展及相关控制问题综述 [J]. 华北电力技术，2005，5：42 - 45.
[96] 张芳. 论完善我国循环经济建设政策 [C] //中国环境科学学会 2009 年学术年会论文集，2009：41 - 45.
[97] 张华松. 无公害产品、绿色食品和有机食品之区别 [J]. 乡镇经济，2002 (8)：47.
[98] 张承中. 环境规划与管理 [M]. 北京：高等教育出版社，2007.
[99] 张象枢. 环境经济学 [M]. 北京：中国环境科学出版社，2001.
[100] 张淑琴，张彭. 电磁辐射的危害与防护 [J]. 工业安全与环保，2008，34 (3)：30 - 32.
[101] 赵玉明. 清洁生产 [M]. 北京：中国环境科学出版社，2007.
[102] 赵由才，牛冬杰，等. 固体废物处理与资源化 [M]. 北京：化学工业出版社，2006.
[103] 赵媛. 可持续能源发展战略 [M]. 北京：社会科学文献出版社，2001.
[104] 赵瑞霞，章长元. 中外生态工业园建设比较研究 [J]. 中国环境管理，2003，22 (5)：48.
[105] 左玉辉. 环境学 [M]. 2 版. 北京：高等教育出版社，2008.
[106] 朱蓓丽. 环境工程概论 [M]. 2 版，北京：科学出版社，2006.
[107] 周文宗，刘金娥，左平，等. 生态产业与产业生态学. 北京：化学工业出版社，2005.